2021 年省部级一流课程建设项目配套教材

高等学校机电工程类系列教材

机械制造技术基础

主　编　尹明富

副主编　孙会来　彭军强

参　编　肖新华　齐向阳

西安电子科技大学出版社

内 容 简 介

本书以金属切削加工理论为基础，以制造技术为主线，以产品质量为核心，以现代制造技术为手段构建课程体系，并结合编者多年的教学科研实践经验编写而成。书中内容重点突出、由浅入深、图文并茂，与实践环节结合紧密。

全书共分 6 章，内容包括绪论、机械制造工艺装备、金属切削过程及其控制、工艺规程设计、机械制造质量分析及控制和机械制造技术的新发展等。通过本书的学习，学生可掌握机械制造技术方面的基本理论和基本知识，具备一定的专业技能，为后续专业知识的学习及从事相关工作奠定基础。

本书可作为普通高等院校机械工程专业的主干技术基础课教材，也可作为机械电子工程、智能制造工程、工业工程及工业设计等相关专业的教材或参考书，还可供从事机械设计与制造等相关工作的工程技术人员参考。

为便于学习，本书配有相应的教学课件，需要者可登录出版社网站，免费下载。

图书在版编目(CIP)数据

机械制造技术基础/尹明富主编. 一西安：西安电子科技大学出版社，2022.4(2022.9 重印)
ISBN 978-7-5606-6302-9

Ⅰ.①机…　　Ⅱ.①尹…　　Ⅲ.①机械制造工艺—高等学校—教材　　Ⅳ.①TH16

中国版本图书馆 CIP 数据核字(2022)第 040739 号

策　　划　明政珠
责任编辑　王　瑛
出版发行　西安电子科技大学出版社(西安市太白南路 2 号)
电　　话　(029)88202421　88201467　　　　邮　　编　710071
网　　址　www.xduph.com　　　　　　　　电子邮箱　xdupfxb001@163.com
经　　销　新华书店
印刷单位　陕西天意印务有限责任公司
版　　次　2022 年 4 月第 1 版　　2022 年 9 月第 2 次印刷
开　　本　787 毫米×1092 毫米　1/16　印张 22
字　　数　522 千字
印　　数　501~1500 册
定　　价　57.00 元
ISBN　978-7-5606-6302-9 / TH
XDUP 6604001-2
如有印装问题可调换

前　言

　　为了适应我国经济建设高速发展对高级专业技术人才的需要，我国高等教育正进行着一场重大变革。就人才培养而言，这次变革改变了过去行业专家的人才培养模式，力求造就新一代知识面广、适应性强的宽口径、厚基础、开放型的复合型人才。为适应新型人才培养模式的需要，全国机械类专业教学指导委员会制订了新的指导性专业培养计划，将"机械制造技术基础"课程推荐为工科机械类各专业的必修课。新规划的"机械制造技术基础"课程涵盖了原教学体系中的"金属切削原理""金属切削刀具设计""金属切削机床概论"和"机械制造工艺学（含夹具设计）"等课程的主要内容，并按照"重基础、少学时、新知识、宽面向"的原则进行了整合。

　　机械制造技术基础是机械类本科专业最早改革的课程之一，是机械工程专业的主干技术基础课，也是机械电子工程、智能制造工程、工业工程及工业设计等相关专业的主要选修课程。本课程的内容来源于生产实际，又直接为生产服务，其教学质量直接影响毕业生的工作能力和水平。因此提高机械制造技术的教学质量，增强学生的工艺设计能力，加深学生对工艺理论的理解，提高学生分析工艺问题的技能等，是机械制造技术教学进行深入改革的需要，也是装备制造业发展的迫切需要。

　　作为一门重要的专业技术基础课，本课程的主要目标是：通过本课程的学习，使学生掌握有关机械制造技术的基础知识、基本理论和基本方法，并通过相关的实验、生产实习、课程设计及毕业设计等实践环节的训练，使学生具备分析、解决机械制造相关问题的基本能力。考虑到当今机械制造技术发展迅速，本课程在重点介绍有关机械制造技术的基础知识、基本理论和基本方法的同时，还兼顾了机械制造领域的最新成果和发展趋势，以使学生对机械制造技术的发展有比较全面的了解和认识。经过多年的探索与改革，本课程已经形成了"以金属切削原理理论为基础，以制造工艺为主线，兼顾工艺装备知识的掌握，着重反映机械制造学科理论与现代制造技术的新发展，同时注重学生实践能力的培养"的知识体系。

　　本书以金属切削和机械制造工艺的基本理论和基础知识为主线，重点突出、由浅入深地构建课程体系。全书分为 6 章，每章的内容相对独立，同时又相互衔接，构成了机械制造技术基础的全部内容。书中以系统的观点构筑机械制造技术基础的知识体系，首先对零件加工中使用的机床、刀具、夹具等工艺装备进行了集中讲解；其次对金属切削过程及其控制、机械加工及装配工艺规程设计、机械制造质量分析与控制进行了系统阐述；最后为拓宽学生的视野，启发学生的创新思维，特别编写了"机械制造技术的新发展"，介绍了超精密加工与高速加工技术、增材制造技术、虚拟制造技术、智能制造技术等先进生产方法的知识。

本书具有如下特色：

(1) 理论与实践紧密结合。全书突出四个基本——基本理论、基本知识、基本方法和基本技能，贯彻"重基础、少学时、新知识、宽面向"的改革思路，注重培养学生分析和解决实际生产问题的能力。

(2) 传统与现代紧密结合。本书在介绍各种传统机械制造技术的同时，对现代机械制造技术也进行了介绍，既保证了机械制造领域技术的连贯性与延续性，又体现了机械制造领域技术的先进性。

(3) 系统与独立紧密结合。本书分章对机械制造技术问题进行分析与研究，体现了制造技术相关知识的独立性，同时各章之间联系紧密，系统地阐述了机械制造技术的所有相关知识。

本书是 2021 年省部级一流课程建设项目"机械制造技术基础"的配套教材。参加本书编写的人员都从事机械制造及相关领域的教学和科研工作近 20 年，具有丰富的教学经验和实践经验。本书由尹明富主编。书中第 1 章、第 2 章由尹明富编写，第 3 章由齐向阳编写，第 4 章由彭军强编写，第 5 章由肖新华编写，第 6 章由孙会来编写。全书由尹明富统稿、定稿。

本书在编写过程中得到了很多专家、同仁的大力支持和帮助，同时参考了许多专家学者的文献和著作，在此表示衷心的感谢。

本书是编者在总结多年教学研究、教学改革和教学实践经验的基础上编写的，但限于编者的水平，欠妥之处在所难免，希望广大读者提出批评和建议。

编　者

2021 年 12 月

目　　录

第 1 章 绪 论

1.1 机械制造在国民经济中的地位和作用

1. 机械制造技术与制造业

制造是人类最主要的生产活动之一。它是指人类按照所需的目的，运用主观掌握的知识和技能，应用可利用的设备和工具，采用有效的方法，将原材料转化为有使用价值的物质产品并投放市场的全过程。制造业是国民经济的支柱产业，是国家的立国之本，是国家创造力、竞争力和综合国力的重要体现。据统计，2021 年中国制造业增加值占中国 GDP 的比重为 27.4%。近二十年的统计结果显示，制造业占 GDP 的比重基本都在 30%左右，也就是说，我国财政收入的三分之一来自制造业。

制造技术支撑着制造业的发展，先进的制造技术能使一个国家的制造业乃至国民经济发展处于有利的竞争地位。忽视制造技术的发展，就会使经济发展陷入困境。同时制造技术也担负着为国防建设提供机械装备的重任，我国现代化建设的发展离不开制造技术的发展，同时也取决于制造技术的发展水平。所以说，制造技术与制造业的发展对于一个国家来说是至关重要的。

从系统工程的观点看，产品的制造过程是物料转变(物料流)、能量转化(能量流)、信息传递(信息流)和制造成本形成(资金流)的综合过程(如图 1-1 所示)。其中，物料流是指毛坯或者原材料经过制造过程产生形状、表面相互位置和性能的转变，如工件经过加工改变了形状、尺寸，经过热处理改变了内部力学性能等；能量流是指在制造过程中各种能量消耗的过程，同时也是被加工对象形状、尺寸和性能等改变的过程；信息流指生产活动的设计、规划、调度与控制等；资金流指生产成本、利润及生产中产生的各种费用等。那么一个产品的生产过程就可以描述为：在信息的控制下，由能量起作用，综合考虑成本利润等，对物料进行加工，从而形成产品。人和设备是制造活动的支撑条件，政策与法律法规是约束条件，即制造活动要符合国家的产业政策，符合环境保护、劳动保护等法律法规。

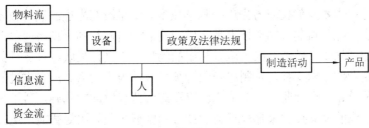

图 1-1 制造活动过程

机械制造是各种机械、机床、工具、仪器仪表制造过程的总称。机械制造业涉及的领域非常广泛，包括建筑、交通、纺织、冶金、通信、印刷、军事、医疗、化工、农业、文化娱乐等。机械制造技术就是研究机械产品的加工原理、加工过程和加工方法以及采用的加工装备的一门工程技术。传统的机械制造技术是以力学、切削原理为基础的一门工程技术类学科，随着科学技术的发展，现在已经发展为包括机械科学、系统科学、信息科学、材料科学和控制技术的一门综合学科，无论是制造过程，还是生产组织、制造精度、加工方法等都发生了变化。随着数控技术和智能制造技术的发展，机械制造的效率、精度、成本等都发生了很大的变化。制造装备的进步也使制造技术不断提高，从而使机械产品的制造精度不断提高；材料的强度、硬度、耐热性和耐磨性等物理性能不断提高，对机械制造技术提出了新的挑战；更多特种加工技术如电火花、电解、超声波、电子束、离子束以及激光加工技术应运而生，并且不断发展，使传统的机械制造技术发生了新的变化。但无论涉及多少门类，无论如何发展，最终的目的只有一个，那就是更好地保证原材料变成成品，使企业获取更多的经济效益和社会效益。

2. 制造业在国民经济中的地位和作用

(1) 制造业是国家经济最重要的物质保障。

制造业是整个国家的政治、经济和文化运行和发展的物质基础。如果没有制造业，人民的衣食住行都将得不到保障，那就谈不上社会的进步和发展。先进的制造技术可以提高生产效率和自动化程度，解放劳动力，提高人民的生活质量。从国际上来看，发达国家，如美国、德国、日本等的经济发展历程，都是依靠强大的制造业作为基础，如果没有制造业的支持，经济很难持久地发展。

机械制造业是制造业最主要的组成部分，它是为用户创造和提供机械产品的行业。现代机械制造业包括从机械产品的开发、设计、制造生产、流通到售后服务的全过程，肩负着双重任务：一是直接为最终用户提供消费品；二是为国民经济各行业提供生产技术装备。因此，机械制造业是国家工业体系的重要基础和国民经济的重要组成部分，机械制造技术水平的提高与进步将对整个国民经济的发展和科技、国防实力产生直接的作用和影响。

(2) 制造业是一个国家国际竞争力和综合实力的体现。

随着全球经济一体化的不断深入，各国经济紧密联系在一起，世界范围内全球一体化的制造模式不断加强。制造业的水平影响和制约着一个国家和地区在世界体系中的位置和角色，美国、德国、日本等世界上最发达的制造业强国，有着当今世界最先进、最发达的制造业水平和技术，从而也决定了他们的国际地位。中国要想提高国际竞争力和地位，必须大力发展制造技术，提高中国制造业在国际上的地位。

(3) 制造业是先进科学技术的载体。

先进的制造技术本身就代表着先进的科学技术。如果没有先进的制造技术，科学技术的创新和实现也将无从谈起。制造技术是完成制造活动所施行的一切手段的总和。这些手段包括运用一定的知识、技能，操纵可以利用的物质、工具，采取各种有效的方法等。制造技术是制造企业的技术支柱，是制造企业持续发展的根本动力。没有先进的制造技术作为支撑，一个国家、一个行业、一个企业也就没有可持续发展的基础。科学技术促进制造业的发展，制造业的发展反过来加快了科学技术的发展步伐。比如智能制造技术所涉及的数学建模与仿真技术、智能控制技术、大数据集成系统、柔性制造技术、新材料新工艺、

3D 打印技术等，都是科学技术与制造业相互促进发展而来的。

忽视制造技术的发展，就可能使经济发展步入歧途。例如，在 20 世纪 70 年代到 80 年代，美国受所谓制造业已成为"夕阳产业"的思潮影响，忽视制造技术的提高与发展，致使制造业急剧滑坡，在汽车、家电等方面受到了日本的有力挑战，丧失了许多本国市场及国际市场，导致了一定的经济衰退。这一严重局面使得美国决策层重新审视自己的产业政策，先后制订了一系列振兴制造业的计划，并特别将 1994 年定为美国的制造技术年，制造技术是当年美国财政重点扶持的唯一领域。这些措施，使制造技术在美国得到较大发展，促进了美国经济的复苏，夺回了许多丧失的市场。

1.2 制造业的现状与发展趋势

中国制造业的全球占比自 2010 年开始稳居世界第一，我国已成为名副其实的制造大国，但要变成制造强国，还有很长的路要走。中国要从制造大国进入到制造强国的行列，要做好以下五点：第一，要有雄厚的产业规模；第二，要有强大的创新能力；第三，要有优化的产业结构；第四，要有良好的质量效益；第五，要有持续的发展潜力。

1. 我国制造业的发展现状

制造业涉及国民经济和国防建设等重要产业，具有重要的战略和现实意义。从中华人民共和国建立到现在的七十多年里，我国制造业取得了举世瞩目的成就，从产业规模和结构上看，制造业贡献了国内生产总值的 30% 以上。自改革开放至今，制造业的增长高于我国总体经济的发展水平，某些方面已经达到或超过国际先进水平，比如生产制造的 30 万吨级油轮以及轰炸机和歼击机等。目前，我国制造业的生产技术，特别是关键技术，主要依靠国外的状况仍未从根本上改变。部分行业以劳动密集型为主，附加值不高，主要表现为创新能力不强，缺少核心关键技术，基础设计和制造技术薄弱，低端过剩、高端尚未形成。在尖端设备、大型装备的制造等方面，我国还主要依赖进口，尤其是高速高精度机床、制造集成电路的光刻设备等，而且很多还受国外的限制。所以说为了振兴我国的制造业，我们必须走自主研发的道路。

2. 我国制造业面临的新挑战

目前，全球制造业格局面临重大调整。以新一代信息技术(包括移动互联网技术、云计算、大数据等)与制造技术深度融合为主要特征的新一轮的科技与产业革命，引领了以网络化和智能化为特征的制造业的变革浪潮。美国、德国、日本等工业发达国家纷纷提出了"再工业化"的发展战略，力图掌控新一轮技术革命的主动权，重振制造业，推动产业升级，营造经济新时代，谋求在技术、产业化方面的领先优势，抢占制高点，进一步拉大与我国的差距。对于我们国家来说，这既是挑战也是机遇。智能制造是当前制造技术的核心发展方向，智能制造通过制造技术、信息技术和人工智能技术的集成和深度融合，借助计算机收集、存储、模拟人类专家的制造智能，进行制造各环节的分析、判断、推理、构思和决策，取代或延伸制造环境中人的部分脑力劳动，实现制造过程、制造系统、制造装备的智能感知、智能学习、智能决策、智能控制与智能执行。数字化、网络化及智能化的制造技术已经成为国际制造业发展的趋势。在软件及大数据方面，美国占有很大的优势，全世界的超级计算机美国占了一大半，全世界重要的工业软件 80% 是美国开发的。我们的造船工业、航空工业，使用的不少软件都是美国开发的。中国的制造业在关键技术、核心自主知识产权及自主创新能力等方面都面临新的挑战。

3. 制造技术的发展趋势

发达国家要重振制造业，同时也给我们提供了发展机遇。在《中国制造 2025》及《中国机械工程技术路线图》中指出，21 世纪机械制造工程的五大发展趋势为：

(1) 制造的智能化。未来十年，制造业将步入"分散化"生产的新时代。通过决定生产制造过程等的网络技术，实现智能制造，进行实时管理。智能制造中的生产设备具有感知、分析、决策、控制等功能，是先进制造技术、信息技术的集成和深度融合。智能生产过程中，传感器、智能诊断和管理系统通过网络互连，使得对其的控制由程序控制上升到智能控制，从而使制造工艺能够根据制造环境和制造过程的变化进行实时优化，提升产品的质量和生产效率。

(2) 制造工艺及装备的绿色化。绿色制造是制造业可持续发展的必然选择，减少单位产品的能源或资源消耗，实现可持续生产，是绿色制造的重要目标。以从源头消减污染物产生为目标，革新传统生产工艺及装备，通过优化工艺参数、工艺材料，提升生产过程效率，降低生产过程中辅助材料的使用和排放。用高效绿色生产工艺技术、装备逐步改造传统制造流程，广泛采用清洁高效精密成形工艺、高效节材无害焊接、少无切削液加工技术、清洁表面处理工艺技术等，有效实现绿色生产。同时，对于制造领域上游的产品设计绿色化，制造领域下游的生产过程中的污染问题，以及设备报废后资源再利用问题等，都应进行有效的监控和管理。

(3) 制造技术的超常化。现代基础工业、航空、航天、电子制造业的发展，对机械工程技术提出了新的要求，促成了各种超常态条件下制造技术的诞生。通过科学研究与实践，将不断发现和了解在极大、极小尺度，或在超常制造外场中物质演变的过程、规律以及超常态环境与制造受体间的交互机制，向下一代制造尺度与超常制造外场制造发起挑战。

(4) 制造技术与高新技术的融合化。随着信息、新材料、生物、新能源等高新技术的发展以及社会文化的进步，新技术、新理念与制造技术的融合，将会形成新的制造技术、新的产品和新型制造模式，从而引发技术的重大突破和技术系统的深度变革。例如，制造工艺融合，如车铣镗磨复合加工、激光电弧复合热源焊接、冷热加工等不同工艺通过融合，将产生更高性能的复合机床和全自动柔性生产线；激光、数控、精密伺服驱动、新材料与制造技术相融合，将产生更先进的快速成形工艺；以物联网、大数据、云计算、移动互联网等为代表的新一代信息技术与机械工程技术的融合，将给机械设计、制造工艺、制造流程、企业管理、业务拓展等各个环节带来变革，产生机械工程技术的新业态模式。

(5) 制造业由生产型向服务型转变。进入 21 世纪，全球物联网、云计算、云存储、大数据的发展为制造文明进化提供了创新技术驱动和全新信息网络物理环境。全球市场多样化、个性化的需求，资源环境的压力等成为制造业转型新的需求动力。制造业将从以工厂化、规模化、自动化为特征的工业制造文明，向多样化、个性化、定制式，更加注重用户体验的协同创新、全球网络智能制造服务转型。机械工业从生产型制造向服务型制造转变，从重视产品设计与制造技术的开发，到同时重视产品使用与维护技术的开发，通过提供高技术含量的制造服务，将获得比销售实物产品更高的利润。

1.3 机械制造(冷加工)学科的范畴、研究内容及特点

1. 机械制造(冷加工)学科的范畴

机械工程学科是有着悠久历史的学科，是国家建设和社会发展的支柱学科之一。机械制造(冷加工)是机械工程的一个分支学科，是研究各种机械制造过程和方法的一门科学。

研究各种机械制造设备和工艺装备的设计和制造，创新地研制新设备和新工装，是机械制造学科的一项重要内容。

机械制造工艺过程通常分为热加工工艺过程(铸造、塑性加工、焊接、热处理、表面改性等)及冷加工工艺过程，它们都是通过改变生产对象的形状、尺寸、表面相对位置和性质等，使之变成成品或者半成品的过程。

机械制造(冷加工)工艺过程一般指零件的机械加工工艺过程和机器的装配工艺过程。因此，机械制造(冷加工)是研究机械加工和装配工艺过程及方法的科学。

零件的机械加工工艺过程是机械生产过程的一部分，研究的是如何利用切削原理使工件达到图纸的要求(尺寸精度、形状精度、位置精度及表面质量要求等)。从广义上来说，特种加工技术(激光加工、电火花加工、超声波加工、电子束加工和离子束加工等)也是机械加工的一部分，但实际上没有归于切削加工的范畴。与热加工相比，冷加工技术的加工成本低，能耗少，能适应很宽泛的形状、尺寸和位置精度要求的零件，因此是现阶段获得精密机械零件的最主要方法。

机器装配的工艺过程也是机械制造过程的一部分，主要研究如何将机械加工完成的零件或者部件进行配合和连接，达到装配精度的要求，使之成为半成品或成品。就现阶段机械制造发展的水平来看，装配工作相当一部分仍由人工完成，装配劳动量在机械制造的总劳动量中的占比还相当高。研究和发展新的装配技术，大幅度提高装配质量和生产效率是机械制造技术研究的一项重要任务。

机械制造工艺的理论包括金属切削机理的研究和机床的基本性能及试验研究，是机械制造(冷加工)的基础研究理论。现代机械制造技术的发展，是基础理论和试验研究相结合的结果。随着机械制造技术向着高精度、高效和高度自动化方向迅速发展，以及新材料、新刀具及新工艺的不断涌现，有关这些基础理论的研究必将得到进一步的提高。

机械制造工艺及其基础理论在不断发展，主要表现在以下几个方面：
(1) 建立在现代自然科学新成就基础上的新工艺不断涌现，传统工艺不断发展；
(2) 研究、开发新工艺时，科学方法的应用越来越广泛；
(3) 工艺过程正在向着典型化、成组工艺和生产专业化的方向发展；
(4) 工艺过程正在向着设计、制造和管理集成化、自动化和智能化方向发展。

机械制造过程是一种离散的生产过程。具体表现在：毛坯、零件、组件、部件和机器是采用顺序作业或者平行作业的方式来制造的，各工序之间的转换可以彼此关联也可以不关联，零件的制造和机器的装配需要各种设备、刀具、量具和夹具以及加工程序还有各种技术人员才能顺利实现。由于人始终是所有工艺过程的必须参与者，所以机械制造技术在

很大程度上也是一门社会科学。

2. 本课程的研究内容、特点及学习方法

本课程是机械工程类相关专业的一门主干专业技术基础课程，主要介绍机械产品的生产过程、机械加工工艺装备(机床、刀具、夹具)的基本知识、金属切削过程及其基本规律、机械加工和装配工艺规程设计、机械加工精度与表面质量的分析与控制，以及制造技术发展趋势等。

通过本课程的学习，要求学生对产品的制造过程有总体的了解和把握，初步掌握金属切削过程的基本规律和机械加工的基本知识，能合理选择机械加工方法与机床、刀具、夹具及切削加工参数，初步具备制订机械加工工艺规程及装配工艺规程的能力；掌握机械加工精度和表面质量的基本理论和基本知识，初步具备分析和解决现场工艺问题的能力。

本课程的特点是涉及面广，综合性强，灵活性大，实践性强。它与有关机械的许多基础知识和基本理论都有联系，内容丰富，体系完整；工艺理论和工艺方法的应用灵活多变，与实际生产联系密切。学习本课程应理论结合实践，重视实践性教学环节，通过金工实习、生产实习、课程实验、课程设计及工厂调研等，更好地理解和应用理论知识。学习的关键是要理解和掌握机械加工的基本概念及其在实际生产中的应用，同时要用辩证的思想，实事求是地对具体情况进行具体分析，灵活处理质量、生产效率和成本之间的辩证关系，以求在保证质量的前提下，获得更好的经济效益。

思考与练习题

1-1 什么是制造技术？

1-2 机械制造业在国民经济中处于何种地位？

1-3 如何理解制造系统中的物料流、能量流、资金流和信息流？

参考文献

[1] 王喜文. 中国制造 2025 曙光[M]. 济南：山东科学技术出版社，2018.

[2] 中国机械工程学会. 中国机械工程技术路线图[M]. 北京：中国科学技术出版社，2016.

[3] 中国智能制造绿皮书编委会. 中国智能制造绿皮书[M]. 北京：电子工业出版社，2017.

[4] 卢秉恒. 机械制造技术基础[M]. 4 版. 北京：机械工业出版社，2019.

[5] 王先逵. 机械制造工艺学[M]. 4 版. 北京：机械工业出版社，2019.

[6] 周宏甫. 机械制造技术基础[M]. 北京：高等教育出版社，2004.

[7] 李伟，谭豫之. 机械制造工程学[M]. 北京：机械工业出版社，2009.

[8] 范孝良，尹明富，郭兰申. 机械制造技术基础[M]. 北京：电子工业出版社，2008.

[9] 张福润，徐鸿本，刘延林. 机械制造技术基础[M]. 武汉：华中科技大学出版社，2000.

[10] 于骏一，邹青. 机械制造技术基础[M]. 2 版. 北京：机械工业出版社，2010.

第 2 章　机械制造工艺装备

机械制造工艺装备包含很多种类，比如加工装备(各种机床，如切削机床、特种加工机床等)、工艺装备(各种机床夹具、刀具等)、仓储输送装备、测量等其他辅助装备等。零件加工的质量、效率等都取决于制造装备。零件结构形式、生产类型等决定了应该采取哪种加工方法、选择何种加工装备，才能保证图纸约定的技术要求。因此了解和掌握机械制造工艺装备有关的基本知识是必要和必须的，本章重点介绍机械制造工艺装备中的金属切削机床、刀具和夹具的相关知识。

2.1　金属切削机床

2.1.1　概述

金属切削机床是采用切削刀具将金属毛坯加工成具有一定几何形状、尺寸精度和表面质量的机械零件的机器，是制造机器的机器，所以又称为"工作母机"或者"工具机"，习惯上称为机床。机床不同于一般机器，在刚度、强度、精度及运动方面都有其特殊要求。

1. 机床的基本组成

机床的种类很多，结构形式多种多样，基本由以下几部分构成。

1) 动力源

动力源是为机床提供动力和运动的驱动部分，如各种电机、液压缸、液压马达等。

2) 传动系统

传动系统包括主传动系统、进给传动系统和其他运动的传动系统，如变速箱、进给箱等部件。有些机床的主轴组件与变速箱合在一起统称为主轴箱；现在数控机床由于电主轴及变频器技术的发展，有的机床已经没有了变速箱。

3) 支承件

支承件是用于安装和支承其他固定或运动的部件，承受其重力和切削力，如床身、底座和立柱等。支承件是机床的基础构件。

4) 工作部件

工作部件包括以下几种：

(1) 与最终实现切削加工的主运动和进给运动有关的执行部件，如主轴及主轴箱、工作台及其溜板或者滑座、刀架及其溜板及滑枕等，安装工件或刀具的部件。

(2) 与工件和刀具安装及调整有关的部件或装置，如自动上下料装置、自动换刀装置、砂轮修整器等。

(3) 与上述部件或装置有关的分度、转位、定位机构和操纵机构等。

不同种类的机床，由于其用途、表面成形运动和结构布局的不同，其工作部件的构成和结构差异也很大，但就机械加工时的运动形式来说，主要是旋转运动和直线运动，所以工作部件结构中大多含有轴承和导轨。

5) 控制系统

控制系统用于控制各工作部件的正常工作，主要以电气控制系统为主，有些采用液压或气动控制。数控机床则采用数字化控制，包括数控装置、主轴和进给的伺服控制系统、可编程控制器和输入输出装置。

6) 冷却系统

冷却系统用于对刀具、工件及机床的某些发热部位进行冷却，以保证加工精度和机床及刀具的使用寿命。

7) 润滑系统

润滑系统用于对机床的运动副(如轴承、导轨等)进行润滑，以减小摩擦、磨损和发热。

8) 其他装置

其他装置如排屑系统、自动测量装置等。

2. 机床的运动

机床的切削加工是由切削工具(包括刀具、砂轮等)与工件之间的相对运动来实现的。机床的运动分为表面成形运动和辅助运动。

1) 表面成形运动

机床加工零件时，为获得所需的表面，工件与刀具之间要做相对运动，运动中既要形成母线，又要形成导线，于是形成这两条发生线所需的运动的合成，就是形成该表面所需要的运动，如图 2-1 所示。

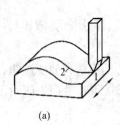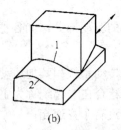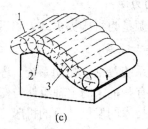

　　　　(a)　　　　　　　　　　(b)　　　　　　　　　　(c)

1—刀尖或切削刃；2—发生线；3—刀具轴线的运动轨迹

图 2-1　形成发生线所需的运动

机床上形成被加工表面所必需的运动，称为机床的工作运动，又称为表面成形运动。表面成形运动是机床的最基本运动，包括主运动和进给运动，这两种不同性质的运动再配合以不同形状的刀具，就可以实现轨迹法、成形法和展成法等各种不同的加工方法，构成不同类型的机床。一般来讲，刀具越复杂，机床的结构越简单。机床的工作运动中，必有一个速度最高、消耗功率最大的运动，它是产生切削作用必不可少的运动，称为主运动。其余的工作运动使切削得以持续进行，直至形成整个表面，这些运动都称为进给运动。进给运动速度较低，消耗的功率也较小，一台机床上可能有一个或几个进给运动，也可能不需要专门的进给运动。

2) 辅助运动

机床的有些运动与表面的形成没有直接关系，而是为机床的工作运动创造条件，这类运动统称为辅助运动。工作运动是机床上最基本的运动，每个运动的起点、终点、轨迹、速度、方向等要素的控制和调整方式，对机床的布局和结构有重大的影响。机床上除了工作运动以外，还可能有下面的几种辅助运动：

(1) 切入运动：刀具切入工件表面一定深度，以使工件获得所需的尺寸。

(2) 分度运动：工作台或刀架的转位或移位，以顺次加工均匀分布的若干个相同的表面，或使用不同的刀具作顺次加工。

(3) 调位运动：根据工件的尺寸大小，在加工之前调整机床上某些部件的位置，以便于加工。

(4) 其他各种运动：如刀具快速趋近工件或退回原位的空程运动，控制运动的开、停、变速、换向的操纵运动等。

3. 机床的性能指标

机床的性能指标是根据机床的使用要求提出和设计的。了解机床的性能指标对于选用机床及安排零件的加工很重要。一般机床的技术性能指标包括以下几方面。

1) 机床的工艺范围

机床的工艺范围主要是指机床加工零件的类型和尺寸，能够完成何种工序，使用什么样的刀具等。一般通用机床的工艺范围较宽，专用机床的工艺范围较窄。

2) 机床的技术参数

机床的技术参数一般在使用说明书中会明确给出，据此进行合理选择，一般包括以下几方面：

(1) 尺寸参数：具体反映机床的加工范围，包括主参数、第二主参数及与加工零件有关的其他尺寸参数。各类机床的主参数、第二主参数可以查阅机床的设计手册，上面有统一规定。

(2) 运动参数：机床执行件的运动速度，例如主轴的最高最低转速、刀架的最高最低进给速度等。

(3) 动力参数：机床电动机的功率，有些机床要给出主轴所能承受的最大扭矩等其他内容。

4. 机床精度

机床在加工过程中保证被加工零件达到要求的精度和表面粗糙度，并能在长期使用中保持这些要求，这种机床本身所具备的精度称为机床精度。具体包括以下几方面：

(1) 几何精度：是指机床在空载条件下，不运动或者低速运动时各主要部件的形状、相互位置和相对运动的精确程度。例如导轨的直线度、主轴的径向跳动和轴向窜动、主轴中心线与滑台的平行度及垂直度等指标。机床几何精度直接影响零件的加工精度，是评价机床质量的基本指标，主要取决于设计、制造和装配质量。

(2) 运动精度：是指机床在空载并以工作速度运动时，主要零部件的几何位置精度。如高速回转主轴的回转精度。对于高速精密机床，运动精度是评价机床质量的一个重要因素，取决于结构设计及制造质量。

(3) 传动精度：是指机床的传动系统各末端执行件之间运动的协调性和均匀性。影响传动精度的主要因素是传动系统的设计、制造和装配精度。

(4) 定位及重复定位精度：定位精度是指机床的定位部件运动到达规定位置的精度。定位精度直接影响被加工零件的尺寸精度和几何精度。重复定位精度是机床的定位部件反复多次运动到规定位置时精度的一致程度，影响一批零件加工精度的一致性。机床构件和进给控制系统的精度、刚度及其动态特性，机床测量系统的精度，都将直接影响机床的定位精度和重复定位精度。

(5) 工作精度：是指机床在实际工作状态下的综合动态精度。一般用机床加工规定的试件，用试件的加工精度表示机床的工作精度。工作精度是各种因素综合影响的结果，包括机床自身的精度、刚度、热变形和刀具、工件的刚度及热变形等。

(6) 精度保持性：是指在规定的工作期间内，保持机床所要求的精度。影响机床精度保持性的主要因素是磨损，而影响磨损的因素却很复杂，如结构设计、工艺、材料、热处理、润滑、防护、使用条件等。

5. 机床刚度

机床刚度是指机床系统抵抗变形的能力。作用在机床上的载荷有重力、夹紧力、切削力、传动力、摩擦力、冲击振动、干扰力等。按照载荷的性质不同可分为静载荷和动载荷，其中不随时间变化或者变化极小的力称为静载荷，如重力、切削力的静力部分等。随时间变化的力称为动载荷，如冲击力及交变切削力等。因此机床的刚度有静刚度和动刚度，而机床的刚度一般是指静刚度。

2.1.2　机床的分类及型号编制

1. 机床的分类

机床分类方法较多，按照不同的分类方法，机床分类如下。

(1) 按照通用程度，机床可分为以下三种类型：

① 通用机床：这类机床的工艺范围很宽，可以加工一定尺寸范围内的多种类型的零件，完成多种多样的工序。如卧式车床、万能升降台铣床、万能外圆磨床等。

② 专门化机床：这类机床的工艺范围较窄，只能用于加工不同尺寸的一类或几类零件的一种(或几种)特定工序。如丝杠车床、凸轮轴车床等。

③ 专用机床：这类机床的工艺范围最窄，通常只能完成某一特定零件的特定工序。如加工机床主轴箱体孔的专用镗床，加工机床导轨的专用导轨磨床等。它是根据特定的工艺要求专门设计制造的，生产效率和自动化程度较高，适用于大批量生产。组合机床也属于专用机床。

(2) 按照机床的工作精度，可分为普通精度机床、精密机床和高精度机床。

(3) 按照重量和尺寸，可分为仪表机床、中型机床(一般机床)、大型机床(质量在 10 t 以上)、重型机床(质量在 30 t 以上)和超重型机床(质量在 100 t 以上)。

(4) 按照机床主要部件的数目，可分为单轴机床、多轴机床、单刀机床、多刀机床等。

(5) 按照自动化程度不同，可分为普通机床、半自动机床和自动机床。自动机床具有完整的自动工作循环，包括自动装卸工件，能够连续地自动加工出工件。半自动机床也有完整的自动工作循环，但装卸工件还需人工完成，因此不能连续地加工。

在 GB/T 15375—2008《金属切削机床　型号编制方法》中，对各种机床的主参数、第二主参数及其表示方法都作了明确规定。同一类机床中，机床的尺寸大小是由主参数系列决定的。主参数系列通常按等比数列的规律分布。

2. 机床的型号编制

机床的型号是机床产品的代号，用以表明机床的类型、通用特性和结构特性、主要技术参数等。GB/T 15375—2008《金属切削机床　型号编制方法》规定，我国的机床型号由汉语拼音字母和阿拉伯数字按一定规律组合而成。

1) 通用机床的型号编制

(1) 通用机床型号的表示方法如图 2-2 所示。

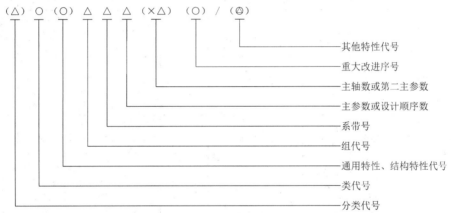

注：① 有"（　）"的代号或数字，当无内容时，则不表示，若有内容则不带括号；
　　② 有"○"符号者，为大写的汉语拼音字母；
　　③ 有"△"符号者，为阿拉伯数字；
　　④ 有"◎"符号者，为大写汉语拼音字母，或阿拉伯数字，或两者兼有之。

图 2-2　通用机床型号的表示方法

(2) 机床的类别代号如表 2-1 所示。

表 2-1　机床类别代号

类别	车床	钻床	镗床	磨床			齿轮加工机床	螺纹加工机床	铣床	刨插床	拉床	锯床	其他机床
代号	C	Z	T	M	2M	3M	Y	S	X	B	L	G	Q
读音	车	钻	镗	磨	二磨	三磨	牙	丝	铣	刨	拉	割	其

(3) 机床的通用特性代号如表 2-2 所示。

表 2-2　机床的通用特性代号

通用特性	高精度	精密	自动	半自动	数控	加工中心(自动换刀)	仿形	轻型	加重型	柔性加工单元	数显	高速
代号	G	M	Z	B	K	H	F	Q	C	R	X	S
读音	高	密	自	半	控	换	仿	轻	重	柔	显	速

(4) 结构特性代号。

为区别主参数相同而结构不同的机床，在型号中用汉语拼音字母区分，如：CA6140 中的"A"。

(5) 通用机床的类别、组别代号如表 2-3 所示。

表 2-3　通用机床类、组划分表

类别		组　　别									
		0	1	2	3	4	5	6	7	8	9
车床 C		仪表车床	单轴自动车床	多轴自动、半自动车床	回轮、转塔车床	曲轴及凸轮轴车床	立式车床	落地及卧式车床	仿形及多刀车床	轮、轴、辊、锭及铲齿车床	其他车床
钻床 Z		—	坐标镗钻床	深孔钻床	摇臂钻床	台式钻床	立式钻床	卧式钻床	铣钻床	中心孔钻床	其他钻床
镗床 T		—	—	深孔镗床	—	坐标镗床	立式镗床	卧式铣镗床	精镗床	汽车、拖拉机修理用镗床	其他镗床
磨床	M	仪表磨床	外圆磨床	内圆磨床	砂轮机	坐标磨床	导轨磨床	刀具刃磨床	平面及端面磨床	曲轴、凸轮轴、花键轴及轧辊磨床	工具磨床
	2M	—	超精机	内圆珩磨机	外圆及其他珩磨机	抛光机	砂带抛光及磨削机床	刀具刃磨及研磨机床	可转位刀片磨削机床	研磨机	其他磨床
	3M	—	球轴承套圈沟磨床	滚子轴承套圈滚道磨床	轴承套圈超精机	—	叶片磨削机床	滚子加工机床	钢球加工机床	气门、活塞及活塞环磨削机床	汽车、拖拉机修磨机床
齿轮加工机床 Y		仪表齿轮加工机	—	锥齿轮加工机	滚齿及铣齿机	剃齿及珩齿机	插齿机	花键轴铣床	齿轮磨齿机	其他齿轮加工机	齿轮倒角及检查机
螺纹加工机床 S		—	—	套丝机	攻丝机	—	螺纹铣床	螺纹磨床	螺纹车床	—
铣床 X		仪表铣床	悬臂及滑枕铣床	龙门铣床	平面铣床	仿形铣床	立式升降台铣床	卧式升降台铣床	床身铣床	工具铣床	其他铣床
刨插床 B		—	悬臂刨床	龙门刨床	—	—	插床	牛头刨床	—	边缘及模具刨床	其他刨床
拉床 L		—	—	侧拉床	卧式外拉床	连续拉床	立式内拉床	卧式内拉床	立式外拉床	键槽、轴瓦及螺纹拉床	其他拉床
锯床 G		—	—	砂轮片锯床	—	卧式带锯床	立式带锯床	圆锯床	弓锯床	锉锯床	
其他机床 Q		其他仪表机床	管子加工机床	木螺钉加工机		刻线机	切断机	多功能机床			

(6) 机床的主参数、设计顺序号和第二参数。

① 机床主参数：代表机床规格的大小，在机床型号中，用数字给出主参数的折算数值(1/10 或 1/100)；

② 设计顺序号：当无法用一个主参数表示时，则在型号中用设计顺序号表示；

③ 第二参数：一般是主轴数、最大跨距、最大工作长度、工作台工作面长度等，它也用折算值表示。

(7) 机床的重大改进顺序号。

当机床性能和结构布局有重大改进时，在原机床型号尾部，加重大改进顺序号 A、B、C 等；

(8) 其他特性代号：用以反映各类机床的特性，用数字、字母或阿拉伯数字来表示。

例如机床型号 MG1432A、CA6140 的含义如图 2-3 所示。

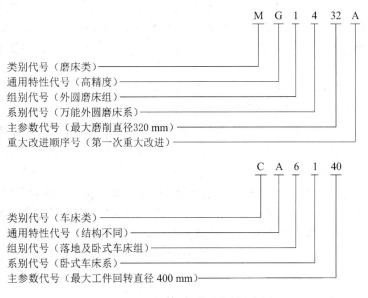

图 2-3　通用机床型号编制实例

2) 专用机床的型号编制

专用机床型号表示方法一般由设计单位代号和设计顺序号组成，其表示方法如图 2-4 所示。

图 2-4　专用机床型号的表示方法

其中设计单位代号，包括机床生产厂和机床研究单位代号(位于型号之首)。

专用机床的设计顺序号按该单位的设计顺序号(从"001"起始)排列，位于设计单位代号之后，并用"-"隔开，读作"至"。

例如，北京第一机床厂设计制造的第 100 种专用机床为专用铣床，其型号为 B1-100。

2.1.3 金属切削机床部件

金属切削机床主要由传动系统、主轴部件、机床支承件、机床导轨、机床刀架及自动换刀装置等组成。

金属切削机床部件

1. 传动系统

传动系统包括主传动系统和进给传动系统，一般由动力源(如电动机)、变速装置及执行件(如主轴、刀架、工作台)以及相应的控制机构构成。

1) 主传动系统

(1) 主传动系统的种类。

主传动系统按照不同的特征有多种分类方法。如按照驱动电机类型的不同，可分为直流电动机驱动和交流电动机驱动，还有单速电动机、多速电动机及无级调速电动机驱动等；按照传动装置类型可分为机械传动、液压传动、电气传动以及它们的组合；按照变速的连续性可分为分级变速传动和无级变速传动。下面重点介绍分级变速传动和无级变速传动：

分级变速传动是指在电机的带动下，通过齿轮的啮合变换得到相应的速度，分级变速传动在一定的变速范围内只能得到某些固定的转速，变速级数一般不超过 20~30 级。分级变速传动方式有滑移齿轮变速、交换齿轮变速和离合器(如摩擦式、牙嵌式、齿轮式)变速。因它的传递功率较大，变速范围广，传动比准确，工作可靠，而被广泛地应用于通用机床，尤其是中小型通用机床。缺点是有速度损失，不能在运转中进行变速。

无级变速传动可以在一定的变速范围内连续改变转速，以便得到最有利的切削速度；能在运转中变速，便于实现变速自动化；能在负载作用下变速，便于切削时保持恒定的切削速度，以提高生产效率和加工质量。无级变速传动可由机械摩擦无级变速器、液压无级变速器和电气无级变速器实现。其中电气无级变速器有直流电动机和交流调速电动机两种，由于它可以大大简化机械结构，便于实现自动变速、连续变速和负载下变速，应用越来越广泛，尤其在数控机床上目前几乎全都采用电气无级变速。

(2) 主传动系统应满足的要求。

① 满足使用性能要求。如机床的主轴有足够的转速范围和转速级数，传动系统设计合理，操纵方便灵活、迅速、安全、可靠等。

② 满足传递动力要求。主电动机和传动机构能提供和传递足够的功率和扭矩，具有较高的传动效率。

③ 满足工作性能的要求。主传动中所有零部件要有足够的刚度、强度、精度和抗振性，热变形特性稳定。

④ 满足经济性要求。传动链尽可能简短，零件数目要少，以便节省材料，降低成本。

⑤ 调整维修方便，结构简单合理，便于加工和装配，防护性能好，使用寿命长。

2) 进给传动系统

(1) 进给传动系统的种类。

根据加工对象、成形运动、进给精度、运动平稳性及生产效率等因素的要求，不同类型的机床实现进给运动的传动类型不同，主要有机械进给传动系统、液压进给传动系统、电气伺服进给传动系统等。

机械进给传动系统虽然结构较复杂，制造及装配工作量较大，但由于工作可靠，便于检查和维修，仍有很多机床采用。

现在随着数控机床的普遍应用，电气伺服进给系统应用越来越广泛。电气伺服进给传动系统是数控装置和机床之间的联系环节，是以机械位置或角度作为控制对象的自动控制系统，其作用是接收来自数控装置发出的进给脉冲，经变换和放大后驱动工作台按规定的速度和距离移动。

电气伺服进给传动系统按照有无位置检测装置及检测装置反馈位置不同，分为开环伺服系统、半闭环伺服系统和闭环伺服系统，这方面的知识在相关课程中都有详细的介绍。

(2) 进给传动系统应满足的要求。

① 具有足够的静刚度和动刚度。

② 具有良好的快速响应特性，抗振性好，作低速进给运动或微量进给时不产生爬行现象，运动平稳，灵敏度高。

③ 具有足够宽的调速范围，保证实现所要求的进给量，以适应不同的材料、刀具和零件的加工要求。

④ 进给系统的传动精度和定位精度要高。

⑤ 结构简单，加工和装配工艺性好，调整维修方便，操纵轻便灵活。

2. 主轴部件

主轴部件是机床重要部件之一，是机床的执行件。它的功用是支承并带动工件或刀具旋转进行切削加工，承受切削力和驱动力等载荷，完成表面成形运动。

主轴部件由主轴及其支承轴承、传动件、密封件及定位元件等组成。

1) 主轴部件应满足的基本要求

(1) 旋转精度。主轴的旋转精度是指机床安装完成后，在无载荷、低速转动的情况下，主轴部位的径向和轴向跳动值的大小。

(2) 刚度。主轴部件的刚度是指其在外加载荷作用下抵抗变形的能力，通常以主轴前端产生单位位移的弹性变形时，在位移方向上所施加的作用力来定义。主轴的刚度主要取决于主轴的尺寸和形状、轴承的类型和数量、预紧和配置形式、传动件的布置方式、主轴部件的制造和装配质量等。

(3) 抗振性。主轴部件的抗振性是指抵抗受迫振动和自激振动的能力。在切削过程中，主轴部件不仅受静态力作用，同时也受冲击力和交变力的干扰，使主轴产生振动。主轴部件的振动会直接影响工件的表面加工质量和刀具的使用寿命，并产生噪声。随着机床向高速、高精度方向发展，对抗振性要求越来越高。影响抗振性的主要因素有主轴部件的静刚度、质量分布及阻尼等。

(4) 温升和热变形。主轴组件工作时，轴承的摩擦形成热源，切削热和齿轮啮合热的传递，导致主轴部件温度升高，产生热变形。主轴热变形可引起轴承间隙变化，轴心位置偏移，定位基面的形状尺寸和位置产生变化，润滑油温度升高后，黏度下降，阻尼降低。因此主轴组件的热变形，将严重影响加工精度。

(5) 精度保持性。精度保持性是指长期保持其原始制造精度的能力。主轴组件的主要失效形式是磨损，所以精度保持性又称为耐磨性。主轴部件的主要磨损有：主轴轴承的疲劳磨损，主轴轴颈表面、装卡刀具的定位基面的磨损等。磨损的速度与摩擦性质、摩擦副的结构特点、摩擦副材料的硬度、摩擦面积、摩擦面表面精度以及润滑方式等有关。

2) 主轴部件的传动方式

主轴部件的传动方式主要有齿轮传动、带传动、电动机直接驱动等。主轴传动方式的选择，主要取决于主轴的转速、传递的转矩、对运动平稳性的要求以及结构紧凑、装卸维修方便等要求。

(1) 齿轮传动(见图 2-5(a))。齿轮传动是应用最广泛的传动方式，优点是结构简单、紧凑，能传递较大的转矩，能适应变转速、变载荷工作场景，应用最广。它的缺点是线速度不能过高，通常小于 12 m/s～15 m/s，不如带传动平稳。

(2) 带传动(见图 2-5(b))。由于各种新材料及新型传动带的出现，带传动的应用日益广泛。带传动中常用的有平型带、V 型带、多楔带和同步齿形带等。普通带传动的优点是结构简单、噪声小，适宜较高速传动，带传动在过载时会打滑，能起到过载保护作用，缺点是有滑动，不能用在速比要求准确的场合。同步齿形带综合了齿轮传动和带传动的优点，其是以玻璃纤维绳芯、钢丝绳为强力层，外覆聚氨酯或氯丁橡胶的环形带，带的内周有梯形齿，与齿形带轮啮合传动，同时具有传动比准确和较高速度的优点，其线速度小于 50 m/s。

(3) 电动机直接驱动(见图 2-5(c))。主轴转速要求不高的场合，可以采用齿轮传动和带传动。如果主轴转速要求很高，可采用电动机直接驱动，即将主轴与电动机合成一体，称为主轴单元。这就是机床主轴的新技术，应用越来越广泛的电主轴。电主轴优点很多，由于电动机转子就是主轴，电主轴大大简化了机床主轴的结构，有效地提高了主轴部件的刚度，降低了噪声和振动，有较宽的调速范围，较大的驱动功率和转矩，便于组织专业化生产。因此电主轴广泛地用于精密机床、高速加工中心和数控车床中。

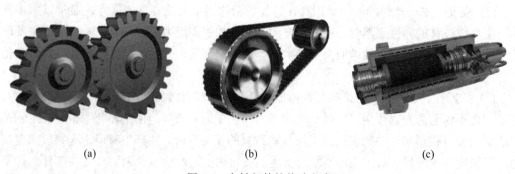

|　　　　(a)　　　　|　　　　(b)　　　　|　　　　(c)|

图 2-5　主轴部件的传动方式

3) 主轴部件的结构形式

(1) 主轴的支承形式。

多数机床的主轴采用前、后两个支承。这种支承形式结构简单，制造装配方便，容易保证精度。为提高主轴部件的刚度，前后支承应消除间隙或预紧。

在机床载荷比较大的情况下，为提高机床部件的刚度和抗振性，有的机床主轴采用三支承结构形式。三支承中可以采取前、后支承为主要支承，中间为辅助支承。辅助支承轴孔的同轴度要求较高，制造、装配较复杂，同时辅助支承需保留一定的径向游隙或选用较大游隙的轴承。采用三支承的情况下，由于机床主轴的三个轴颈和箱体上对应的三个孔不可能绝对同轴，所以三个轴承不能都预紧，以免发生干涉，恶化主轴的工作性能，使空载功率大幅度上升，轴承温升过高。如图 2-6 所示为某加工中心主轴三支承机构。根据具体结构也有采取前、中为主要支承，后为辅助支承的结构形式。

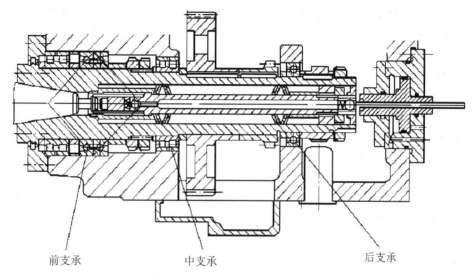

前支承　　　　　　　　　中支承　　　　　　　　　后支承

图 2-6　某加工中心主轴三支承结构

(2) 主轴的结构形式。

主轴的构造和形状主要取决于主轴上所安装的刀具、夹具、传动件、轴承等零件的类型、数量、位置和安装定位方法等。主轴一般为空心阶梯轴，前端径向尺寸大，中间、尾部径向尺寸逐渐减小，尾部径向尺寸最小，如图 2-7 所示为某车床的主轴结构图。

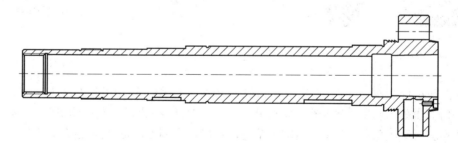

图 2-7　某车床主轴结构图

主轴的前端结构取决于机床的类型和所安装夹具或刀具的形式。主轴头部的形状和尺寸已经标准化，应遵照标准进行设计。主支承轴颈处是精度要求最高的位置，主轴中心线是设计基准。检测时以主轴中心线为基准来检测主轴上各内外圆表面和端面的径向跳动和端面跳动，所以中心线也是检测基准。同时主轴中心线也是主轴前后锥孔的工艺基准，又是锥孔检测时的测量基准。

(3) 主轴的材料和热处理。

主轴的材料应根据载荷特点、耐磨性要求、热处理方法和热处理后变形情况综合选择。普通机床主轴可选用中碳钢(如 45 钢),经调质处理后,在主轴端部、锥孔、定心轴颈或定心锥面等部位进行局部高频淬硬,以提高其耐磨性;载荷大和有冲击时选用 20Cr、40Cr,经表面渗碳、淬硬处理;精密机床需要减小热处理后的变形或有其他特殊要求时,考虑选用 38CrMoAl 等合金钢,经氮化处理。

(4) 主轴支承轴承。

主轴部件中最重要的组件是支承件,也就是各种支承轴承。支承轴承的类型、精度、结构、配置方式、安装调整、润滑和冷却等状况,都直接影响主轴部件的工作性能。

机床上常用的主轴支承轴承有滚动轴承和滑动轴承,滑动轴承中最常见的为液体动压轴承、液体静压轴承、空气静压轴承等。此外,还有自调磁浮轴承等适应高速加工的新型轴承。

主轴轴承的选用要求是旋转精度高、刚度高、承载能力强、极限转速高、适应变速范围大、摩擦小、噪声低、抗振性好、使用寿命长、制造简单、使用维护方便等。因此,在选用主轴轴承时,应根据该主轴部件的主要性能要求、制造条件及经济性综合进行考虑。

① 滚动轴承支承。

主轴部件主支承常用的滚动轴承如图 2-8 所示,有角接触球轴承(见图 2-8(a))、双列短圆柱滚子轴承(见图 2-8(b))、圆锥滚子轴承(见图 2-8(c))、推力轴承(见图 2-8(d))、陶瓷滚动轴承等。

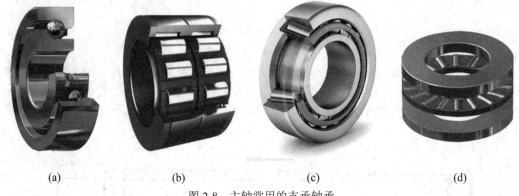

(a)   (b)   (c)   (d)

图 2-8 主轴常用的支承轴承

主轴轴承应根据刚度、旋转精度和极限转速来选择。轴承的刚度与轴承的类型有关,线接触的滚子轴承比点接触的球轴承刚度高,双列轴承比单列轴承刚度高,且刚度是载荷的函数;适当预紧不仅能提高旋转精度,也能提高刚度。轴承的极限转速与轴承滚动体的形状有关,同等尺寸的轴承,球轴承的极限转速高于滚子轴承,圆柱滚子轴承的极限转速高于圆锥滚子轴承;同一类型的轴承,滚动体的分布圆越小,滚动体越小,极限转速越高。轴承的轴向承载能力和刚度,由强到弱依次为:推力球轴承、推力角接触球轴承、圆锥滚子轴承、角接触球轴承;承受轴向载荷轴承的极限转速由高到低依次为:角接触球轴承、推力角接触球轴承、圆锥滚子轴承、推力球轴承。

② 滑动轴承支承。

滑动轴承因抗振性好、旋转精度高、运动平稳等特点,应用于高速或低速的精密、高精密机床和数控机床中。

主轴滑动轴承按产生油膜的方式，可以分为动压轴承和静压轴承。按照流体介质不同可分为液体滑动轴承和气体滑动轴承。

3. 机床支承件

机床的支承件是指床身、立柱、横梁、底座等大型件，支承件相互固定连接成机床的基础和框架。机床上其他零部件可以固定在支承件上，或者工作时在支承件的导轨上运动。因此，支承件的主要功能是保证机床各零部件之间的相互位置和相对运动精度，并保证机床具有足够的静刚度、抗振性、热稳定性和寿命。所以，支承件的合理设计是机床设计的重要环节之一。

1) 支承件应满足的基本要求

(1) 应具有足够的刚度和较高的刚度质量比。

(2) 应具有较好的动态特性。包括较大的动刚度和阻尼；整机的低阶频率较高，各阶频率不致引起结构共振；不会因薄壁振动而产生噪声。

(3) 热稳定性好。热变形对机床加工精度的影响小。

(4) 排屑畅通、吊运安全，并具有良好的结构工艺性。

2) 支承件的结构

根据机床的类型、布局及常用支承件的形状，在满足机床工作性能要求的前提下，综合考虑其工艺性，还要根据其使用要求，进行受力和变形分析，再根据所受的力和其他要求(如排屑、吊运、安装其他零件等)进行结构设计，初步决定其形状和尺寸。

支承件的总体结构形状基本上可以分为以下三类：

(1) 箱体类：支承件在三个方向的尺寸都相差不多，如各类箱体、底座、升降台等。

(2) 板块类：支承件在两个方向的尺寸比第三个方向大得多，如工作台、刀架等。

(3) 梁支类：支承件在一个方向的尺寸比另两个方向大得多，如立柱、横梁、摇臂、滑枕、床身等。

支承件的截面形状设计应保证在最小重量条件下，具有最大静刚度。静刚度主要包括弯曲刚度和扭转刚度，两者均与截面惯性矩成正比。基础件截面形状不同，即使同一材料具有相等的截面积，其抗弯和抗扭惯性矩也不同。因此，支承件的截面形状设计应遵循如下三种规律：

(1) 无论是方形、圆形或矩形，空心截面的刚度都比实心的大，而且同样的断面形状和相同大小的面积，外形尺寸大而壁薄的截面，比外形尺寸小而壁厚的截面的抗弯刚度和抗扭刚度都高。为提高支承件刚度，支承件的截面应是中空形状，尽可能加大截面尺寸，在工艺可能的前提下壁厚尽量薄一些，当然壁厚不能太薄，以免出现薄壁振动。

(2) 圆(环)形截面的抗扭刚度比方形好，而抗弯刚度比方形低。因此，以承受弯矩为主的基础件的截面形状应取矩形，并以其高度方向为受弯方向；以承受扭矩为主的基础件的截面形状应取圆(环)形。

(3) 封闭截面的刚度远远大于开口截面的刚度，特别是抗扭刚度。设计时应尽可能把支承件的截面做成封闭形状。但是为了排屑和在床身内安装一些机构的需要，有时不能做成全封闭形状。图 2-9 为常见的几种机床的床身截面形式。

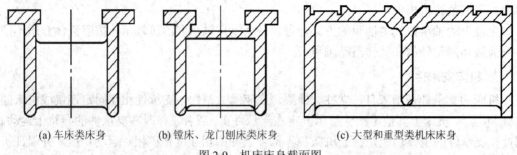

| (a) 车床类床身 | (b) 镗床、龙门刨床类床身 | (c) 大型和重型类机床床身 |

图 2-9　机床床身截面图

3) 支承件的材料

支承件常用的材料有铸铁、钢板和型钢、预应力钢筋混凝土、天然花岗岩等。

(1) 铸铁。一般支承件用灰铸铁制成，在铸铁中加入少量合金元素可提高耐磨性。铸铁铸造性能好，容易获得复杂结构的支承件，同时铸铁内由于石墨的存在，使其内部摩擦力大，阻尼系数大，使振动衰减的性能好，成本低。但铸件需要木模芯盒，制造周期长，有时会产生缩孔、气泡、裂纹、夹渣等缺陷，制造成本高，适于成批生产。常用的铸件牌号有 HT200、HT150、HT100。由于内应力的存在，铸造基础件时要进行时效处理，以消除内应力。

(2) 钢板和型钢。用钢板和型钢等焊接成支承件，其特点是制造周期短，省去制作铸造模型的时间；可制成封闭结构，刚性好；便于产品更新和结构改进；同时钢板和型钢固有频率比铸铁高，在刚度要求相同情况下，采用钢板和型钢可比铸铁的壁厚减少一半，重量减轻 20%～30%。钢板和型钢的缺点是内摩擦阻尼约为铸铁的 1/3，抗振性较差，为提高机床的抗振性，常用提高阻尼的方法来改善动态性能。

(3) 预应力钢筋混凝土。预应力钢筋混凝土主要用于制作不常移动的大型机械的机身、底座、立柱等基础件。预应力钢筋混凝土基础件的刚度和阻尼比铸铁大几倍，抗振性好，成本较低。

(4) 天然花岗岩。天然花岗岩性能稳定，精度保持性好，抗振性好，阻尼系数比钢大15 倍，耐磨性比铸铁高 5～6 倍，热导率和线膨胀系数小，热稳定性好，抗氧化性强，不导电，抗磁，与金属不黏合，加工方便，通过研磨和抛光容易得到很高的精度和很低的表面粗糙度。天然花岗岩的缺点是结晶颗粒比钢铁的晶粒大，抗冲击性能差，脆性大，油和水等液体易渗入晶界中，使表面局部变形胀大，难以制作较复杂的零件。

4. 机床导轨

导轨的功用是承受载荷和导向。它承受安装在导轨上的运动部件及工件的重量和切削力，运动部件可以沿导轨运动。

1) 导轨应满足的要求

(1) 导向精度。导向精度是导轨副在空载或切削条件下运动时，实际运动轨迹与给定运动轨迹之间的偏差。影响导向精度的因素很多，如导轨的几何精度和接触精度；导轨的结构型式；导轨和支承件的刚度；导轨的油膜厚度和油膜刚度；导轨和支承件的热变形等。

(2) 承载能力大，刚度好。根据导轨承受载荷的性质、方向和大小，合理地选择导轨的截面形状和尺寸，使导轨具有足够的刚度，保证机床的加工精度。

(3) 精度保持性好。精度保持性主要是由导轨的耐磨性决定的，导轨常见的磨损形式有磨料(或磨粒)磨损、黏着磨损或咬焊、接触疲劳磨损等。影响耐磨性的因素有导轨材料、载荷状况、摩擦性质、工艺方法、润滑和防护条件等。

(4) 低速运动平稳。当动导轨作低速运动或微量进给时，应保证运动始终平稳，不出现爬行现象。影响低速运动平稳性的因素有导轨的结构形式，导轨润滑情况，导轨摩擦面的静、动摩擦系数的差值，以及传动导轨运动的传动系统刚度。

(5) 结构简单、工艺性好。导轨要求结构简单，易于加工。

2) 导轨的结构类型及特点

运动的导轨称为动导轨，不动的导轨称为静导轨或支承导轨。动导轨相对于静导轨可以作直线运动或者回转运动。导轨副按导轨面的摩擦性质不同，可分为滑动导轨副和滚动导轨副。在滑动导轨副中又可分为普通滑动导轨、静压导轨和卸荷导轨等。

(1) 滑动导轨。从摩擦性质来看，滑动导轨具有一定的动压效应混合摩擦状态。导轨的动压效应主要与导轨的滑动速度、润滑油黏度、导轨面的油沟尺寸和形式等有关。速度较高的主运动导轨，应合理地设计油沟形式和尺寸，选择合适黏度的润滑油，以产生较好的动压效果。滑动导轨的优点是结构简单、制造方便、抗振性好，缺点是磨损快。为了提高耐磨性，国内外广泛采用塑料导轨和镶钢导轨。塑料导轨是用黏结法或喷涂法将聚四氟乙烯或环氧型耐磨导轨材料等覆盖在导轨面上，以减小摩擦系数，从而使低速运动平稳性、耐磨性、阻尼特性更好，具有一定的吸振性；镶钢导轨是将淬硬的碳素钢或合金钢导轨，分段镶装在铸铁或钢制的导轨上，以提高导轨的耐磨性。

(2) 静压导轨。静压导轨的工作原理同静压轴承相似，通常在动导轨面上均匀分布有油腔和封油面，把具有一定压力的液体或气体介质经节流器送到油腔内，使导轨面间产生压力，将动导轨微微抬起，与支承导轨脱离接触，浮在压力油膜或气膜上。静压导轨的优点是摩擦系数小，在起动和停止时没有磨损，精度保持性好。静压导轨的缺点是结构复杂，需要一套专门的液压或气压设备，维修、调整比较麻烦。因此，静压导轨多用于精密和高精密机床或低速运动机床中。

(3) 卸荷导轨。卸荷导轨用来降低导轨面的压力，减少摩擦阻力，从而提高导轨的耐磨性和低速运动的平稳性，尤其对大型、重型机床来说，工作台和工件的重量很大，导轨面上的摩擦阻力也很大，因此常采用卸荷导轨。

(4) 滚动导轨。在静、动导轨面之间放置滚动体，如滚珠、滚柱、滚针或滚动导轨块，组成滚动导轨。滚动导轨与滑动导轨相比，具有如下优点：摩擦系数小，动、静摩擦系数很接近，因此，摩擦力小，起动轻便，运动灵敏，不易爬行；磨损小，精度保持性好，寿命长；具有较高的重复定位精度，运动平稳；可采用油脂润滑，润滑系统简单。滚动导轨常用于运动灵敏度要求高的机构，如数控机床、机器人或者精密定位微量进给机床中。滚动导轨同滑动导轨相比，缺点是抗振性差，结构复杂，成本较高。

滚动导轨按滚动体类型分为滚珠、滚柱和滚针三种，如图 2-10 所示，图 2-10(a)为滚珠式导轨，为点接触，承载能力差，刚度低，多用于小载荷；图 2-10(b)为滚柱式导轨，为线接触，承载能力比滚珠式高，刚度好，用于较大载荷；图 2-10(c)为滚针式导轨，为线接触，常用于径向尺寸小的导轨。

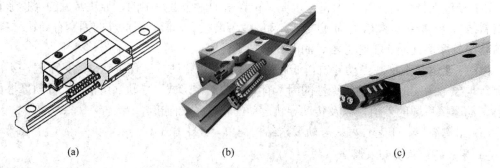

(a)　　　　　　　　　　　(b)　　　　　　　　　　　(c)

图 2-10　滚动导轨副的类型

3) 导轨常用的截面形状

(1) 直线运动导轨的截面形状。

① 矩形导轨(见图 2-11(a))。上图是凸型导轨，下图是凹型导轨。凸型导轨容易清除切屑，但不易存留润滑油；凹型导轨则相反。矩形导轨具有承载能力大、刚度高、制造简便、检验和维修方便等优点；但存在侧向间隙，需用镶条调整补偿，导向性差。适用于载荷较大而导向性要求略低的机床。

② 三角形导轨(见图 2-11(b))。三角形导轨面磨损时，动导轨会自动下沉，自动补偿磨损量，不会产生间隙。三角形导轨的顶角一般在 90°～120° 范围内变化，顶角越小，导向性越好，但摩擦力也越大。所以小顶角适用于轻载精密机床，大顶角适用于大型或重型机床。三角形导轨结构有对称式和不对称式两种。当水平力大于垂直力，两侧压力分布不均时，采用不对称导轨。

③ 燕尾形导轨(见图 2-11(c))。燕尾形导轨可以承受较大的倾覆力矩，导轨的高度较小，结构紧凑，间隙调整方便。但是刚度较差，加工、检验、维修都不方便。适用于受力小、层次多、要求间隙调整方便的部件。

④ 圆柱形导轨(见图 2-11(d))。圆柱形导轨制造方便，工艺性好，但磨损后较难调整和补偿间隙。主要用于受轴向负荷的导轨，应用较少。

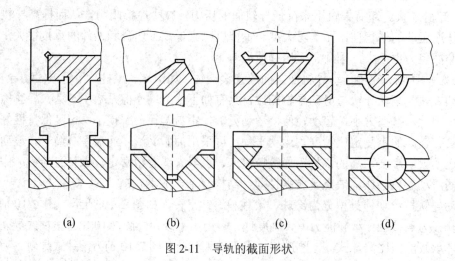

(a)　　　　　　　(b)　　　　　　　(c)　　　　　　　(d)

图 2-11　导轨的截面形状

上述四种截面的导轨尺寸已经标准化,可参阅有关机床设计标准。

(2) 回转运动导轨的截面形状。

① 平面环形导轨(见图 2-12(a))。平面环形导轨结构简单、制造方便,能承受较大的轴向力,但不能承受径向力,因而必须与主轴联合使用,主轴来承受径向载荷。这种导轨摩擦小,精度高,适用于由主轴定心的各种回转运动导轨的机床,如高速大载荷立式车床、齿轮机床等。

② 锥面环形导轨(见图 2-12(b))。锥面环形导轨除能承受轴向载荷外,还能承受一定的径向载荷,但不能承受较大的倾覆力矩。它的导向性比平面环形导轨好,但制造较难。

③ 双锥面环形导轨(见图 2-12(c))。双锥面环形导轨能承受较大的径向力、轴向力和一定的倾覆力矩,但制造研磨均较困难。

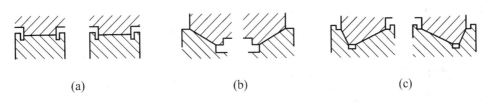

(a)   (b)   (c)

图 2-12 回转运动导轨的截面形状

4) 导轨的组合形式

机床直线运动导轨通常由两条导轨组合而成,根据不同要求,机床导轨主要有以下几种形式的组合。

(1) 双三角形导轨(见图 2-13(a))。三角形导轨不需要镶条调整间隙,接触刚度好,导向性和精度保持性好,但是工艺性差,加工、检验、维修不方便。双三角形导轨多用在精度要求较高的机床中,如丝杠车床、导轨磨床、齿轮磨床等。

(2) 双矩形导轨(见图 2-13(b))。双矩形导轨承载能力大,制造简单,多用在普通精度机床和重型机床中,如重型车床、组合机床、升降台铣床等。双矩形导轨的导向方式有两种:由两条导轨的外侧导向时,叫作宽式组合;分别由一条导轨的两侧导向时,叫作窄式组合。机床热变形后,宽式组合导轨的侧向间隙变化比窄式组合导轨大,导向性不如窄式。无论是宽式还是窄式组合,侧导向面都需用镶条调整间隙。

(3) 矩形和三角形导轨的组合(见图 2-13(c))。这种组合的导轨导向性好,刚度高,制造方便,应用最广。如车床、磨床、龙门铣床的床身导轨。

(4) 矩形和燕尾形导轨的组合(见图 2-13(d))。这类组合的导轨能承受较大倾覆力矩,调整方便,多用在横梁、立柱、摇臂导轨中。

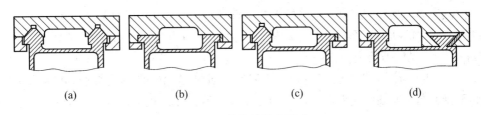

(a)   (b)   (c)   (d)

图 2-13 导轨的组合形式

5. 机床刀架及自动换刀装置

机床上的刀架是安装刀具的重要部件，刀具直接参与切削工作，承受很大的切削力，那么刀架自然就承受很大的力，刀架结构特性决定了它在工艺系统中是个薄弱环节，在外力作用下易变形。随着数控技术的不断发展，数控机床上的刀架采用电(液)换位的自动刀架，有的还使用两个乃至多个回转刀盘。加工中心则进一步采用了刀库和换刀机械手，实现了大容量存储刀具和自动交换刀具的功能，安放刀具的数量从几十把到上百把，自动交换刀具的时间从十几秒减少到几秒甚至零点几秒。这种刀库和换刀机械手组成的自动换刀装置，成为了加工中心类机床的主要特征。

1) 机床刀架和自动换刀装置应满足的要求

(1) 满足工艺过程的要求。机床依靠刀具和工件间的相对运动形成被加工工件表面；同时对于刀库来讲，由于工件加工表面的结构多样性，要求刀架和刀库上能够布置足够多的刀具。为了实现在工件的一次安装中完成多工序加工，所以要求刀架、刀库可以方便地转位。

(2) 刀架在安装刀具时应满足精度要求。采用自动交换刀具时，应能保证刀具交换前后都能处于正确的位置，以保证刀具和工件间准确的相对位置。刀架的运动精度将直接反映到被加工工件的几何形状精度和表面粗糙度上，为此，刀架的运动轨迹必须准确，运动应平稳，精度保持性要好。

(3) 刀架、刀库、换刀机械手应具有足够的刚度。由于刀具的类型、尺寸各异，重量差别大，刀具在自动转换过程中方向变换较复杂，而且有些刀架还直接承受切削力，考虑到采用新型刀具材料和较大的切削用量，所以刀架、刀库和换刀机械手都必须具有足够的刚度。

(4) 可靠性高。由于刀架和自动换刀装置在机床工作过程中的使用次数很多，更换频率高，所以必须充分重视它的可靠性。

(5) 刀架和自动换刀装置是为了提高机床自动化而出现的，因而它的换刀时间应尽可能缩短，以利于提高生产效率。

(6) 操作方便和安全。刀架是工人经常操作的机床部件之一，因此它的操作是否方便和安全，往往是评价刀架设计好坏的指标。刀架应便于装刀和调刀，切屑流出方向不能朝向工人，而且工人操作调整刀架的手柄(或手轮)要省力，尽量设置在便于操作的地方。

2) 机床刀架和自动换刀装置的类型

(1) 刀架分类。

按照安装刀具的数目多少可分为单刀架和多刀架，例如普通钻床的刀架为单刀架，加工中心类机床的刀架为多刀架；按结构形式不同可分为方刀架、转塔刀架、回轮式刀架等；按驱动刀架转位的动力不同可分为手动转位刀架和自动(电动和液动)转位刀架。

(2) 几种常见的刀架类型。

如图 2-14(a)所示为手动转塔方形车床刀架，如图 2-14(b)所示为数控车床刀架，可以根据加工要求同时安装四把刀具，每次加工完成后刀架旋转 90°，进行下工序的加工，调整方便、效率高。

　　自动换刀装置的刀库和换刀机械手的驱动都是采用电气或液压自动实现。目前自动换刀装置主要用在加工中心和车削中心上，但在数控磨床上自动更换砂轮，在电加工机床上自动更换电极，以及在数控冲床上自动更换模具等，也日渐增多。

　　数控车床的自动换刀装置主要采用回转刀盘，刀盘上安装 8～12 把刀。有的数控车床采用两个刀盘，实行四坐标控制，少数数控车床也具有刀库形式的自动换刀装置。如图 2-14(c)所示是一个刀架上的回转刀盘，刀具与主轴中心线平行安装；如图 2-14(d)为斗笠式刀架，刀架中心线与主轴不平行，回转刀盘既有回转运动又有进给运动。刀库可以是回转式或链式，通过机械手交换刀具，如图 2-14(e)、(f)所示为加工中心类数控机床大型的回转刀库和链式刀库，刀库容量大，结构紧凑，空间利用率高。

(a)　　　　　　　　　　　　(b)　　　　　　　　　　　　(c)

(d)　　　　　　　　　　　　(e)　　　　　　　　　　　　(f)

图 2-14　刀架及自动换刀装置

2.1.4　常用的金属切削机床

1. 车床

　　车床类机床是既可用车刀对工件进行车削加工，又可用钻头、扩孔钻、铰刀、丝锥、板牙、滚花刀等对工件进行孔及特殊型面加工的一类机床。可加工的表面有内外圆柱面、圆锥面、成形回转面、端平面和各种内外螺纹面等。

　　车床的种类很多，按用途和结构的不同，可分为卧式车床、立式车床、六角车床、单轴自动车床、多轴自动和半自动车床、仿形车床、专门化车床等，应用极为普遍。

　　1) 卧式车床

　　在所有车床中，卧式车床的应用最为广泛。它的工艺范围广，加工尺寸范围大(由机床主参数决定)，既可以对工件进行粗加工、半精加工，也可以进行精加工。图 2-15 列出了卧式车床所能完成的典型加工工序。

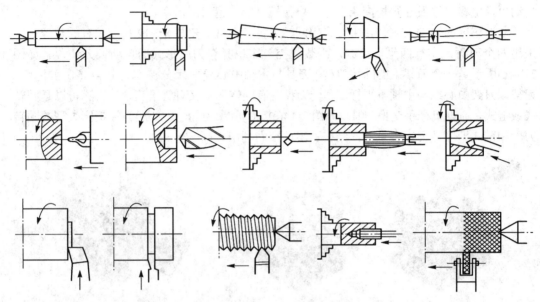

图 2-15　卧式车床的典型加工工序

CA6140 型卧式车床如图 2-16 所示。

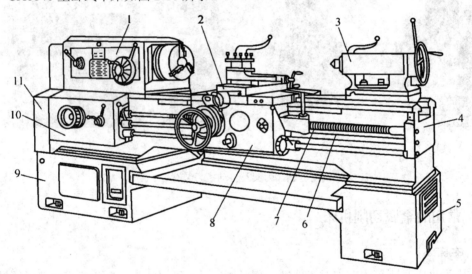

1—主轴箱；2—刀架；3—尾座；4—床身；5、9—床脚；6—光杠；7—丝杠；8—溜板箱；
10—进给箱；11—挂轮变速机构

图 2-16　CA6140 型卧式车床

车床主轴通过安装于其前端的卡盘装夹工件，并带动工件按需要的转速旋转，实现主运动。刀架 2 装在床身的刀架导轨上，由纵溜板、横溜板、上溜板和方刀架组成，由电动机经主轴箱 1、挂轮变速机构 11、进给箱 10、光杠 6 或丝杠 7 和溜板箱 8 带动，作纵向和横向进给运动。进给运动的进给量(加工螺纹时为螺纹导程)和进给方向的变换通过操纵进给箱和溜板箱的操纵机构实现。尾座 3 装在床身导轨上，其套筒中的锥孔可安装顶尖，以支承较长工件的一端，也可安装钻头、铰刀等孔加工刀具，利用套筒的轴向移动实现纵向进给运动来加工内孔。尾座的纵向位置可沿床身导轨(尾座导轨)进行调整，以适应加工不同长度工件的需要。尾座的横向位置可相对底座在小范围内进行调整，以车削锥度较小的长外圆锥面。

2) 立式车床

加工径向尺寸大而轴向尺寸相对较小的工件时，若采用卧式车床加工，工件装卡找正困难，主轴前支承轴承因负荷过大容易磨损，难以长期保证工作精度。而立式车床就适合加工这类工件。由于立式车床的主轴轴线垂直布置，工件安装在水平工作台上，因而找正和装夹比较方便。工件与工作台的重量均匀地作用在环形的工作台导轨或推力轴承上，没有倾覆力矩，能长期保持机床工作精度。

立式车床分单柱式(见图 2-17(a))和双柱式(见图 2-17(b))两种。单柱立式车床只能用于加工直径较小的工件，而最大的双柱立式车床的加工直径可以超过 25 m。

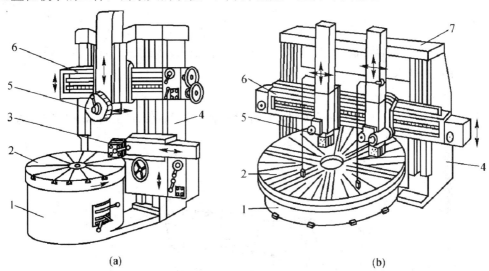

(a)　　　　　　　　　　　　　　(b)

1—底座；2—工作台；3—侧刀架；4—立柱；5—垂直刀架；6—横梁；7—顶梁

图 2-17　立式车床

单柱立式车床的工作台 2 由主轴带动在底座 1 的环形导轨上作旋转运动。工作台上有多条径向 T 形槽用来固定工件。横梁 6 能在立柱上作上下移动以调整位置，便于加工不同高度的工件。立柱 4 上的侧刀架 3 可沿立柱导轨作垂直方向的进给运动，也可沿刀架滑座的导轨作水平的横向进给运动。垂直刀架 5 可沿横梁上的导轨作横向进给及垂直进给，刀架滑座能向两侧倾斜一定角度用以加工锥面。垂直刀架上通常装有五角形的转塔刀架，上面可装几组刀具。

由于大直径工件上很少有螺纹，因此立式车床上没有车削螺纹的传动链，不能加工螺纹。

2. 铣床

铣床的用途广泛，可以加工各种平面、沟槽、齿槽、螺旋形表面、成形表面等(如图

2-18 所示)。铣床上用的刀具是铣刀,以相切法形成加工表面,同时有多个刀刃参加切削,因此生产效率较高。但多刃刀具断续切削容易造成振动而影响加工表面的质量,所以对机床的刚度和抗振性有较高的要求。

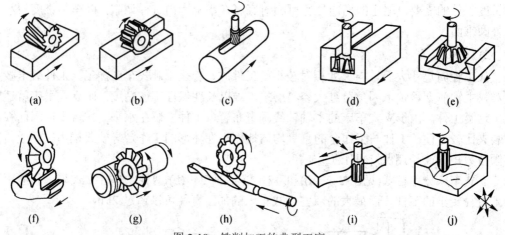

(a)　(b)　(c)　(d)　(e)

(f)　(g)　(h)　(i)　(j)

图 2-18　铣削加工的典型工序

铣床的主要类型有卧式升降台铣床、立式升降台铣床、床身式铣床、龙门铣床、工具铣床和各种专用铣床等。

1) 升降台铣床

当加工工件的尺寸、重量都不大时,多使用工作台能垂直移动的升降台铣床。图 2-19 所示为卧式升降台铣床的外形图。

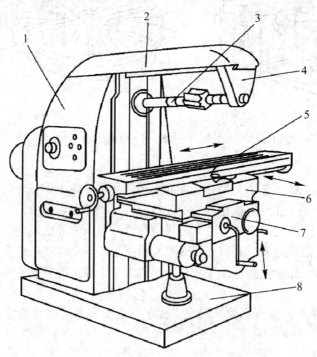

1—床柱;2—悬梁;3—刀杆;4—悬梁支架;5—工作台;6—床鞍;7—升降台;8—底座

图 2-19　卧式升降台铣床

卧式升降台铣床由底座 8、床柱 1、悬梁支架 4、升降台 7、床鞍 6、工作台 5 及装在主轴上的刀杆 3 等主要部件组成。床柱内部装有主传动系统，经主轴、刀杆传动，带动刀具作旋转主运动。工件用夹具或分度头等附件安装在工作台上，也可以用压板直接固定在工作台上。升降台连同床鞍、工作台可沿床柱上的导轨上下移动，以手动或机动的方式作垂直进给运动。床鞍及工作台可在升降台的导轨上作横向进给运动，工作台又可沿床鞍上的导轨作纵向进给运动。

立式升降台铣床的外形如图 2-20 所示，它与卧式升降台铣床的区别在于，其主轴 2 为垂直布置，立铣头 1 可以在垂直面内倾斜调整成某一角度，并且主轴套筒可沿轴向调整其伸出的长度。

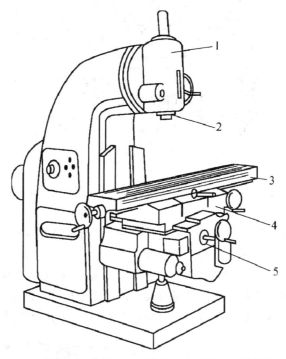

1—立铣头；2—主轴；3—工作台；4—床鞍；5—升降台

图 2-20 立式升降台铣床

2) 床身式铣床

床身式铣床的工作台不作升降运动，机床垂直方向的进给运动由主轴箱沿立柱导轨运动来实现。这类机床常用于加工中等尺寸的零件。

床身式铣床的工作台有圆形和矩形两类。一种双轴圆形工作台铣床如图 2-21 所示，其工作台 3 与滑座 2 可作横向移动，以调整工作台与主轴间的相对位置。主轴套筒能在垂直方向调整位置，以保证规定的铣削深度。工作台上可安装多套夹具，在机床正面装卸工件，加工时工作台缓慢旋转作圆周方向的进给，两主轴上的端铣刀分别完成粗铣和半精铣加工。由于加工是连续进行的，因此在大批大量生产中和小型工件加工中，其生产效率较高。

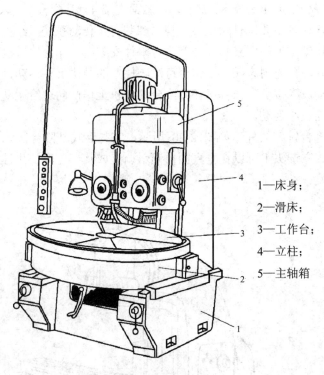

图 2-21　双轴圆形工作台铣床

1—床身；

2—滑床；

3—工作台；

4—立柱；

5—主轴箱

3) 龙门铣床

龙门铣床是大型高效通用机床，主要用于各种大型工件上的平面、沟槽等的粗铣、半精铣或精铣加工，也可借助于附件加工斜面和内孔。

图 2-22 所示为龙门铣床的外形。其立柱 5 和 7、床身 10 与顶梁 6 组成一个门式框架，其刚性较好。横梁 3 可沿立柱上的导轨垂直移动，以调整位置。两个铣头 4 和 8 可沿横梁上的导轨作横向移动，两立柱上也各有一个铣头 2 和 9，可沿立柱导轨垂直移动。

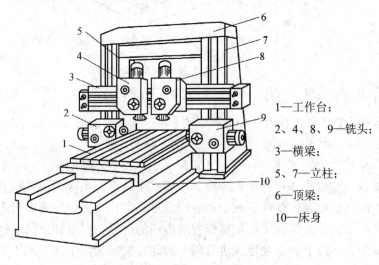

1—工作台；

2、4、8、9—铣头；

3—横梁；

5、7—立柱；

6—顶梁；

10—床身

图 2-22　龙门铣床

四个铣头都有单独的主运动电机和传动系统，其主轴转速和箱体位置都是独立调整的，每个铣头的主轴套筒连同主轴可在其轴线方向调整位置并锁紧。

加工时，工件固定在工作台 1 上，工作台沿床身上的导轨作纵向进给运动。由于龙门铣床能用多把铣刀同时加工几个平面，所以生产效率高，适于大批大量生产。

3. 钻床与镗床

钻床与镗床都是孔类加工机床，主要用于加工外形复杂、没有对称回转轴线的工件，如各种杆类、支架类、板类和箱体类等零件上的孔或孔系。

1) 钻床

钻床一般用于加工直径不大且精度要求不高的孔。加工时，工件固定，刀具作旋转主运动并同时作轴向进给运动。图 2-23 所示为钻床的几种典型加工表面。钻床的主参数为最大钻孔直径。钻床的主要类型有台式钻床、立式钻床、摇臂钻床和各种专用钻床。

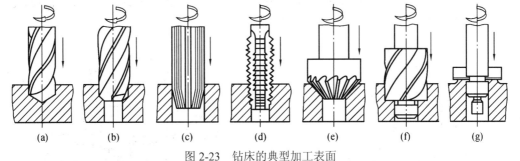

(a)　　　(b)　　　(c)　　　(d)　　　(e)　　　(f)　　　(g)

图 2-23　钻床的典型加工表面

(1) 台式钻床。

图 2-24 所示为台式钻床的外形图。台式钻床主轴用电动机经一对塔轮用 V 型带传动，钻头用主轴前端的夹头夹紧，通过齿轮齿条机构使主轴套筒作轴向进给。台式钻床只能加工较小工件上的孔，但它的结构简单，体积小，使用方便，在机械加工和修理车间中应用广泛。

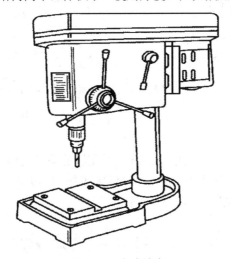

图 2-24　台式钻床

(2) 立式钻床。

立式钻床由底座 1、工作台 2、主轴箱 3、立柱 4、手柄 5 等部件组成(如图 2-25 所示)。

主轴箱内有主运动及进给运动的传动与置换机构，刀具安装在主轴的锥孔内，由主轴带动作旋转主运动，主轴套筒可以手动或机动作轴向进给。工作台可沿立柱上的导轨作调位运动。工件用工作台上的虎钳夹紧，或用压板直接固定在工作台上。立式钻床的主轴中心线是固定的，必须移动工件使被加工孔的中心线与主轴中心线对准。所以，立式钻床只适用于单件小批生产的中、小型工件。

(3) 摇臂钻床。

摇臂钻床适用于在单件小批生产中加工较大工件的孔。摇臂钻床的主要部件由底座 1、立柱 2、摇臂 3、主轴箱 4 和工作台 5 组成(见图 2-26)。加工时，工件安装在工作台或底座上。立柱分为内、外两层，内立柱固定在底座上，外立柱连同摇臂和主轴箱可绕内立柱旋转摆动，摇臂可在外立柱上作垂直方向的调整，主轴箱能在摇臂的导轨上作径向移动，使主轴与工件孔中心找正，然后用夹紧装置将内外立柱、摇臂与外立柱、主轴箱与摇臂间的位置分别固定。主轴旋转运动及主轴套筒轴向进给运动的开停、变速、换向、制动机构，都布置在主轴箱内。

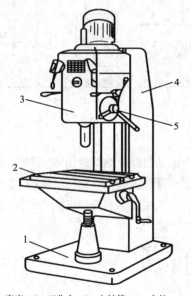

1—底座；2—工作台；3—主轴箱；4—立柱；5—手柄

图 2-25　立式钻床

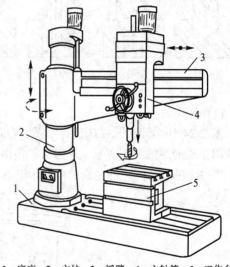

1—底座；2—立柱；3—摇臂；4—主轴箱；5—工作台

图 2-26　摇臂钻床

2) 镗床

镗床主要用于加工工件上已有的孔或孔系，使用的刀具为镗刀。加工时刀具作旋转主运动，轴向的进给运动由工件或刀具完成。镗削加工的切削力较小，其加工精度高于钻床。镗床的主要类型有卧式铣镗床、坐标镗床等。

(1) 卧式铣镗床。

卧式铣镗床的工艺范围很广，除了镗孔以外，还可以车端面、车外圆、车螺纹、车沟槽、钻孔、铣平面等，卧式铣镗床的典型工序如图 2-27 所示。对于较大的复杂箱体类零件，卧式铣镗床能在一次装夹中完成多孔和多表面的加工，并能较好地保证其尺寸精度、形状及相互位置精度，这是其他机床难以完成的。

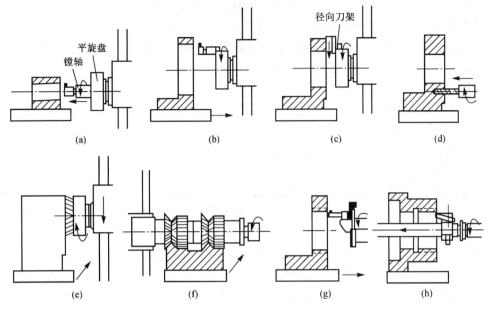

图 2-27　卧式铣镗床的典型工序

卧式铣镗床的主参数为镗轴的直径。卧式铣镗床的外形如图 2-28 所示。

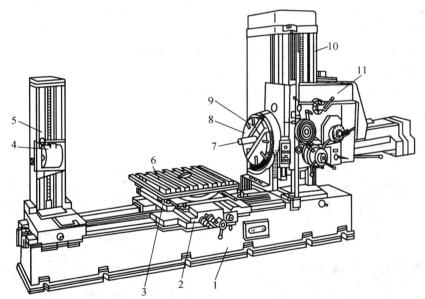

1—床身；2—下滑座；3—上滑座；4—后支架；5—后立柱；6—工作台；7—镗轴；8—平旋盘；
9—径向刀架；10—前立柱；11—主轴箱

图 2-28　卧式铣镗床

图 2-28 中，1 为床身，其上固定有前立柱 10；主轴箱 11 可沿前立柱上的导轨上下移动，主轴箱内有主轴部件，以及主运动、轴向进给运动、径向进给运动的传动机构和相应的操纵机构。主轴前端的镗轴 7 上可以装刀具或镗杆。镗杆上安装刀具，由镗轴带动作旋转主运动，并可作轴向进给运动。镗轴上也可以装上端铣刀铣削平面。主轴前面的平旋盘 8 上也可以装端铣刀铣削平面，平旋盘的径向刀架 9 上装的刀具可以一边旋转一边作径向

进给运动车削孔端面。后立柱 5 可沿床身导轨移动，后支架 4 能在后立柱的导轨上与主轴箱作同步升降运动，以支承镗杆的后端，增大其刚度。工作台 6 用于安装工件，它可以随上滑座 3 在下滑座 2 的导轨上作横向进给，或随下滑座在床身的导轨上作纵向进给，还能绕上滑座的圆导轨在水平面内旋转一定角度，以加工斜孔及斜面。

(2) 坐标镗床。

坐标镗床是高精度机床，主要用于加工尺寸精度和位置精度要求都很高的孔或孔系。坐标镗床除了按坐标尺寸镗孔以外，还可以钻孔、扩孔、铰孔、锪端面，铣平面和沟槽，用坐标测量装置作精密刻线和划线，进行孔距和直线尺寸的测量等。

坐标镗床的特点是：有精密的坐标测量装置，能实现工件孔和刀具轴线的精确定位(定位精度可达 2 μm)；机床主要零部件的制造和装配精度很高；机床结构有良好的刚性和抗振性，并采取了抗热变形措施；机床对使用环境和条件有严格要求。坐标镗床主要用于单件小批生产。

坐标镗床的坐标测量装置是保证机床加工精度的关键。常用的坐标测量装置有：带校正尺的精密丝杠坐标测量装置、精密刻线尺、光屏读数器坐标测量装置和光栅坐标测量装置，还有感应同步器测量装置、激光干涉测量装置等。

坐标镗床有立式单柱、立式双柱和卧式等主要类型。图 2-29 所示为立式单柱坐标镗床，工作台 2 可在床鞍 5 的导轨上作纵向移动，也可随床鞍在床身 1 的导轨上作横向移动，这两个方向均有坐标测量装置。主轴箱 3 固定在立柱 4 上，主轴套筒可作轴向进给。图 2-30 为立式双立柱坐标镗床，工作台 2 只沿床身 1 上的导轨做纵向移动，主轴在横坐标方向的移动由主轴箱 6 沿横梁 3 上的导轨的移动来完成。横梁 3 可沿立柱 4 与 7 的导轨做上下位置调整。两立柱与顶梁 5 和床身 1 组成框架结构，并且工作台的层次少，结合面少，所以刚度高。大、中型坐标镗床通常采用这种双立柱式结构。

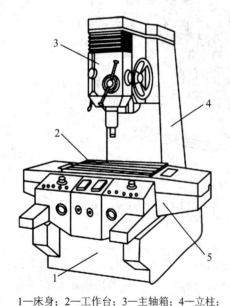

1—床身；2—工作台；3—主轴箱；4—立柱；5—床鞍

图 2-29　立式单柱坐标镗床

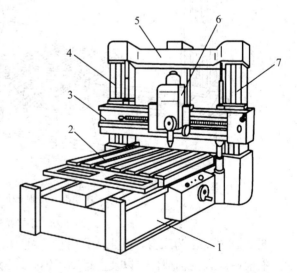

1—床身；2—工作台；3—横梁；4、7—立柱；5—顶梁；6—主轴箱

图 2-30　立式双柱坐标镗床

4. 磨床

磨床是以磨料、磨具(砂轮、砂带、油石、研磨料等)为工具对工件进行磨削加工的机床。磨床通常用作精加工，工艺范围非常广泛，平面、内外圆柱面、圆锥面、螺纹表面、齿轮齿面及各种成形面，都可以用相应的磨床进行加工。对淬硬的零件和高硬度材料制品，磨床是主要的加工设备。磨床除了用作精加工外，也可用来进行高效率的粗加工或一次完成粗、精加工。磨床在机床总数中所占比例在工业发达国家已达到 30%～40%。

磨床与其他机床相比，由于其加工方式及加工要求有独特之处，因而在传动和结构方面也有其特点。磨床的主运动转速高且要求稳定，故多采用带传动或内连式电机等原动机直接驱动主轴；砂轮主轴轴承广泛采用各种精度高、吸振性好的动压或静压滑动轴承；磨床的直线进给运动多为液压传动，并且对旋转件的静、动平衡，冷却液的洁净度，进给机构的灵敏度和准确度等都有较高的要求。

磨床的种类很多，主要类型有外圆磨床、内圆磨床、平面磨床、工具磨床，以及加工特定的某类零件如曲轴、花键轴等的各种专门化磨床。

1) 外圆磨床

外圆磨床又可分为普通外圆磨床、万能外圆磨床、无心外圆磨床、宽砂轮外圆磨床、端面外圆磨床等。

(1) M1432A 型万能外圆磨床。

如图 2-31 所示为 M1432A 型万能外圆磨床的外形图，这种外圆磨床适用于单件小批生产中磨削内外圆柱面、圆锥面、轴肩端面等，其主参数为最大磨削直径。

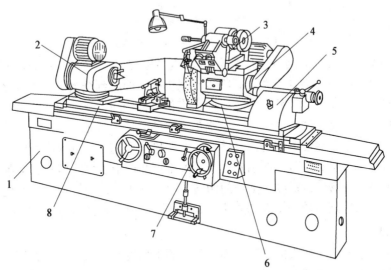

1—床身；2—头架；3—内圆磨具；4—砂轮架；5—尾座；6—滑鞍；7—手轮；8—工作台

图 2-31　M1432A 型万能外圆磨床

M1432A 型万能外圆磨床的工作台 8 在床身的纵向导轨上作进给运动。工作台由上下两层组成，上工作台可相对于下工作台在水平面内回转一个不大的角度以磨削长锥面。头架 2 固定在工作台上，用来安装工件并带动工件旋转。为了磨削短的锥孔，头架在水平面内可转动一个角度。尾座 5 可在工作台的适当位置上固定，以顶尖支承工件。滑鞍 6 上装有砂轮架 4 和内圆磨具 3，转动横向进给手轮 7，通过横向进给机构能使滑鞍和砂轮架作横向运动。砂轮架也能在滑鞍上调整一定角度，以磨削锥度较大的短锥面。为了便于装卸工件及测量尺寸，滑鞍与砂轮架还可以通过液压装置作一定距离的快进或快退运动。将 3 放下并固定后，就能启动内圆磨具电机，磨削夹紧在卡盘中的工件的内孔，此时电气联锁装置使砂轮架不能作快进或快退运动。

(2) 无心外圆磨床。

如图 2-32 所示为无心外圆磨床的加工原理图。无心外圆磨床磨削外圆时，工件不是用顶尖或卡盘装夹，而是直接由托板和导轮支承，用被加工表面本身定位。图 2-32(a)中，1 为磨削砂轮，高速旋转作切削主运动；导轮 3 是用树脂或橡胶为结合剂的砂轮，它与工件之间的摩擦力比较大，当导轮以较低的速度带动工件旋转时，工件的线速度与导轮表面的线速度相近；工件 4 由托板 2 与导轮 3 共同支承，工件的中心一般应高于砂轮与导轮的连心线，以免工件加工后出现菱形圆。

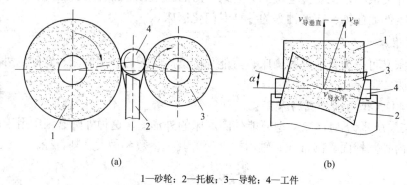

1—砂轮；2—托板；3—导轮；4—工件

图 2-32　无心外圆磨床的工作原理

无心外圆磨床有两种磨削方式：贯穿磨削法(简称贯穿法、纵磨法) 和切入磨削法(简称切入法、横磨法)。用贯穿法磨削时，将工件从机床前面放到托板上并推至磨削区，导轮轴线在垂直平面内倾斜一个 α 角，导轮表面经修整后为一回转双曲面，其直母线与托板表面平行。工件被导轮带动回转时产生一个水平方向的分速度(见图 2-32(b))，从导轮与磨削砂轮之间穿过。采用贯穿法磨削时，工件可以一个接一个地连续进入磨削区，生产效率高且易于实现自动化。贯穿法可以磨削圆柱形、圆锥形和球形工件，但不能磨削带台阶的圆柱形工件。用切入法磨削时，导轮轴线的倾斜角度 α 很小，仅用于使工件产生小的轴向推力，工件与导轮向磨削砂轮作横向切入进给，或由磨削砂轮向工件进给。

2) 平面磨床

平面磨床用于磨削工件上的各种平面。砂轮的工作表面可以是圆周表面，也可以是端面。以砂轮的圆周表面进行磨削时，砂轮与工件的接触面积小，发热少，磨削力引起的工艺系统变形也小，被加工表面的精度和质量较高，但生产效率较低。以这种方式工作的平面磨床，砂轮主轴为水平(卧式)布置。用砂轮的端面进行磨削时，砂轮与工件的接触面积较大，磨削力增加，发热量也大，而冷却、排屑条件较差，被加工表面的精度及质量比圆周磨削方式的稍低，但生产率较高。以此方式加工的平面磨床，砂轮主轴为垂直(立式)布置。

根据平面磨床的工作方式和机床布局的不同，平面磨床可分为 4 类，如图 2-33 所示。图(a)为卧轴矩台式；图(b)为立轴矩台式，它们的运动有砂轮旋转主运动、矩形工作台纵向往复进给运动、砂轮周期性横向进给运动和砂轮垂直切入运动；图(c)为卧轴圆台式；图(d)为立轴圆台式，它们的运动有砂轮旋转主运动、圆形工作台旋转进给运动、砂轮周期性垂直切入进给运动，其中卧轴圆台平面磨床还有一个径向进给运动。

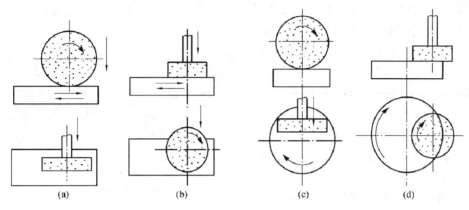

图 2-33　平面磨床的主要类型

矩形工作台与圆形工作台相比，前者加工范围较宽，但有工作台换向的时间损失；后者为连续磨削，生产效率较高，但不能加工较长的或带台阶的平面。图 2-34 为常见的卧轴矩台式平面磨床的外形图。

图 2-34　卧轴矩台式平面磨床

5. 齿轮加工机床

齿轮加工机床是加工齿轮齿面的机床，其种类较多，按加工对象的不同，分为圆柱齿轮加工机床和锥齿轮加工机床两大类。其中圆柱齿轮加工机床主要有滚齿机、插齿机等，锥齿轮加工机床有加工直齿锥齿轮的刨齿机、铣齿机、拉齿机和加工弧齿锥齿轮的铣齿机。按加工精度的不同，分为一般精度齿轮加工机床和精加工齿轮加工机床，其中用于精加工齿轮齿面的有主要为研齿机、剃齿机、珩齿机和磨齿机等。按齿形加工原理，分为成形法和展成法两种。成形法所用刀具的切削刃形状与被加工齿轮的齿槽形状相同，这种方法的加工精度和生产效率通常都较低，仅在单件小批生产中采用。展成法是将齿轮啮合副中的一个齿轮转化为刀具，另一个齿轮转化为工件，齿轮刀具作切削主运动的同时，以内联系传动链强制刀具与工件作严格的啮合运动，于是刀具切削刃就在工件上加工出所要求的齿形表面。展成法的加工精度和生产效率都较高，因此目前绝大多数齿轮加工都采用展成法，其中滚齿机和插齿机应用最广，下面分别对滚齿机和插齿机进行介绍：

1) 滚齿机

滚齿加工的原理是根据展成法的原理来加工齿轮的。滚齿的加工过程相当于一对交错螺旋齿轮副啮合滚动的过程。将这对啮合传动副中的一个螺旋齿轮齿数减少到 1~4 个齿，其螺旋角很大而螺旋升角很小，就转化成蜗杆。再将蜗杆在轴向开槽形成切削刃和前刀面，各切削刃铲背形成后刀面和后角，再经淬硬、刃磨，制成滚刀。滚齿时，工件装在机床工作台上，滚刀装在刀架的主轴上，使它们如同一对螺旋齿轮相啮合。用一条内传动链将滚刀主轴与工作台联系起来，单头滚刀旋转一转，强制工件转过一个齿，则滚刀连续旋转时，就可在工件表面加工出共轭的齿面(见图 2-35)。

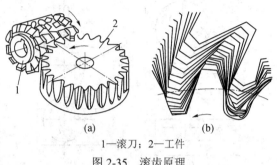

1—滚刀；2—工件

图 2-35　滚齿原理

Y3150E 型滚齿机为中型滚齿机，能加工直齿、斜齿圆柱齿轮，用径向切入法能加工蜗轮，配备切向进给刀架后也可以用切向切入法加工蜗轮。该机床外形如图 2-36 所示。立柱 2 固定在床身 1 上，刀架溜板 3 可沿立柱上的导轨作轴向进给运动。安装滚刀的刀杆 4 固定在刀架体 5 中的刀具主轴上，刀架体能绕自身轴线倾斜一个角度，这个角度称为滚刀安装角，其大小与滚刀的螺旋升角及旋向有关。安装工件的心轴 7 固定在工作台 9 上，工作台与后立柱 8 装在床鞍 10 上，可沿床身导轨作径向进给运动或调整径向位置。支架 6 用于支承工件心轴上端，以提高心轴的回转精度和刚度。

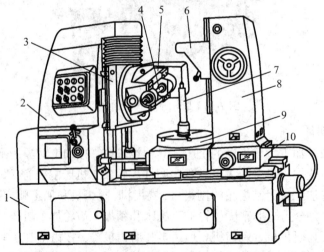

1—床身；2—立柱；3—刀架溜板；4—刀杆；5—刀架体；6—支架；
7—心轴；8—后立柱；9—工作台；10—床鞍

图 2-36　Y3150E 型滚齿机

2) 插齿机

插齿机也是一种常见的齿轮加工机床，主要用于加工直齿圆柱齿轮，增加特殊的附件后也可以加工斜齿圆柱齿轮。对滚齿机无法加工的内齿轮和多联齿轮，使用插齿机加工尤为适宜。

插齿的原理相当于一对圆柱齿轮相啮合，其中一个假想的齿轮是工件，另一个与之啮合的齿轮转化为磨有前角、后角而形成切削刃的刀具——插齿刀。用内联系传动链使插齿刀与工件之间按齿轮啮合原理作展成运动，同时插齿刀快速作轴向的切削主运动就可以在工件上加工出齿形来(见图 2-37)。

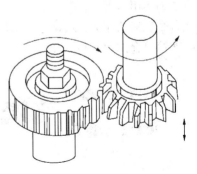

图 2-37　插齿原理及所需运动

2.2　金属切削刀具

2.2.1　刀具的种类及选择

刀具的种类很多，按照切削刃的多少，可以分为单刃(单齿)刀具和多刃(多齿)刀具；按照标准化程度，可以分为标准刀具 (如麻花钻、铣刀、丝锥)和非标准刀具(如拉刀、成形刀具等)；按照刀具尺寸规格，可以分为定尺寸刀具(如扩孔钻、铰刀等)和非定尺寸刀具 (如外圆车刀、刨刀等)；按照刀具的结构形式，可以分为整体式刀具、装配式刀具和复合式刀具等；按照用途和加工方法不同，通常把刀具又分为以下类型：车刀、孔加工刀具、拉刀、铣刀、螺纹刀具、齿轮刀具、自动化加工刀具等。

1. 车刀

车刀是金属切削加工中使用最广泛的刀具，它可以用来在车床上加工各种内、外回转体表面如外圆、内孔、端面、螺纹、也可用于切槽和切断等(见图 2-38)。

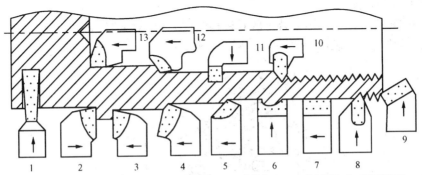

1—切断刀；2—左偏刀；3—右偏刀；4—弯头车刀；5—直头车刀；6—成形车刀；7—宽刃精车刀；
8—外螺纹车刀；9—端面车刀；10—内螺纹车刀；11—内槽车刀；12—通孔车刀；13—盲孔车刀

图 2-38　常用车刀种类

车刀按结构不同，可分为焊接式(见图 2-39(a))、整体式(见图 2-39(b))、机夹重磨式(见

图 2-39(c))、可转位式(见图 2-39(d))和成形车刀(见图 2-41)等。目前硬质合金焊接式和可转位车刀应用最普遍；整体式结构一般仅用于高速钢车刀或尺寸较小的硬质合金刀具等；硬质合金机夹式车刀，尤其是可转位式车刀在自动车床、数控机床和自动线上应用较为普遍。下面简单介绍可转位式车刀和成形车刀：

(a)　　　　　　(b)　　　　　　(c)　　　　　　(d)

图 2-39　车刀结构类型

(1) 可转位式车刀。

可转位式车刀广泛应用在数控机床中，由刀杆、刀片、刀垫和夹紧元件组成，如图 2-40 所示。用机械夹固方式将刀片夹紧在刀杆上，切削刃用钝后，不需要重磨，只需松开夹紧装置，将刀片转过一个位置，重新夹紧后便可用新的一个切削刃继续进行切削。当全部刀刃都用钝后可更换相同规格的新刀片。

可转位式车刀是车刀发展的主要方向。它有许多优点：

① 避免了焊接式车刀在焊接刀片时所产生的缺陷，刀具寿命一般比焊接式车刀提高一倍以上，并能在较大的切削用量下使用；

② 刀杆可重复使用，节约大量的刀杆材料；

③ 可转位刀片的几何参数及断屑槽的形状是压制成形，或用专门的设备刃磨而成，采用先进的几何参数，只要切削用量选择适当，完全能保证切削性能稳定，断屑可靠；

④ 刀片转位、更换方便、迅速，并能保持切削刃与工件的相对位置不变，从而减少辅助时间，提高生产效率；

⑤ 刀片不焊接不刃磨，有利于涂层刀片的使用。而涂层刀片耐磨性、耐热性好，可提高切削速度和使用寿命；

⑥ 减少了硬质合金、陶瓷、立方氮化硼等材料的消耗；

⑦ 便于刀具的管理。

可转位式车刀大都是利用刀片上的孔进行定位夹紧。对夹紧结构的要求是：夹紧可靠、定位精确、结构简单、操作方便，而且夹紧元件不应妨碍切屑的流出。

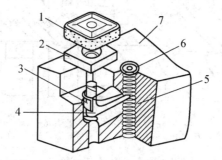

1—刀片；2—刀垫；3—卡簧；4—杠杆；5—弹簧；6—螺钉；7—刀杆

图 2-40　可转位式车刀组成

(2) 成形车刀。

成形车刀是加工回转体成形表面的高效专用车刀。车刀的刃形是根据工件廓形专门设计的，又称为样板车刀。它主要用于大批量生产，在半自动车床或自动车床上加工内外回转体成形表面，也可在普通车床中使用。成形车刀加工质量稳定、生产效率高、刀具使用寿命长。成形车刀按结构和形状分为平体成形车刀(见图 2-41(a))、棱体成形车刀(见图 2-41(b))和圆体成形车刀(见图 2-41(c))三类。

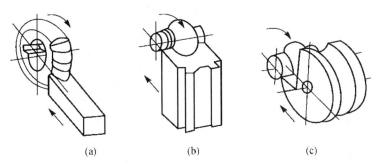

(a)　　　　　　　(b)　　　　　　　(c)

图 2-41　成形车刀的类型

2. 孔加工刀具

1) 麻花钻

麻花钻是应用最广的孔加工刀具，一般用于孔的粗加工，也可用于加工内螺纹底孔及高精度孔的预制孔。标准麻花钻是由柄部、颈部和工作部分组成，如图 2-42 所示。工作部分是钻头的主要部分，前端为切削部分，承担主要的切削工作；后端为导向部分，起引导钻头的作用，也是切削部分的后备部分。钻头的工作部分有两条对称的螺旋槽，是容屑和排屑的通道。切削部分由两个前刀面、两个主后刀面、两个副后刀面组成。螺旋槽的螺旋面形成了钻头的前面，端部有两个近似于锥面(与工件孔底相对)的曲面为主后刀面，磨有两条棱边(与工件孔壁相对)，形成副后刀面。螺旋槽与主后刀面的两条交线形成主切削刃，两个主切削刃由钻芯连接，棱边与螺旋槽的两条交线形成副切削刃，两主后刀面在钻芯处的交线构成了横刃。

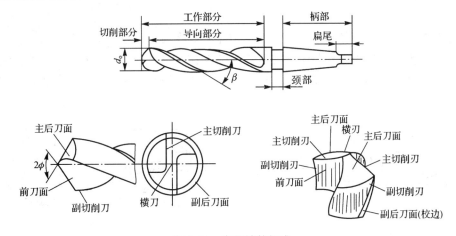

图 2-42　麻花钻的组成

麻花钻的主要几何参数有螺旋角 β(一般为 $25°\sim32°$)，顶角 $2\phi(2\phi=118°)$，横刃长度，横刃斜角等。由于标准麻花钻存在切削刃长，前角变化大(从外缘 30° 逐渐减小到钻芯 $-30°$)，横刃切削条件差，排屑不畅等结构问题，为提高钻孔精度和效率，常将标准麻花钻按特定方式修磨成"群钻"(见图 2-43)。

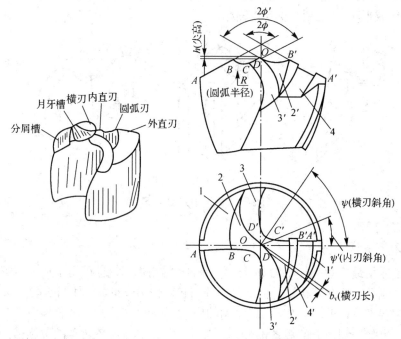

1、1′— 外刃后刀面；2、2′—月牙槽；3、3′—内刃前刀面；4、4′—分屑槽

图 2-43　基本型群钻

群钻的基本特征为：三尖七刃锐当先，月牙弧槽分两边，一侧外刃开屑槽，横刃磨得低窄尖。

2) 扩孔钻和锪钻

(1) 扩孔钻。

扩孔钻是用于扩大孔径的刀具。它可用于孔的最终加工或铰孔、磨孔前的预加工。扩孔钻有高速钢整体式(见图 2-44(a))、硬质合金镶齿套式(见图 2-44(b))等形式。扩孔钻的外形与麻花钻相似，但其齿数较多(常有 3~4 齿)，容屑槽较浅，无横刃，导向性好，加工质量和生产效率高。

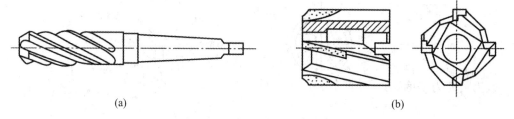

(a)　　　　　　　　　　　(b)

图 2-44　扩孔钻类型

(2) 锪钻。

锪钻用于加工圆柱形沉头孔、锥形沉头孔和凸台面等。如图 2-45(a)所示为带导柱的平底锪钻，它在端面和圆周上有 3~4 个刀齿，前端有导柱，使沉孔及其端面和圆柱孔保持同轴与垂直。如图 2-45(b)所示为锥面锪钻，它的钻尖角有 60°、90°、120° 三种，用于加工中心孔和孔口倒角。如图 2-45(c)所示为端面锪钻，它仅在端面上有切削齿，用来加工孔的端面，其前端有导柱以保证端面和孔的垂直度。锪钻有高速钢整体式、硬质合金镶齿式等。

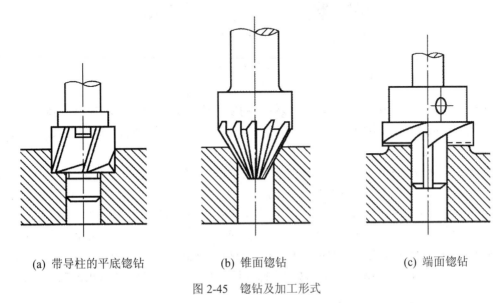

　(a) 带导柱的平底锪钻　　　　　　(b) 锥面锪钻　　　　　　　(c) 端面锪钻

图 2-45　锪钻及加工形式

3) 铰刀

铰刀用于中、小尺寸孔的半精加工和精加工。铰刀的齿数较多(6~12 个)，齿槽浅，刚性和导向性好，铰孔的加工精度可达 IT7~IT6，表面粗糙度可达 $Ra1.6$~$Ra0.4$。铰刀多为整体高速钢制造。铰刀的结构由工作部分、颈部和柄部组成(见图 2-46)，工作部分有切削部分和校准部分，校准部分有圆柱部分和倒锥部分，圆柱校准部分的直径为铰刀的直径，它直接影响被加工孔的尺寸精度。

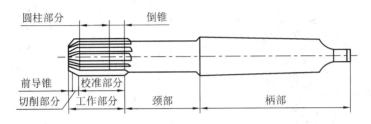

图 2-46　铰刀的结构

铰刀可分为手用铰刀和机用铰刀，手用铰刀分为整体式和可调整式，其工作部分较长，适用于单件小批生产或在装配中铰孔。机用铰刀分为带柄铰刀和套式铰刀。图 2-47 所示为常用铰刀的类型。

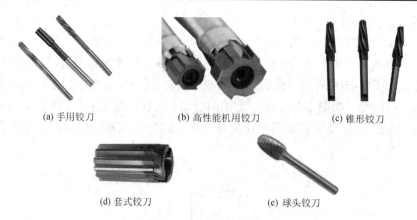

(a) 手用铰刀　　　(b) 高性能机用铰刀　　　(c) 锥形铰刀

(d) 套式铰刀　　　(e) 球头铰刀

图 2-47　常用铰刀的类型

4) 镗刀

镗刀是广泛使用的孔加工刀具，一般镗孔精度可达到 IT9～IT7，精镗可达到 IT6，表面粗糙度可达 $Ra1.6$～$Ra0.8$。镗孔能获得较高的位置精度，特别适合于箱体孔及较大直径孔的粗、精加工。

镗刀按结构一般可分为单刃镗刀和双刃镗刀。如图 2-48 所示为单刃镗刀，其结构简单、制造方便。调整和更换刀片，可以加工不同尺寸的孔径，但调整比较费时，且精度不易控制。随着科技发展和生产的需要，开发了许多新型单刃微调镗刀(见图 2-49)和双刃镗刀。双刃镗刀的特点是在对称的方向上有两个切削刃同时参与工作，因而可消除镗孔时背向力对镗杆的作用而产生的加工误差，双刃镗刀的尺寸直接影响镗孔精度，因此对镗刀和镗杆的制造要求较高。图 2-50 所示是用于批量较大且镗孔精度要求较高的调节式双刃浮动镗刀。

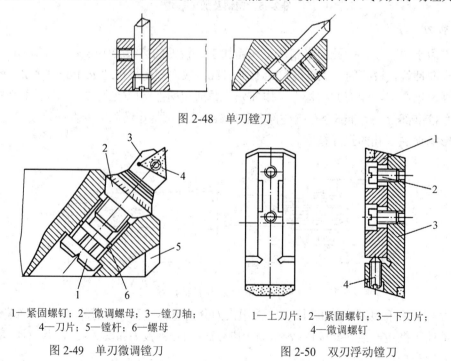

图 2-48　单刃镗刀

1—紧固螺钉；2—微调螺母；3—镗刀轴；
4—刀片；5—镗杆；6—螺母

图 2-49　单刃微调镗刀

1—上刀片；2—紧固螺钉；3—下刀片；
4—微调螺钉

图 2-50　双刃浮动镗刀

3. 拉刀

拉刀是利用拉刀上相邻刀齿径向尺寸的变化来切除加工余量的。它能加工各种形状贯通的内外表面，拉削后尺寸精度可达 IT9～IT7，表面粗糙度可达 $Ra3.2$～$Ra0.8$。其加工精度和生产效率高。拉刀使用寿命长，但制造较复杂，成本高，所以拉刀主要用于大批量生产中。拉刀按加工表面的不同分为圆孔拉刀、花键拉刀、键槽拉刀、四方拉刀和平面拉刀等，拉削加工的典型表面如图 2-51 所示。圆孔拉刀(见图 2-52)包括柄部、颈部、过渡锥、前导部、切削齿、校准齿和后导部，对于长而重的拉刀还有后柄部。切削齿由粗切齿、过渡齿、精切齿组成，相邻刀齿的半径差称为齿升量，粗切齿齿升量按加工材料性能选取，应尽量取大，一般取 0.02 mm～0.20 mm，精切齿齿升量一般取 0.005 mm～0.02 mm，过渡齿的齿升量是在粗切齿和精切齿之间逐齿递减，逐步提高加工孔的质量。校准齿齿升量等于零，起最后修光、校准拉削表面的作用。

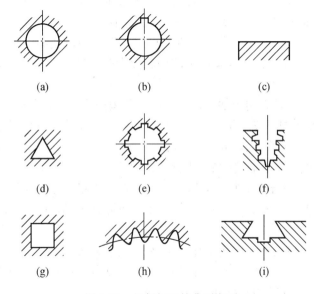

(a)　　　　　　(b)　　　　　　(c)

(d)　　　　　　(e)　　　　　　(f)

(g)　　　　　　(h)　　　　　　(i)

图 2-51　拉削加工的典型表面

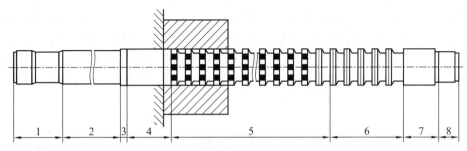

1—前柄部；2—颈部；3—过渡锥；4—前导部；5—切削齿；6—校准齿；7—后导部；8—后柄部

图 2-52　圆孔拉刀的结构

4. 铣刀

铣刀是一种应用十分广泛的多刃回转刀具，可以加工平面、沟槽、螺旋表面、轮齿表面和成形表面等。铣刀的种类很多，结构不一，如图 2-53、图 2-54 所示，主要有以下几种类型：

(1) 圆柱形铣刀。一般用于卧式铣床加工平面，分为粗齿和细齿两种，分别用于粗加工和精加工。

(2) 硬质合金面铣刀。一般用于高速铣削加工中等宽度的平面。其结构有整体焊接式、机夹焊接式与可转位式，目前广泛采用可转位式。与高速钢圆柱形铣刀相比，可转位式硬质合金面铣刀的铣削速度较高，生产效率高，表面加工质量好。可转位面铣刀的齿分为粗、中、细三种，粗铣钢件时应选用粗齿面铣刀；半精铣、精铣钢件时可选用中齿面铣刀；精铣铸铁件或加工薄壁铸铁件时宜选用细齿面铣刀。

(3) 三面刃铣刀。三面刃铣刀在圆周表面有主切削刃，两侧端面上有副切削刃，主要用于加工沟槽和台阶面。三面刃铣刀的刀齿结构可分为直齿、错齿和镶齿三种。除了高速钢三面刃铣刀外，还有硬质合金焊接三面刃铣刀及硬质合金机夹三面刃铣刀。

(4) 锯片铣刀。锯片铣刀用于铣削窄槽或切断工件。

(5) 立铣刀。立铣刀一般用于加工平面、凹槽、台阶面以及利用靠模加工成形表面。其圆周面上的切削刃是主切削刃，端面上的切削刃没有通过中心，是副切削刃，故切削时不宜作轴向进给运动。

(6) 模具铣刀。模具铣刀用于加工模具型腔或凸模成形表面，在模具制造中广泛应用。它是由立铣刀演变而成的。按工作部分外形可分为圆锥形平头、圆柱形球头、圆锥形球头等。硬质合金模具铣刀可取代金刚石锉刀和磨头来加工淬火后硬度小于 65HRC 的各种模具，它的切削效率比普通铣刀可提高几十倍。

(7) 键槽铣刀。键槽铣刀主要用于加工外圆柱表面的键槽。它的外形类似于立铣刀，有两个刀齿，端面切削刃是主切削刃，圆周切削刃是副切削刃，故工作时能沿轴线作进给运动。

(8) 角度铣刀。角度铣刀一般用于加工带角度的沟槽和斜面，分单角铣刀和双角铣刀。单角铣刀的圆锥切削刃为主切削刃，端面切削刃为副切削刃；双角铣刀的两圆锥面上的切削刃均为主切削刃，它又分为对称和不对称两种。

(9) 成形铣刀。成形铣刀是在铣床上加工成形表面的专用刀具，其刃形是根据工件廓形设计计算得到的。它具有较高的加工精度和生产效率，因此得到广泛应用。成形铣刀按齿背形状可分为尖齿和铲齿两类。尖齿成形铣刀制造与重磨的工艺复杂，故目前生产中较少应用。铲齿成形铣刀在不同的轴向截面内具有相同的截面形状，磨损后沿前刀面刃磨，仍可保持刃形不变。所以重磨工艺较简单，故在生产中广泛应用。刃形复杂的一般都做成铲齿成形铣刀。

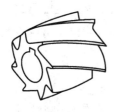  

(a) 圆柱形铣刀　　　　(b) 硬质合金面铣刀　　　　(c) 三面刃铣刀

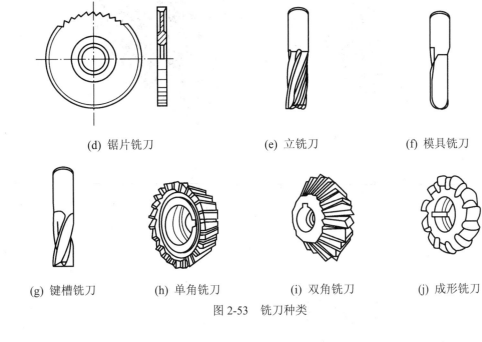

(d) 锯片铣刀　　　(e) 立铣刀　　　(f) 模具铣刀

(g) 键槽铣刀　　(h) 单角铣刀　　(i) 双角铣刀　　(j) 成形铣刀

图 2-53　铣刀种类

图 2-54　铣刀实物图

5. 螺纹刀具

螺纹刀具指加工内、外螺纹的刀具。

1) 螺纹车刀和螺纹梳刀

(1) 螺纹车刀。螺纹车刀是一种由螺纹牙形来决定刀具刃形的简单成形车刀，如图 2-55 所示，可用于加工各种形状、尺寸及精度的内、外螺纹。但生产效率低，常用于单件小批生产。

(2) 螺纹梳刀。螺纹梳刀实质上是多齿的成形车刀，如图 2-56 所示。螺纹梳刀有平体、棱体和圆体三种形式，其刀齿结构有切削部分和校准部分，只需一次进给，就能加工出所需螺纹，生产效率较高。

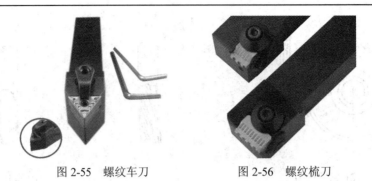

图 2-55　螺纹车刀　　　　　　图 2-56　螺纹梳刀

2) 板牙与丝锥

(1) 板牙是用来加工外螺纹的标准刀具，其中应用最广泛的是圆板牙。圆板牙的外形很像一个圆螺母，沿轴向钻 3～8 个容屑孔以形成切削刃(如图 2-57 所示)。加工时既可手动，也可机动，只需一次就能加工出全部螺纹。圆板牙结构简单，价格低廉，使用方便，但加工精度较低，在单件小批生产中应用很广。

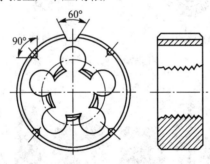

图 2-57　圆板牙结构

(2) 丝锥是用来加工内螺纹的标准刀具，应用极广。丝锥的基本结构是一个轴向开槽的螺杆，工作部分由切削锥与校准部分组成。丝锥的类型很多，常见的主要有手用丝锥、机用丝锥等，如图 2-58 所示。手用丝锥用手操作，常用于单件小批生产和修配工作。为减轻切削负荷，通常采用 2～3 把丝锥组成成组丝锥依次切削。机用丝锥因其切削速度较高，一般用于大批大量生产中。

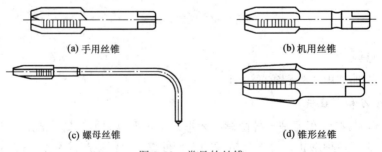

(a) 手用丝锥　　　　　　　　　　(b) 机用丝锥

(c) 螺母丝锥　　　　　　　　　　(d) 锥形丝锥

图 2-58　常见的丝锥

3) 螺纹铣刀

螺纹铣刀主要用于粗加工蜗杆或梯形螺纹。切削加工时，螺纹铣刀轴线与工件轴线倾斜一个螺纹升角，铣刀旋转的同时，工件相对铣刀作螺旋进给运动，如图 2-59 所示。即可加工出所需螺纹。

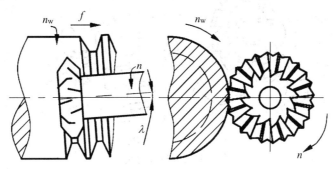

n—铣刀转速；n_w—工件转速；f—进给量；λ—螺纹螺旋升角

图 2-59　螺纹铣刀铣螺纹

4) 螺纹滚压刀具

螺纹滚压是无屑加工螺纹的高效加工方法，适合于滚压塑性材料，加工效率高，精度好，螺纹强度高，工具寿命长，广泛用于制造螺纹标准件、丝锥、螺纹量规等大批量生产中。常用的螺纹滚压刀具有滚丝轮和搓丝板，如图 2-60 所示。

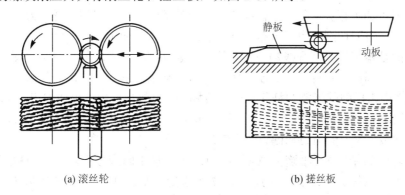

(a) 滚丝轮　　　　　　　　　　　　　　　(b) 搓丝板

图 2-60　螺纹滚压刀具

滚丝轮由两个轮组成，其螺纹旋向均与工件的螺纹旋向相反。两滚轮平行安装，在轴向相互错开半个螺距。加工时，两轮同向等速旋转，动轮沿径向压向静轮，迫使工件转动，工件被滚压形成螺纹。

搓丝板由两块板组成，其齿纹斜角均与工件的螺旋方向相反。两板平行安装，相互错开半个螺距。加工时，动板压向静板，迫使工件转动，工件被滚压形成螺纹。

6. 齿轮刀具

齿轮刀具是用于加工齿轮齿形的刀具。齿轮刀具结构复杂，种类较多。按齿形加工的原理不同，齿轮刀具可分为成形法齿轮刀具和展成法齿轮刀具两大类。

1) 成形法齿轮刀具

成形法齿轮刀具刃形与被加工齿轮齿槽的形状完全或近似相同，通常用于加工 直齿、斜齿圆柱齿轮，斜齿齿条等。常用的成形法齿轮刀具主要有盘形齿轮铣刀、指形齿轮铣刀、齿轮拉刀等，如图 2-61 所示。成形齿轮铣刀结构简单，制造容易，成本低。可在普通铣床上加工齿轮，但加工精度和生产效率较低，适用于单件小批生产和修配。

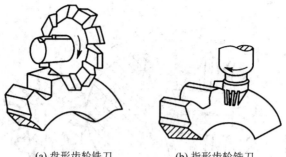

(a) 盘形齿轮铣刀　　　　　　　(b) 指形齿轮铣刀

图 2-61　成形齿轮铣刀

2) 展成法齿轮刀具

展成法齿轮刀具利用齿轮啮合原理来加工齿轮。切齿时，刀具就相当于一个齿轮，它与被加工齿轮作无侧隙啮合，工件齿形是由刀具齿形运动轨迹包络而形成的。被加工齿轮的精度和生产率较高，刀具通用性好，同一把刀具可加工模数、压力角相同而齿数不同的齿轮。展成法齿轮刀具在生产中已被广泛使用。这类刀具主要有以下几种。

(1) 齿轮滚刀。

齿轮滚刀可加工直齿、斜齿圆柱齿轮，生产效率较高，应用最广泛。为了使滚刀能切出正确的齿形，滚刀切削刃应当分布在蜗杆的同一螺旋表面上，这个蜗杆称为滚刀的基本蜗杆。滚刀的基本蜗杆有渐开线蜗杆、阿基米德蜗杆和法向直廓蜗杆三种。理论上，加工渐开线齿轮应用渐开线蜗杆，但其制造困难。而阿基米德蜗杆轴向剖面的齿形为直线，易于制造，生产中常用阿基米德蜗杆代替渐开线蜗杆。为使基本蜗杆形成刀刃，要对其开槽，以形成前刀面和前角 γ，如图 2-62 所示。模数 1 mm～10 mm 标准齿轮滚刀均为零前角直槽。为了形成后角 α，滚刀的顶刃和侧刃都需铲齿和铲磨。

标准齿轮滚刀精度分为四级：AA、A、B、C。加工时应按齿轮要求的精度，选用相应的齿轮滚刀。一般 AA 级滚刀可加工 6、7 级齿轮；A 级可加工 7、8 级齿轮；B 级可加工 8、9 级齿轮；C 级可加工 9、10 级齿轮。

采用滚刀新材料对提高齿轮加工的精度和生产效率有重大意义。硬质合金滚刀可对硬齿面齿轮进行半精加工或精加工。小模数的硬质合金滚刀采用整体结构形式，中等模数的硬质合金滚刀有焊接式与镶片式等结构。图 2-63 为硬质合金刮削滚刀，采用−30° 前角，用于精加工 45 HRC～64 HRC 的硬齿面。一般硬齿面精加工滚刀的前角也可采用零度或较小的负前角。

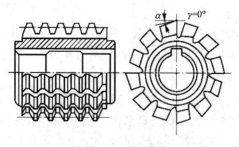

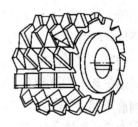

图 2-62　齿轮滚刀　　　　　　　　　　图 2-63　硬质合金刮削滚刀

(2) 插齿刀。

插齿刀可加工直齿轮、内齿轮、多联齿轮、人字齿轮和齿条等。标准直齿插齿刀按其结构特点，可分为盘形、碗形和锥柄三种类型，如图 2-64 所示。盘形插齿刀主要用于加工直齿外齿轮及大模数的内齿轮；碗形插齿刀主要用于加工多联齿轮和带凸肩的齿轮；锥柄插齿刀主要用于加工内齿轮。

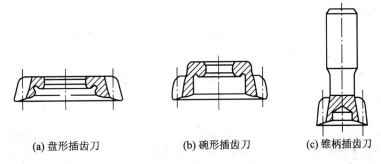

(a) 盘形插齿刀　　　　　　(b) 碗形插齿刀　　　　　　(c) 锥柄插齿刀

图 2-64　插齿刀类型

盘形和碗形插齿刀的精度分为 AA、A、B 三级，分别用于加工精度为 6、7、8 级的齿轮；锥柄插齿刀精度分为 A、B 级，分别用于加工精度为 7、8 级的齿轮。插齿刀的精度应根据被加工齿轮的传动平稳性精度等级选用。

硬质合金插齿刀可用于精加工淬硬 45 HRC～62 HRC 的齿轮。硬质合金插齿刀的顶刃做成负前角，一般为 −5°，使两侧切削刃获得相应的负刃倾角，顶刃后角一般为 6°～9°，如图 2-65 所示。

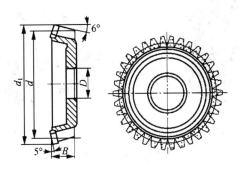

图 2-65　硬质合金插齿刀

(3) 剃齿刀。

剃齿刀用于未淬硬的直齿、斜齿圆柱齿轮的精加工，如图 2-66 所示。通用剃齿刀的制造精度分为 A、B、C 三级，分别用于加工 6、7、8 级齿轮；剃齿刀的螺旋角有 15°、10°、5° 三种，其中 15° 和 5° 应用最广，15° 多用于加工直齿圆柱齿轮，5° 多用于加工斜齿轮和多联齿轮中的小齿轮。剃削齿轮前，需用专用的剃前滚刀或剃前插齿刀来加工齿形并留有剃削余量。剃齿刀生产效率高，寿命长，但价格贵，在大批大量生产中使用较多。

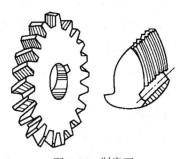

图 2-66　剃齿刀

2.2.2 砂轮的种类及选择

砂轮是磨削加工中最主要的磨具。砂轮是在磨料中加入结合剂，经压坯、干燥和焙烧而制成的多孔体。由于磨料、结合剂及制造工艺的不同，砂轮的特性差别很大，因此对磨削的加工质量、生产效率和经济性有重要的影响。

1. 砂轮分类

(1) 按所用磨料的不同，砂轮可分为普通磨料(如刚玉和碳化硅等)砂轮、天然磨料砂轮和超硬磨料(如金刚石和立方氮化硼等)砂轮；

(2) 按形状不同，可分为平形砂轮、斜边砂轮、圆柱砂轮、杯形砂轮、碟形砂轮等，如图 2-67 所示；

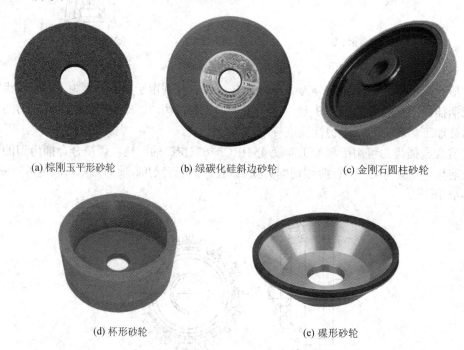

(a) 棕刚玉平形砂轮　　　(b) 绿碳化硅斜边砂轮　　　(c) 金刚石圆柱砂轮

(d) 杯形砂轮　　　(e) 碟形砂轮

图 2-67　砂轮的种类

(3) 按结合剂不同，可分为陶瓷砂轮、树脂砂轮、橡胶砂轮、金属砂轮等。

由于砂轮通常在高速下工作，因而使用前应进行回转试验，以保证砂轮在最高工作转速下不会破裂；还需进行静平衡试验，以防止工作时引起机床振动。砂轮在工作一段时间后，应进行修整以保证其磨削性能和几何形状。

2. 砂轮特性

砂轮的特性主要是由磨料、粒度、硬度、结合剂、形状及尺寸等因素来决定的，现分别介绍如下。

1) 磨料

磨料是制造砂轮的主要原料，担负着切削工作。因此，磨料必须锋利，并具备较高的硬度、良好的耐热性和一定的韧性。常用磨料的名称、代号、特性和用途如表 2-4 所示。

表 2-4 砂轮常用磨料

系别	名称	代号	主要成分	显微硬度/HV	颜色	特性	适用范围
氧化物系	棕刚玉	A	AL_2O_3 91%～96%	2200～2280	棕褐色	棕褐色,硬度高,韧性好,价格便宜	磨削碳钢、合金钢、可锻铸铁、硬青铜
	白钢玉	WA	AL_2O_3 97%～99%	2200～2300	白色	白色,硬度比棕刚玉高,韧性比棕刚玉低	磨削淬硬的碳钢、高速钢、高碳钢及薄壁件
碳化物系	黑碳化硅	C	SiC>95%	2840～3320	黑色带光泽	硬度高于钢玉,性脆而锋利,有良好的导热性和导电性	磨削铸铁、黄铜、铝及非金属 材料
	绿碳化硅	GC	SiC>99%	3280～3400	绿色	绿色,硬度和脆性比黑碳化硅高,具有良好的导热性和导电性	磨削硬质合金、宝石、陶瓷、玉石、玻璃等
高硬磨料	立方氮化硼	CBN	立方氮化硼	6000～8500	黑色或淡白色	硬度仅次于金刚石,耐磨性和导电性好,发热量小	磨削硬质合金、不锈钢、高合金钢等难加工材料
	人造金刚石	MBD RVD JR	碳结晶体	6000～10 000	无色、淡黄色、黄绿色、黑色	硬度极高,韧性很差,价格 昂贵	磨削硬质合金、宝石、陶瓷、玉石、玻璃、半导体材料

2) 粒度及其选择

粒度是指磨料颗粒尺寸的大小。粒度分为磨粒和微粉两类。对于颗粒直径尺寸大于 40 μm 的磨料,称为磨粒。用筛选法分级,粒度号是以每平方英寸的网眼数来表示。如 60# 的磨粒表示其大小刚好能通过每英寸长度上有 60 个孔眼的筛网。粒度号越大,磨粒的尺寸越小。

对于颗粒直径尺寸小于 40 μm 的磨料,称为微粉。用显微测量法分级,用 W 和后面的数字表示粒度号,W 后的数值代表微粉的实际尺寸。如 W20 表示微粉的实际尺寸为 20 μm。各种粒度号的磨料尺寸见表 2-5。

表 2-5 磨料粒度号及其颗粒尺寸

磨粒	颗粒尺寸/μm	磨粒	颗粒尺寸/μm	磨粒	颗粒尺寸/μm
14#	1600～1250	70#	250～200	W40	40～28
16#	1250～1000	80#	200～160	W28	28～20
20#	1000～800	100#	160～125	W20	20～14
24#	800～630	120#	125～100	W14	14～10
30#	630～500	150#	100～80	W10	10～7
36#	500～400	180#	80～63	W7	7～5
46#	400～315	240#	63～50	W5	5～3.5
60#	315～250	280#	50～40	W3.5	3.5～2.5

　　粗磨时，磨削余量大，表面粗糙度值较大，应选用较粗的磨粒。因为磨粒粗、气孔大，磨削深度较大，砂轮不易堵塞和发热。精磨时，余量较小，要求粗糙度值较小，取较细磨粒。一般来说，磨粒愈细，磨削表面粗糙度愈低，如表 2-6 所示。

表 2-6　不同粒度号砂轮的适用范围

粒度号	颗粒尺寸范围 /μm	适用范围	粒度号	颗粒尺寸范围 /μm	适用范围
12#～36#	2000～1600 500～400	粗磨、荒磨、切断钢坯、打磨毛刺	W40～W20	40～28 20～14	精磨、超精磨、螺纹磨、珩磨
46#～80#	400～315 200～160	粗磨、半精磨、精磨	W14～W10	14～10 10～7	精磨、精细磨、超精磨、镜面磨
100#～280#	165～125 50～40	精磨、成型磨、刀具刃磨、珩磨	W7～W3.5	7～5 3.5～2.5	超精磨、镜面磨、制作研磨剂等

　　3) 结合剂及其选择

　　砂轮中用以黏结磨料的物质称为结合剂。砂轮的强度、抗冲击性、耐热性及抗腐蚀能力主要决定于结合剂的性能。常用结合剂的种类、性能及用途见表 2-7。

表 2-7　常用结合剂

种类	代号	性　能	用　途
陶瓷	V	耐热性、耐腐蚀性好、气孔率大、易保持轮廓、弹性差	应用广泛，适用于 $v<35$ m/s 的各种成形磨削、磨齿轮、磨螺纹等
树脂	B	强度高、弹性大、耐冲击、坚固性和耐热性差、气孔率小	适用于 $v>50$ m/s 的高速磨削，可制成薄片砂轮，用于磨槽、切割等
橡胶	R	强度和弹性更高、气孔率小、耐热性差、磨粒易脱落	适用于无心磨的砂轮和导轮、开槽和切割的薄片砂轮、抛光砂轮等
金属	M	韧性和成形性好、强度大、但自锐性差	可制造各种金刚石磨具

　　4) 硬度及其选择

　　砂轮的硬度和磨料的硬度是两个不同的概念。砂轮的硬度是指砂轮表面上的磨粒在磨削力作用下脱落的难易程度。砂轮的硬度软，表示砂轮的磨粒容易脱落；砂轮的硬度硬，表示磨粒较难脱落。同一种磨料可以做成不同硬度的砂轮，它主要取决于结合剂的性能、数量以及砂轮制造的工艺。磨削与切削的显著差别是砂轮具有"自锐性"，所谓的自锐性就是砂轮表面被磨钝的磨粒自行脱落，露出新的锋利的磨粒的性质。选择砂轮的硬度，实际上就是选择砂轮的自锐性，希望还锋利的磨粒不要太早脱落，也不要磨钝了还不脱落。常用砂轮硬度见表 2-8。

表 2-8 常用砂轮硬度表

大级名称	超软			软			中软		中		中硬			硬		超硬
小级名称	超软			软1	软2	软3	中软1	中软2	中1	中2	中硬1	中硬2	中硬3	硬1	硬2	超硬
代号	D	E	F	G	H	J	K	L	M	N	P	Q	R	S	T	Y

选择砂轮硬度的一般原则是：加工软金属时，为了使磨料不致过早脱落，则选用硬砂轮。加工硬金属时，为了能及时地使磨钝的磨粒脱落，从而露出具有尖锐棱角的新磨粒，则选用软砂轮。前者是因为在磨削软材料时，砂轮的工作磨粒磨损很慢，不需要太早脱落；后者是因为在磨削硬材料时，砂轮的工作磨粒磨损较快，需要较快脱落。

精磨时，为了保证磨削精度和粗糙度，应选用稍硬的砂轮。工件材料的导热性差，易产生烧伤和裂纹时(如磨硬质合金等)，宜选用软一些的砂轮。

5) 砂轮组织

砂轮组织是指组成砂轮的磨粒、结合剂、气孔三部分体积的比例关系。通常以磨粒所占砂轮体积的百分比来分级。砂轮有四种组织状态：紧密、中等、疏松、超松；细分成0~14号间，共15级，见表2-9。组织号越小，磨粒所占比例越大，砂轮越紧密；反之，组织号越大，磨粒所占比例越小，砂轮越疏松。

表 2-9 砂轮组织分类

组织号	0	1	2	3	4	5	6	7	8	9	10	11	12	13	14
磨粒率%	62	60	58	56	54	52	50	48	46	44	42	40	38	36	34
类别	紧密				中等				疏松					超松	
应用	重负荷磨、精磨、成型磨、间断磨、磨削脆性材料				无心磨、内外圆磨、淬火工件磨削、刀具刃磨				粗磨、韧性大和硬度低的金属磨削、硬质合金刀具刃磨、薄壁件磨削、细长件磨削					有色金属及非金属磨削	

2.3 机床夹具设计

机械加工过程中，为了保证加工精度，必须使工件在机床中占有正确的位置，称为定位；并使工件固定、夹牢，称为夹紧；这个定位、夹紧的过程即为工件的安装。工件的安装在机械加工中占有重要的地位，安装的精度直接影响着工件的加工质量、生产效率、劳动条件和加工成本。

机床上用来安装工件的装备称为机床夹具，简称夹具。

2.3.1 机床夹具概述

1. 机床夹具的作用

机床夹具是一种常用的工艺装备。在机械制造过程中，夹具的使用非常普遍。它装在机床上，使工件相对刀具与机床保持正确的位置，并承受切削力的作用。如车床上使用的三爪自动定心卡盘、铣床上使用的平口虎钳、分度头等，都是夹具。机床夹具的作用主要有以下几个方面：

(1) 保证加工精度。用夹具装夹工件时，工件相对于刀具与机床的位置由夹具来确定，基本不受工人技术水平的影响，因而能较容易、较稳定地保证工件的加工精度。例如图 2-68 所示套筒零件上孔的加工，就用图 2-69 所示的专用钻床夹具完成。工件以内孔和端面在定位元件 2 上定位，旋紧螺母 4，通过开口垫圈 3 将工件夹紧，然后由装在钻模板上的钻套 1 引导钻头或铰刀进行钻孔或铰孔。

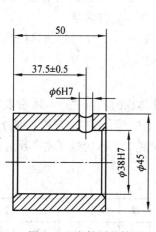

图 2-68　套筒零件简图

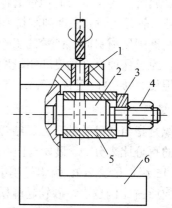

1—导向元件；2—定位元件；3、4—夹紧元件；
5—工件；6—夹具体

图 2-69　套筒专用夹具

(2) 提高劳动生产率、降低生产成本。采用夹具后，工件不需要很复杂的划线找正，尤其采用专用夹具，装夹方便迅速，可显著地减少辅助时间，可明显地提高劳动生产率、降低生产成本。

(3) 扩大机床的使用范围。使用专用夹具可以改变机床的用途，扩大机床的使用范围。例如，在车床或摇臂钻床上安装镗模夹具后，就可对箱体孔系进行镗削加工。

(4) 改善劳动条件、保证生产安全。使用专用机床夹具，采用气压、液压、电动等夹紧装置时，可减轻工人的劳动强度，改善劳动条件，降低对工人操作技术水平的要求，保证生产安全。

(5) 获得良好的经济效益。夹具在提高劳动生产率、降低生产成本方面的优势，可以使企业在激烈的市场竞争中获得良好的经济效益。特别是在缩短产品制造周期、增强生产能力、缩短交货期、提高企业的市场竞争力等方面起很大的作用。

2. 机床夹具应满足的要求

(1) 保证加工精度。这是机床夹具最基本的功能，其关键是正确定位、夹紧和导向的设计方案，夹具的制造技术，定位误差的分析与验算。

(2) 夹具的总体设计方案与工件的生产纲领相适应。在大批量生产时，尽量采用快速高效的定位与夹紧机构，尽量提高自动化程度，符合大批量生产要求；在中小批量生产时，夹具应有一定的可调性，以适应多品种工件的加工需求。

(3) 安全方便，尽量减轻工人的劳动强度。机床夹具设计时必须有安全保护装置，符合人机工程学原理，有足够的工件装卸空间，合理采用自动化程度高的装夹技术，以减轻工人的劳动强度。

(4) 排屑顺畅。切削加工中，夹具上必然会积聚一定的切屑，切屑的大量积聚会影响工件的定位精度，严重的会影响加工的正常进行，同时切削热的存在也会使工件和夹具产生热变形，影响加工精度，停机清理又影响生产效率，因此夹具设计应对排屑问题予以足够的重视。

(5) 夹具应具有足够的强度、刚度和良好的结构工艺性。夹具设计时，根据其受力情况，应充分考虑其强度和刚度对精度的影响，充分考虑其结构工艺性，便于制造、安装和调试。

3. 机床夹具的类型

机床夹具按照不同的分类方法，有多种不同的类型，通常按照应用范围、动力源和使用机床的不同来划分，如图 2-70 所示。

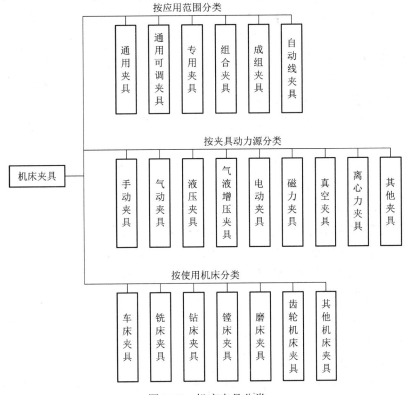

图 2-70　机床夹具分类

1) 按夹具应用范围分类

按这一分类方法，常用的夹具有通用夹具、通用可调夹具、专用夹具、组合夹具、成组夹具和自动线夹具等，它反映夹具在不同生产类型中的通用特性，是选择夹具的主要依据。

(1) 通用夹具。通用夹具是指结构、尺寸已规格化、标准化，且具有一定通用性的夹具。如三爪自定心卡盘、四爪单动卡盘、台虎钳、万能分度头、中心架、电磁吸盘、精密数控旋转工作台等。其特点是适用性强、不需调整或稍加调整即可装夹一定形状范围内的各种工件。这类夹具已商品化，且成为机床附件。采用这类夹具可缩短生产准备周期，减少夹具品种，降低生产成本。其缺点是夹具的加工精度不高，生产效率较低，且难以装夹形状复杂的工件，故适用于单件小批量生产。

(2) 通用可调夹具。通用可调夹具是针对通用夹具和专用夹具的不足而发展起来的一类新型夹具。对于不同类型和尺寸的工件，只需调整或更换原夹具上个别的定位元件和夹紧元件便可使用。通用可调夹具的通用范围大，适用性广，加工对象不固定，在多品种、小批量生产中有着广泛的应用。

(3) 专用夹具。专用夹具是针对某一工件的某一工序的加工要求而专门设计和制造的夹具。其特点是针对性极强，没有通用性。在产品相对稳定、批量较大的生产中，常用各种专用夹具，可获得较高的生产效率和加工精度。专用夹具的设计、制造周期较长，随着多品种及中、小批量生产的发展，专用夹具在适应性和经济性等方面已产生许多问题。

(4) 组合夹具。组合夹具是一种模块化的夹具，现已商品化。标准的模块元件具有较高的精度和耐磨性，可组装成各种夹具，夹具使用结束后即可拆卸，留待组装新的夹具。由于使用组合夹具可缩短生产准备周期，元件能重复使用，并具有可减少专用夹具数量等优点，因此，组合夹具在单件、中小批多品种生产和数控加工中，是一种较为经济的夹具。

(5) 成组夹具。成组夹具是在成组加工技术基础上发展起来的一类夹具。它是根据成组加工工艺的原则，针对一组形状相近的零件专门设计的，也是具有通用基础件和可更换调整元件组成的夹具。这类夹具从外形上看，它和通用可调夹具不易区别。但它与通用可调夹具相比，具有使用对象明确、设计科学合理、结构紧凑、调整方便等优点。

(6) 自动线夹具。自动线夹具一般分为两种：一种为固定式夹具，它与专用夹具相似；另一种为随行夹具，使用中夹具随着工件一起移动，将工件沿自动线从一个工位移至下一个工位进行加工。

2) 按夹具动力源分类

按夹具动力源的不同，可将夹具分为手动夹具和机动夹具两大类。为减轻劳动强度，确保安全生产，手动夹具应有增力机构与自锁功能。常用的机动夹具有气动夹具、液压夹具、气液联合夹具、电动夹具、磁力夹具、真空夹具和离心力夹具等。

3) 按夹具使用机床分类

这是专用夹具设计所用的分类方法。按使用的机床可把夹具分为车床夹具、铣床夹具、钻床夹具、镗床夹具、磨床夹具、齿轮机床夹具、其他机床夹具。

4. 机床夹具的组成

夹具多种多样，但在工作原理上基本是相同的。下面以图 2-69 为例介绍夹具的组成。

(1) 定位元件。定位元件的作用是确定工件在夹具中的正确位置。在图 2-69 中，2 是定位元件，工件通过定位元件 2 的外圆及其端面进行定位，通过它们使工件在夹具中占据正确的位置。定位元件的形状与被定位基准面的形状有关。

(2) 夹紧装置。夹紧装置的作用是将工件夹紧夹牢，保证工件在加工过程中位置不变，也就是定位不发生改变。夹紧装置包括夹紧元件或其组合以及动力源。图 2-69 中的螺杆(与圆柱销合成的一个零件)、螺母 4 和开口垫圈 3 组成了夹紧装置。

(3) 对刀及导向装置。对刀及导向装置的作用是迅速确定刀具与工件间的相对位置，防止加工过程中刀具的偏斜，引起加工误差。图 2-69 中的钻套 1 与钻模板就是为了引导钻头而设置的导向装置。

(4) 夹具体。夹具体是机床夹具的基础件，如图 2-69 中的 6 为夹具体，通过它将夹具的所有部分联结成一整体。

(5) 连接元件。连接元件是连接夹具与机床的元件，根据机床的不同，夹具与机床的连接通常有下列两种形式：一种是连接在机床工作台上，如铣床夹具通过定位键确定在铣床工作台上的位置；另一种是连接在机床主轴上，如车床的主轴的锥面用以确定夹具和主轴的位置。

(6) 其他装置及元件。根据需要，有些夹具还采用分度装置、靠模装置、上下料装置、工业机器人、顶出器、手柄和平衡块等。这些元件或装置也需要专门设计。

上述各部分中，定位元件、夹紧装置和夹具体一般是夹具必不可少的部分。

2.3.2 机床夹具的定位设计

1. 工件的定位方法

工件加工前，使工件在机床或夹具上占据正确位置的过程称为定位，使这个位置保持不变的操作称为夹紧，而定位和夹紧过程合称为装夹，通常工件的定位方法有以下三种：

(1) 直接找正定位法。直接找正定位法是指利用划针、卡尺、百分表等工具，直接在机床上找正工件位置的方法。如图 2-71 所示，加工具有偏心量 e 的轴类零件，采用百分表调整偏心量 e 的大小，直接找正 A、B 面在机床上的位置。该方法效率低，精度取决于工人的技术水平和采用的仪器及工具的精度，一般用于单件小批量生产。

(2) 划线找正定位法。划线找正定位法是根据工件的加工要求，划出工件的中心线、对称线和加工位置线，然后根据划出的线在机床上找正工件位置的方法。该方法效率低、精度低，一般用于批量不大、形状复杂的铸锻件。在加工初期进行划线，如图 2-72 所示，合理分配各加工面的余量。

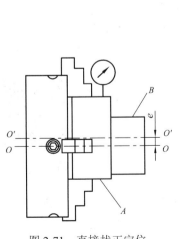

图 2-71 直接找正定位

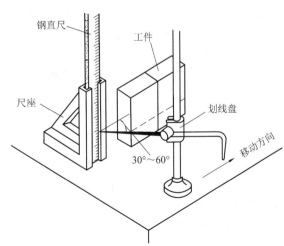

图 2-72 工件划线

(3) 专用夹具定位法。中批及大批量生产中广泛采用专用夹具定位。通过专用夹具对工件进行定位，可使工件的定位一致性好，有利于保证工件的加工精度，提高加工效率，如图 2-73 所示。

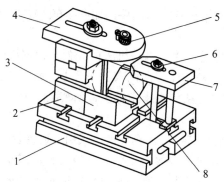

1—长方形基础板；2—方形支承；3—V形块；4—钻模板；5—钻套；6—压紧螺母；7—压板；8—工件

图 2-73　专用夹具定位

2. 工件定位的基本原理

在机械加工中，必须使工件、夹具、刀具和机床之间保持正确的相对位置，才能加工出合格的工件。夹具中的定位元件就是用来确定工件相对于夹具的位置的。

1) 基准的基本概念

对工件进行定位方案的分析与确定，首先就是合理地选择定位基准。工件是由若干个加工表面组成的，这些表面之间都有相互的尺寸及位置关系。所谓的基准就是工件上用来确定点、线、面位置时，所依据的其他点、线、面。根据基准的应用场合不同分为设计基准和工艺基准。

(1) 设计基准。设计基准是在零件图上用来确定其他点、线、面位置的基准。设计基准由该零件在产品结构中的功能来决定。

(2) 工艺基准。工件在加工及装配过程中所使用的基准。具体又可以分为以下几种：

① 定位基准是在加工过程中，使工件在机床或夹具上占据正确位置时所采用的基准。

② 检验基准是工件加工完成后，在检验时使用的基准。

③ 装配基准是在装配时用来确定零件或部件在产品中的位置所采用的基准。

④ 对刀基准是在加工过程中，用以调整刀具与工件间位置时所采用的基准。

2) 六点定位原理

任何一个工件在夹具中未定位前，都可看成在空间直角坐标系中的自由物体，都有六个自由度：即沿三个坐标轴的移动自由度，分别用 $\vec{x}$、$\vec{y}$、$\vec{z}$ 表示，和绕三个坐标轴的转动自由度，分别用 $\hat{x}$、$\hat{y}$、$\hat{z}$ 表示，如图 2-74 所示。工件定位的实质就是用定位元件来限制工件的移动或转动，从而限制工件的自由度。

六点定位原理

工件的六点定位原理就是在相互垂直的三个面上(如图 2-75 所示)，有规律地按照 3 点(xoy 平面)、2 点(yoz 平面)、1 点(xoz 平面)布置六个支撑点，共同限制工件的六个自由度，这种定位原理叫六点定位原理。

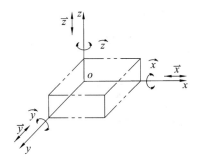

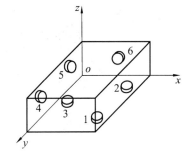

图 2-74　工件的六个自由度　　　　　　　图 2-75　六点定位原理

必须强调的是：定位以后，防止工件相对于定位元件作反方向移动或转动属于夹紧所要解决的问题，不能将定位与夹紧混为一谈。

下面介绍定位的几种情况：

(1) 完全定位与不完全定位。

工件在夹具中定位，若六个自由度都被限制，称为完全定位。有时候虽然限制的自由度少于六个，但同样能满足加工要求，这种定位形式称为不完全定位。如在铣床上加工长方体工件的不通槽，槽的尺寸和形位公差要求如图 2-76 所示，按照这个要求，那么就需要工件的六个自由度完全限制才能满足工件的加工要求，定位形式如图 2-77 所示。

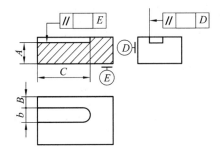

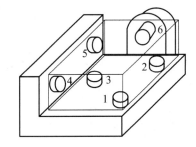

图 2-76　零件加工要求　　　　　　　图 2-77　工件定位方式

如果加工的槽是通槽，如图 2-78 所示，那么 x 方向的自由度不需要限制，图 2-77 中的定位元件 6 就不需要放置，这种定位方式也完全满足工件的加工要求，但现在自由度少于六个，属于不完全定位。

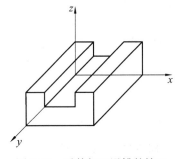

图 2-78　零件加工通槽的情况

工件加工时，有时为了提高系统的强度和刚度，利于调整或操作等，常常会将不需要限制的自由度加以限制，只要符合六点定位原理也是提倡和允许的。

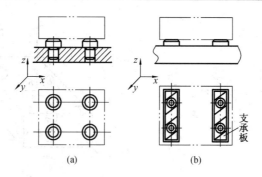

图 2-79　两种过定位情况

(2) 欠定位与过定位。

根据零件的工艺要求，需要限制的自由度没有被完全限制，这种定位方式称为欠定位。欠定位无法保证零件的加工精度，是绝对不允许的。

如果工件在定位时，某个方向的自由度被两个或两个以上的约束重复限制了，这种定位方式叫过定位。如图 2-79 中四个支承钉和两块支承板限制 z 方向的移动就属于过定位，一般过定位也是不允许的，但在以下两种情况下是可以的：

① 工件刚度很差，在切削力、夹紧力的作用下易变形，此时可以采取重复定位的方式提高刚度，减小变形；

② 工件的定位表面及定位元件尺寸、形状和位置精度都很高，比如图 2-77 中的工件的精度高，支承钉和支承板的精度也高，此时采取过定位不但不影响定位精度，还有利于提高工艺系统的刚度。

在夹具设计中经常会出现过定位的情况，出现过定位时一般采取以下两种办法解决：

① 改变定位元件的结构，即从源头上消除过定位；如图 2-80 中，连杆采取图(a)的定位方式，x 方向的直线移动自由度由圆柱销和 V 形块双重限制，属于过定位，将固定式的 V 形块改成活动式图(b)就解决了过定位的问题。

② 提高工件和定位元件的制造精度，尤其是位置精度，允许过定位的存在，但尽量减小或者消除。

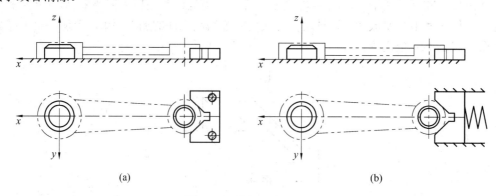

图 2-80　过定位消除方法

在夹具设计中，一个支承钉可以直接作为一个约束。但由于工件千变万化，代替约束的定位元件是多种多样的，哪些定位元件可以实现哪几种约束，限制工件的哪个自由度，以及它们组合可以限制的自由度情况，对初学者来说，应反复分析研究，多积累经验，才能熟练掌握。常见的典型定位元件的定位分析见表 2-10。

表 2-10　典型定位元件的定位分析

工件的定位面	夹具的定位元件				
平面	支承钉	定位情况	1 个支承钉	2 个支承钉	3 个支承钉
		图示	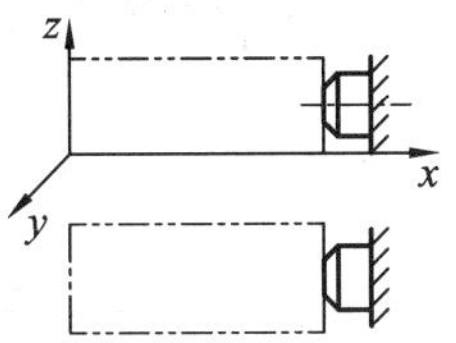	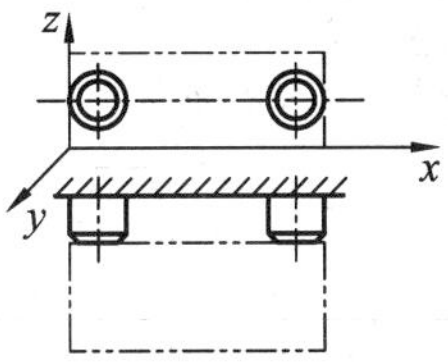	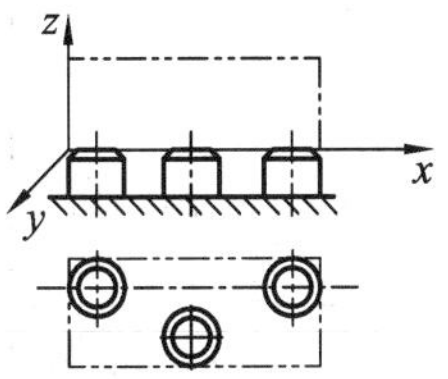
		限制的自由度	$\vec{x}$	$\vec{y}\ \vec{z}$	$\vec{z}\ \widehat{x}\ \widehat{y}$
	支承板	定位情况	1 块条形支承板	2 块条形支承板	3 块条形支承板
		图示	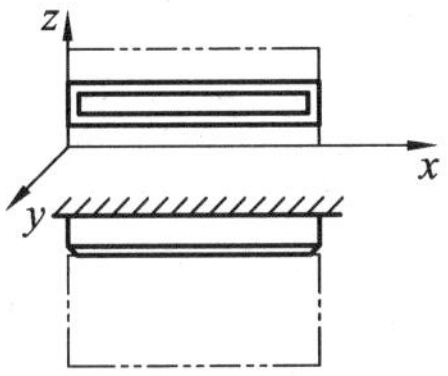	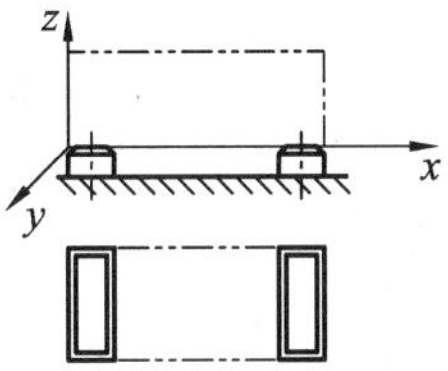	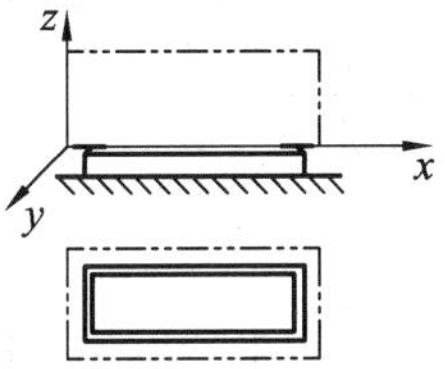
		限制的自由度	$\vec{y}\ \vec{z}$	$\vec{z}\ \widehat{x}\ \widehat{y}$	$\vec{z}\ \widehat{x}\ \widehat{y}$
圆孔	圆柱销	定位情况	短圆柱销	长圆柱销	2 段短圆柱销
		图示	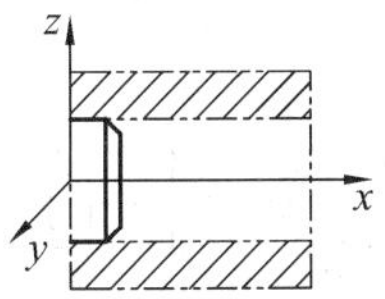	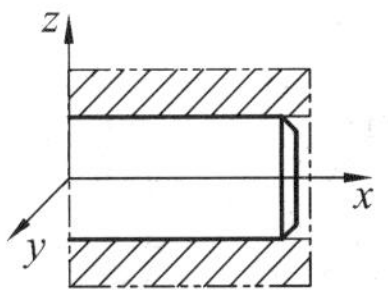	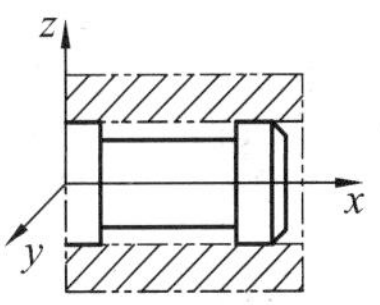
		限制的自由度	$\vec{y}\ \vec{z}$	$\vec{y}\ \vec{z}\ \widehat{y}\ \widehat{z}$	$\vec{y}\ \vec{z}\ \widehat{y}\ \widehat{z}$
		定位情况	菱形销	长销小平面组合	短销大平面组合
		图示	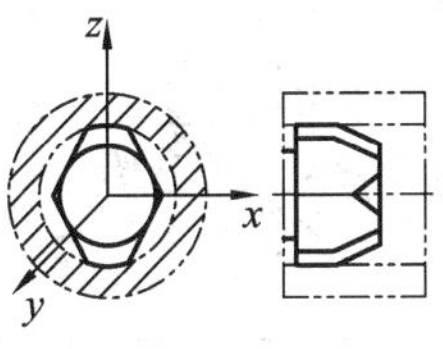	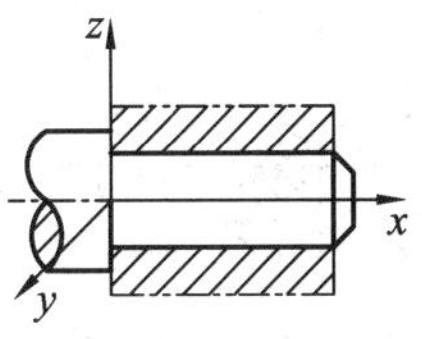	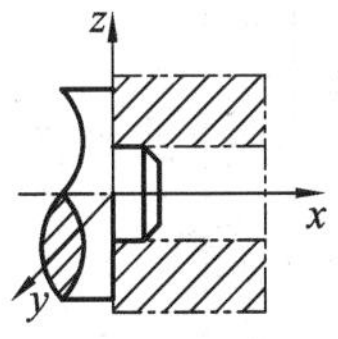
		限制的自由度	$\vec{z}$	$\vec{x}\ \vec{y}\ \vec{z}\ \widehat{y}\ \widehat{z}$	$\vec{x}\ \vec{y}\ \vec{z}\ \widehat{y}\ \widehat{z}$

续表

工件的定位面		夹具的定位元件			
圆孔	圆锥销	定位情况	固定锥销	浮动锥销	固定锥销与浮动锥销组合
		图示	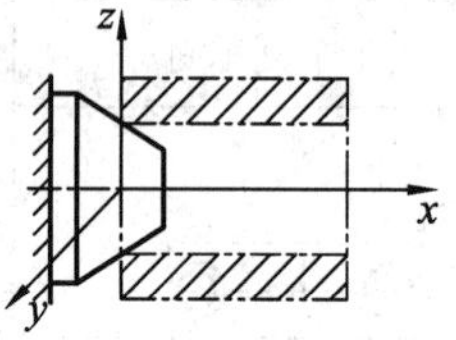	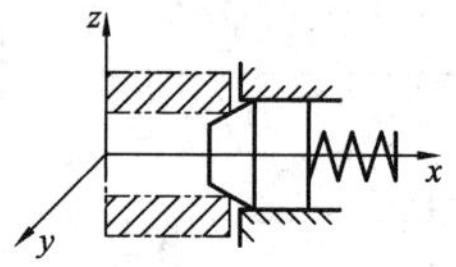	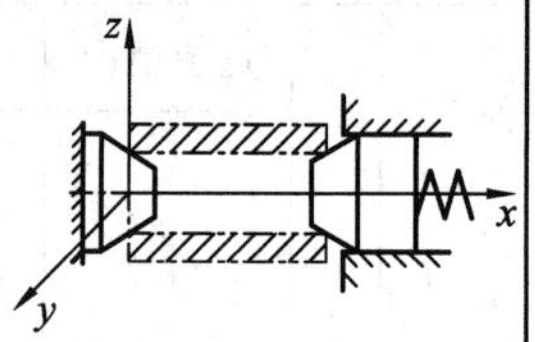
		限制的自由度	$\vec{x}\ \vec{y}\ \vec{z}$	$\vec{y}\ \vec{z}$	$\vec{x}\ \vec{y}\ \vec{z}\ \widehat{y}\ \widehat{z}$
	心轴	定位情况	长圆柱心轴	短圆柱心轴	小锥度心轴
		图示	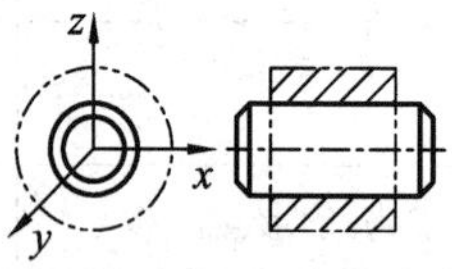	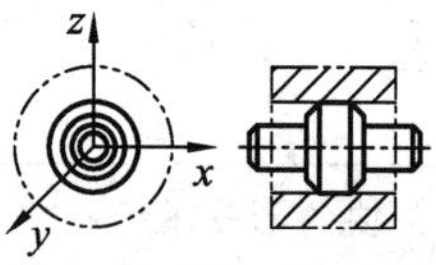	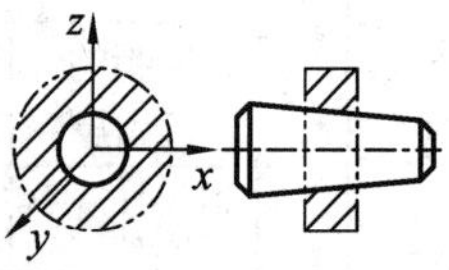
		限制的自由度	$\vec{x}\ \vec{z}\ \widehat{x}\ \widehat{z}$	$\vec{x}\ \vec{z}$	$\vec{x}\ \widehat{z}$
外圆柱面	V形块	定位情况	1块短V形块	2块短V形块	1块长V形块
		图示	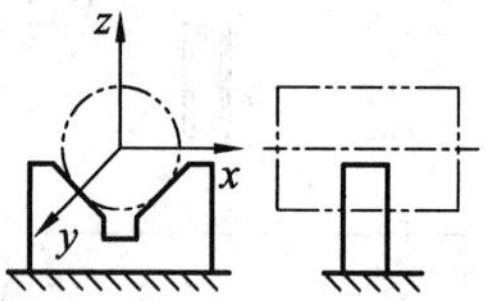	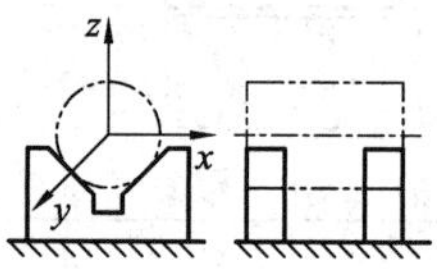	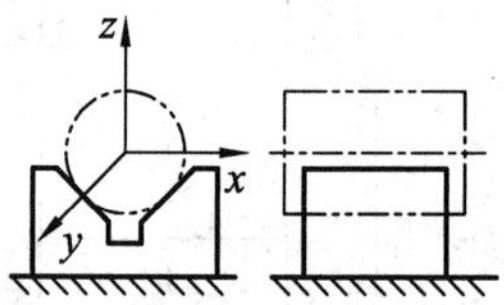
		限制的自由度	$\vec{x}\ \vec{z}$	$\vec{x}\ \vec{z}\ \widehat{x}\ \widehat{z}$	$\vec{x}\ \vec{z}\ \widehat{x}\ \widehat{z}$
	定位套	定位情况	1个短定位套	2个短定位套	1个长定位套
		图示	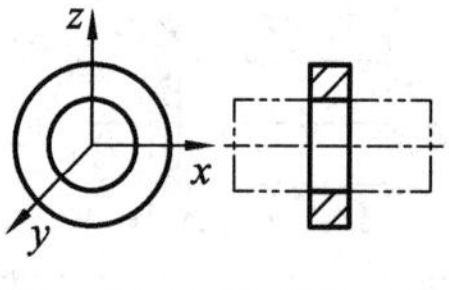	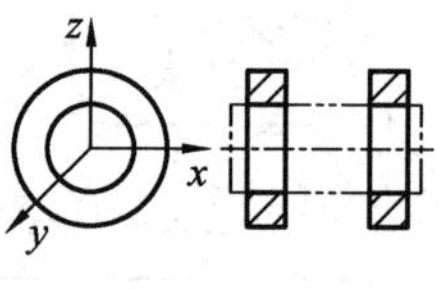	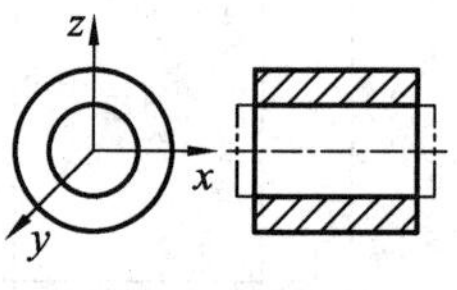
		限制的自由度	$\vec{x}\ \vec{z}$	$\vec{x}\ \vec{z}\ \widehat{x}\ \widehat{z}$	$\vec{x}\ \vec{z}\ \widehat{x}\ \widehat{z}$
圆锥孔	锥顶尖和锥度心轴	定位情况	固定顶尖	浮动顶尖	锥度心轴
		图示	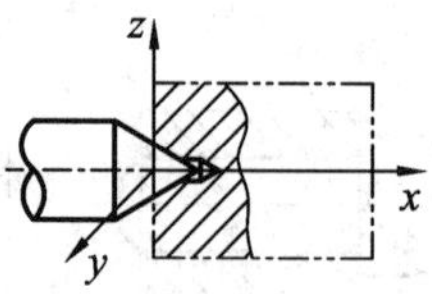	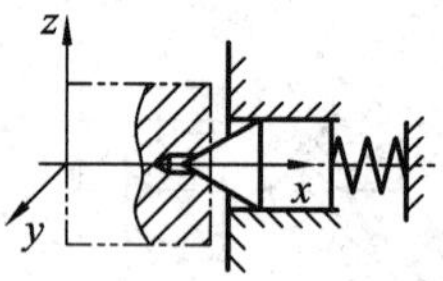	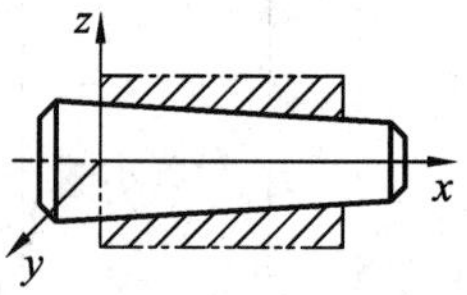
		限制的自由度	$\vec{x}\ \vec{y}\ \vec{z}$	$\vec{y}\ \vec{z}$	$\vec{x}\ \vec{y}\ \vec{z}\ \widehat{y}\ \widehat{z}$

2.3.3　定位方式及定位元件的选择

1. 定位元件的设计要求与材料

根据工件的加工要求确定好工件在安装时应限制的自由度后,应合理地选择定位方式及定位元件。

1) 定位元件的设计要求

工件的定位基面有各种形式,如平面、内孔、外圆、圆锥面和其他型面等。不同形状的定位基面应选择与之相适应的定位元件。由于夹具定位元件是确定工件位置的元件,且经常与工件定位基面接触,频繁更换和受切削力及摩擦力的作用,因此定位元件的设计制造应满足以下要求:

(1) 精度高。定位元件的精度直接影响工件的加工精度,定位元件应具有较高的精度。定位元件上直接用作定位的表面,其尺寸公差、形状公差和位置公差一般应是工件定位基面尺寸公差、形状公差和位置公差的 1/5~1/2。

(2) 耐磨性好。定位元件与定位基面直接接触,且频繁更换,为能较长时间地保证其精度,定位元件必须具有良好的耐磨性。定位元件与工件定位基面相接触、相配合的表面,其硬度要求为 55HRC~68HRC 及以上。

(3) 足够的强度和刚度。为减少定位元件因切削力和夹紧力作用产生的变形,定位元件必须具有足够的强度和刚度。

(4) 良好的工艺性。定位元件应便于制造、装配和维修。

2) 定位元件的材料

定位元件常用的材料有以下几种:

(1) 低碳钢。如 20 钢或 20Cr 钢,工件表面经渗碳淬火,渗碳深度 0.8 mm~1.2 mm 左右,硬度 55 HRC~65 HRC。

(2) 中碳钢。如 45 钢,淬硬至 43 HRC~48 HRC。

(3) 高碳钢。如 T7、T8、T10 等,淬硬至 55 HRC~65 HRC。

2. 常见定位方式及定位元件

下面介绍几种常见的定位方式及定位元件,实际生产中使用的定位元件都是这些基本定位元件的组合。

1) 工件以平面定位

(1) 固定支承。

工件以平面为定位基准定位时,常用支承钉和支承板作为定位元件。如果用三个支承钉或两个支承板或一个较大的支承面来定位,且与工件定位面为面接触时将限制三个自由度;如果用两个支承钉或一个支承板定位,且与工件定位面为线接触时,将限制两个自由度;如果一个支承钉与工件定位面点接触时,则限制一个自由度。

工件以平面定位时的定位支承元件有不同的类型和作用。平头支承钉用于精基准面定位(如图 2-81(a));球头支承钉用于粗基准面定位(如图 2-81(b));网纹支承钉能产生较大摩擦力,网纹中的铁屑不易清理,因此常用于侧面定位(如图 2-81(c));平面支承板螺钉处易存铁屑,常用于侧面和顶面定位(如图 2-81(d));带斜槽的支承板可以起到容屑的作用,常用于底面定位(如图 2-81(e))。

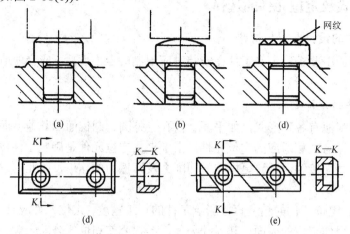

图 2-81　支承钉和支承板

(2) 可调支承。

常用可调支承的结构形式如图 2-82 所示。可调支承多用于支承工件的粗基准面，支承高度可以根据实际需要进行调整，调整到位后用螺母锁紧。一个可调支承限制一个自由度。

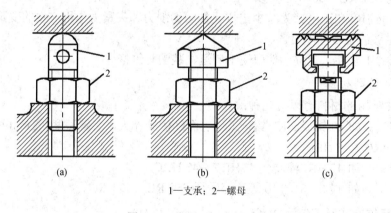

1—支承；2—螺母

图 2-82　常用可调支承形式

(3) 自位支承。

常用的自位支承结构形式如图 2-83 所示。由于自位支承是活动的或是浮动的，无论自位支承结构上是两点支承或三点支承，其实质只起一个支承点的作用，所以自位支承只限制一个自由度。使用自位支承的目的在于增加与工件的接触点，减小工件变形或减少接触应力。

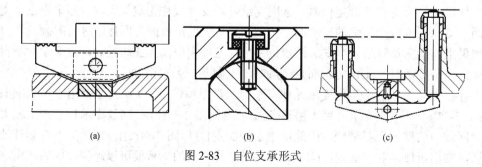

图 2-83　自位支承形式

(4) 辅助支承。

辅助支承是指在夹具中不起限制自由度作用的支承。它主要是用于提高工件的支承刚度，防止工件因受力而产生变形。

辅助支承不限制自由度，因此只有当工件用定位元件定好位后，再调节辅助支承的位置使其与工件接触。这样，每安装工件一次，就要调整辅助支承一次。如图 2-84 所示为常见的辅助支承类型。

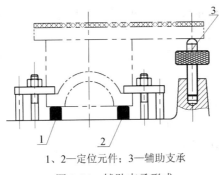

1、2—定位元件；3—辅助支承

图 2-84　辅助支承形式

2) 工件以孔定位

当以工件上的孔为定位基准时，就采用孔定位方式，其基本特点是定位孔和定位元件之间处于配合状态。常用的定位元件是各种心轴和定位销。

(1) 定位心轴。

定位心轴广泛用于车床、磨床、齿轮机床等机床上。常见的心轴有以下几种：

① 锥度心轴。这类心轴外圆表面有 $1:1000\sim$
$1:5000$ 锥度，定心精度高达 $0.005\,\text{mm}\sim0.01\,\text{mm}$，
工件的定位孔也应具有较高的精度。工件的安装
是将工件轻轻压入，通过孔和心轴表面的接触变
形夹紧工件，如图 2-85 所示。

② 圆柱心轴。在成批生产时，为了克服锥度
心轴轴向定位不准确的缺点，可采用圆柱心轴。

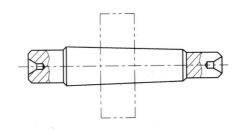

图 2-85　锥度心轴定位

图 2-86(a)为间隙配合，采用基孔制配合时轴的公差带为 h、g、f，定心精度不高，但装卸方便。图 2-86(b)为过盈配合，配合采用基孔制配合时轴的公差带为 r、s、u，定心精度高，靠过盈传递扭矩。

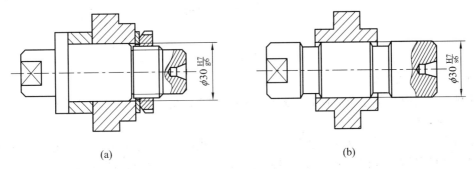

(a)　　　　　　　　　　　　　　　　　(b)

图 2-86　圆柱心轴定位

除上述外，心轴定位还有弹性心轴、液塑心轴、定心心轴等，它们在完成定位的同时完成工件的夹紧，使用方便，但结构比较复杂。

(2) 定位销。

定位销有长、短两种。图 2-87 为常用的圆柱定位销，端部均有 15° 倒角以便引导工件套入，直径 D 与定位孔配合，是按基孔制 g5 或 g6、f6 或 f7 制造的，其尾柄部分一般与夹具体孔过盈配合。长、短圆柱定位销限制的自由度数是不同的。在大批量生产条件下，由于工件装卸次数频繁，定位销较易磨损而容易降低定位精度，故常采用图 2-87(d)所示的可换式定位销。有时为了避免过定位，可将圆柱销在过定位方向上削扁成所谓的菱形销，如图 2-88(a)所示。有时，工件还需限制轴向自由度，可采用圆锥销，如图 2-88(b)、(c)所示。

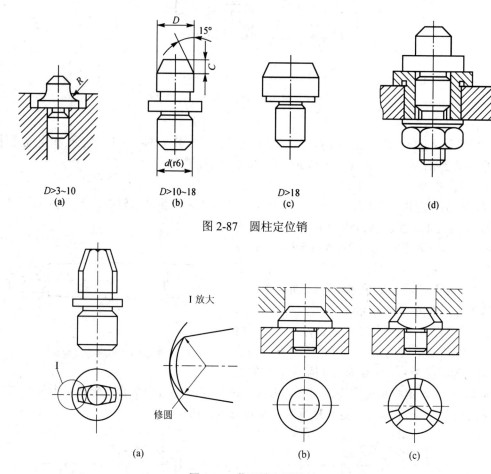

$D>3\sim10$
(a)

$D>10\sim18$
(b)

$D>18$
(c)

(d)

图 2-87　圆柱定位销

I 放大

修圆

(a)

(b)

(c)

图 2-88　菱形销和圆锥销

3) 工件以外圆定位

工件以外圆柱表面定位有两种形式，一种是定心定位，另一种是支承定位。

(1) 定心定位。

定心定位与工件以圆柱孔定心类似，用各种卡头或弹簧筒夹代替心轴或柱销，来定位和夹紧工件的外圆，如图 2-89 所示，图(a)为车床用的三爪夹盘，图(b)为一种弹簧夹头，两种均为自动定心式。定位套筒的外圆表面用以支承工件的内孔，起定位作用，如图 2-90 所示。这种定位方法，定位元件结构简单，但定心精度不高。

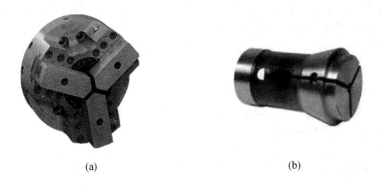

(a)　　　　　　　　　(b)

图 2-89　自动定心夹头

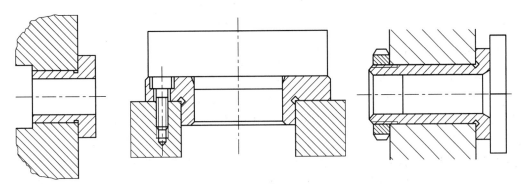

图 2-90　定位套筒

(2) 支承定位。

V 形块是支承定位的典型定位元件。V 形块结构如图 2-91 所示，图 2-91 中(b)、(c)所示为长 V 形块，用于定位基准面较长或分为两段的情况。

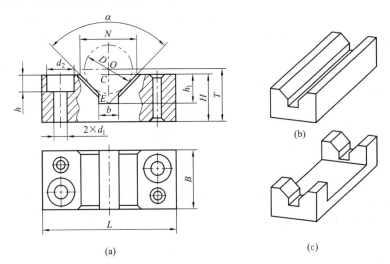

(a)　　　　　　　　　(b)

(c)

图 2-91　典型的 V 形块结构

在 V 形块上定位时，工件具有自动对中作用。V 形块的常用材料为 20 钢，渗碳淬火 60 HRC～64 HRC，渗碳深度 0.8 mm～1.2 mm。

V 形块的结构尺寸已经标准化，其两斜面的夹角 α 有 60°、90° 和 120° 三种。设计非标准 V 形块时，可按图 2-91(a)进行相关尺寸计算。V 形块的基本尺寸包括：

D——标准心轴直径，即工件定位用外圆直径(mm)；

H——V 形块高度(mm)；

N——V 形块的开口尺寸(mm)；

T——对标准心轴而言，V 形块的标准高度，通常作为检验用(mm)；

$α$——V 形块两工作平面间的夹角。

设计 V 形块时应根据所需定位的外圆直径 D 计算，先设定 $α$、N 和 H 值，再求 T 值。T 值必须标注，以便于加工和检验。其值的计算为

$$T = H + \frac{D}{2\sin\frac{\alpha}{2}} - \frac{N}{2\tan\frac{\alpha}{2}} \tag{2-1}$$

其余各参数可通过查阅相关设计手册选择。

4) 工件以组合表面定位

在实际生产中，用前述的单个基准定位往往不能满足工艺上的要求，所以通常用一组基准来完成工件的定位。复杂的机器零件都是由一些典型的几何表面进行各种不同的组合而形成的，如平面、孔、圆柱面、圆锥面等，因此一个工件在夹具中的定位，实质上就是把前面介绍的各种定位元件作不同的组合，以此来定位工件相应的定位面，达到工件在夹具中的定位要求，这就是组合定位。组合定位的方式很多，生产中最为常用的是一面两孔定位，如在箱体、支架类零件的加工中常以一面两孔作为统一的定位基准。所谓一面两孔，是指定位基准采用一个大平面和该平面上与之垂直的两个孔。如果该平面上没有合适的孔，常把连接用的螺钉孔的精度提高或专门做出两个工艺孔以备定位使用。工件以一面两孔定位所采用的定位元件是一面两销，故也称一面两销定位。

通过对图 2-92(a)限制的自由度情况分析可知，一面两孔定位存在过定位现象，当两孔的中心距出现一定的误差时，如图 2-92(b)所示，就极可能造成一个圆柱销安装不上的情况。

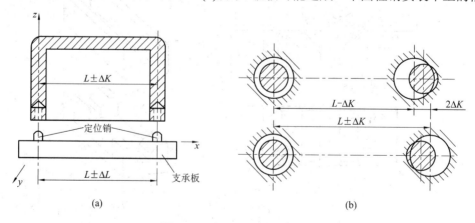

图 2-92　一面两孔的定位情况

为了避免采用两短圆销所产生的过定位现象，可以将一个圆柱销削扁，其结构如图 2-88(a)所示。这样，既可以保证没有过定位，又不增大定位时工件的转角误差。

这样，在两孔连心线方向上，由于菱形销直径的减小，使中心距误差得到补偿。而在垂直于连心线的方向上，菱形销的直径并未减小，所以工件定位的转角误差没有增大，定位精度高，如图 2-93 所示。在安装菱形销时，削边方向应垂直于两销的连心线。

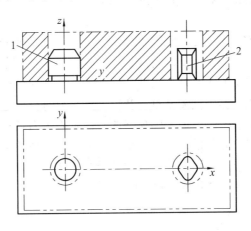

1—圆柱销；2—菱形销

图 2-93 一面两孔的定位形式

2.3.4 定位误差的分析与计算

1. 定位误差

工件的加工误差是指工件加工后，在尺寸、形状和位置三个方面偏离理想工件要求的大小，它是由三部分因素产生的：

(1) 工件在夹具中的定位误差、夹紧误差；

(2) 夹具带着工件安装在机床上，相对机床主轴(或刀具)或运动导轨的位置误差，也称对定误差；

(3) 加工过程中的误差，如机床几何精度，刀具的误差，工艺系统的受力、受热变形，切削振动等原因引起的误差。

定位误差的分析与计算

其中定位误差是上述诸多项误差之一，定位误差是指设计基准在工序尺寸方向上的最大位置变动量，用 Δ_{dw} 表示。定位误差只是工件加工误差的一部分。

定位误差由两部分组成：一是由于工序基准和定位基准不重合而引起的基准不重合误差，以 Δ_{jb} 表示；二是由于定位基准和定位元件本身的制造误差而引起的定位基准位移误差，以 Δ_{jw} 表示。定位误差是这两部分的矢量和，即

$$\Delta_{dw} = \Delta_{jb} + \Delta_{jw}$$

设计夹具定位方案时要充分考虑此定位方案的定位误差的大小是否在允许的范围内，定位方案不同，定位误差大小也会不一样。一般定位误差应控制在工件允许误差的 1/5～1/3 之内。

2. 产生定位误差的原因

通过定位误差的构成可知，定位误差的产生有以下两种因素。

1) 基准不重合带来的定位误差(Δ_{jb})

夹具的定位基准与工件的设计基准不重合时，两基准之间的位置误差会反映到被加工表面的位置上，所产生的误差称为基准不重合误差。

(1) 平面定位。

加工如图 2-94 所示的工件，加工面 1 的设计基准是 2 面，设计尺寸是 A，从工件定位面的稳定和夹紧方便安全考虑，所设计夹具的定位基面是 3 面，尺寸 A 是通过控制 C 来保证的，C 是从定位基准到加工面的调刀尺寸，这样加工面 1 的设计基准和定位基准就存在不重合的现象。定位面 3 又称为调刀基准，在零件加工前对机床进行调整时，为了确定刀具的位置，要用到调刀基准，由于加工的最终的目的是确定刀具相对工件的位置，所以调刀基准往往选在夹具上定位元件的某个工作面。因此它与其他各类基准不同，不是体现在工件上，而是体现在夹具中。定调刀基准应具备两个条件：一它是由夹具定位元件的定位工作面体现的；二它是在加工精度参数(尺寸、位置)方向上调整刀具位置的依据。

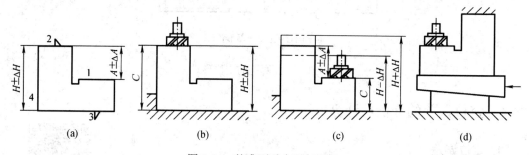

(a)　　　　　　　(b)　　　　　　　(c)　　　　　　　(d)

图 2-94　基准不重合引起误差

加工图 2-94 所示的零件面 1 和面 2 的工艺过程如下，其中底面 3、侧面 4 均已经加工完成。

图 2-94(b)以底面 3 定位加工面 2 时，调刀基准是与底面 3 相接触的定位平面，而定位基准和设计基准都是底面 3，与调刀基准重合。加工时，调刀尺寸与工序尺寸一致，即 $C=H\pm\Delta H$，则定位误差 $\Delta_{dw}=0$。

图 2-94(c)加工面 1，定位及调刀情况同加工面 2，此时面 1 的设计基准和定位基准不重合，即使本工序刀具以底面为基准调整得绝对准确，且无其他加工误差，仍会由于上一工序加工后的面 2 在 $H\pm\Delta H$ 范围内变动，导致加工尺寸 $A\pm\Delta A$ 变为 $A\pm\Delta A\pm\Delta H$，其误差为 $2\Delta H$，该误差完全是由于定位基准与设计基准不重合引起的，称为基准不重合误差，以 Δ_{jb} 表示，即 $\Delta_{jb}=2\Delta H$。

但如果将定位方式改成图 2-94(d)所示的情况，在加工面 1 时，调刀基准变为面 2，设计基准和定位基准重合，此时 $\Delta_{dw}=0$，但此时的夹具定位不稳定，安装不便，夹具结构复杂，会造成更大的其他误差。因此，从多方面考虑，为了满足加工要求，基准不重合的定位方案在实践中有可能会采用，从而引起定位误差。

(2) V 形块定位。

在圆柱表面上铣键槽，采用 V 形块定位，如图 2-95 所示，直径为 $d_{-\Delta d}^{0}$ 的轴的键槽深度有三种不同的标注方式。分析计算三种情况下的定位误差。

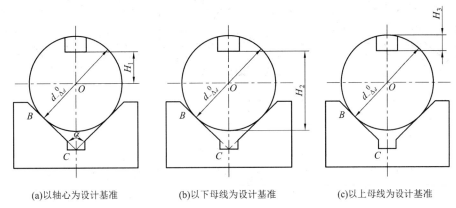

(a)以轴心为设计基准　　　(b)以下母线为设计基准　　　(c)以上母线为设计基准

图 2-95　铣键槽的定位方式及尺寸标注

三种不同尺寸标注的工件均以外圆柱面为定位面，在 V 形块上定位。定位基准是外圆轴线 O，而 V 形块体现的调刀基准则是 V 形块理论圆，其直径等于工件定位外圆直径 $d_{-\Delta d}^{0}$ 的平均尺寸，图中未画出其轴线位置。一批零件的加工过程中，实际加工工件尺寸大小不一，则将引起定位基准(外圆轴线)相对调刀基准(理论圆轴线)发生位置变化，即外圆直径尺寸的不同，与 V 形块接触点的位置将会发生变化，为简便起见，加工前以不变点 C，即 V 形块两工作表面的交线作为调刀具位置尺寸的依据。现分别计算如下：

① 以轴心为设计基准(见图 2-96(a))。

此时设计基准的最大变动量为 $\Delta H_1 = H_{1max} - H_{1min}$，即为定位误差

$$\Delta_{dw1} = \Delta H_1 = H_{1max} - H_{1min} = O_1 O_2 = C O_1 - C O_2$$

$$= \frac{d_{max}}{2\sin\dfrac{\alpha}{2}} - \frac{d_{min}}{2\sin\dfrac{\alpha}{2}} = \frac{\Delta d}{2} \cdot \frac{1}{\sin\dfrac{\alpha}{2}} \tag{2-2}$$

② 以下母线为设计基准(见图 2-96(b))。

此时设计基准的最大变动量为 $\Delta H_2 = H_{2max} - H_{2min}$，即定位误差。

$$\Delta_{dw2} = \Delta H_2 = H_{2max} - H_{2min} = A_1 A_2 = O_1 O_2 + O_2 A_2 - O_1 A_1$$

$$= \frac{\Delta d}{2\sin\dfrac{\alpha}{2}} + \frac{d - \Delta d}{2} - \frac{d}{2} = \frac{\Delta d}{2}\left[\frac{1}{\sin\dfrac{\alpha}{2}} - 1\right] \tag{2-3}$$

③ 以上母线为设计基准(见图 2-96(c))。

此时设计基准的最大变动量为 $\Delta H_3 = H_{3max} - H_{3min}$，即定位误差。

$$\Delta_{dw3} = \Delta H_3 = H_{3max} - H_{3min} = B_1 B_2 = O_1 O_2 + O_1 B_1 - O_2 B_2$$

$$= \frac{\Delta d}{2\sin\dfrac{\alpha}{2}} + \frac{d - \Delta d}{2} - \frac{d}{2} = \frac{\Delta d}{2}\left[\frac{1}{\sin\dfrac{\alpha}{2}} + 1\right] \tag{2-4}$$

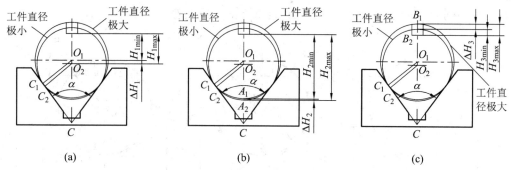

图 2-96　工件以 V 形块定位的误差

通过以上三种不同设计基准情况下定位误差的计算，可以得出如下结论：

① 定位误差与 V 形块夹角 α 有关，随 α 增大而减小，但 α 越大定位稳定性越差，故一般取 $\alpha = 90°$；

② 定位误差与尺寸标注有很大关系，本例中，$\Delta_{dw2} < \Delta_{dw1} < \Delta_{dw3}$。

2) 定位副制造不准确产生的基准位移误差(Δ_{jw})

如图 2-97(a)所示，工件以内孔轴线 O 为定位基准，套在心轴 O_1 上，铣上平面，工序尺寸为 $H_0^{+\Delta H}$。尺寸 H 的设计基准为内孔轴线 O，设计基准与定位基准重合，调刀基准是定位心轴轴线 O_1，从定位角度看，此时内孔轴线与心轴轴线重合，即设计基准与定位基准以及调刀基准重合，$\Delta_{dw} = 0$。

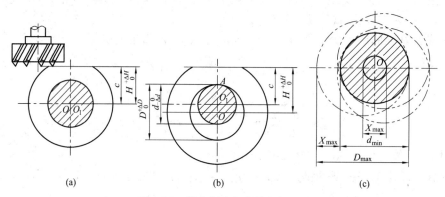

图 2-97　基准位移产生的定位误差

实际上，为了方便安装和制造误差的存在，心轴 $d_{-\Delta d}^{0}$ 和工件内孔 $D_0^{+\Delta D}$ 配合必然存在间隙，实际情况如图 2-97(b)所示。造成设计基准与定位基准不重合，即存在定位误差。根据心轴中心线水平安装还是垂直安装的不同，分以下两种情况分别计算定位误差。

(1) 心轴中心线水平安装。

当心轴如图 2-97(b)水平放置时，工件孔与心轴始终在上母线 A 单边接触。则定位基准与设计基准的最大和最小距离分别为

$$OO_{1\,max} = OA_{max} - O_1A_{min} \tag{2-5}$$

$$OO_{1\,min} = OA_{min} - O_1A_{max} \tag{2-6}$$

$$\Delta_{jw} = OO_{1\,max} - OO_{1\,min} = \frac{1}{2}(\Delta D + \Delta d) \tag{2-7}$$

(2) 心轴中心线垂直安装。

若心轴垂直放置，则工件孔与心轴可能在任意边随机接触，图 2-97(c)，此时定位误差为孔轴存在的最大间隙 X_{max}，即孔最大 D_{max}，轴最小 d_{min} 时的间隙为定位误差：

$$\Delta_{jw} = X_{max} = \Delta D + \Delta d + \Delta \tag{2-8}$$

式中：Δ——定位孔和心轴间的最小间隙。

2.3.5　夹具夹紧机构的设计

根据六点定位原理确定了工件在夹具中位置的合理性，定位误差的分析与计算又确定了工件在夹具中位置的准确性，而要想保证加工过程中不因外力(切削力、工件重力、离心力或惯性力等)作用而使工件发生位移或振动破坏位置的准确性，需要采用夹紧装置将工件夹紧，工件的加工质量及装夹操作都与夹紧装置有关，所以夹紧装置在夹具中占有重要的地位。

在考虑夹紧方案的设计时，首先要确定的就是夹紧力的三要素，即夹紧力的大小、方向和作用点，然后再选择适当的传力方式及夹紧机构。

1. 夹紧机构的组成

夹紧机构由以下几部分组成。

1) 力源部分

力源是产生夹紧作用力的装置，对于机动夹紧机构来说，它是指气动、液压、电力等动力装置，而力源来自于人力的夹紧机构，则称为手动夹紧机构。

2) 中间传动部分

中间传动部分是指把力源部分产生的力传递给夹紧元件的中间机构。中间传动部分的作用如下：

(1) 改变作用力的方向。如图 2-98 所示，动力源 1 气缸作用力的方向通过铰链杠杆机构改变为垂直方向的夹紧力。

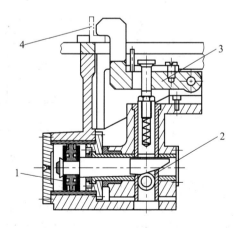

1—动力源；2—传动机构；3—夹紧机构；4—工件

图 2-98　夹紧装置示意图

(2) 改变作用力的大小。为了把工件牢固地夹住，往往需要有较大的夹紧力，这时可利用中间传动部分(如斜楔、杠杆等)将原始力增大，以满足夹紧工件的需要。

(3) 起自锁作用。在力源消失以后，工件仍能可靠地夹紧。这一点对于手动夹紧机构特别重要。

3) 夹紧元件

夹紧元件是夹紧装置的最终执行元件，它与工件直接接触，把工件夹紧。

2. 夹紧机构应满足的要求

夹紧机构应满足以下要求：

(1) 夹紧不能破坏原定位精度；

(2) 夹紧力造成工件和夹具的变形必须在允许的范围内；

(3) 夹紧机构须安全可靠。夹紧机构要有足够的强度和刚度，手动夹紧机构应具有自锁功能，机动夹紧应有连锁保护装置，夹紧行程必须足够，制造方便；

(4) 夹紧机构须安全省力，符合工人的操作习惯；

(5) 夹紧机构的复杂程度、自动化程度必须与生产纲领和工厂的现有条件相适应。

3. 夹紧力的确定

确定夹紧力就是要确定夹紧力的大小、方向和作用点这三个要素。确定夹紧力的大小、方向和作用点时，要分析工件的结构特点、加工要求、切削力和其他外力作用在工件上的情况，以及定位元件的结构和布置方式。

1) 夹紧力作用点的选择

夹紧力作用点是指夹紧元件与工件接触的位置。夹紧力作用点的选择就是正确确定作用点的数量和位置。

选择夹紧力作用点时要注意下列三个问题：

(1) 夹紧力作用点应落在支承元件的支承范围内，以保持工件定位稳定可靠，在加工过程中不会发生位移和偏转。图 2-99 所示的作用点不正确，夹紧时力矩会使工件产生转动。

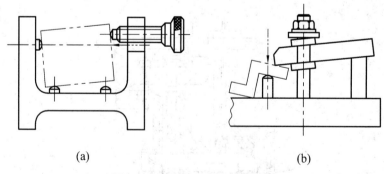

|　　　　　(a)　　　　　　　　　　　　　　　　(b)|

图 2-99　夹紧力的作用点不正确

(2) 夹紧力作用点应作用在工件刚性最好的部位上，以避免或减少工件的夹紧变形。这对薄壁工件来说尤为重要。图 2-100(a)所示的夹紧力作用点不正确，夹紧时会使工件产生较大的变形；图 2-100(b)所示是正确的，工件的夹紧变形很小。

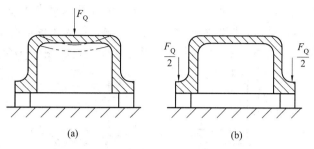

图 2-100　夹紧力作用点对工件变形的影响

(3) 夹紧力作用点应靠近工件的加工表面。目的是提高夹紧刚度，减少工件的变形和振动的产生。如图 2-101 所示，铣削拨叉两端面。由于主要夹紧力的作用点距加工表面较远，故在靠近加工表面的地方设置辅助支承，增加夹紧力。这样，不仅提高工件的装夹刚性，还可以减少加工时工件的振动。

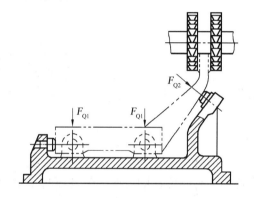

图 2-101　夹紧力尽量靠近加工部位

(4) 夹紧力的反作用力不应使夹具产生影响加工精度的变形。如图 2-102(a)所示，工件对夹紧螺杆 3 的反作用力会使导向支架 2 变形，从而产生镗套 4 的导向误差；改进后的结构如图 2-102(b)所示，夹紧力的反作用力不再作用在导向支架 2 上。

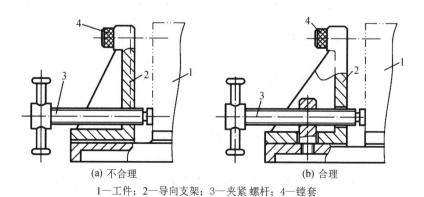

(a) 不合理　　　　　　　　　　(b) 合理

1—工件；2—导向支架；3—夹紧螺杆；4—镗套

图 2-102　夹紧力对支架变形的影响

2) 夹紧力方向的选择

(1) 夹紧力 F_Q 应垂直于主要定位面，否则就容易破坏原来的定位精度，影响工件的加工质量。图 2-103 所示的被加工工件的孔与端面 A 有较高的垂直度要求，因此夹具设计时以工件的左端面作为定位基准，同时底面 B 与夹具接触，但为了保证孔的轴线与端面的垂直度要求，主要定位面为 A 面，夹紧力的方向应与 A 面垂直。图中(a)合理，(b)不合理。

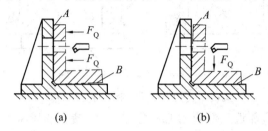

(a)   (b)

图 2-103　夹紧力作用方向

(2) 夹紧力 F_Q 的方向应尽可能与切削力 F_P、重力 W 方向一致，有利于减小夹紧力。如图 2-104 所示，图中(a)合理，(b)、(c)不合理。

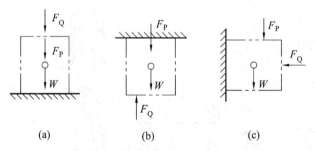

(a)   (b)   (c)

图 2-104　夹紧力与切削力及重力的关系

(3) 夹紧力 F_Q 的方向应与工件刚度高的方向一致，以利于减少工件的变形。如图 2-105 所示为薄壁套筒夹紧情况，图(a)所示在夹紧力作用下易变形，改变成图(b)所示即可避免。

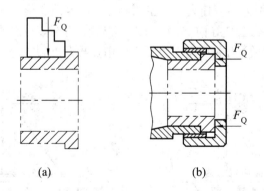

(a)   (b)

图 2-105　薄壁套筒夹紧

3) 夹紧力大小的确定

夹紧力主要取决于切削力和摩擦力，切削力的确定一般是估算和实验得来的，摩擦力也是近似计算，因此夹紧力的确定一般是估算或者实验得来，估算夹紧力是一件十分重要的工作，夹紧力过大会增大工件的夹紧变形，还会无谓地增大夹紧装置，造成浪费；夹紧力过小会导致工件夹不紧，加工工件的定位位置会被破坏，影响加工精度，而且容易引发安全事故。

在计算夹紧力时，将夹具和工件简化成一个刚性系统。以切削力的大小、方向和作用点处于最不利于夹紧时的状况为工件的受力状况，根据切削力、夹紧力(大型工件还应考虑重力，运动速度较大时应考虑惯性力)以及夹紧机构的具体尺寸，列出工件的静力平衡方程式，求出理论夹紧力，再乘以安全系数 S，作为实际所需的夹紧力。

图 2-106 为铣削加工情况，夹紧力最大情况是刀具开始铣削时，此时的切削力矩 $F_H L$ 使工件产生绕 O 点的翻转趋势，夹具中与之平衡的是支承面 A、B 处的摩擦力对 O 点的力矩，这样平衡方程为

$$\frac{1}{2}F_{Q\min}\mu L_1 + \frac{1}{2}F_{Q\min}\mu L_2 = F_H L \tag{2-9}$$

那么最小夹紧力为

$$F_{Q\min} = \frac{2F_H L}{\mu(L_1 + L_2)} \tag{2-10}$$

实际夹紧力为

$$F_Q \geqslant SF_{Q\min} = \frac{2SF_H L}{\mu(L_1 + L_2)} \tag{2-11}$$

式中 S 为安全系数，μ 为摩擦系数，根据加工的具体情况查阅相关设计手册选择。

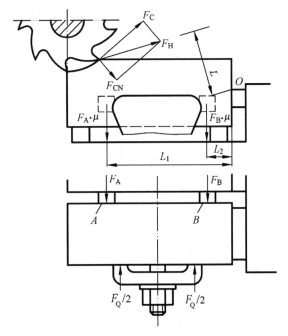

图 2-106 铣削夹紧力计算分析

2.3.6 典型夹紧机构

夹具的种类非常多，结构千变万化，但其夹紧机构大多是由下述几种典型的夹紧机构

为基础构成的。

1. 斜楔夹紧机构

图 2-107 为用斜楔夹紧机构夹紧工件的实例。工件装入夹具后,螺栓通过调整斜楔轴的位置夹紧和松开工件。由于用斜楔直接夹紧工件的夹紧力较小,且操作费时,所以实际生产中多是将斜楔与其他运动机构联合起来使用。

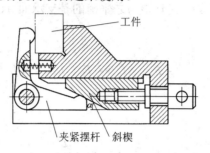

图 2-107　斜楔夹紧机构

下面分析斜楔夹紧的动力 F_Q 与夹紧力 W 之间的关系。斜楔的受力如图 2-108 所示,F_Q 为原动力,R' 为夹紧摆杆对它的作用力,W' 为夹具对它的作用力,φ_1、φ_2 为各自的摩擦角。

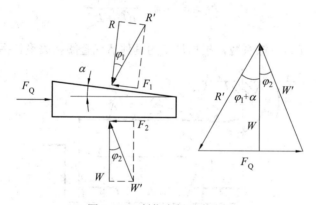

图 2-108　斜楔夹紧受力分析

斜楔受 F_Q、R' 和 W' 共同作用,根据三力平衡,则有

$$W \tan\varphi_2 + W \tan(\alpha + \varphi_1) = F_Q \tag{2-12}$$

$$W = \frac{F_Q}{\tan\varphi_2 + \tan(\alpha + \varphi_1)} \tag{2-13}$$

式中 α 为斜楔的楔角,为了保证手动夹紧时能自锁,要求 $\alpha = 6° \sim 8°$,采用螺旋机构、偏心机构或气动、液压推动斜楔夹紧时,α 可稍大些。

斜楔夹紧机构的特点是,有一定的增力作用,可以方便地改变力的方向,但由于楔角小,夹紧行程较长。

2. 螺旋夹紧机构

螺旋夹紧机构是夹紧机构中应用最广泛的一种,如图 2-109 所示。螺旋夹紧机构夹紧力的计算与斜楔夹紧机构的计算相似，因为螺旋可以看作一个斜楔绕在圆柱体上而形成。如图 2-110 所示为螺杆受力图，该螺杆为矩形螺纹。

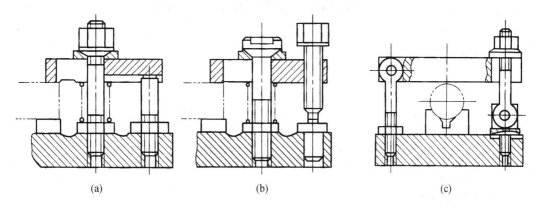

图 2-109　螺旋夹紧机构

设原动力为 F_Q，力臂为 L 作用在螺杆上，其力矩为 $T = F_Q L$。

工件对螺杆的反作用力为垂直方向反作用力 W(等于夹紧力)，工件对其摩擦力为 $F_2 = W\tan\varphi_2$。该摩擦力存在于螺杆端面的一个环面内，可视为集中作用于当量半径为 r' 的圆周上，因此摩擦力矩为 $T_1 = F_2 r' = W\tan\varphi_2 r'$。

如图 2-110 所示，螺母为固定件，其对螺杆的作用力有垂直于螺旋面的作用力 R 及摩擦力 F_1，其合力为 R_1。该合力可分解成螺杆轴向分力和周向分力，轴向分力与工件的轴向反作用力平衡。周向分力可视为作用在螺纹中径 d_0 上，对螺杆产生力矩。

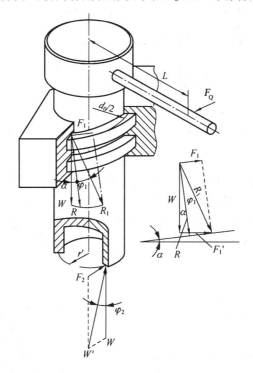

图 2-110　螺旋夹紧机构受力分析

螺杆上的力矩 T、T_1 和 T_2 平衡，则

$$F_{\mathrm{Q}}L - W\tan(\alpha + \varphi_1)\frac{d_0}{2} - W\tan\varphi_2 r' = 0 \tag{2-14}$$

则得夹紧力为

$$W = \frac{F_{\mathrm{Q}}L}{\dfrac{d_0}{2}\tan(\alpha + \varphi_1) + r'\tan\varphi_2} \tag{2-15}$$

螺旋夹紧机构的优点是增力比可达 80 以上、自锁性好、结构简单、制造方便、适应性强，其缺点是动作较慢、操作强度较大。

3. 偏心夹紧机构

偏心夹紧机构是靠偏心轮回转时其半径逐渐增大而产生夹紧力来夹紧工件的，如图 2-111 所示。

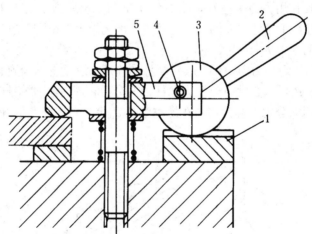

1—垫板；2—手柄；3—偏心轮；4—铰链；5—压板

图 2-111　偏心夹紧机构

偏心夹紧机构的原理与斜楔夹紧机构依靠斜面高度增高而使工作夹紧相似，只是斜楔夹紧的楔角不变，而偏心夹紧的楔角是变化的。

偏心夹紧机构的优点是结构简单、操作方便、动作迅速，其缺点是自锁性能差、夹紧行程和增力比小。因此一般用于工件尺寸变化不大，切削力小而且切削平稳的场合，不适合在粗加工中应用。

4. 铰链夹紧机构

图 2-112 所示为几种铰链夹紧机构的案例。铰链夹紧机构的特点是动作迅速、增力比大、易于改变力的作用方向。缺点是自锁性能差，一般常用于气动、液动夹紧。铰链夹紧机构的设计要认真进行铰链、杠杆的受力分析与运动分析和主要参数的分析计算，同时要考虑设置必要的浮动、调整环节，以保证铰链夹紧机构的正常工作。

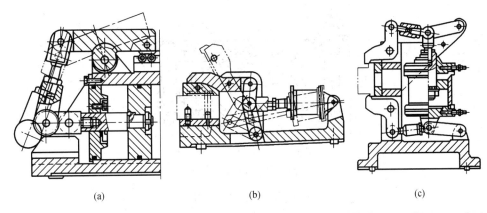

(a)　　　　　　　　(b)　　　　　　　　(c)

图 2-112　铰链夹紧机构

5. 定心夹紧机构

定心夹紧机构是一种特殊的夹紧机构，其定位和夹紧同时实现，夹具上与工件定位基准相接触的元件，既是定位元件，又是夹紧元件，如图 2-113 所示。夹紧元件按等速位移原理来均分工件定位面的尺寸误差，实现定心或对中。定心夹紧元件是通过均匀的弹性变形原理来实现定心夹紧，如各种弹性心轴、弹性筒夹、液性塑料夹头等。

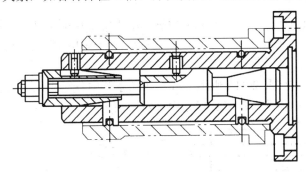

图 2-113　锥面定心夹紧心轴

6. 联动夹紧机构

在夹具设计中，常常遇到工件需要多点同时夹紧(见图 2-114(a))，或多个工件同时夹紧(见图 2-114(b))，有时需要工件先可靠定位再夹紧，或者先锁定辅助支承再夹紧等等。这时为了操作方便、迅速、提高生产效率、减轻劳动强度，可采用联动夹紧机构。

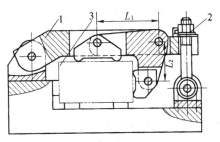

1—压板；2—螺母；3—工件

(a) 工件多点同时夹紧

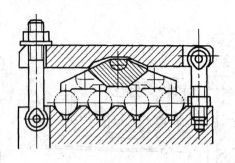

(b) 多个工件同时夹紧

图 2-114　联动夹紧机构

2.3.7　夹紧机构动力源

手动夹紧机构在各种生产规模中都有广泛应用，但手动夹紧动作慢、劳动强度大，现代高效率的夹具多采用机动夹紧方式，因此夹紧装置中，一般都设有机动夹紧力的力源装置，如气动、液压、电磁、真空等。其中以气动夹紧、液压夹紧应用最为广泛。

1. 气动夹紧装置

气动夹紧装置利用压缩空气作为夹紧装置的动力源。压缩空气具有黏度小、无污染、输送分配方便的优点；缺点是夹紧力比液压夹紧小，一般压缩空气工作压力为 0.4 MPa～0.6 MPa，结构尺寸较大，有排气噪声。

典型气动传动系统如图 2-115 所示。气压传动系统中各组成元件均已标准化，设计时可参考有关资料。其中最核心的气缸尺寸由夹紧力决定。

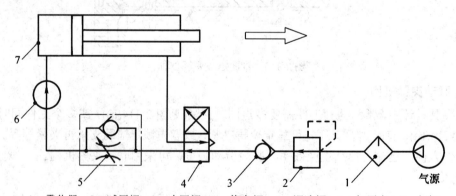

1—雾化器；2—减压阀；3—止回阀；4—换向阀；5—调速阀；6—气压表；7—气缸

图 2-115　典型的气动传动系统

2. 液压夹紧装置

液压夹紧装置的工作原理和结构与气动夹紧装置相似，由于介质的不同，也会表现出优缺点的差异。液压夹紧装置的优点如下：

(1) 压力油工作压力大，可达 6 MPa。因此，油缸尺寸小，不需要增力机构，夹紧装置紧凑；

(2) 压力油具有不可压缩性，因此夹紧装置刚度大，工作平稳可靠；

(3) 液压夹紧装置噪声小。

液压夹紧装置的缺点：需要有一套供油装置，成本相对较高。因此适用于具有液压传动系统的机床和切削力较大的场合。

3. 气-液联合夹紧装置

所谓气-液联合夹紧装置是以压缩空气为动力，以油液为传动介质，兼有气动和液压夹紧装置优点的一种夹紧装置，如图 2-116 所示。

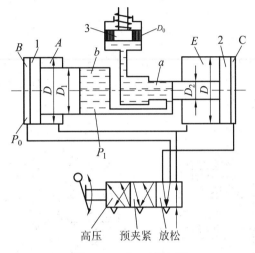

图 2-116　气-液增压器

4. 其他夹紧装置

1) 真空夹紧

真空夹紧是利用工件上基准面与夹具上定位面间形成的封闭空腔抽取真空来吸紧工件，特别适用于由铝、铜及其合金、塑料等非导磁材料制成的薄板形工件或薄壳形工件的夹紧，如图 2-117 所示。

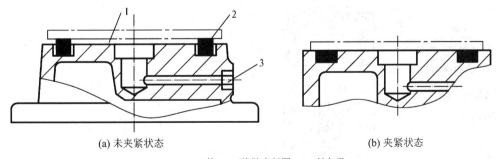

(a) 未夹紧状态　　　　　　　　　　　　　　　　　(b) 夹紧状态

1—工件；2—橡胶密封圈；3—抽气孔

图 2-117　真空夹紧

2) 电磁夹紧

如平面磨床上的电磁吸盘，里面安放电磁线圈，当线圈通上直流电后，其铁芯就会产生磁场，在磁力的作用下将导磁性工件夹紧在吸盘上。

除上述几种情况外，还有可以通过重力、惯性力、弹性力等为动力的特殊的工件夹紧方式。

2.3.8　典型机床夹具

1. 钻床夹具

钻床夹具是指在钻床上用来钻孔、扩孔、铰孔、锪平面及攻螺纹等的机床夹具。因这类夹具大都是具有刀具导向装置的钻模板和钻套，故又称为钻模。

1) 钻模的类型

(1) 固定式钻模。

在加工中相对于工件位置保持不变的钻模称为固定式钻模。这类钻模多用于立式钻床上较大单元孔的加工、摇臂钻床上平行孔系的加工等场合。如图 2-118 所示为用于连杆零件上锁紧孔加工的固定式钻模。

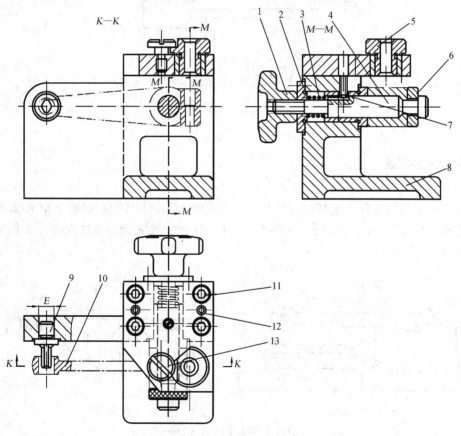

1—锁紧把手；2—垫片；3—弹簧；4—定位销轴；5—钻套；6—定位板；7—限位螺钉；8—夹具体；9—菱形销；
10—工件；11—螺钉；12—圆柱销；13—紧固螺钉

图 2-118　固定式钻模

(2) 回转式钻模。

回转式钻模用于同一圆周上的平行孔系或分布在圆周上的径向孔系的加工。其结构按回转轴线的方位可分为立轴、卧轴和斜轴三种基本类型。如图 2-119 所示，回转式钻模的结构特点是，夹具具有分度装置，且部分分度装置已标准化，在设计回转式模时可以查阅相关标准选择，特殊情况时才设计专门的回转分度装置。

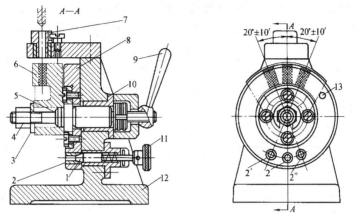

1—活动销；2、2′、2″—分度孔；3—垫片；4—锁紧螺母；5—定位心轴；6—工件；7—钻套；
8—定位板；9—锁紧扳手；10—套筒；11—分度手柄；12—夹具体；13—挡销

图 2-119 回转式钻模

(3) 盖板式钻模。

盖板式钻模的特点是没有夹具体，一般情况下，钻模板上除了钻套外，还装有定位元件和夹紧装置，加工时只要将它覆盖在工件上，通过定位元件完成定位，然后通过夹紧装置夹紧。如图 2-120 所示为加工车床溜板箱上多个小孔所用的盖板式钻模，它用圆柱销 1 和菱形销 3 实现工件一面两孔定位，并通过 4 个螺钉安装在工件上。盖板式钻模的优点是结构简单，多用于大型工件上小孔的加工。

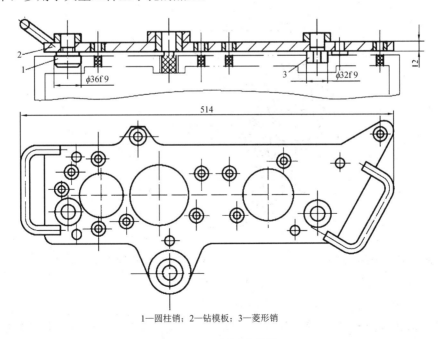

1—圆柱销；2—钻模板；3—菱形销

图 2-120 盖板式钻模

(4) 滑柱式钻模。

滑柱式钻模是一种具有可升降钻模板的通用可调整钻模，这是一种标准的可调夹具，其基本组成部分如夹具体、滑柱等已标准化。该种夹具不必使用单独的夹紧装置。

图 2-121 所示为滑柱式钻模。通过转动手柄 8 使齿轮轴 1 上的斜齿轮带动斜齿条滑柱 2 和钻模板 3 上下升降，导向柱 6 起导向作用，保证钻模板位移的位置精度。为防止钻模板松动，钻模设有自锁装置。齿轮轴 1 上斜齿轮的螺旋角为 45°，齿轮轴 1 的前端设有正向锥体 A 和反向锥体 B，锥度为 1∶5。当钻模下降通过夹紧元件压紧工件(图中未画出)后，斜齿条滑柱再不能往下降了；此时如再继续转动手柄施力，便会使斜齿轮轴产生一轴向力，使齿轮轴 1 上的锥体 A 楔紧在夹具体的锥孔中；由于锥孔的锥角小于两倍摩擦角，满足自锁条件，故有自锁作用。加工完毕后，转动手柄，由斜齿条滑柱 2 带动钻模板 3 上升到一定高度，由于钻模板 3 的自重作用，使齿轮轴 1 产生反向的轴向力，使齿轮轴 1 上的锥体 B 楔紧在锥套环 7 的锥孔中，将钻模板 3 锁在该高度位置上。

滑柱式钻模具有结构简单、操作迅速方便、自锁可靠、结构已通用化等优点，被广泛用于成批生产和大量生产中。

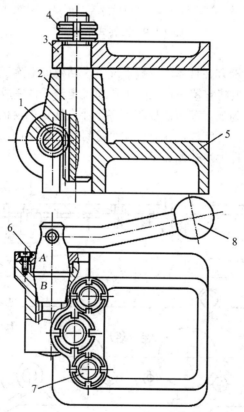

1—齿轮轴；2—斜齿条滑柱；3—钻模板；4—螺母；5—夹具体；6—导向柱；7—锥套环；8—手柄

图 2-121　滑柱式钻模

2) 钻模的设计要点

钻模的形状多种多样，但钻模板和钻套是它们共有的，是钻模区别于其他夹具的特有元件。

(1) 钻套。

钻套是引导刀具的元件，用来保证孔的加工位置，防止加工过程中刀具偏斜。钻套按其结构特点可分为四种类型。

① 固定钻套。如图 2-122(a)所示，固定钻套直接压入钻模板或夹具体的孔中，位置精度较高。但磨损后不易拆卸，故多用于中、小批量生产。

② 可换钻套。如图 2-122(b)所示，可换钻套以间隙配合安装在衬套中，而衬套则压入钻模板或夹具体的孔中，为防止钻套在衬套中转动，加一固定螺钉锁紧。可换钻套在磨损后可以更换，故多用于大批量生产。

③ 快换钻套。如图 2-122(c)所示，快换钻套具有快速更换的特点，更换时不需拧动螺钉，而只要将钻套逆时针转动一个角度，使螺钉头部对准钻套缺口，即可取下钻套。快换钻套多用于同一孔需经多个工步(钻、扩、铰等)加工的情况。

上述 3 种钻套均已标准化，设计使用时，其规格可查阅相关手册。

④ 特殊钻套。如图 2-122(d)、(e)所示，特殊钻套用于某些特殊加工的场合，例如钻多个小间距孔、在工件凹陷处钻孔、在斜面上钻孔等。此时不宜使用标准钻套，可根据特殊要求设计专用钻套。

钻套中引导孔的尺寸及其偏差应根据所引导的刀具尺寸来确定。通常取刀具的最大极限尺寸为引导孔的基本尺寸，孔径公差依加工精度要求来确定。钻孔和扩孔时可取 F7，粗铰时取 G7，精铰时取 G6。若钻套引导的不是刀具的切削部分，而是刀具的导向部分，常取配合为 H7/f7、H7/g6、H6/g5。钻套装在钻模板上后，与工件表面应有适当间隙，以利于排屑，一般可取所钻孔径的 0.3～1.5 倍。钻套材料一般为 T10A 或 20 钢，渗碳淬火后硬度为 58 HRC～64 HRC，必要时可采用合金钢材料。

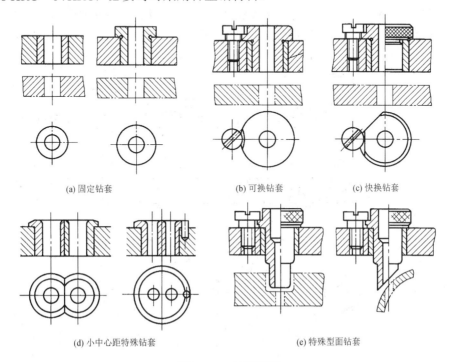

(a) 固定钻套   (b) 可换钻套   (c) 快换钻套

(d) 小中心距特殊钻套   (e) 特殊型面钻套

图 2-122 钻套类型

（2）钻模板。

钻模板用于安装钻套。钻模板与夹具体的连接方式有固定式、铰链式、分离式和悬挂式等几种。

① 固定式钻模板，一般采用两个圆锥销和几个螺钉装配连接，如图 2-118 所示。固定式钻模板结构简单，制造方便，定位精度高，但有时装卸工件不方便。对于简单的结构也可以采用整体铸造或焊接结构。

② 铰链式钻模板，当钻模板妨碍工件装卸或钻孔后需攻螺纹时，可采用如图 2-123 所示的铰链式钻模板。由于铰链处间隙的影响，铰链式钻模板的导向精度低于固定式钻模板。

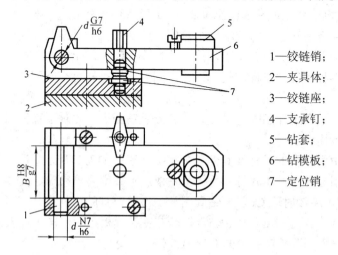

1—铰链销；

2—夹具体；

3—铰链座；

4—支承钉；

5—钻套；

6—钻模板；

7—定位销

图 2-123　铰链式钻模

③ 分离式(可卸式)钻模板，这种钻模板是可拆卸的，如图 2-124 所示，由于钻模结构所限，工件每装卸一次，钻模板也要装卸一次，导向精度低。

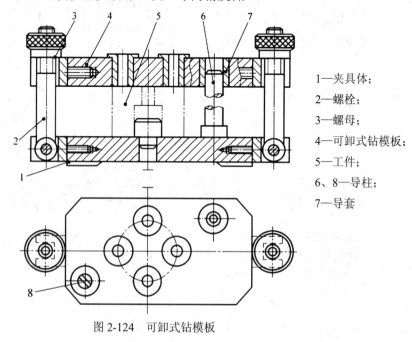

1—夹具体；

2—螺栓；

3—螺母；

4—可卸式钻模板；

5—工件；

6、8—导柱；

7—导套

图 2-124　可卸式钻模板

④ 悬挂式钻模板，如图 2-125 所示，在立式钻床上采用多动力头进行平行孔系加工时，所用的钻模板就连接在传动箱上，并随机床主轴往复移动。悬挂式钻模板与夹具体的相对位置精度由导向滑柱保证。

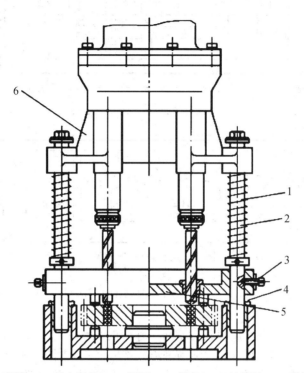

1—弹簧；2—导向滑柱；3—螺钉；4—滑套；5—钻模板；6—横梁

图 2-125　悬挂式钻模板

2. 铣床夹具

铣床夹具主要用于零件上的平面、槽、缺口及成形表面等的加工。在铣削加工过程中，切削力比较大，并且刀齿的工作是断续切削，易引起冲击和振动，所以要求夹紧力较大，以保证工件的定位可靠，因此，铣床夹具要有足够的强度和刚度。

1) 铣床夹具的类型

铣削过程中，夹具大都与工作台一起作进给运动，而铣床夹具的整体结构又常常取决于铣削加工的进给方式。因此按不同的进给方式，将铣床夹具分为直线进给式、圆周进给式和仿形进给式三种类型。

(1) 直线进给式。

图 2-126 所示是多件加工直线进给式铣床夹具，六个工件以外圆面在活动 V 形块 2 上定位，另一端面以支承钉 6 定位。活动 V 形块装在两根导向柱 7 上，V 形块之间用弹簧 3 分离。工件定位后，由薄膜式气缸 5 推动 V 形块 2 依次将工件夹紧。由对刀块 9 和定位键 8 来保证夹具与刀具和机床的相对位置。这类夹具生产效率高，多用于生产批量较大的情况。

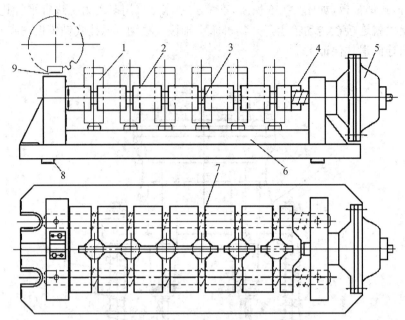

1—工件；2—活动V形块；3—弹簧；4—夹紧元件；5—薄膜式气缸；6—支承钉；7—导向柱；
8—定位键；9—对刀块

图 2-126　多件加工直线进给式铣床夹具

(2) 圆周进给式。

圆周进给式铣床夹具通常用在具有回转工作台的铣床上，一般均采用连续进给，有较高的生产效率。如图 2-127 所示为一圆周进给式铣床夹具。回转工作台 2 带动工件作圆周连续进给运动，将工件依次送入切削区，当工件离开切削区后即被加工好。在非切削区，可将加工好的工件卸下，并装上待加工的工件。这种加工方法使机动时间与辅助时间相重合，从而提高了机床利用率。

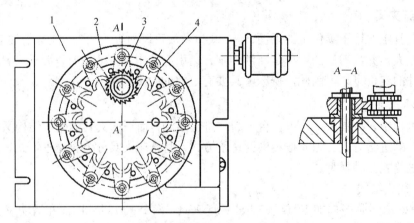

1—夹具；2—回转工作台；3—铣刀；4—工件

图 2-127　圆周进给式铣床夹具

(3) 仿形进给式。

图 2-128 所示为仿形进给式靠模铣床夹具示意图。夹具装在回转工作台 3 上，回转工

作台 3 装在滑座 4 上。滑座 4 受重锤或弹簧拉力 F 的作用使靠模 2 与滚子 5 保持紧密接触。滚子 5 与铣刀 6 不同轴，两轴相距为 k。当转台带动工件回转时，滑座也带动工件沿导轨相对于刀具作径向辅助运动，从而加工出与靠模外形相仿的成形面。

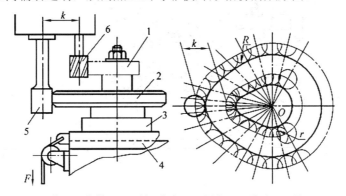

1—工件；2—靠模；3—回转工作台；4—滑座；5—滚子；6—铣刀

图 2-128　仿形进给式靠模铣床夹具

2) 铣床夹具的设计要点

(1) 夹具总体结构。

铣削加工的切削力较大，又是断续切削，加工中易引起振动，因此铣床夹具的受力元件应有足够的强度和刚度。夹紧机构所提供的夹紧力应足够大，且要求有较好的自锁性，为了提高夹具的工作效率，应尽可能采用机动夹紧机构或联动夹紧机构，并在可能的情况下，采用多件夹紧和多件加工。

(2) 对刀装置。

对刀装置用以确定夹具相对于刀具的位置。铣床夹具的对刀装置主要由对刀块和塞尺构成。如图 2-129 所示的几种常用对刀块，图(a)所示为高度对刀块，用于加工平面时对刀；图(b)所示为直角对刀块，用于加工键槽或台阶面时对刀；图(c)和图(d)所示为成形对刀块，用于加工成形表面时对刀。塞尺用于检查刀具与对刀块之间的间隙，以避免刀具与对刀块直接接触。

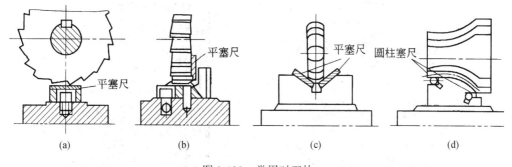

(a)　　　　　　　　(b)　　　　　　　　(c)　　　　　　　　(d)

图 2-129　常用对刀块

(3) 定位键。

铣床夹具与铣床的连接通常是通过定位键实现的。通过安装在铣床工作台 T 形槽上的定位键来确定夹具在机床上的准确定位。如图 2-130 所示为定位键结构，定位键与夹具体配合多采用 H7/h6，为了提高夹具的安装精度，定位键的下部(与工作台 T 形槽配合部分)

可留有余量进行修配，或在安装夹具时使定位键一侧与工作台 T 形槽靠紧，以消除间隙的影响。定位键是标准元件，设计使用时可参考相关设计资料。

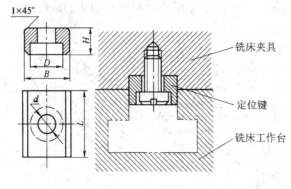

图 2-130　定位键

3. 车床夹具

车床夹具主要用于零件的内外圆柱面、圆锥面、回转成形面、螺纹及端平面等的加工。

1) 车床夹具类型

(1) 以工件外圆定位的车床夹具，如各类夹盘和夹头。

(2) 以工件内孔定位的车床夹具，如各种心轴。

(3) 以工件顶尖孔定位的车床夹具，如顶尖、拨盘等。

(4) 用于加工非回转体的车床夹具，如各种弯板式、花盘式车床夹具。

当工件的定位表面为单一圆柱表面或与被加工面相垂直的平面时，可采用各种通用车床夹具，如三爪自定心卡盘、四爪单动卡盘、顶尖、花盘等。当工件定位面较复杂或有其他特殊要求时，应设计专用车床夹具。图 2-131 所示为一弯板式车床夹具，用于加工壳体零件的孔和端面。工件以底面及两孔定位，并用两个钩形压板夹紧。孔中心线与零件底面之间的 8°夹角由弯板的角度来保证。为了控制端面尺寸，在夹具上设置了供测量用的测量基准(圆柱棒端面)，同时设置了一个供检验和校正夹具用的工艺孔。

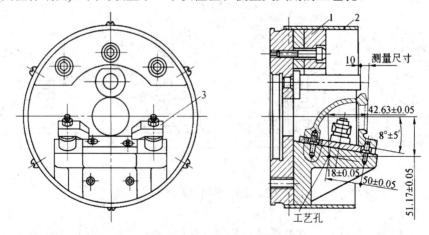

1—配重块；2—防护罩；3—钩形夹头

图 2-131　弯板式车床夹具

2) 车床夹具的设计要点

(1) 整个车床夹具随车床主轴一起回转，所以要求它结构紧凑，轮廓尺寸尽可能小，质量小，而且重心应尽可能靠近回转轴线，以减小惯性力和力矩。

(2) 应有平衡块消除回转中的不平衡现象，以减少振动等不利影响。平衡块的位置应根据需要可以调整。

(3) 高速回转的夹具，应特别注意使用安全，必要时回转部分外面可加罩壳，以保证操作安全。

(4) 夹具与车床主轴的连接方式取决于车床主轴轴端的结构和夹具的体积及精度要求。

如图 2-132 所示为常见的几种连接方式。

图(a)为夹具体以长锥柄安装在主轴锥孔内，以锥面 A 定位，定位精度高，但刚性较差，多用于小型车床夹具与主轴的连接。

图(b)为夹具以端面 A 和圆孔 D 在主轴上定位，孔与主轴轴颈的配合一般取 H7/h6，这种连接方法制造容易，但定位精度不高。

图(c)为夹具以端面 T 和短锥面 K 定位，这种方式不但精度很高，而且刚度也好，但这种方式存在过定位，因此要求制造精度很高，一般要对夹具体上的端面和锥孔进行配磨加工。

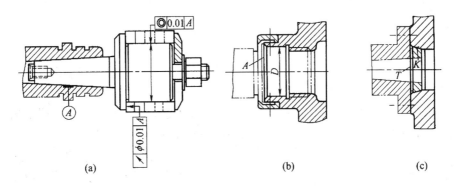

图 2-132　车床夹具与主轴的连接

4. 镗床夹具

带有刀具导向装置的镗床夹具，习惯上又称为镗模，主要用于加工箱体、支座等零件上的孔或孔系，保证孔的尺寸精度、形状精度、孔距和孔的位置精度。镗模与钻模有很大的相似之处，即工件上的孔或孔系的位置精度主要由镗模保证。

根据镗套的布置形式不同，镗床夹具分为有支承镗模和无支承镗模。有支承镗模又分为单支承镗模和双支承镗模。

1) 镗床夹具的类型

(1) 双支承镗模。

双支承镗模上有两个引导镗杆的支承，镗杆与机床主轴采用浮动连接，镗孔的位置精度由镗模保证，消除了机床主轴回转误差对镗孔精度的影响。根据支承相对于刀具的位置又分为前后双支承和后双支承两种。

图 2-133 所示为镗削车床尾座孔前后双支承镗模，两个支承分别设置在刀具的前方和后方。镗杆 9 和主轴之间通过浮动卡头 10 连接。工件以底面、槽及侧面在定位板 3、4 及

可调支承钉 7 定位，限制工件的六个自由度。采用联动夹紧机构，拧紧夹紧螺钉 6，压板
5、8 同时将工件夹紧。镗模支架 1 上装有滚动回转镗套 2，用以支承和引导镗杆。A、B
为镗模定位面。

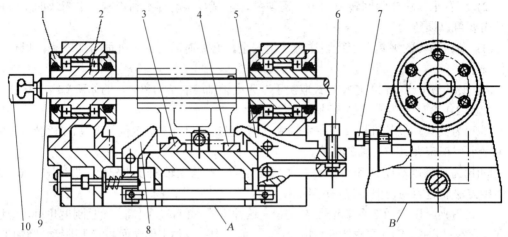

1—镗模支架；2—镗套；3、4—定位板；5、8—压板；6、7—螺钉；9—镗杆；10—浮动卡头

图 2-133　前后双支承镗模

(2) 单支承镗模。

单支承镗模只有一个导向支承，镗杆与主轴采用固定连接。根据支承相对于刀具的位
置又分为前支承和后支承两种。

图 2-134 所示为前单支承导向镗孔，镗模支承设置在刀具的前方，主要用于加工孔径
$D > 60\,\mathrm{mm}$、加工长度 $L < D$ 的通孔。一般镗杆的导向部分直径 $d < D$。

图 2-135 所示为后单支承镗模，镗套设置在刀具的后方。这种形式的镗杆刚度好，加
工精度高，可加工直径 $D \leqslant 60\,\mathrm{mm}$ 的通孔和盲孔，装卸工件和更换刀具方便。当被加工孔
径的 $L/D \leqslant 1$ 时，镗杆的引导部分直径可大于孔径，采取图 2-135(a)所示结构，换刀时不必
更换镗套；当被加工孔径的 $L/D > 1$ 时，如图 2-135(b)所示，镗杆直径制成同一尺寸，应使
镗杆导向部分直径 $d < D$，以便镗杆导向部分可伸入加工孔，从而缩短镗套与工件之间的
距离及镗杆的悬伸长度。

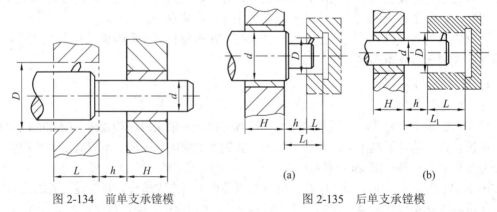

(a)　　　　　　　(b)

图 2-134　前单支承镗模　　　　　　图 2-135　后单支承镗模

为便于刀具及工件的装卸和测量，单支承镗模的镗套与工件之间的距离一般在 20mm～

80 mm 之间，常取 $h=(0.5\sim1)D$。

(3) 无支承镗模。

工件在刚性好、精度高的金刚镗床、坐标镗床或加工中心上镗孔时，夹具上不设置镗模支承，加工孔的尺寸和位置精度均由镗床保证。这类夹具只需设计定位装置、夹紧装置和夹具体。

2) 镗床夹具的设计要点

(1) 镗套。

镗套用于引导镗杆，和钻套非常相似，镗套的结构形式和精度直接影响被加工孔的精度。常用的镗套有两类，即固定式和回转式。设计时，镗套的结构、材料、配合关系等可查阅相关设计手册。

① 固定式镗套。镗孔过程中不随镗杆转动的镗套称为固定式镗套。图 2-136 所示是标准结构的固定式镗套，与快换钻套结构相似。A 型不带油杯和油槽，镗杆上开油槽；B 型则带油杯和油槽，使镗杆和镗套之间能充分润滑。

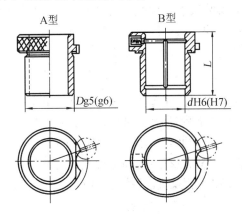

图 2-136 固定式镗套

这类镗套结构紧凑，外形尺寸小，制造简单，位置精度高，但镗套易于磨损。因此固定式镗套适用于低速镗孔，一般线速度 $v\leqslant0.3$ m/s，固定式镗套的导向长度 $L=(1.5\sim2)D$。

② 回转式镗套。回转式镗套随镗杆一起转动，镗杆与镗套之间只有相对移动而无相对转动，从而大大减少了镗套的磨损，也不会因摩擦发热而卡死，适合于高速镗孔。回转式镗套有滑动式(见图 2-137)和滚动式(见图 2-138)两种，滚动式又分为外滚式和内滚式。

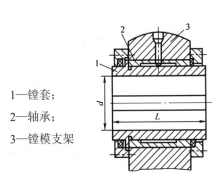

1—镗套；

2—轴承；

3—镗模支架

图 2-137 滑动式镗套

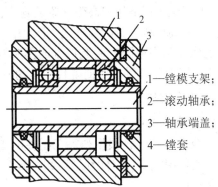

1—镗模支架；

2—滚动轴承；

3—轴承端盖；

4—镗套

图 2-138 外滚式回转镗套

滑动轴承外滚式回转镗套，如图 2-137 所示，镗套 1 可在滑动轴承 2 内回转，镗模支架 3 上设置油杯，经油孔将润滑油送到回转副，使其充分润滑。镗套中间开有键槽，镗杆上的键通过键槽带动镗套回转。这种镗套的径向尺寸较小，适用于中心距较小的孔系加工，且回转精度高，减振性好，承载能力大，但需要充分润滑，常用于精加工。

滚动轴承外滚式回转镗套，如图 2-138 所示，镗套 4 支承在两个滚动轴承 2 上，轴承安装在镗模支架 1 的轴承孔中，轴承孔的两端用轴承端盖 3 封住。这种镗套采用标准滚动轴承，所以设计、制造和维修方便，镗杆转速高，一般摩擦面线速度 $v > 0.3$ m/s。但径向尺寸较大，回转精度受轴承精度影响；可采用滚针轴承以减小径向尺寸，采用高精度轴承提高回转精度。

(2) 镗模支架。

镗模支架与夹具体一起用于安装镗套，保证被加工孔系的位置精度，并可承受切削力的作用。镗模支架要求有足够的强度和刚度，常在结构上设计较大的安装基面和必要的加强筋。不允许在镗模支架上安装夹紧机构或承受夹紧力，以免造成支架变形而影响精度，如图 2-133 中的 1 所示。

2.3.9　现代机床夹具

国际生产研究协会的统计表明，目前多品种、中小批量生产规模的工件生产已占工件总数的 85% 左右。现代生产要求企业所制造的产品经常更新换代，以适应激烈的市场竞争。

在多品种、中小批量生产的企业中，每经四年左右的时间就要更新大约 80% 的专用夹具，而夹具的实际磨损量仅为 15% 左右。特别是现代先进制造技术的发展，数控机床、加工中心、成组技术、柔性制造系统等新技术的广泛应用，对机床夹具的设计提出了如下新的要求：

(1) 为新产品的投产快速提供工艺装备，以缩短生产准备周期，降低生产成本，适应市场竞争。

(2) 为精密加工提供高精度机床夹具。

(3) 为各种现代化数控制造技术提供新型机床夹具。

(4) 夹具的柔性化、低成本设计。

(5) 带有传输装置的自动化夹具的设计。

(6) 广泛采用液压等高效夹紧装置，以进一步提高劳动生产效率。

(7) 提高机床夹具的标准化程度。

现代机床夹具随着制造技术的不断发展而发展，但定位及夹紧等基本原理都是一样的，本节只介绍几种常用的现代夹具的典型结构及特点。

1. 组合夹具

1) 组合夹具的特点

组合夹具是一种根据被加工工件的工艺要求，利用一套标准化的元件组合而成的夹具。夹具使用完毕后，元件经拆卸、清洗后存放，待再次组装时使用。因此，组合夹具有以下优点：

(1) 灵活多变、万能性强，根据需要可组装成多种不同用途的夹具。

(2) 可大大地缩短夹具的设计、制造时间，并减少材料消耗。

(3) 可重复使用，降低生产成本，提高产品的市场竞争力。

组合夹具特别适合单件、小批量的生产模式，正好适应了现在机械产品的市场需求。和专用夹具相比，组合夹具制造成本高，一次性投入较大，组合出的夹具体积大，刚度较差，略显笨重。

2) 组合夹具的类型

目前使用的组合夹具有两种基本类型，即槽系组合夹具和孔系组合夹具。槽系组合夹具元件间靠键和槽(键槽和 T 形槽)定位，孔系组合夹具则通过孔与销来实现元件间的定位。

(1) 槽系组合夹具。

如图 2-139 所示为一套槽系组合钻模及其元件分解图。图中标号表示了组合夹具的八大类元件，即基础件、支承件、定位件、导向件、压紧件、紧固件、合件及其他件。各类元件的名称基本上体现了元件的功能，但在组装时又可灵活使用。

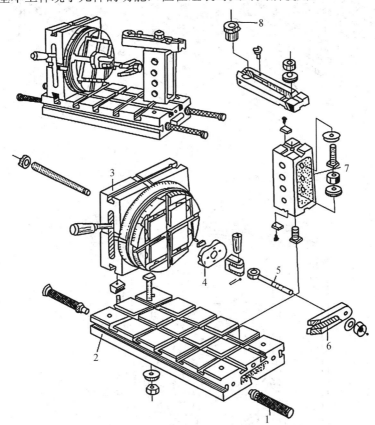

1—其他件；2—基础件；3—合件；4—定位件；5—紧固件；6—压紧件；7—支承件；8—导向件

图 2-139　槽系钻盘类零件径向孔的组合钻模

(2) 孔系组合夹具。

孔系组合夹具的元件类别与槽系组合夹具相仿，也分为八大类元件，但没有导向件，而增加了辅助件，如图 2-140 所示。与槽系组合夹具相比，孔系组合夹具具有精度高、刚性好、易于组装等特点，特别是它可以方便地提供数控编程的基准编程原点，因而在数控机床上得到广泛应用。如图 2-141 所示为在加工中心机床上使用的孔系组合夹具。

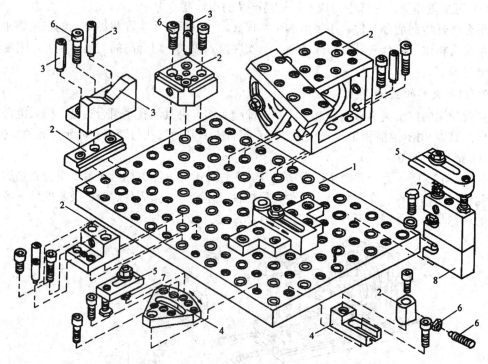

1—基础件；2—支承件；3—定位件；4—辅助件；5—压紧件；6—紧固件；7—其他件；8—合件

图 2-140　孔系组合夹具元件分解图

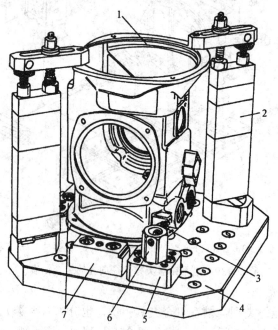

1—工件；2—组合压板；3—螺栓；4—基础板；5—定位板；6—支承；7—侧支承

图 2-141　转向器壳体孔系组合夹具

3) 组合夹具的组装

组合夹具的组装是复杂的脑力劳动和体力劳动相结合的过程，其实质与专用夹具的设计和装配过程大致相同，一般过程如下：

(1) 熟悉原始资料。阅读零件图(工序图)，了解加工零件的形状、尺寸、公差、技术要求及所用的机床、刀具情况，并查阅以往类似夹具的使用记录。

(2) 构思夹具结构方案。根据加工要求选择定位元件、夹紧元件、导向元件及基础元件等(包括在特殊情况下设计专用件)，构思夹具结构，拟定组装方案。

(3) 进行必要的组装计算。必要的组装计算包括角度计算、坐标尺寸计算、结构尺寸计算等。

(4) 试装。将构思好的夹具结构用选用的元件搭建初步模型，以检查构思的方案是否正确可行，在此过程中常常需要对原方案进行反复修改。

(5) 组装。按一定顺序(一般由下而上，由里到外)将各元件连接起来，并同时进行测量和调整，最后将各元件固定下来。

2. 随行夹具

随行夹具是在自动生产线上或柔性制造系统中使用的一种移动式夹具。工件安装在随行夹具上，随行夹具载着工件由运输装置运送到各台机床上，并由机床夹具对随行夹具进行定位和夹紧。

随行夹具需要解决以下几点关键问题。

1) 工件在随行夹具中的定位及夹紧

工件在随行夹具上的定位及夹紧与在一般夹具上完全一样。工件在随行夹具上的夹紧还应考虑到随行夹具在运输、提升、翻转排屑和清洗等过程中由于振动而可能引起的松动，应采用能够自锁的夹紧机构，其中螺旋夹紧机构用得最多。此外，考虑到随行夹具在运输过程中的安全和便于自动化操作，随行夹具的夹紧机构一般均采用机动扳手操作，而没有手柄、杠杆等手动操作元件。

2) 随行夹具在机床夹具中的定位及夹紧

随行夹具在机床上的定位大都采用一面两销的定位方式，其优点如下：

(1) 基准统一。简化夹具设计工作量，有利于保证工件被加工表面之间的位置精度。

(2) 工序高度集中。工件在随行夹具上一次安装可同时实现五个面的加工。

(3) 可防止切屑落入随行夹具的定位基面中。

3) 随行夹具在传输系统上的定位基准和输运基面之间的关系

随行夹具的底面既是定位基面又是输运基面。设计时应提高随行夹具底面的耐磨性，保证定位准确，并能长久保持精度。

4) 随行夹具结构的通用化

随行夹具大多采用一面两销的定位方式，又需成批制造，因而实现随行夹具结构通用化能取得较好的经济效益。由于自动线加工对象各不相同，使整个随行夹具结构通用化困难较大，为此可把随行夹具分为通用底板和专用结构两部分。这样不但使随行夹具结构通用化，而且也使自动线的机床夹具、随行夹具的输送装置结构通用化，从而提高整个自动线的通用化程度，缩短自动线的设计制造周期，降低制造成本。

图 2-142 所示为示为随行夹具在自动线机床上的工作情况。随行夹具 4 在机床夹具 7 上用一面两销定位，定位销由液压杠杆带动，可以伸缩，以使随行夹具可以在输送支承 6 上移动。随行夹具在机床夹具上的夹紧是通过液压缸 9、杠杆 8 带动 4 个可转动的钩形压板 2 来实现的。这种定位夹紧机构已标准化。随行夹具的移动是由带棘爪的步履式输送带来带动的，输送带支承在支承滚 3 上，而随行夹具则支承在输送支承 6 上。

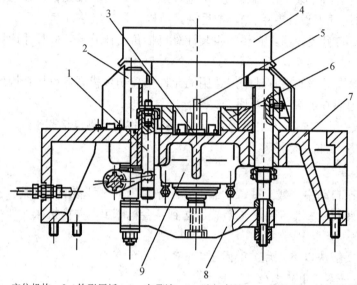

1—定位机构；2—钩形压板；3—支承滚；4—随行夹具；5—输送带；6—输送支承；
7—机床夹具；8—杠杆；9—液压缸

图 2-142　随行夹具及其在机床上的工作情况

3. 成组夹具

成组夹具是在成组技术(GT)原理指导下，为执行成组工艺而设计的夹具。与专用夹具相比，成组夹具的设计不是针对某一零件的某个工序，而是针对一组零件的某个工序，即成组夹具要适应零件组内所有零件在某一工序的加工。

1) 成组夹具的特点

成组夹具使加工工件的种类从一种发展到多种，因此有较高的技术经济效益。成组夹具的主要特点有：

(1) 由于夹具能适应于某一零件组的多次使用，因此可大幅度降低夹具的设计、制造成本，降低工件的单件生产成本，特别适合在数控机床上使用。

(2) 缩短产品制造的生产准备周期。

(3) 更换加工对象时，只需对夹具的部分元件进行调整，从而减少总的调整时间。

(4) 对于新投产的工件，夹具只需添置较少的调整元件即可满足生产要求，从而节约大量金属材料，减少夹具的库存量。

(5) 具有现代先进制造技术、夹具柔性化的特征。

2) 成组夹具的设计原理

成组夹具是在成组工艺的基础上，针对某一组零件的一个或几个工序，按相似性原理专门设计的可调整夹具。

(1) 工件的相似性原理。

① 工艺相似。工艺相似是指工件加工工艺路线相似，并能使用成组夹具等工艺装备。工艺相似程度不同的零件组，所用的机床也不相同。工艺相似程度较高的零件组使用多工位机床进行加工；工艺相似程度较低的零件组，则使用通用机床或单工序专用机床进行加工。

② 装夹表面相似。因为夹紧力一般应与主要定位基准垂直，因此定位基准的位置是确定成组夹具夹紧机构的重要依据之一。

③ 形状相似。形状相似是指工件的基本形状要素(外圆、孔、平面、螺纹、圆锥、槽、齿形等)几何表面位置的相似。工件的形状要素是成组夹具定位元件设计的依据。

④ 尺寸相似。尺寸相似是指工件之间的加工尺寸和轮廓尺寸相近。工件的最大轮廓尺寸决定了夹具基体的规格尺寸。

⑤ 材料相似。材料相似包括工件的材料种类、毛坯形式和热处理条件等。考虑到企业对非铁金属切屑的回收，一般不宜将非同种材料的工件安排在同一成组夹具上加工。对具有不同力学性能的材料，则要求夹具设置夹紧力可调的动力装置。

⑥ 精度相似。精度相似是指工件对应表面之间公差等级相近。为了保持成组夹具的精度稳定，不同精度的工件不应划入同一成组夹具中加工。

(2) 工件的分类归组。

设计前，先要按相似性原理将工件分类归组和编码，建立加工工件组并确定工件组的综合工件。

① 划分零件组。零件组是一组具有相似性特征的工件群，称"组"，它们原分别属于各种不同种类的产品工件。图 2-143 所示就是按相似性建立的套筒类零件组。工艺相似特征为：定位方式相似，都为内孔及端面定位；加工的表面相似，都是加工外圆及端面；尺寸相似，最大外圆直径及长度相似，材料、精度等也相似。加工这样一组零件就可以采用成组夹具。

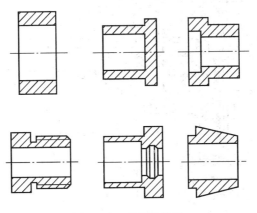

图 2-143 套筒零件组

② 综合工件。综合工件又称合成工件或代表工件。综合工件可以是零件组中一个具有代表性的工件，也可以是一个人为假想的工件。它必须包含零件组内所有工件的相似特征要素。假想的综合工件则需另行绘制工件图。综合零件代表了一组零件的所有加工信息。

3) 成组夹具的设计要点

(1) 基础部分设计。

基础部分的主要元件是夹具体。设计时应注意结构的合理性和稳定性，应保证在加工零件组内轮廓尺寸较大的工件时，结构不至过于笨重；而加工轮廓尺寸较小的工件时，要有足够的刚度。成组夹具的刚度不足往往是影响加工精度的主要原因之一，因此夹具体应采用刚度较好的结构。基础部分的动力装置，一般制成内装式。根据现代工艺技术的发展，应优先采用液压装置。

(2) 调整部分设计。

为了保证调整元件快速、准确地更换和调节，对调整元件的设计提出以下要求：

① 结构简单，调整方便、可靠，元件使用寿命长，操作安全。

② 调整件应具有良好的结构工艺性。

③ 定位元件的调整应能保证工件的加工精度要求。

④ 提高调整件的通用化和标准化程度，减少调整件的数量，以便于成组夹具的使用和管理。

⑤ 调整件必须具有足够的刚度，尤其要注意提高调整件与夹具体间的接触刚度。

如图 2-144 所示为一车床成组夹具，用于精车如图 2-143 所示的一组套筒类零件的外圆和端面，零件以内孔及端面定位，用弹簧膨胀套实现径向夹紧。在该夹具中，夹具体 1 和接头 2 是夹具的基础部分，其余各件 KH1、KH2、KH3、KH4 和 KH5、均为可换件，构成夹具的调整部分。零件组内的零件根据定位孔径大小分成五个组，每个组均对应一套可换的夹具元件(包括夹紧螺钉、定位锥体、顶环和定位环)，而弹簧套则需根据零件的定位孔来确定。

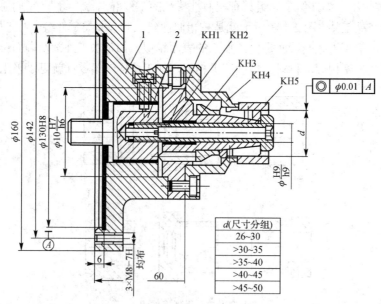

d(尺寸分组)
26~30
>30~35
>35~40
>40~45
>45~50

1—夹具体；2—接头；KH1—夹紧螺钉；KH2—定位锥面；KH3—顶环；KH4—定位环；KH5—弹簧膨胀套

图 2-144　车床成组夹具

如图 2-145(a)所示为一成组钻模，用于加工图 2-145(b)所示零件组内各零件上垂直相交的两径向孔。工件以内孔和端面在定位支承 2 上定位，旋转夹紧手柄 4，带动锥头滑柱

3 将工件夹紧。转动调节旋钮 1，带动微分螺杆，可调整定位支承端面到钻套中心的距离 C，此值可直接从刻度盘上读出。微分螺杆用紧固手柄 6 锁紧。该夹具的基础部分包括夹具体、钻模板、调节旋钮、夹紧手柄、紧固手柄等。夹具的可调整部分包括定位支承、滑柱、钻套等。更换定位支承 2 并调整其位置，可适应不同零件的定位要求。更换滑柱 3，可适应不同零件的夹紧要求。更换钻套 5 则可加工不同零件的孔。

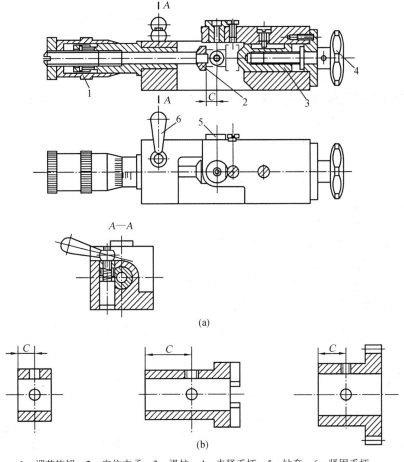

1—调节旋钮；2—定位支承；3—滑柱；4—夹紧手柄；5—钻套；6—紧固手柄

图 2-145　成组钻模

4) 成组夹具的设计步骤

成组夹具的设计步骤如下：

(1) 建立成组夹具设计的资料系统。设计成组夹具的资料主要包括：工件分类、分组资料以及零件组加工清单；零件组的全部图样；零件组的成组工艺规程；成组夹具所使用的机床和刀具资料；成组夹具图册和有关标准资料；同类型新产品的工件资料及成组夹具设计任务书等。

(2) 确定综合工件。在对同组工件结构工艺分析的基础上确定综合工件必须符合两个基本要求：一是具有相同的装夹方式；二是工件的被加工面位置相同。通过对组内工件的定位夹紧分析，确定综合工件的定位、夹紧方案。

(3) 确定夹具形式。包括确定成组夹具的形式和使用的机床。考虑到机床负荷和夹具规格的大小，可对工件尺寸进行分组。尺寸范围较大且批量较大的零件组可分解成几个小零件组，以使夹具结构紧凑。

(4) 结构设计。首先确定夹具可调整部分的结构；然后确定夹具基础部分的结构；进行夹具的精度分析和夹紧力计算；绘制夹具总体结构草图；绘制夹具总装配图；最后进行成组夹具工艺审查。

思考与练习题

2-1　说明下列机床型号的含义：X6132，CG6125B，Z3040，MG1432，Y3150E。

2-2　机床常用的性能指标有哪些？

2-3　机床主轴部件、导轨、支承件及刀架应满足哪些要求？

2-4　工件表面的成形方法有哪几种？

2-5　车刀的结构形式有哪些？各适用于什么加工场合？

2-6　试陈述孔加工刀具的类型及其用途。

2-7　试陈述铣刀的类型及其用途。

2-8　试陈述齿轮刀具的类型及其用途。

2-9　影响砂轮特性的因素有哪些？

2-10　机床夹具由哪几部分组成？各部分作用是什么？

2-11　工件定位与夹紧有什么关系？

2-12　六点定位原理是什么？何为不完全定位、过定位和欠定位？

2-13　试分析图 2-146 中所示的各定位元件所限制的自由度。

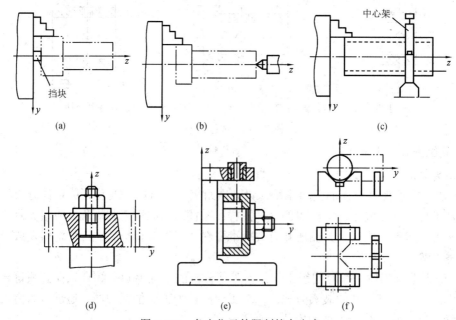

图 2-146　各定位元件限制的自由度

2-14   试分析图 2-147 中定位元件限制了哪些自由度，是否合理？如何改进？

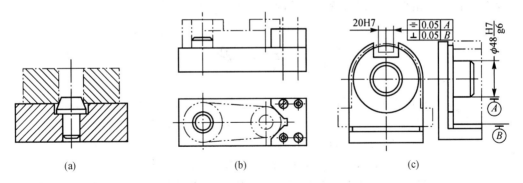

图 2-147   各定位元件所限制的自由度

2-15   何谓可调支承、自位支承和辅助支承？

2-16   确定夹紧力的三个要素是什么？各自的确定原则有哪些？

2-17   什么是定位误差？影响定位误差的因素有哪些？

2-18   加工如图 2-148(a)所示零件的键槽。现有图(b)、(c)、(d)三种定位方案，分别计算三种情况下的定位误差，并确定哪种方案最佳。

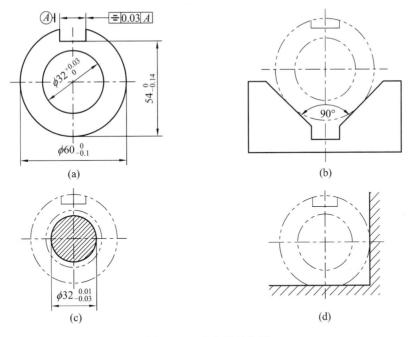

图 2-148   定位误差计算

2-19   车床夹具的设计有何特点？车床夹具与主轴的连接方式有哪几种？

2-20   铣床夹具的设计有何特点？定位键起什么作用？它有几种结构形式？

2-21   钻床夹具的设计有何特点？钻套起什么作用？有哪些常用形式？

2-22   镗床夹具的设计有何特点？镗套起什么作用？

2-23   铣床夹具中对刀装置由哪些部分组成？塞尺的作用是什么？

2-24   什么是随行夹具？适用于什么场合？设计时应考虑哪些问题？

2-25　何为组合夹具？有何特点？适用于什么场合？

2-26　何为成组夹具？有何特点？适用于什么场合？

参 考 文 献

[1]　陆剑中，孙家宁，等. 金属切削原理与刀具[M]. 4 版. 北京：机械工业出版社，2005.

[2]　关慧贞. 机械制造装备设计[M]. 5 版. 北京：机械工业出版社，2020.

[3]　冯辛安，黄玉美. 机械制造装备设计[M]. 北京：机械工业出版社，1999.

[4]　卢秉恒. 机械制造技术基础[M]. 4 版. 北京：机械工业出版社，2019.

[5]　王先逵. 机械制造工艺学[M]. 4 版. 北京：机械工业出版社，2019.

[6]　龚定安. 机床夹具设计[M]. 西安：西安交通大学出版社，1992.

[7]　周宏甫. 机械制造技术基础[M]. 北京：高等教育出版社，2004.

[8]　李伟，谭豫之. 机械制造工程学[M]. 北京：机械工业出版社，2009.

[9]　范孝良，尹明富，郭兰申. 机械制造技术基础[M]. 北京：电子工业出版社，2008.

[10]　张福润，徐鸿本，刘延林. 机械制造技术基础[M]. 武汉：华中科技大学出版社，2000.

[11]　于骏一，邹青. 机械制造技术基础[M]. 2 版. 北京：机械工业出版社，2010.

[12]　薛源顺. 机床夹具设计[M]. 北京：机械工业出版社，2020.

第3章　金属切削过程及其控制

切削加工是机械制造中最基本的方法。切削过程是刀具和工件相互作用，刀具从被加工工件表面上切去多余材料得到预定的几何精度和表面质量的过程。在此过程中，被加工工件的切削层在刀具的挤压下产生塑性变形，形成切屑，同时伴随着很多的物理现象，如力、热、刀具的磨损等，这些物理现象的产生与切削变形有着极为密切的关系。同时刀具的几何角度、刀具材料等对切削力、切削温度和刀具磨损等又有着直接的影响。本章在讲授有关切削过程基本知识的基础上，对切削过程中的各种现象进行研究，揭示它们的形成机理及内在联系。切削过程对于保证和提高加工质量、提高生产效率、降低成本、促进刀具和加工工艺技术的进步都有着十分重要的意义。

3.1　金属切削过程的基本概念

1. 切削加工

金属切削加工是利用刀具切去工件毛坯上多余的加工余量，获得具有一定的尺寸、形状、位置精度和表面质量的机械加工方法。

2. 切削运动

切削运动就是刀具与工件之间的相对运动，即表面成形运动，可分为主运动和进给运动。

(1) 主运动。主运动是使工件与刀具产生相对运动以进行切削的最基本运动。主运动速度最高，消耗功率最大，且只有一个，用 v_c 表示。如车削时工件的旋转运动、铣削时铣刀的旋转运动、磨削时砂轮的旋转运动等都是主运动。

(2) 进给运动。进给运动是不断把被切削层送入到切削过程中，以便形成全部已加工表面的运动。进给运动一般速度较低，消耗功率较小，可以由一个或多个运动组成，可以是连续的，也可以间歇的，用 v_f 表示。如车削时车刀的纵向或横向运动，磨削时工件的旋转和工作台带动工件的移动等都是进给运动。

在切削过程中，既有主运动又有进给运动，二者的合成运动称为合成切削运动。如图3-1 所示为外圆车削时速度的合成关系，可用下式确定：

$$v_e = v_c + v_f \tag{3-1}$$

3. 加工表面

切削加工过程中，在工件上通常会有三种变化着的加工表面，如图 3-1 所示。

(1) 待加工表面：工件上即将被切除的表面。

(2) 已加工表面：切除材料后形成的新的工件表面。

(3) 过渡表面：正在被刀具主切削刃切削的表面，处于已加工表面和待加工表面之间。

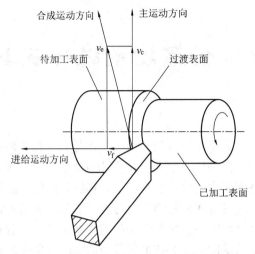

图 3-1　外圆切削时的切削运动及加工表面

4. 切削用量

切削用量是切削时各种参数的总称，包括切削速度、进给量和背吃刀量(切削深度)，又称切削三要素。切削用量是机床调整的依据，对加工质量和效率有重要影响。

1) 切削速度 v_c

切削速度是指单位时间内工件和刀具沿主运动方向的相对位移，单位为 m/s。计算切削速度时，应选取刀刃上速度最高的点进行计算。主运动为旋转运动时，切削速度由下式确定：

$$v_c = \frac{\pi d_w n}{1000 \times 60} \tag{3-2}$$

式中：d_w——工件待加工表面直径或刀具的最大直径(mm)；

n ——工件(或刀具)的转速(r/min)。

若主运动为往复直线运动(如刨削)，则用其平均速度作为切削速度，即

$$v_c = \frac{2Ln_r}{1000 \times 60} \tag{3-3}$$

式中：L——往复直线运动的行程长度(mm)；

n_r——主运动每分钟的往复次数(次/min)。

2) 进给量 f

工件或刀具转一周(或每往复一次)，两者沿进给运动方向上的相对位移量称为进给量，单位为 mm。

3) 背吃刀量 a_p

刀具切削刃与工件的接触长度在同时垂直于主运动和进给运动的方向上的投影值称为吃刀量，单位是 mm。外圆车削的背吃刀量就是工件已加工表面和待加工表面间的垂直距离，如图 3-2 所示，其计算式为

$$a_p = \frac{d_w - d_m}{2} \tag{3-4}$$

式中：d_w——工件待加工表面直径(mm)；

　　　d_m——工件上已加工表面直径(mm)。

5. 切削层参数

切削刃在一次走刀中从工件上切下的一层材料称为切削层，也就是相邻两个加工表面之间的一层金属。外圆车削时的切削层，就是工件转一转主切削刃移动一个进给量 f 所切除的一层金属，如图 3-2 所示。切削层的截面尺寸参数称为切削层参数。切削层的大小反映了切削刃所受载荷的大小，直接影响加工质量、生产效率和刀具的磨损等。

1) 公称厚度 h_D

垂直于两个过渡表面的切削层尺寸称为切削层的公称厚度 h_D。图 3-2 所示的车削加工情况，切削层公称厚度为

$$h_D = f \sin \kappa_r \tag{3-5}$$

式中，κ_r 为主偏角。

2) 公称宽度 b_D

沿过渡表面度量的切削层尺寸称为切削层的公称宽度 b_D。图 3-2 所示的车削加工情况，切削层公称宽度 b_D 为

$$b_D = \frac{a_p}{\sin \kappa_r} \tag{3-6}$$

3) 公称横截面积 A_D

在切削层尺寸度量平面内的横截面积称为公称横截面积 A_D。图 3-2 所示的车削加工情况，切削层公称横截面积 A_D 为

$$A_D = h_D \times b_D = f a_p \tag{3-7}$$

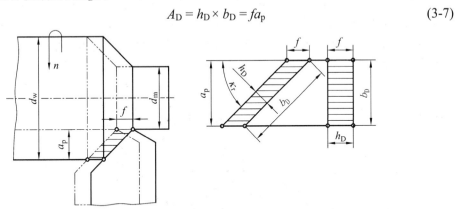

图 3-2　切削用量与切削层参数

3.2　金属切削刀具结构及材料

3.2.1　刀具切削部分的组成

虽然金属切削刀具的种类繁多，但其切削部分的几何形状与参数却有共性，均可以转

化为外圆车刀。外圆车刀的切削部分如图 3-3 所示，总体上由刀头和刀体组成。

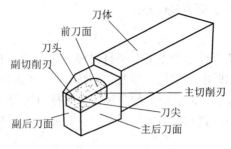

图 3-3 外圆车刀的结构

刀体的主要作用是将刀具安装到刀架上，刀头是参与切削的部分，由以下几部分组成：

(1) 前刀面：与切屑接触并相互作用，切屑沿其流出的刀具表面；

(2) 主后刀面：与工件上过渡表面相接触并相互作用的刀具表面；

(3) 副后刀面：与工件上已加工表面相接触并相互作用的刀具表面；

(4) 主切削刃：前刀面与主后刀面的交线，它承担主要的切削工作，也称为主刀刃；

(5) 副切削刃：前刀面与副后刀面的交线，它协同主切削刃完成切削工作，并最终形成已加工表面，也称为副刀刃；

(6) 刀尖：连接主切削刃和副切削刃的一段刀刃，它可以是一段小的圆弧，也可以是一段直线。

3.2.2 确定刀具角度的参考平面

刀具要从工件上切除材料，就必须具有一定的切削角度。切削角度决定了刀具切削部分各表面之间的相对位置。为了确定和测量刀具的角度，常采用正交平面参考系来进行度量。正交平面参考系由基面、切削平面和正交平面组成，如图 3-4 所示。

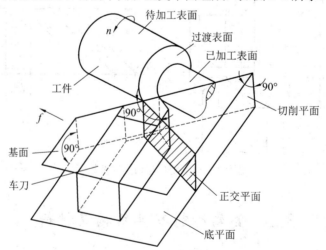

图 3-4 确定刀具角度的正交平面参考系

各平面定义如下：

(1) 基面 P_r：通过主切削刃上某一指定点，并与该点切削速度方向相垂直的平面。

(2) 切削平面 P_s：通过主切削刃上某一指定点，并与工件加工表面相切的平面。切削平面垂直于该点的基面。

(3) 正交平面 P_o：通过主切削刃上某一指定点，并与主切削刃在基面上的投影相垂直的平面。正交平面同时垂直于该点基面和切削平面。

除正交平面参考系外，常用的标注刀具角度的参考系还有法平面参考系、背平面参考系和假定工作平面参考系等。

3.2.3　刀具的标注角度

在刀具标注角度参考系中测得的角度称为刀具的标注角度。刀具的标注角度应标注在刀具的设计图中，用于刀具制造、刃磨和测量。在正交平面参考系中，刀具的主要标注角度有五个，如图 3-5 所示，其定义如下：

刀具的标注角度

(1) 前角 γ_o：在正交平面内测量的刀具前刀面与基面之间的夹角。前刀面在基面之下时前角为正值，前刀面在基面之上时前角为负值。

(2) 后角 α_o：在正交平面内测量的刀具主后刀面与切削平面之间的夹角，一般为正值。

(3) 主偏角 κ_r：在基面内测量的刀具主切削刃在基面上的投影与进给运动方向之间的夹角。

(4) 副偏角 κ_r'：在基面内测量的刀具副切削刃在基面上的投影与进给运动反方向之间的夹角。

(5) 刃倾角 λ_s：在切削平面内测量的刀具主切削刃与基面之间的夹角。在主切削刃上，刀尖为最高点时刃倾角为正值，刀尖为最低点时刃倾角为负值。主切削刃与基面平行时，刃倾角为零。

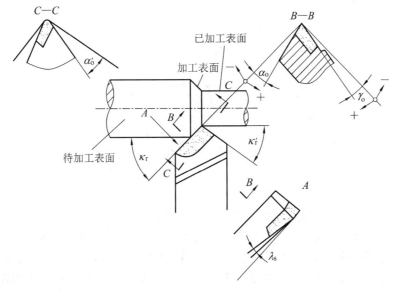

图 3-5　刀具的标注角度

要完全确定车刀切削部分所有表面的空间位置，还需标注副后角 α_o'，副后角确定副后刀面的空间位置。

3.2.4 刀具的工作角度

前述讨论的外圆车刀的标注角度，是在假定刀杆轴线与纵向进给运动方向垂直，并且切削刃上选定点与工件中心等高的条件下确定的。如果考虑进给运动和刀具实际安装情况的影响，各参考平面的位置应按合成切削运动方向来确定，这时的参考系称为刀具工作角度参考系。在刀具工作角度参考系中确定的刀具角度称为刀具的工作角度。刀具的工作角度反映了刀具的实际工作状态。

1. 进给运动对刀具工作角度的影响

当刀具对工件作端面切削或切槽时，刀具进给运动是沿横向进行的。如图 3-6 所示为端面切削时的情况，当不考虑进给运动的影响时，按切削速度的方向确定的基面和切削平面分别为 P_r 和 P_s。考虑进给运动的影响后，刀具在工件上的运动轨迹为阿基米德螺旋线，按合成的切削速度 v_e 的方向确定的工作基面和工作切削平面分别为 P_{re} 和 P_{se}。则刀具的工作前角 γ_{oe} 和工作后角 α_{oe} 分别为

$$\gamma_{oe} = \gamma_o + \eta \tag{3-8}$$

$$\alpha_{oe} = \alpha_o - \eta \tag{3-9}$$

$$\eta = \arctan \frac{v_f}{v_c} = \arctan \frac{f}{\pi d} \tag{3-10}$$

其中，η 称为螺旋升角，它使刀具的工作前角增大、工作后角减小。一般车削外圆时，进给量比工件直径小很多，故影响很小，其对刀具的工作角度影响不大。但在车端面、切断或车螺纹时，应考虑螺旋升角的影响。

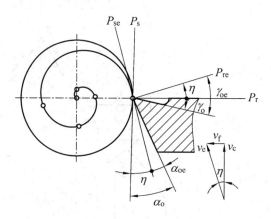

图 3-6 横向进给运动对刀具工作角度的影响

纵向进给对刀具工作角度也会产生影响，它使车外圆及车螺纹的加工实际上是螺旋面，同样使刀具的工作前角增大、工作后角减小，如图 3-7 所示。图中 γ_{fe} 为进给方向剖面 $F—F$ 内刀具工作前角；γ_f 为进给方向剖面 $F—F$ 内刀具理论前角；μ_f 剖面 $F—F$ 内理论基面与工作基面的夹角；α_{fe} 为进给方向剖面 $F—F$ 内刀具的工作后角；α_f 为进给方向剖面 $F—F$ 内刀具的理论后角；η_f 为剖面 $F—F$ 内理论切削平面与工作切削平面的夹角。

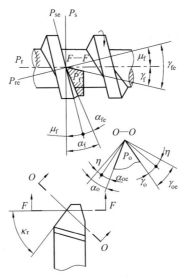

图 3-7　纵向进给对刀具工作角度的影响

2. 刀具安装位置对刀具工作角度的影响

安装刀具时，如刀尖高于或低于工件中心，会引起刀具工作角度的变化。当刀尖高于工件中心时，如图 3-8(a)所示，若不考虑车刀横向进给运动的影响，基面由 P_r 变为 P_{re}，切削平面由 P_s 变为 P_{se}，实际工作前角将大于标注前角，工作后角将小于标注后角，即

$$\gamma_{oe} = \gamma_o + \theta \tag{3-11}$$

$$\alpha_{oe} = \alpha_o - \theta \tag{3-12}$$

$$\eta = \arctan \frac{2h}{d} \tag{3-13}$$

当刀尖低于工件中心时，如图 3-8(b)所示，基面由 P_r 变为 P_{re}，切削平面由 P_s 变为 P_{se}。实际工作前角将小于标注前角，实际工作后角将大于标注后角，即

$$\gamma_{oe} = \gamma_o - \theta \tag{3-14}$$

$$\alpha_{oe} = \alpha_o + \theta \tag{3-15}$$

$$\eta = \arctan \frac{2h}{d} \tag{3-16}$$

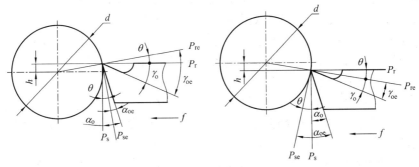

(a) 刀尖高于工件轴线中心　　　　　　　　(b) 刀尖低于工件轴线中心

图 3-8　刀具安装高度对工作角度的影响

当车刀刀杆中心线与进给方向不垂直时，会引起工作主偏角 κ_{re} 和工作副偏角 κ'_{re} 的改变。如图 3-9(a)所示，由于存在刀杆安装角度 θ_A，使得工作主偏角增大了 θ_A，工作副偏角减小了 θ_A：

$$\kappa_{re} = \kappa_r + \theta_A \tag{3-17}$$

$$\kappa'_{re} = \kappa'_r - \theta_A \tag{3-18}$$

图 3-9(b)所示的进给运动方向的影响，使得工作主偏角减小了 θ_A，工作副偏角增大了 θ_A：

$$\kappa_{re} = \kappa_r - \theta_A \tag{3-19}$$

$$\kappa'_{re} = \kappa'_r + \theta_A \tag{3-20}$$

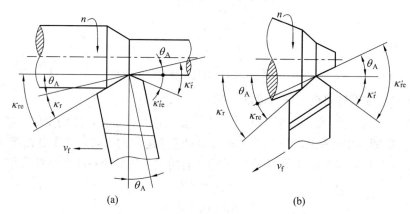

图 3-9　刀杆中心线与进给方向不垂直对刀具工作角度的影响

3.2.5　常用的刀具材料

刀具材料一般是指刀具切削部分的材料，其性能影响被加工表面质量、切削效率和刀具寿命等。在切削过程中，刀具所受的切削力很大，同时刀具与切屑和工件剧烈摩擦，工作条件极为恶劣，因此对刀具材料的要求很高。

1. 刀具材料应具备的性能

刀具切削性能的优劣取决于刀具材料、切削部分几何形状以及刀具的结构。刀具材料的选择对刀具寿命、加工质量、生产效率影响极大。因此刀具材料应具备以下性能：

(1) 高的硬度。一般而言，刀具的硬度应该大于工件的硬度，常温硬度应在 62HRC 以上。刀具材料硬度越高，耐磨性越好，但韧性会降低。因此要求刀具材料在保持足够强度和韧性的条件下，尽可能有高的硬度。

(2) 高的耐磨性。耐磨性表示刀具抵抗磨损的能力，与刀具的耐用度息息相关。通常材料硬度越高，耐磨性越好。耐磨性还与基体中硬质点的大小、数量、分布的均匀程度以及化学稳定性有关。

(3) 足够的强度和韧性。为了承受切削力、冲击和振动，刀具材料应具备足够的强度和韧性，避免崩刃或断刀。一般情况下刀具的强度和韧性越高，其硬度和耐磨性越低，因此这两个方面的性能常常是相互矛盾的，需要综合考虑。

(4) 高的耐热性(热稳定性)。刀具材料在高温下保持较高的硬度、耐磨性、强度和韧性，具有较好的切削性能。

(5) 良好的热物理性能和耐热冲击性。刀具材料应具有良好的导热性，能及时将切削热传递出去；同时不会因为受到大的极短时间的热冲击，使刀具内部产生裂纹而断刀。

(6) 良好的工艺性。为了进行切削加工，刀具都具有一定的结构和角度。刀具材料应具有良好的工艺性能(如锻造性能、切削性能、焊接性能、磨削性能和热处理性能等)，以便于刀具本身的制造和刃磨。

2. 常用刀具材料及其性能

刀具材料的种类很多，常用的材料有碳素工具钢、合金工具钢、高速钢、硬质合金、陶瓷、立方氮化硼和金刚石等。常用刀具材料的性能及用途如表 3-1 所示。

1) 碳素工具钢

碳素工具钢是含碳量较高的优质钢(含碳量为 0.65%～1.35%)，常用牌号有 T8A、T10 等，其中 T 表示"碳素工具钢"，数字表示平均含碳量为千分之几。碳素工具钢淬火后有较高硬度，且价格比较低廉。

2) 合金工具钢

合金工具钢是在碳素工具钢中加入少量的铬(Cr)、钨(W)、锰(Mn)、硅(Si)、镍(Ni)、钒(V)、钼(Mo)等元素形成的刀具材料，相比碳素工具钢，其耐热性、淬透性、韧性和耐磨性都有所提高。碳素工具钢和合金工具钢的耐热性都比较差，适合在低速、低温下工作，仅适用于制造手工刀具或切削速度较低的机动刀具，如手动丝锥、板牙、铰刀、锯条、锉刀等。

3) 高速钢

高速钢又称风钢或锋钢，是加入了较多的钨(W)、钼(Mo)、铬(Cr)、钒(V)等合金元素的高合金工具钢。高速钢具有较高的硬度(62 HRC～70 HRC)和耐热性，在切削温度高达 500 ℃～650 ℃时仍能进行切削；高速钢的强度高、韧性好，可在有冲击、振动的场合应用，可用于加工有色金属、结构钢、铸铁、高温合金等范围广泛的材料。高速钢的制造工艺性好，容易磨出锋利的切削刃，适合制造复杂刀具，尤其适合制造钻头、拉刀、成形刀具、齿轮加工刀具等形状复杂的刀具。

高速钢按切削性能可分为普通高速钢和高性能高速钢；按制造工艺方法可分为熔炼高速钢和粉末冶金高速钢，近年来还出现了涂层高速钢。

4) 硬质合金

硬质合金是用高硬度、难熔的金属碳化物(WC、TiC 等)和金属黏结剂(Co 或 Ni 等)在高温条件下烧结而成的粉末冶金制品。硬质合金的常温硬度可达 89 HRA～93 HRA，760 ℃时其硬度为 77 HRA～85 HRA，在 800 ℃～1000 ℃时硬质合金刀具还能进行切削，刀具寿命比高速钢刀具高几倍到几十倍，可加工包括淬硬钢在内的多种材料。但硬质合金的强度和韧性比高速钢差，常温下的冲击韧性仅为高速钢的 1/30～1/8，因此，硬质合金承受切削振动和冲击的能力较差。硬质合金是最常用的刀具材料之一，常用于制造车刀和面铣刀，也可用于制造深孔钻、铰刀、拉刀和滚刀。对于尺寸较小和形状复杂的刀具，可采用整体硬质合金制造，但整体硬质合金刀具的成本较高。

表 3-1　常用刀具材料的性能及用途

种类	牌号	硬度	维持切削性能的最高温度/℃	抗弯强度/GPa	工艺性能	用途
碳素工具钢	T12A T10A T8A	60 HRC~ 64 HRC	<200	2.45~2.75	可冷热加工成形，工艺性能良好，磨削性好，须热处理	只用于手动刀具，如手动丝锥、板牙、铰刀、锯条、锉刀等
合金工具钢	CrWMn 9CrSi	60 HRC~ 65 HRC	250~300	2.45~2.75		只用于手动或低速机动刀具，如丝锥、板牙、拉刀等
高速钢	W10Mo4Cr4V3Al W6Mo5Cr4V2Co8 W6Mo5Cr4V2Al W6Mo5Cr4V2 W18Cr4V	62 HRC~ 70 HRC	540~600	2.45~4.41	可冷热加工成形，工艺性能良好，须热处理，磨削性好，但钒类较差	用于各种刀具，特别是形状较复杂的刀具，如钻头、铣刀、拉刀、齿轮刀具、丝锥、板牙、刨刀等
硬质合金	YW1，YW2 YT5，YT15，YT30 YG3，YG6，YG8	89 HRA~ 93 HRA	800~1000	0.88~2.45	压制烧结后使用，不能冷热加工，多镶片使用，无须热处理	车刀刀头大部分采用硬质合金，钻头、铣刀、滚刀、丝锥等可镶刀片使用
陶瓷		91 HRA~ 95 HRA	>1200	0.441~0.833		多用于车刀,性脆,适用于连续切削
立方氮化硼		7300 HV~ 9000 HV	1400~1500	0.3	压制烧结而成，可用金刚石砂轮磨削	用于硬度、强度较高材料的精加工
金刚石		10 000 HV	700~800	0.21~0.49	用天然金刚石砂轮刃磨极困难	用于非铁金属的高精度、低表面粗糙度切削

ISO(国际标准化组织)把切削用硬质合金分为以下三类：

(1) K 类(相当于我国 YG 类)。该类硬质合金由 WC 和 Co 组成，也称钨钴类硬质合金，主要用来加工铸铁、有色金属及其合金。

(2) P 类(相当于我国 YT 类)。该类硬质合金由 WC、TiC 和 Co 组成，也称钨钛钴类硬质合金，主要用于加工钢料。

(3) M 类(相当于我国 YW 类)。该类硬质合金是在 WC、TiC、Co 的基础上再加入 TaC(或NbC)而成。加入 TaC(或 NbC)后，改善了硬质合金的综合性能。这类硬质合金既可以加工铸铁和有色金属，又可以加工钢料，还可以加工高温合金和不锈钢等难加工材料，有通用硬质合金之称。

5) 陶瓷

陶瓷刀具是以氧化铝(Al_2O_3)或以氮化硅(Si_3N_4)为基体,添加少量金属在高温下烧结而成的。陶瓷刀具具有以下主要特点:

(1) 硬度高、耐磨性好。常温硬度达 91 HRA～95 HRA,可以切削 60 HRC 以上的硬材料。

(2) 高的耐热性。高温下的强度、韧性降低较少。

(3) 高的化学稳定性。在高温下有较好的抗氧化、抗黏结性能。

(4) 摩擦系数低。切屑不易黏刀,不易产生积屑瘤。

(5) 强度和韧性低。承受冲击载荷的能力较差。

(6) 热导率低。抗热冲击性能较差。

陶瓷刀具一般适用于高速下精细加工硬材料,新型陶瓷刀具也能半精加工、粗加工多种难加工材料。

6) 立方氮化硼

立方氮化硼(CBN)是由六方氮化硼(白石墨)经高温高压处理转化而成的,其硬度高达 8000 HV,仅次于金刚石。立方氮化硼是一种新型刀具材料,可耐 1300℃～1500℃的高温,热稳定性好;化学稳定性也很好,温度高达 1200℃～1300℃时也不与铁发生化学反应。立方氮化硼刀具能以硬质合金刀具切削铸铁和普通钢的切削速度对冷硬铸铁、淬硬钢、高温合金等进行加工。

立方氮化硼刀具能对淬硬钢、冷硬铸铁进行粗加工与半精加工,同时还能高速切削高温合金、热喷涂材料等难加工材料。

7) 金刚石

金刚石是碳的同素异形体,是目前最硬的物质,其显微硬度达 10 000 HV。金刚石刀有以下三类:

(1) 天然单晶金刚石刀具:主要用于非铁材料及非金属的精密加工。

(2) 人造聚晶金刚石:通过合金触媒的作用,在高温高压下由石墨转化而成,价格低。人造聚晶金刚石抗冲击强度高,可选用较大的切削用量。

(3) 金刚石烧结体:在硬质合金基体上烧结一层约 0.5 mm 厚的聚晶金刚石。其强度较好,能进行断续切削,可多次刃磨。

3.3　金属切削过程及其物理现象

金属切削过程中,刀具从工件上切下多余金属,形成切屑和已加工表面,同时伴随有切削力、切削热、刀具磨损、积屑瘤等现象产生,这些现象的成因、作用及变化规律都是以切削过程为基础的。研究金属切削过程对于保证加工质量、提高生产效率、降低生产成本具有十分重要的意义。

3.3.1　切屑的形成过程及变形

切削层金属形成切屑的过程就是切削层金属在刀具的作用下发生

切屑的形成
过程及变形

变形的过程。图 3-10 所示是在直角自由切削(无副切削刃参加切削，且 $\lambda_s = 0$ 的切削情况)工件条件下观察绘制得到的金属切削滑移线和流线及变形区示意图。OA 滑移线称作始滑移线，OM 滑移线称作终滑移线。流线表明被切削金属中的某一点在切削过程中流动的轨迹。

1. 变形区的划分

切削过程中，切削层金属的变形大致可划分为三个区域：

(1) 第一变形区。从 OA 线开始发生塑性变形，到 OM 线金属晶粒的剪切滑移基本完成。OA 线和 OM 线之间的区域(图 3-10 中Ⅰ区)称为第一变形区，又称基本变形区。

(2) 第二变形区。切屑沿前刀面排出时进一步受到前刀面的挤压和摩擦，使靠近前刀面处的切屑呈纤维化，基本上和前刀面平行。这一区域(图 3-10 中Ⅱ区)称为第二变形区。

(3) 第三变形区。已加工表面受到切削刃钝圆部分和后刀面的挤压和摩擦，造成已加工表层金属纤维化与加工硬化。这一区域(图 3-10 中Ⅲ区)称为第三变形区。

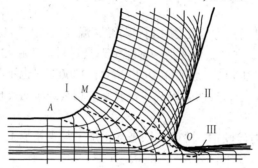

图 3-10　金属切削滑移线和流线及变形区示意图

2. 切屑的形成过程

当工件受到刀具的挤压后，切削层金属在始滑移线 OA 以左发生弹性变形，越靠近 OA 线，弹性变形越大。在图 3-11 中，当切削层中的点 P 逐渐接近 1 点时，达到材料的剪切屈服强度 τ_s，在其向前移动的同时，沿剪切方向滑移至 2 点，而不是 2′ 点，22′ 是此时的滑移距离。P 点经过 1、2、3 点后，到达 4 点时，剪切滑移结束，多余材料沿前刀面流出而形成切屑。图中 OA 为始滑移线，OM 为终滑移线。可见，金属切削过程的实质是一种剪切—滑移—断裂的过程，在这一过程中产生的许多物理现象，都是由切削过程中的变形和摩擦所引起的。在一般的切削速度范围内，第一变形区仅为 0.02 mm～0.2 mm，可以简单看作一个面，即剪切面。剪切面与切削速度的方向之间的夹角称为剪切角，用 ϕ 表示，如图 3-12 所示。

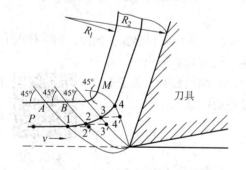

图 3-11　第一变形区的金属滑移

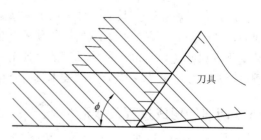

图 3-12　切屑形成过程及剪切角

3. 切屑的受力分析

在直角自由切削的情况下，作用在切屑上的力有：前刀面上的法向力 F_n 和摩擦力 F_f，剪切面上的正压力 F_{ns} 和剪力 F_s，如图 3-13(a)所示。这两对力的合力互相平衡，如图 3-13(b) 所示。刀具切削刃对切屑的作用力如图 3-13(c)所示，图中 a_c 为切削层厚度；a_{ch} 为切屑厚度。

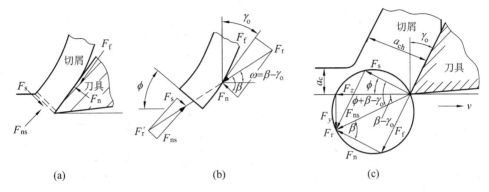

(a)　　　　　　　　(b)　　　　　　　　(c)

图 3-13　切屑受力关系图

图 3-13(c)中：

$$F_r = \frac{F_s}{\cos(\phi + \beta - \gamma_o)} = \frac{\tau A_D}{\sin\phi\cos(\phi + \beta - \gamma_o)} \tag{3-21}$$

$$F_z = F_r\cos(\beta - \gamma_o) = \frac{\tau A_D\cos(\beta - \gamma_o)}{\sin\phi\cos(\phi + \beta - \gamma_o)} \tag{3-22}$$

$$F_y = F_r\sin(\beta - \gamma_o) = \frac{\tau A_D\sin(\beta - \gamma_o)}{\sin\phi\cos(\phi + \beta - \gamma_o)} \tag{3-23}$$

式中：β——切屑与前刀面摩擦角；

　　　γ_o——刀具前角；

　　　A_D——切削层公称横截面积；

　　　F_z——切削运动方向的分力；

　　　F_y——垂直于切削运动方向的分力。

4. 切削变形程度的表示方法

切削变形程度有三种不同的表示方法：变形系数、剪切角和相对滑移。

1) 变形系数 Λ_h

通过实验和实践经验可知，切削完成后，刀具切下的切屑厚度 a_{ch} 通常大于工件切削层厚度 a_c，而切屑长度 l_{ch} 小于切削层长度 l_c。切屑厚度 a_{ch} 与切削层厚度 a_c 的比值称为厚度变形系数 Λ_{ha}，切削层长度 l_c 与切屑长度 l_{ch} 的比值称为长度变形系数 Λ_{hl}。由图 3-14 可得

$$\Lambda_{ha} = \frac{a_{ch}}{a_c} = \frac{\overline{OM}\sin(90° - \phi + \gamma_o)}{\overline{OM}\sin\phi} = \frac{\cos(\phi - \gamma_o)}{\sin\phi} \tag{3-24}$$

$$\Lambda_{hl} = \frac{l_c}{l_{ch}} \tag{3-25}$$

由于切屑宽度变形很小，根据切屑体积不变原理，可得

$$\varLambda_{h} = \varLambda_{ha} = \varLambda_{hl} \tag{3-26}$$

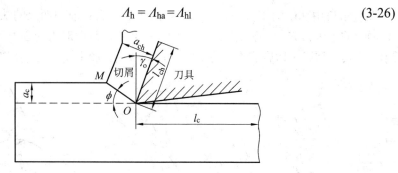

图 3-14　变形系数的计算

2) 剪切角 ϕ

由式(3-24)可知，影响切削变形的主要因素是前角 γ_o 和剪切角 ϕ。图 3-15 所示为直角自由切削状态下的作用力分析。根据材料力学平面应力状态理论，主应力方向与最大剪应力方向的夹角约为 45°，即 F_a 与 F_{sh} 的夹角应为 45°。故有

$$\phi = \frac{\pi}{4} - (\beta - \gamma_o) \tag{3-27}$$

式中：β——刀具前刀面的摩擦角，$\beta = \arctan\mu$;

　　　μ——摩擦系数。

通过式(3-24)、式(3-27)可知：

(1) 刀具前角增大，剪切角随之增大，变形减小，说明增大前角可减小切削变形，对切削过程有利。

(2) 摩擦角减小，剪切角减小，变形减小，说明提高刀具前刀面的刃磨质量、采用润滑性能好的切削液可以减少前刀面的摩擦，对切削过程有利。

3) 相对滑移 ε

由于切削过程中金属变形的主要形式是剪切滑移，因此可以用相对滑移(剪应变)来衡量切削过程的变形程度。如图 3-16 所示，平行四边形 $OHNM$ 发生剪切变形后，变为平行四边形 $OGPM$，其相对滑移为

$$\varepsilon = \frac{\Delta s}{\Delta y} = \frac{\overline{NP}}{\overline{MK}} = \frac{\overline{NK} + \overline{KP}}{\overline{MK}} = \frac{\overline{NK}}{\overline{MK}} + \frac{\overline{KP}}{\overline{MK}} = \cot\phi + \tan(\phi - \gamma_o) \tag{3-28}$$

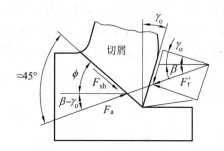

图 3-15　剪切角确定

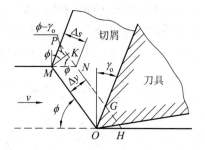

图 3-16　剪应变确定

5. 影响切削变形的因素

1) 工件材料

材料的强度、硬度越高，切屑和前刀面的接触时间越短，导致前刀面和切屑的接触面积越小，刀具前刀面的正压力越大，摩擦角减小，从而使剪切角增大，切削变形减小，如图 3-17 所示。

2) 刀具前角

一方面刀具前角 γ_o 增大，剪切角 ϕ 将随之增大，变形系数随之减小；另一方面刀具前角增大后，刀具前刀面倾斜程度加大，切屑作用在前刀面上的平均正应力减小，使摩擦角 β 和摩擦系数 μ 增大，导致剪切角 ϕ 减小。由于后者影响较小，切削变形还是随刀具前角的增大而减小，如图 3-17 所示。

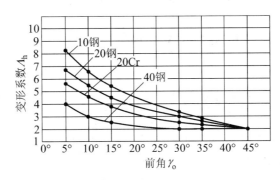

图 3-17　不同工件材料及刀具前角对切削变形的影响

3) 切削速度

切削速度对切削变形的影响较复杂。低速切削时温度低，刀具与切屑间不易黏结，摩擦系数小，切削变形小；中速切削时积屑瘤形成，随着积屑瘤的形成和脱落，刀具实际切削前角由大变小，变形系数加大，至积屑瘤消失时，变形系数达到最大；高速切削区，温度使加工材料剪切屈服强度降低，切应力变小，摩擦系数变小，切削变形小，如图 3-18 所示。

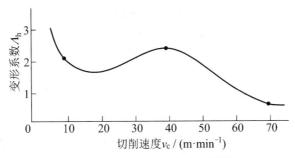

图 3-18　切削速度对切削变形的影响

4) 进给量

进给量增大时，切屑厚度 a_{ch} 与切削层厚度 a_c 增加，使前刀面上的正压力增大，平均正应力增大，因此，摩擦系数减小(见图 3-19(a))，切削变形系数减小(见图 3-19(b))。

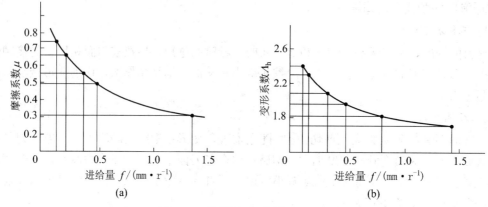

图 3-19   进给量对切削变形的影响

3.3.2   积屑瘤的形成及其对加工过程的影响

1. 积屑瘤的形成

在切削速度不高而又能连续切削的情况下，加工一般钢料或铝合金等塑性材料时，常在刀具前刀面黏着一块剖面呈三角状的硬块，如图 3-20 所示，它的硬度很高，通常是工件材料硬度的 2～3 倍，这块附着在前刀面上的金属称为积屑瘤。

切削时，切屑与前刀面接触处发生强烈摩擦，当接触面达到一定温度且又存在较高压力时，被切材料会黏结(冷焊)在前刀面上。同时连续流动的切屑在从前刀面上的底层金属上流过时，如果温度与压力适当，切屑底部材料也会被阻滞在已经"冷焊"于前刀面上的金属层上，从而黏成一体，使黏结层逐步长大，形成积屑瘤。积屑瘤的产生及其成长与工件材料的性质、

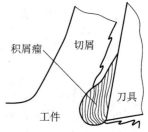

图 3-20   积屑瘤

切削区的温度分布和压力分布有关。塑性材料的加工硬化倾向越强，越易产生积屑瘤；切削区的温度和压力很低时，不会产生积屑瘤；温度太高时，由于材料变软，也不易产生积屑瘤。对碳钢来说，切削区温度处于 300℃～350℃ 时积屑瘤的高度最大，切削区温度超过 500℃ 时积屑瘤便自行消失。在背吃刀量 a_p 和进给量 f 保持一定时，积屑瘤高度与切削速度 v_c 有密切关系，因为切削过程中产生的热是随切削速度的提高而增加的。

2. 积屑瘤对切削过程的影响

积屑瘤对切削过程的影响(如图 3-21 所示)如下：

(1) 刀具前角变大：滞留在前刀面上的积屑瘤增大了刀具的前角，使切削力减小。

(2) 切削厚度变化：积屑瘤的存在超过了切削刃，使切削厚度增大了 Δa_c，且这个厚度随着积屑瘤的增大而增大，同时随着积屑瘤的脱落或断裂而减小或消失，进而导致切削力的波动。

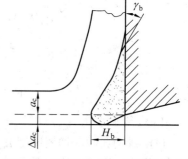

图 3-21   积屑瘤对加工过程的影响

(3) 使加工表面粗糙度增大：积屑瘤的产生、增大、断裂的循环过程，造成工件表面的粗糙度值增大，表面质量下降。

(4) 影响刀具寿命：积屑瘤对切削过程的影响有有利的一面，积屑瘤的存在保护了刀具的前刀面，提高了刀具的使用寿命；但还有不利的影响，积屑瘤的周期性脱落造成切削力的突变，从而容易造成刀具的崩刃或突然断裂。

3. 防止积屑瘤产生的办法

(1) 正确选择切削速度。采取低速切削，切削温度低，切屑的黏结现象不易发生；采取高速切削，切削温度高于积屑瘤的消失温度。因此可以选择切削速度避开产生积屑瘤的区域。

(2) 用润滑性能好的切削液，目的在于减小切屑底层材料与刀具前刀面间的摩擦，防止黏结现象产生。

(3) 大刀具前角，减小刀具前刀面与切屑之间的压力，减小摩擦力，降低温度，防止黏结现象发生。

(4) 适当提高工件材料硬度，减小加工硬化倾向。

3.3.3　切屑的类型及控制

由于工件材料、刀具的几何角度、切削用量等不同，切削过程中形成的切屑形状是多种多样的。切屑的形状主要分为带状、节状、粒状和崩碎四种类型，分别如图 3-22(a)～(d) 所示。

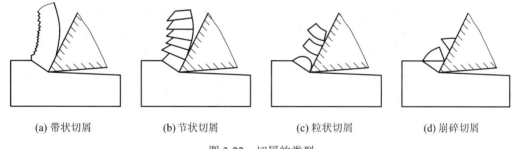

(a) 带状切屑　　　　　(b) 节状切屑　　　　　(c) 粒状切屑　　　　　(d) 崩碎切屑

图 3-22　切屑的类型

1. 切屑的类型

(1) 带状切屑(见图 3-22(a))。带状切屑的切屑延绵较长，呈带状。带状切屑与刀具前刀面接触的表面是光滑的，外表面呈毛茸状。加工塑性金属时，在切削厚度较小、切削速度较高、刀具前角较大的切削条件下常形成此类切屑。产生带状切屑时，切削过程较为平稳，切削力波动不大，工件已加工表面的粗糙度值较小，但加工过程中应注意断屑。

(2) 节状切屑(见图 3-22(b))。节状切屑又称挤裂切屑。它的外表面呈锯齿形，内表面局部有裂纹。一般在切削中等硬度塑性金属且切削速度较低、切削厚度较大、刀具前角较小时会产生节状切屑。形成节状切屑时，切削力有波动，工件加工表面粗糙度较大。

(3) 粒状切屑(见图 3-22(c))。粒状切屑又称单元切屑。在切屑形成过程中，如剪切面上的剪切应力超过了材料的断裂强度，切屑单元从被切材料上脱落，就会形成粒状切屑。这种切屑大多产生在刀具前角小、切削速度低，加工塑性较差的材料时。产生粒状切屑时，加工过程中的切削力波动更大，工件已加工表面粗糙度值也更大。

(4) 崩碎切屑(见图 3-22(d))。崩碎切屑指加工脆性材料时，由于材料的塑性较差，抗拉强度低，切削层材料几乎未经塑性变形就产生脆性崩裂，形成不规则的碎块。产生崩碎切屑时，加工过程中的切削力波动最大，工件已加工表面粗糙度最差，易损坏刀具。因此在生产中应尽量避免产生崩碎切屑。可通过减小切削厚度，适当提高切削速度，使切屑成为针状或片状。

2. 切屑的控制

在实际加工过程中，有的切屑到一定长度以后会自动折断，有的会缠绕在刀具或工件上，影响切削加工的正常进行。因此对切屑的控制具有重大意义，在数控加工、智能制造等自动化加工中显得尤为重要。切屑的控制包括切屑的流向控制和切屑的折断(断屑)两方面。

1) 切屑的流向控制

控制切屑的流向可使已加工表面不被切屑划伤，便于对切屑进行处理，从而使切削过程顺利进行。影响切屑流向的主要参数是刀具刃倾角 λ_s，主偏角 κ_r 及前角 γ_o。以车削外圆为例，当 λ_s 为正值时，切屑流向待加工表面；当 λ_s 为负值时，切屑流向已加工表面，如图 3-23 所示。当 $\kappa_r = 90°$ 时，切屑流向已加工表面。γ_o 为负值时，由于前刀面的推力作用，切屑常流向待加工表面。因此，控制切屑的流向可以通过控制刀具的几何参数来实现。

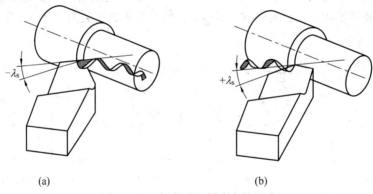

(a)　　　　　　　　　　　(b)

图 3-23　刃倾角对切屑流向的影响

2) 断屑

在切屑形成及流动过程中，当碰到刀具后刀面、工件上过渡表面或待加工表面等障碍时，如某一部位的应变超过了切屑材料的断裂应变值，切屑就会折断。工件材料脆性越大(断裂应变值小)、切屑厚度越大、切屑卷曲半径越小，切屑就越容易折断。实际中常采用的断屑方法主要有如下几种：

(1) 在刀具的前刀面上设置断屑槽可以对流动中的切屑施加一定的约束力，使切屑应变增大，切屑卷曲半径减小，加速切屑的折断。常用断屑槽的截面形状有折线形、直线圆弧形和全圆弧形，如图 3-24 所示。折线形和直线圆弧形适用于碳钢、合金钢和不锈钢的加工；全圆弧形的槽底前角大，适用于加工塑性高的金属材料和重型刀具。

(2) 调整切削用量。切削用量中对断屑影响最大的是进给量，其次是背吃刀量。提高进给量 f 使切削厚度增大，在切屑受卷曲或碰撞时易折断，对断屑有利，但增大 f 会增大加工表面粗糙度；只增大背吃刀量 a_p 对断屑作用不大，只有当同时增大进给量 f 时才能有效断屑；降低切削速度，能使切屑变形较充分，对断屑有利。

(3) 其他断屑方法。在刀具前刀面上安装可调距离和角度的断屑挡块，能达到稳定断屑的目的。不足之处是减小了排屑空间。采用断续切削、摆动切削或振动切削能使切屑厚度变化，在切屑厚度较小处产生应力集中，从而达到断屑目的。在参与切削的较长切削刃(如钻头、圆铣刀、拉刀等)上开分屑槽，可使切屑分段流出，便于排屑和容屑。

(a) 折线形　　　　　　　(b) 直线圆弧形　　　　　　(c) 全圆弧形

图 3-24　断屑槽截面形状

3.4　切削力与切削功率

刀具与工件的相互作用会伴有切削力的产生，切削力的大小与切削热、刀具磨损、切削效率和加工质量有着密切的关系，同时切削力也是设计和选用机床、刀具、夹具的重要依据。

3.4.1　切削力

切削加工过程中，在刀具作用下被切削层金属、切屑和工件已加工表面间会产生弹性变形和塑性变形，这些变形所产生的抗力分别作用在刀具前刀面和后刀面上。同时，切屑从前刀面流出，刀具后刀面与工件已加工面间的摩擦，使得摩擦力分别作用在刀具前刀面和后刀面上，如图 3-25 所示。图中 $F_{\gamma N}$ 为刀具前刀面受到的正压力；$F_{\gamma f}$ 为刀具前刀面受到的摩擦力；$F_{\alpha N}$ 为刀具后刀面受到的正压力；$F_{\alpha f}$ 为刀具后刀面受到的摩擦力。这些力在刀具上的合力称为总切削力 F_r。

总切削力 F_r 的影响因素很多，其大小和方向都是变化的。为了便于 F_r 的测量和应用，常将其分解为 F_c、F_p 和 F_f 三个相互垂直的分力，如图 3-26 所示。

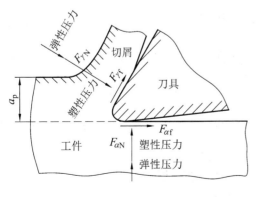

图 3-25　切削力的来源

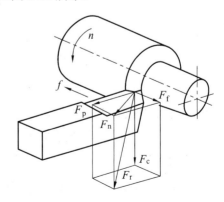

图 3-26　切削力的合力与分力

F_c 称为切削力，又称切向力、主切削力，是总切削力在主运动方向的分力，垂直于基面，也是最大的一个切削分力。其消耗的功率占总功率的 95%～99%，它是计算机床动力，校核刀具、夹具强度与刚度的主要依据之一。

F_p 称为背向力，又称切深抗力、径向力，是总切削力在切削深度方向的分力，它在基面内，与进给运动方向垂直。背向力会使机床、刀具、夹具和工件产生变形，容易引起振动和加工误差，是设计和校核系统刚度和精度的主要参数。

F_f 称为进给力，又称轴向力，是总切削力在进给运动方向的分力，它在基面内，与进给运动方向一致。进给力作用在机床的进给机构上，是计算和校核进给系统强度的主要依据之一。

F_r 的计算公式为

$$F_r = \sqrt{F_c^2 + F_p^2 + F_f^2} \tag{3-29}$$

在上述三个分力中，F_c 最大，F_p 次之，F_f 最小。

3.4.2　切削力的计算

目前，人们通过科学研究和生产实践，已经积累了大量的切削力实验数据。对于一般加工方法，如车削、孔加工和铣削等已建立起了可直接利用的经验公式。切削力的计算常采用以下四种方法：指数公式、单位切削力、解析计算、有限元法。下面主要介绍前两种方法。

1. 指数公式

通过实际测量不同生产条件下的切削力，经过数据处理，可得应用比较广泛的切削力经验公式为

$$F_c = C_{F_c} a_p^{x_{F_c}} f^{y_{F_c}} v_c^{n_{F_c}} K_{F_c} \tag{3-30}$$

$$F_p = C_{F_p} a_p^{x_{F_c}} f^{y_{F_p}} v_c^{n_{F_p}} K_{F_p} \tag{3-31}$$

$$F_f = C_{F_f} a_p^{x_{F_f}} f^{y_{F_f}} v_c^{n_{F_f}} K_{F_f} \tag{3-32}$$

式中：C_{F_c}、C_{F_p}、C_{F_f} ——取决于被加工材料和切削条件的系数；

x_{F_c}、x_{F_p}、x_{F_f}、y_{F_c}、y_{F_p}、y_{F_f}、n_{F_c}、n_{F_p}、n_{F_f} ——三个切削分力中的切削深度 a_p、进给量 f、切削速度 v_c 的指数；

K_{F_c}、K_{F_p}、K_{F_f} ——当实际加工条件与经验公式条件不符时，各种因素对切削分力的修正系数。

公式中各系数的指数可通过查阅相关的机械加工工艺手册来确定。表 3-2 列出了不同切削条件下，由车削加工试验数据得到的上述系数和指数。

表 3-2　车削加工力学公式中的系数和指数

加工材料	刀具材料	加工形式	公式中的系数及指数											
			切削力 F_z(或 F_c)				背向力 F_y(或 F_p)				进给力 F_x(或 F_f)			
			C_{F_z}	x_{F_z}	y_{F_z}	n_{F_z}	C_{F_y}	x_{F_y}	y_{F_y}	n_{F_y}	C_{F_x}	x_{F_x}	y_{F_x}	n_{F_x}
结构钢及铸钢 σ_b=0.637 GPa	硬质合金	外圆纵车、横车及镗孔	1433	1.0	0.75	−0.15	572	0.9	0.6	−0.3	561	1.0	0.5	−0.4
		切槽及切断	3600	0.72	0.8	0	1393	0.73	0.67	0	—	—	—	—
		车螺纹	23 879	—	1.7	0.71	—	—	—	—	—	—	—	—
	高速钢	外圆纵车、横车及镗孔	1766	1.0	0.75	0	922	0.9	0.75	0	530	1.2	0.65	0
		切槽及切断	2178	1.0	1.0	0	—	—	—	—	—	—	—	—
		成形车削	1874	1.0	0.75	0	—	—	—	—	—	—	—	—
不锈钢 1Cr18Ni9Ti 141 HBW	硬质合金	外圆纵车、横车及镗孔	2001	1.0	0.75	0	—	—	—	—	—	—	—	—
灰铸铁 190 HBW	硬质合金	外圆纵车、横车及镗孔	903	1.0	0.75	0	530	0.9	0.75	0	451	1.0	0.4	0
		切槽及切断	29 013	—	1.8	0.82	—	—	—	—	—	—	—	—
	高速钢	外圆纵车、横车及镗孔	1118	1.0	0.75	0	1167	0.9	0.75	0	500	1.2	0.65	0
		切槽及切断	1550	1.0	1.0	0	—	—	—	—	—	—	—	—
可锻铸铁 150 HBW	硬质合金	外圆纵车、横车及镗孔	795	1.0	0.75	0	422	0.9	0.75	0	373	1.0	0.4	0
	高速钢	外圆纵车、横车及镗孔	981	1.0	0.75	0	863	0.9	0.75	0	392	1.2	0.65	0
		切槽及切断	1364	1.0	1.0	0	—	—	—	—	—	—	—	—
中等硬度不匀质铜合金 120 HBW	高速钢	外圆纵车、横车及镗孔	540	1.0	0.66	0	—	—	—	—	—	—	—	—
		切槽及切断	736	1.0	1.0	0	—	—	—	—	—	—	—	—
铝及铝硅合金	高速钢	外圆纵车、横车及镗孔	392	1.0	0.75	0	—	—	—	—	—	—	—	—
		切槽及切断	491	1.0	1.0	0	—	—	—	—	—	—	—	—

2. 单位切削力

单位切削力是指单位切削面积上的切削力，即

$$k_c = \frac{F_c}{A_D} = \frac{F_c}{f_{a_p}} = \frac{F_c}{h_D b_D} \tag{3-33}$$

式中：k_c—— 单位切削力(N/mm^2)；

A_D—— 切削面积(mm^2)；

a_p—— 背吃刀量(mm)；

f—— 进给量(mm/r)；

h_D—— 切屑厚度(mm);

b_D—— 切屑宽度(mm)。

如单位切削力为已知，则可由式(3-33)求出切削力 F_c。

在进行切削力、切削功率的计算时，首先应查阅机械加工工艺手册确定单位切削力和切削功率，如表 3-3 所示，然后再计算。

表 3-3　硬质合金外圆车刀切削常用材料的单位切削力

工件材料					单位切削力 k_c/(N/mm²) $f=0.3$ mm/r	单位切削功率 P_s/[kW/(mm³·s⁻¹)] $f=0.3$ mm/r	实验条件	
类别	名称	牌号	制造热处理状态	硬度/HBW			刀具几何参数	切削用量范围
钢	易切钢	Y40Mn	热轧	202	1668	1668×10⁻⁶		
	碳素结构钢，合金结构钢	Q235A	热轧或正火	134～137	1884	1884×10⁻⁶	$\gamma_o=15°$ $\kappa_r=75°$ $\lambda_s=0°$ $\bar{b}_{\gamma_1}=0$ 前刀面带卷屑槽	
		45		187	1962	1962×10⁻⁶		
		40Cr		212				
		40MnB		207～212				
		38CrMoAlA		241～269				
		45	调质(淬火及高温回火)	229	2305	2305×10⁻⁶	$\gamma_o=15°$ $\kappa_r=75°$ $\lambda_s=0°$ $b_{\gamma_3}=(0.1～0.15)$mm $\gamma_o=-20°$ 前刀面带卷屑槽	$v_c=(1.5～1.75)$m/s $a_p=(1～5)$mm $f=(0.1～0.5)$mm/r
		40Cr		285				
		38CrSi		292	2197	2197×10⁻⁶		
		45	淬硬(淬火及低温回火)	44HRC	2649	2649×10⁻⁶		
	工具钢	60Si2Mn	热轧	269～277	2060	2060×10⁻⁶	$\gamma_o=15°$ $\kappa_r=75°$ $\lambda_s=0°$ $b_{\gamma_1}=0$ 前刀面带卷屑槽	
		T10A	退火	189				
		9CrSi		223～228				
		Cr12		223～228				
		Cr12MoV		262				
		3Cr2W8		248				
		5CrNiMo		209				
		W18Cr4V		235～241				
	轴承钢	GCr15	退火	196	2109	2109×10⁻⁶	$\gamma_o=20°$ $\kappa_r=75°$ $\lambda_s=0°$ $b_{\gamma_1}=0$ 前刀面带卷屑槽	
	不锈钢	1Cr18Ni9Ti	淬火及回火	170～179	2453	2453×10⁻⁶		

3.4.3 影响切削力的因素

切削过程中，很多因素都会对切削力产生不同程度的影响，归纳起来除了工件材料、切削用量和刀具角度三个因素之外，还有刀具材料、后刀面磨损及切削液等方面。

1. 工件材料的影响

工件材料的强度、硬度越高，屈服强度越高，加工硬化的程度越大，虽然塑性变形小，但总的切削力还是变大；工件材料塑性和韧性越高，切屑变形越大，刀具和切屑间摩擦力越大，切削力越大；切削脆性材料时，被切材料的塑性变形及刀具前刀面的摩擦都比较小，切削力相对较小。同一材料的热处理状态不同、金相组织不同也会影响切削力的大小。

2. 切削用量的影响

1) 背吃刀量 a_p 和进给量 f

背吃刀量 a_p 和进给量 f 增大时，变形抗力和摩擦力随之增大，会使切削力增大，但两者的影响程度不同。a_p 增大时，切削力成正比增大，f 增大时，切屑变形减小，切削力不成正比增大。所以在切削层面积相同的条件下，采用大的进给量 f 比采用大的背吃刀量 a_p 的切削力要小。

2) 切削速度 v_c

切削塑性金属时，切削速度对切削力的影响与切削速度范围有关。如图 3-27 所示，在无积屑瘤产生的切削速度范围(高速)内，随着 v_c 的增大，切削温度升高，摩擦系数减小，切削力下降。在产生积屑瘤的切削速度(低速和中速)内，随着 v_c 的增大，积屑瘤逐渐长大，刀具的实际前角逐渐增大，切削力减小，当积屑瘤增长到一定程度后会自行脱落，此时刀具实际前角减小，切削力会突然增大。因此在积屑瘤形成的切削速度范围内，切削力有所波动。

切削铸铁等脆性材料时，被切材料的塑性变形及它与前刀面的摩擦均比较小，切削速度对切削力没有显著影响。

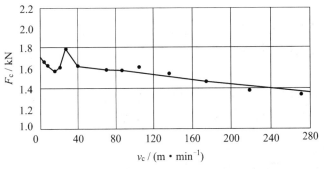

图 3-27 切削速度对切削力的影响

3. 刀具角度的影响

1) 前角 γ_o

γ_o 增大，切屑的变形减小，切削力下降，前角对切削力的影响是随着切削速度的增大而减小的，如图 3-28 所示。同时前角增大对切削力减小的影响程度与被加工材料的力学性能有关。切削塑性材料时，前角对切削力的影响较大；切削脆性材料时，由于切屑变形很小，前角对切削力的影响不显著。

2) 主偏角 κ_r

从图 3-26 切削力的分解中可以看出，主偏角增大，切削力 F_c 减小，背向力 F_p 减小，进给力 F_f 增大。但是当 κ_r 大到一定程度后，刀尖圆弧半径的作用加大，将导致 F_c 增大。如图 3-29 所示。

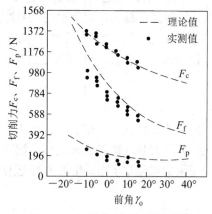

图 3-28 刀具前角对切削力的影响

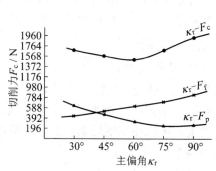

图 3-29 主偏角对切削力的影响

3) 刃倾角 γ_s

刃倾角直接影响切屑在刀具前刀面的流向，改变切削力合力的方向，但刃倾角在很大范围内(-45°～10°)变化时，对 F_c 基本没有什么影响。若是继续增大刃倾角，则 F_p 减小，F_f 增大。

4) 刀尖圆弧半径 r_ε

刀尖圆弧半径 r_ε 增大，切屑变形增大，切削力增大。在圆弧切削刃上各点的主偏角 κ_r 的平均值减小，背向力 F_p 增大。

4. 刀具磨损

刀具后刀面磨损将使刀具与工件已加工表面的摩擦和挤压加剧，后刀面上的法向力和摩擦力都增大，故使切削力增大。

5. 刀具材料

刀具材料与工件材料间的摩擦系数直接影响切削力的大小。在相同切削条件下，陶瓷刀具切削力最小，硬质合金次之，高速钢的切削力最大。

6. 切削液

使用以冷却作用为主的切削液(如水溶液)对切削力影响很小，使用润滑作用强的切削液(如切削油)能减小刀具与工件、切屑的摩擦，从而减小切削力。

3.4.4 切削力的测量

在某一具体切削条件下，切削力究竟多大，这就是有关切削力的理论计算问题。近百年来，国内外的学者做了大量的研究和实验，但是由于实际切削过程十分复杂，影响因素很多，而现有的很多理论计算公式都建立在一些假设的基础上，存在很大的缺点，而且与实验数据不能很好地吻合，因此在实际生产中，切削力的计算一般采用实验建立起来的经验公式来计算，而对一定条件下的切削力要进行实际的测量。测量切削力的方法有两类：一类是间接测量，如测量机床消耗的功率，将应变片贴在滚动轴承外环上进行测量，测量刀架变形量等；另一类是直接测量，常用的测力仪有电阻应变片式测力仪和压电式测力仪等。这里只介绍直接测量。

1. 电阻应变片式测力仪

将若干电阻应变片紧贴在测力仪弹性元件的不同受力位置上，如图 3-30 所示，分别连接成电桥。在切削力的作用下，随着弹性元件发生变形，应变片的电阻发生改变，破坏了电桥的平衡，即有与切削力大小相关的电流输出，电流经放大、标定后就可读出三个方向的切削分力值。这种测力仪具有灵敏度高、量程范围大、测量精度高等优点。

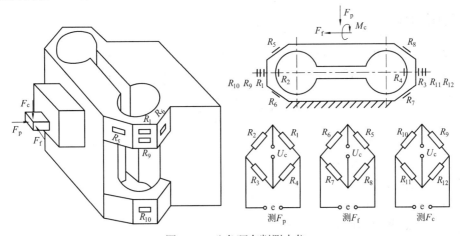

图 3-30　八角环车削测力仪

2. 压电式测力仪

压电式测力仪的工作原理是：利用石英晶体或压电陶瓷的压电效应来进行测量。受力时，压电材料的表面产生电荷，电荷的多少与所受的压力成正比而与压电晶体的大小无关，将电荷用电荷放大器转换成相应的电压参数就可以测量出切削力的大小，如图 3-31 所示。这种测力仪具有灵敏度高、线性度高、抗干扰性较好、无惯性等特点，特别适合于测量动态力和瞬间力。

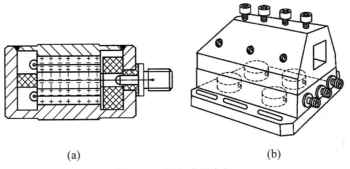

(a)　　　　　　　　　　(b)

图 3-31　压电式测力仪

随着传感器技术、测量技术和数据处理技术的发展，计算机辅助切削力测量系统被普遍采用，如图 3-32 所示。测量系统可实现切削力数据的自动采集、处理、实验结果输出等。

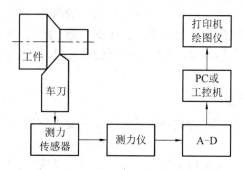

图 3-32　计算机辅助切削力测量系统

3.4.5　切削功率

消耗在切削过程中的功率称为切削功率，用 P_c 表示，单位为 kW。由于背向力 F_P 位移极小，可近似认为 F_P 不做功。因此，切削功率 P_c 为切削力 F_c 和进给力 F_f 做功之和，即

$$P_c = \left(F_c v_c + \frac{F_f n f}{1000} \right) \times 10^{-3} \tag{3-34}$$

式中：F_c —— 切削力(N)；
　　　v_c —— 切削速度(m/s)；
　　　F_f —— 进给力(N)；
　　　n —— 工件转速(r/s)；
　　　f —— 进给量(mm/r)。

一般情况下，F_f 所消耗的功率极小，占总功率的 1%～2%，因此上式可简化为

$$P_c = F_c v_c \times 10^{-3} \tag{3-35}$$

根据切削功率选择机床电动机时，还要考虑机床的传动效率 η_m。机床电动机的功率 P_E 应为

$$P_E \geqslant \frac{P_c}{\eta_m} \tag{3-36}$$

3.5　切削热与切削温度

切削过程中产生的切削热引起切削温度升高，将使机床、刀具和工件等发生热变形，从而降低加工精度和表面质量。切削热对刀具磨损和刀具寿命又有重要的影响。因此，研究切削热和切削温度具有重要意义。

3.5.1　切削热的产生

切削过程中克服材料的弹性、塑性变形以及摩擦所消耗的能量，大部分转化为切削热。

因此，切削过程中的三个变形区即是三个发热区域，如图 3-33 所示。切削热由三部分组成：

(1) 被加工材料的弹、塑性变形产生的热量 Q_b；

(2) 刀具前刀面与切屑摩擦所产生的热量 Q_m；

(3) 刀具后刀面与工件已加工表面摩擦所产生的热量 Q_n。

因此切削过程中产生的切削热为

$$Q = Q_b + Q_m + Q_n \qquad (3\text{-}37)$$

由于介质传递的热量非常少，进给运动所消耗的功率也很小，因此可近似认为切削力单位时间所做的功全部转化为切削热：

$$Q = F_c v_c \qquad (3\text{-}38)$$

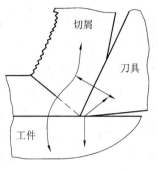

图 3-33　切削热的产生

3.5.2　切削热的传导

切削热由切屑、工件、刀具及周围的介质(空气、切削液)向外传导，如图 3-33 所示。各部分传出的热量因工件材料、刀具材料、切削用量、刀具角度等的不同而不同。工件材料的导热系数高，由切屑和工件传导出去的热量就多，切削区温度就低。刀具材料的导热系数高，切削区的热量向刀具内部传导得就快，切削区的温度就低。

切削方式不同，切削热的分配也会有所不同。如图 3-34 所示为用硬质合金 T60K6 加工 40Cr 钢件时，切削热的传出比例。可以看出，大部分切削热被切屑带走，其次为工件，刀具传出的最少。随着切削速度的增加，切屑传出的热量增加，工件和刀具传出的热量相对减少。

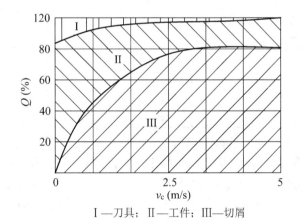

I —刀具；II —工件；III —切屑

图 3-34　切削热的传出比例

车削加工时，切屑带走的切削热为 50%～86%，传入车刀 40%～10%，传入工件 3%～9%，周围介质(如空气)传出 1%。切削速度越高或切削厚度越大，则切屑带走的热量就越多。

钻削加工时，切屑带走的切削热约为 28%，刀具传出约为 14.5%，工件传出约为 52.5%，周围介质传出约为 5%。

3.5.3　影响切削热的主要因素

通过理论分析和大量的实验研究发现，切削温度主要受工件材料、切削用量、刀具几何参数、刀具磨损和切削液等因素的影响。

1. 工件材料对切削温度的影响

工件材料的强度和硬度越高，加工硬化程度越大，切削力越大，产生的切削热越多，切削温度就越高。工件材料的导热系数也影响切削温度，导热系数小，切削热不易散出，切削温度相对较高。工件材料塑性小，切削时易形成崩碎切屑，因而切屑与前刀面摩擦少，产生的塑性变形热和摩擦热较少，因此切削温度较低。

2. 切削用量对切削温度的影响

实验得出的切削温度经验公式为

$$\theta = C_\theta v^{z_\theta} f^{y_\theta} a_p^{x_\theta} \tag{3-39}$$

式中：θ——实验测出的刀具前刀面接触区的平均温度；

C_θ——切削温度系数；

x_θ、y_θ、z_θ——指数。

上述参数可以从机械加工工艺手册中查得，如表 3-4 所示。

表 3-4　切削温度系数及指数

刀具材料	加工方法	C_θ	z_θ	y_θ	x_θ
高速钢	车削	140～170	0.35～0.45	0.2～0.3	0.08～0.10
	铣削	80			
	钻削	150			
硬质合金	车削	320	f (mm/r) 0.1 0.2 0.3	0.41 0.31 0.26	0.15	0.05

当切削速度 v_c、进给量 f、背吃刀量 a_p 增大时，单位时间内材料的切除量增加，切削热增多，切削温度将随之升高。从表 3-4 的指数大小也可以得出相应结论。

切削速度 v_c 对切削温度的影响最为显著，f 次之，a_p 最小。原因是：v_c 增大，前刀面摩擦加剧；f 增大，切屑变厚，切屑的热容量增大，由切屑带走的热量增多，所以 f 对切削温度的影响不如 v_c 显著；a_p 增大，刀刃工作长度增大，散热条件改善，故 a_p 对切削温度的影响相对较小。

从尽量降低切削温度方面考虑，在保持切削效率不变的条件下，选用较大的 a_p 和 f 比采用较大的 v_c 更为有利。

3. 刀具几何参数对切削温度的影响

刀具的几何参数中，前角 γ_o 和主偏角 κ_r 对切削温度的影响较大。γ_o 增大，刀具变锋利，切削力减小，切削温度下降。当前角由 10° 增大到 18° 时，切削温度下降最为明显。前角继续增大时，因刀头容热体积减小，切削温度下降变缓。主偏角 κ_r 减小，切削层公称宽度增大，公称厚度减小，又因刀头散热体积增大，因此切削温度降低。

4. 刀具磨损对切削温度的影响

后刀面磨损后，切削力和摩擦力增大，功耗增加，产生的切削热增加，切削温度上升。特别是在磨损到一定程度后，切削温度急剧上升，此时应更换刀具，以保证加工精度和表面质量。

5. 切削液对切削温度的影响

使用切削液可以减小刀具与切屑、刀具与工件之间的摩擦，同时可以带走大量热量，可以明显降低切削温度，提高刀具寿命。特别是在中、低速切削情况下，切削液对降低切削温度的作用尤为突出。切削液的导热性能、比热容、流量等对切削温度均有很大影响。从导热性能来看，水基液最好，乳化液次之，油类切削液最差。

3.5.4　切削温度的测量与分布

切削过程中，不同时刻、不同位置的切削温度都是不同的。一般所说的切削温度是指刀具前刀面与切屑接触区域的平均温度。

与切削力不同，对于切削温度已经有很多理论推算方法，且可以较为准确地(与实验结果比较一致)计算，但这些方法都有一定的局限性，且应用较繁琐。现在已经可以用有限元方法求出切削区域的近似温度场，但由于工程问题的复杂性，难免有一些假设。所以，最为可靠的方法是对切削温度进行实际测量。在现代生产过程中，还可以把测得的切削温度作为控制切削过程的信号源。切削温度的测量方法很多，常用的有热电偶法、光辐射法、热辐射法、金相结构法等。

1. 切削温度的测量方法

1) 热电偶法

利用化学成分不同的工件材料和刀具材料组成热电偶的两极。当工件与刀具接触区的温度升高后，就形成热电偶的热端；离接触区较远的工件与刀具处保持室温，成为热电偶的冷端。冷端与热端之间将有热电动势产生，其大小与切削温度有关。由于特定材料副在一定温升条件下形成的热电动势是一定的，因此可根据热电动势的大小来测定热电偶的受热状态及温度变化情况。

采用热电偶法的测温装置结构简单，测量方便，是目前较成熟也较常用的切削温度测量方法。它又分为自然热电偶法(见图 3-35)和人工热电偶法(见图 3-36)。

2) 光/热辐射法

采用光/热辐射法测量切削温度的原理是：刀具、切屑和工件材料受热时都会产生一定强度的光、热辐射，且辐射强度随温度的升高而加大，因此可通过测量光、热辐射的能量间接地测定切削温度，属于非接触式测量。

3) 金相结构法

金相结构法是基于金属材料在高温下会发生相应的金相结构变化这一原理进行测温的。该方法通过观察刀具或工件切削前后金相组织的变化来判定切削温度的变化。

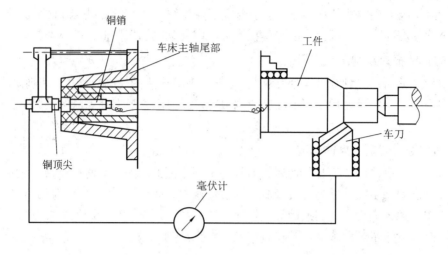

图 3-35　自然热电偶法测量示意图

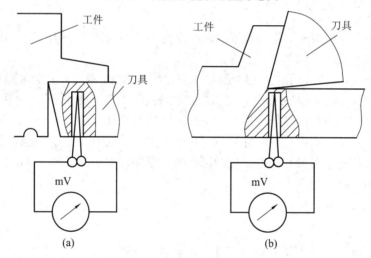

图 3-36　人工热电偶法测量示意图

2. 切削温度的分布

采用人工热电偶法测量，并辅以传热学计算得到的刀具、切屑和工件的切削温度分布如图 3-37 所示。从该切削温度分布图可以得出以下规律：

(1) 剪切面上各点温度几乎相同，说明剪切面上各点的应力应变规律基本相同。

(2) 前刀面和后刀面上温度最高处均离主切削刃有一定的距离。这说明切削塑性金属时，切屑沿前刀面流出的过程中，摩擦热是逐步增大的，直至切屑流至黏结与滑动的交界处，切削温度达到最大值。之后进入滑动区摩擦逐渐减小，加上热量传出条件改善，切削温度又逐渐下降。

(3) 与前刀面相接触的一层金属温度最高，离底层越远温度越低。这主要是因为该层金属变形最大，又与前刀面之间有摩擦的缘故。

此外，加工塑性越大的工件材料，前刀面上切削温度的分布越均匀。导热系数越低的工件材料，前刀面和后刀面的温度越高。

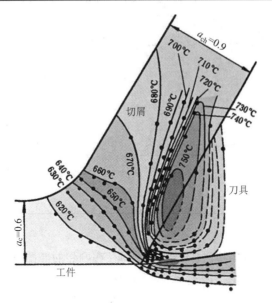

工件材料：低碳易切钢；
刀具：$\gamma_o=30°$，$\alpha_o=7°$；
切削用量：$a_p=0.6$ mm，$v_c=0.38$ m/s；
切削条件：干切削，预热610℃。

图 3-37　切削温度分布

3.6　刀具磨损与刀具使用寿命

刀具磨损是金属切削研究的重要内容之一。切削过程中，刀具所处的环境极为恶劣，切削力大、温度高同时作用在刀具切削部分，加速了刀具的磨损。当刀具磨钝到一定程度时，切削力迅速增大，切削温度也急剧增高，甚至产生振动，使工件加工精度下降、表面质量恶化，以致失效，对加工效率和加工成本有直接的影响。

刀具磨损是由刀具材料、工件材料的物理性能和切削条件决定的，还与刀具材料和工件材料的元素亲和力有关。因此，不同刀具材料在不同加工状况下的磨损有不同的特点。

3.6.1　刀具磨损形态和磨损机理

1. 刀具磨损形态

1) 前刀面磨损(月牙洼磨损)

在切削速度较高和切削厚度较大的情况下，切屑在刀具的前刀面上磨出一个月牙形凹坑，习惯上称之为月牙洼磨损，常发生于加工塑性金属时，如图 3-38 所示。在磨损过程中，初始磨损点与刀刃之间有一条小窄边，随着切削时间的延长，磨损点扩大形成月牙洼，并逐渐向切削刃方向扩展，使切削刃强度随之削弱，最后导致崩刃。月牙洼

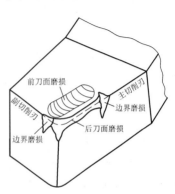

图 3-38　刀具磨损形态

处同时也是切削温度最高点。月牙洼磨损量以深度 KT 表示；前刀面磨损宽度以 KB 表示；月牙洼最深处距刀尖的距离以 KM 表示，如图 3-39(a)所示。

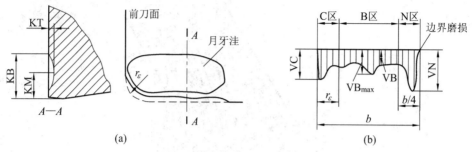

图 3-39　刀具磨损的测量位置

2) 后刀面磨损

切削过程中，刀具后刀面与已加工表面之间存在剧烈的摩擦，在后刀面上毗邻切削刃的地方就会磨出沟痕，这种磨损形式称为后刀面磨损。

在切削脆性及以较低速度和较小进给量切削塑性材料时，均会发生后刀面磨损。一般以后刀面的磨损量作为衡量刀具磨损的主要参数。后刀面上的磨损区域往往不均匀，如图 3-39(b)所示。刀尖附近(C 区)因强度较低，散热条件不好，磨损较大；中间区域(B 区)磨损较均匀，其平均磨损宽度以 VB 表示；最大磨损宽度以 VB_{max} 表示；刀具靠近刀尖处后刀面的磨损量以 VC 表示；刀具靠近工件外皮处的磨损量以 VN 表示。

3) 边界磨损

切削钢料时，常在主切削刃或副切削刃靠近工件外皮处的后刀面上磨出较深的沟痕，这就是边界磨损，如图 3-39(b)所示的 N 区。切削塑性金属和铸、锻等外皮粗糙的工件时，都容易发生边界磨损，主要原因就是工件具有较硬的氧化皮。

2. 刀具磨损机理

刀具磨损机理有以下几种：

(1) 硬质点磨损 (磨料磨损)。工件材料中含有一些氧化物、碳化物及氮化物等硬质点。这些合金元素有些是杂质，有些是在炼钢时作为还原剂加进去的，有些是为改善钢的性能添加进去的。这些硬质点的硬度如果超过了刀具材料基体的硬度，当硬质点进入刀、屑接触面时，就会像磨料一样在刀具表面上划出一条条沟槽，称为磨粒磨损。

(2) 冷焊黏结磨损。切削时，切屑与前刀面之间由于高压力和高温度的作用，切屑底面材料与前刀面发生冷焊黏结，形成冷焊黏结点。在切屑相对于刀具前刀面的运动中，冷焊黏结点处刀具材料表面的微粒会被切屑黏走，造成黏结磨损。冷焊黏结磨损在工件与刀具后刀面之间也同样存在。在中等偏低的切削速度条件下，冷焊黏结是产生磨损的主要原因。

(3) 扩散磨损。在切削过程中，刀具前刀面与切屑底面、刀具后刀面与已加工表面相接触，由于高温和高压的作用，刀具材料和工件材料中的化学元素相互扩散，使两者的化学成分发生变化，这种变化削弱了刀具材料的性能，使刀具磨损加快。

(4) 化学磨损。在一定温度作用下，刀具材料与周围介质(如空气中的氧、切削液中的极压添加剂硫或氯等)起化学作用，在刀具表面形成硬度较低的化合物，易被切屑和工件摩擦掉，造成刀具材料损失，由此产生的刀具磨损称为化学磨损。化学磨损主要发生在较高的切削速度条件下。

3.6.2　刀具磨损过程及磨钝标准

1. 刀具磨损过程

随着切削过程的进行，刀具磨损增加。通过切削实验，可得图 3-40 所示的刀具磨损过程的磨损曲线。从图可知，刀具磨损过程可分为三个阶段：

(1) 初期磨损阶段。新刃磨的刀具进行切削加工，后刀面与工件的实际接触面积很小，单位面积上承受的正压力较大，再加上刚刃磨后的后刀面微观凸凹不平，刀具磨损速度很快，此阶段称为刀具的初期磨损阶段。

(2) 正常磨损阶段。经过初期磨损后，刀具后刀面与工件的接触面积增大，单位面积上承受的正压力逐渐减小，刀具后刀面的微观粗糙表面已经被磨平，因此磨损速度变慢，此阶段称为刀具的正常磨损阶段，同时也是刀具的有效工作阶段。这个阶段时间越长，刀具耐用度越高，使用寿命越长。

(3) 急剧磨损阶段。当刀具磨损量增加到一定程度时，切削力、切削温度将急剧增高，刀具磨损速度加快，直至丧失切削能力，此阶段称为急剧磨损阶段。刀具在进入急剧磨损阶段之前必须更换，否则对机床、刀具或工件会造成不必要的损失。

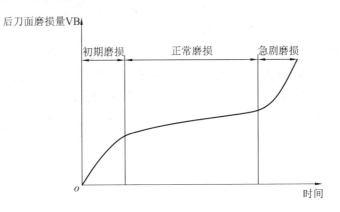

图 3-40　刀具磨损的实验曲线

2. 刀具的磨钝标准

刀具磨损到一定程度就不能继续使用了，这个磨损限度称为刀具的磨钝标准。因为一般刀具的后刀面都会发生磨损，而且测量也较方便，所以国际标准 ISO 统一规定以 1/2 背吃刀量处后刀面上测量的磨损带宽度 VB 作为刀具的磨钝标准，如图 3-41 所示。而在数字化、自动化加工中使用的精加工刀具，从保证工件尺寸精度出发，常以刀具的径向尺寸磨损量 NB(如图 3-41)作为衡量刀具的磨钝标准。

由于加工阶段的不同，所定的磨钝标准也有变化。例如精加工的磨钝标准较小，而粗加工则取较大值；工件材料的

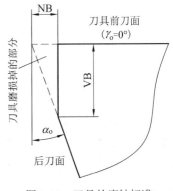

图 3-41　刀具的磨钝标准

可加工性、刀具制造刃磨难易程度等，都是确定磨钝标准时应考虑的因素。磨钝标准的具体数值可查阅机械加工工艺等相关手册。

3.6.3 刀具耐用度及刀具寿命

1. 刀具耐用度和刀具寿命的定义

刃磨后的刀具自开始切削时计算，直到磨损量达到磨钝标准为止所经历的切削时间，称为刀具耐用度，用 T 表示。耐用度是净切削时间，不包括对刀、测量和快进等非切削时间。

一把新刀往往要经过多次重磨，才会报废，刀具寿命指的是一把新刀从开始使用到报废为止所经历的总切削时间。如果用刀具耐用度乘以刃磨次数，得到的就是刀具寿命。

2. 切削用量对刀具耐用度的影响

切削用量与刀具耐用度的关系也是通过实验获得的。在其他因素不变的情况下，分别改变切削速度、进给量和背吃刀量，求出对应的 T 值，经过大量的实验可以得出刀具耐用度实验公式：

$$T = \frac{C_T}{v_c^{\frac{1}{m}} f^{\frac{1}{g}} a_p^{\frac{1}{h}}}$$
(3-40)

式中：C_T——与工件材料、刀具材料和其他切削条件有关的常数；

m、g、h——切削参数影响系数。

当工件、刀具材料和刀具几何形状确定之后，切削速度是影响刀具寿命的最主要因素，提高切削速度，刀具寿命就降低，这是由于切削速度对切削温度影响最大，因而对刀具磨损影响最大。其他切削条件不变，在常用的切削速度范围内，取不同的切削速度 v_1，v_2，v_3，…进行刀具磨损试验，得到如图 3-42 所示的一组磨损曲线。切削速度对刀具寿命影响最大，进给量次之，背吃刀量最小。

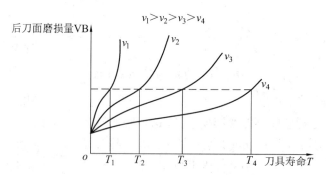

图 3-42　切削速度对刀具磨损的影响

图 3-43 所示为不同刀具材料加工同一种工件材料时的后刀面磨损对数曲线，其中陶瓷刀具的寿命曲线的斜率比硬质合金和高速钢的都大，这是因为陶瓷刀具的耐热性很高，所以在非常高的切削速度下仍有较高的刀具寿命。但是在低速时，其寿命比硬质合金刀具还要低。

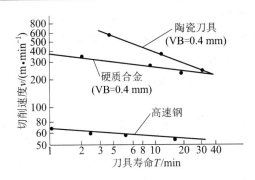

图 3-43　刀具材料对刀具寿命的影响

3. 刀具使用寿命的确定

合理地确定刀具使用寿命一般有两种方法：

(1) 根据单件工序工时最短原则来确定刀具使用寿命，即最大生产率使用寿命 T_p。

(2) 根据单件工序成本最低原则来确定刀具使用寿命，即最低成本使用寿命(经济使用寿命)T_c。

一般情况下，应采用最低成本使用寿命确定刀具耐用度；在生产任务紧迫或生产中出现节拍不平衡时，可选用最大生产率使用寿命确定刀具耐用度。

确定刀具耐用度时，还应具体考虑以下几点：

① 刀具构造复杂，制造和磨刀费用高时，刀具耐用度应规定得高些。

② 多刀车床上的车刀，组合机床上的钻头、丝锥和铣刀，自动机床及自动线上的刀具，因为调整复杂，刀具耐用度应规定得高些。

③ 某工序的生产成为生产线上的瓶颈时，刀具耐用度应规定得低些，这样可以选用较大的切削用量，以加快该工序的生产节拍；某工序单位时间的生产成本较高时，刀具耐用度应规定得低些，这样可以选用较大的切削用量，以缩短加工时间。

④ 精加工大型工件时，刀具耐用度应规定得高些，至少保证在一次走刀中不换刀，保证工件的加工精度。

3.6.4　刀具破损

在一定的切削条件下使用刀具时，如果它经受不住强大的应力(切削力或热应力)，就可能发生突然损坏，使刀具提前失去切削能力，这种情况称为刀具破损。

破损是相对于磨损而言的。从某种意义上讲，破损可认为是一种非正常的磨损。因为刀具破损和刀具磨损都是在切削力和切削热的作用下发生的，磨损是一个比较缓慢的逐渐发展的刀具表面损伤过程，而破损则是一个突发过程，刹那间使刀具失效。

破损可分为脆性破损和塑性破损。

1. 脆性破损

使用硬质合金刀具和陶瓷刀具进行切削时，在机械应力和热应力的冲击作用下，刀具经常发生以下几种破损：

(1) 崩刃。切削刃产生小的缺口，属于早期轻度破损。再继续切削时，缺口会不断扩大，导致更大的破损。用陶瓷刀具或硬质合金刀具作断续切削时，常发生这种破损。

(2) 碎断。切削刃发生小块碎裂或大块断裂。如果是小块碎裂，通过重新刃磨可以继续使用；如果是大块断裂，则刀具不能再继续使用。这种破损形式一般是由于切削负荷过大、刀具本身有疲劳裂纹或制造缺陷所致。用硬质合金刀具或陶瓷刀具作断续切削时，常发生这种破损。

(3) 剥落。在脆性刀具材料的前、后刀面上出现剥落碎片，剥落物成片状，剥落面积较大，经常与切削刃一起剥落，有时也在离切削刃一小段距离处剥落。这种破损与刀具表面组织中的缺陷和接触面上的摩擦力、压力有关，特别在产生积屑瘤、黏屑现象、有冲击载荷时容易发生。陶瓷刀具端铣时常发生这种破损。

(4) 裂纹破损。长时间进行断续切削，热冲击和机械冲击均会引发裂纹，裂纹不断扩展合并就会引起切削刃的碎裂或断裂。裂纹破损是因疲劳而引起的一种破损。

2. 塑性破损

由于过高的温度和压力的作用，刀具前刀面(与切屑接触)、后刀面(与工件接触)的表层材料因发生塑性流动而丧失切削能力，这就是刀具的塑性破损。抗塑性破损能力取决于刀具材料的硬度和耐热性。硬质合金和陶瓷的耐热性好，一般不易发生这种破损。相比之下，高速钢耐热性较差，较易发生塑性破损。

3. 刀具破损防止措施

(1) 合理选择刀具材料。用作断续切削的刀具，刀具材料应具有一定的韧性。

(2) 合理选择刀具几何参数。通过选择合适的几何参数，使切削刃和刀尖具有较好的强度，控制刀具的受力，在切削刃上磨出负倒棱是防止崩刃的有效措施。

(3) 保证刀具的焊接和刃磨质量。切削刃应平直光滑，不得有缺口，刃口与刀尖部位不允许有烧伤。

(4) 合理选择切削用量。防止出现切削力过大和切削温度过高的情况。

(5) 提高工艺系统的刚度。防止因为振动而损坏刀具。

(6) 合理使用切削液。为防止热裂效应，不要断续使用切削液冷却硬质合金、陶瓷等脆性大的刀具材料。

(7) 采用正确的操作方法，尽量使刀具不承受或少承受突变性载荷。

3.7　工件材料的切削加工性

3.7.1　衡量材料切削加工性的指标

1. 工件材料切削加工性的概念

工件材料的切削加工性是指工件材料被切削加工成合格零件的难易程度。

2. 衡量工件材料切削加工性的主要指标

衡量材料切削加工性的指标很多，一般来说，良好的切削加工性是指：刀具耐用度较长，或者一定刀具耐用度下的切速较高；在相同的切削条件下切削力较小，切削温度较低；

容易获得较好的表面质量；容易断屑等。

在实际生产中，一般取某一具体参数来衡量材料的切削加工性。常用的是一定刀具耐用度下的切削速度 v_T 和相对加工性 K_r。

v_T 的含义是当刀具耐用度为 T_{min} 时，切削某种材料所允许的最高切削速度。v_T 越高，说明材料的切削加工性越好。常取 $T = 60$ min，则 v_T 写作 v_{60}。

材料加工性具有相对性。某种材料切削加工性的好与坏，是相对另一种材料而言的。在判定材料切削加工性的好与坏时，一般以切削正火状态的 45 钢的 v_{60} 为基准，记作 $(v_{60})_j$，其他各种材料的 v_{60} 与之比值 K_r 称为相对加工性，即

$$K_r = \frac{v_{60}}{(v_{60})_j} \tag{3-41}$$

常用材料的相对加工性 K_r 分为 8 个级别，见表 3-5。凡是 $K_r > 1$ 的材料，其加工性比 45 钢好；$K_r < 1$ 的，其加工性比 45 钢差。

表 3-5 材料切削加工性等级

加工性等级	名称及种类		相对加工性 K_r	代表性工件材料
1	很容易切削材料	一般有色金属	>3.0	5-5-5 铜铅合金、9-4 铝铜合金、铝镁合金
2	容易切削材料	易切削钢	2.5～3.0	退火 15Cr、自动机钢
3		较易切削钢	1.6～2.5	正火 30 钢
4	普通材料	一般钢及铸铁	1.0～1.6	45 钢、灰铸铁、结构钢
5		稍难切削材料	0.65～1.0	85 钢轧制、2Cr13 调质
6	难切削材料	较难切削材料	0.5～0.65	60Mn 调质、45Cr 调质
7		难切削材料	0.15～0.5	50CrV 调质、1Cr18Ni9Ti 未淬火
8		很难切削材料	< 0.15	β 相钛合金、镍基高温合金

3.7.2 改善材料切削加工性的措施

材料的切削加工性对生产效率和表面质量的影响很大，因此在满足零件使用要求的前提下，应尽量选用加工性能好的材料。

工件材料的物理、力学性能，如强度、硬度、韧性和塑性等，对切削加工性的影响较大，因此在实际生产中，可以采取一定的措施来改善材料的切削加工性。

1. 调整化学成分

在不影响工件材料性能的条件下，适当调整其化学成分，可以改善其加工性。如在钢中加入少量的硫、硒、铅、铜、磷等，虽会略降低钢的强度，但同时也会降低钢的硬度，使得钢的切削力更小，易断屑，刀具耐用度更高，加工表面质量更好。

2. 加工前进行合适的热处理

通过适当的热处理，改变材料的金相组织，可使材料的切削加工性得到改善。低碳钢

通过正火处理后，可细化晶粒、提高硬度、降低塑性，有利于减小刀具的黏结磨损，减小积屑瘤，改善工件表面粗糙度；高碳钢球化退火后，硬度下降，可减小刀具磨损；不锈钢宜调质到28HRC，硬度过低，塑性大，工件表面粗糙度差，硬度过高，则刀具易磨损；白口铸铁可在950℃～1000℃范围内长时间退火而形成可锻铸铁，对其切削就较容易。

3. 选加工性好的材料状态

在满足使用要求的前提下，尽可能选择切削性能好的工件材料状态。低碳钢经冷拉后，塑性大为下降，加工性好；锻造的坯件余量不均，且有硬皮，加工性很差，改为热轧后加工性得以改善。

3.8　切削条件的合理选择

3.8.1　刀具几何参数的选择

刀具的切削性能主要是由刀具材料的性能和刀具几何参数两方面决定的。刀具几何参数选择得是否合理，对切削力、切削温度及刀具耐用度都有显著影响。刀具几何参数的选择要综合考虑工件材料、刀具材料、刀具类型及其他加工条件的影响，如切削用量、工艺系统刚性及机床功率等。

刀具几何
参数的选择

1. 刀具前角 γ_{o}

前角是刀具的重要几何参数之一。前角对切削过程的影响主要体现在以下几个方面：

(1) 增大前角能减小切屑变形，减轻刀具与切屑之间的摩擦，从而减小切削力和切削功率，降低切削温度，减轻刀具磨损，提高刀具使用寿命；

(2) 增大前角可抑制积屑瘤与鳞刺的产生，减轻切削振动，从而改善加工表面质量；

(3) 前角过大会使刀具楔角减小，刀头体积减小，降低切削刃的承载能力，易造成崩刃和卷刃而使刀具早期失效；

(4) 前角过大会使刀具的散热面积和容热体积减小，导致热应力集中，切削区局部温度升高，易造成刀具的破损和增大磨损，引起刀具寿命下降；

(5) 前角过大会使切屑变形减小，也不利于断屑。

针对某一具体加工条件，客观上有一个最合理的前角取值。

1) 针对不同的工件材料

如图3-44所示，针对不同的工件材料，刀具前角的选择原则是：

(1) 加工塑性材料，前角应稍大些。塑性越大，刀具前角的数值应选得越大。

(2) 加工脆性材料，前角应稍小些。加工脆性材料，一般得到崩碎切屑，切屑变形很小，切屑与前刀面的接触面积小。如果选择较大的前角，刀刃强度差，易崩刃。

(3) 材料硬度、强度越高，前角应越小。

(4) 粗加工时，切削力较大，为保证切削刃强度，前角应稍小些；精加工时，前角应稍大些。

(5) 工艺系统刚度差时，前角应稍大些。

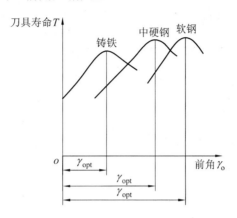

图 3-44　不同工件材料的合理前角

2) 针对不同的刀具材料

如图 3-45 所示，针对不同的刀具材料，刀具前角的选择原则是：

(1) 刀具材料抗弯强度和冲击韧性越大，前角就应越大，反之则小；

(2) 高速钢刀具可选用较大的前角，其抗弯强度高、抗冲击韧性高；

(3) 硬质合金应选用较小的前角，其抗弯强度较高速钢低；

(4) 陶瓷刀具的前角最小，其抗弯强度是高速钢的 1/3～1/2，应选用较小的前角。

一般刀具都有一个合理的前角值。如用硬质合金刀具加工一般钢时，取 $\gamma_o = 10°\sim 20°$；加工灰铸铁时，取 $\gamma_o = 8°\sim 12°$。

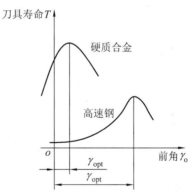

图 3-45　不同刀具材料的合理前角

2. 后角 α_o

后角的大小影响切削刃的锋利程度，后刀面与已加工表面之间的摩擦影响刀楔角的大小。后角的大小对刀具及切削加工的影响有以下几方面：

(1) 增大后角，可减小后刀面与已加工表面的摩擦，使刀刃和刀尖锋利，易切入工件，减小变质层深度，提高加工质量。

(2) 增大后角，在 VB 相同时，要达到磨钝标准，磨去的金属体积大，如图 3-46 所示，刀具寿命长；但在 NB 相同时，磨去的金属体积小，刀具寿命短。

（3）增大后角，会使刀楔角减小，刀具强度降低，散热条件变差，使刀具寿命降低甚至发生刀具破损。大后角的刀具磨损对加工精度的影响较大。

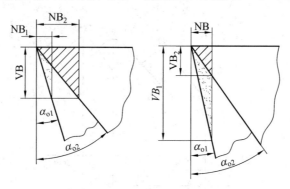

图 3-46　后角与磨损体积的关系

后角的选择原则是，在不产生摩擦的条件下，应适当减小后角。具体切削条件下的选择原则是：

（1）根据加工精度选择：

① 精加工时切削厚度小，主要是后刀面磨损，为了使刀刃锋利、减小摩擦，应取较大后角，一般可取 $\alpha_o = 8° \sim 12°$。

② 粗加工时切削厚度大，切削力大，切削温度高，为增大刀刃的强度，改善散热条件，应取较小的后角，一般可取 $\alpha_o = 6° \sim 8°$。

（2）根据加工材料选择：

① 加工塑性材料时应选用较大后角，加工脆性材料时应选用较小后角。

② 工件材料的强度、硬度高时宜选小的后角。

（3）根据工艺系统刚度选择：

① 工艺系统刚度差，为防止振动，应选较小后角。

② 为增加阻尼，可磨出宽度为 b_{α_o} 的消振棱(见图 3-47)，提高系统抗振性。

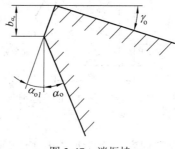

图 3-47　消振棱

3. 主偏角 κ_r、副偏角 κ_r'

1）主偏角 κ_r 对切削过程的影响

（1）减小主偏角，刀尖角增大，使刀尖强度提高，散热体积增大，从而改善散热条件，提高刀具寿命。

(2) 减小主偏角，切削宽度增大，切削厚度减小，增大切削刃的工作长度，切削刃单位长度上的负荷减小，有利于提高刀具寿命。

(3) 减小主偏角，吃刀抗力增大，易引起系统振动，使工件产生弯曲变形，降低加工精度。

(4) 减小主偏角，可使表面粗糙度减小，提高加工表面质量。

(5) 增大主偏角，使吃刀抗力减小，不易产生振动且易断屑。

(6) 主偏角影响切屑形状、流出方向和断屑性能。

(7) 主偏角影响加工表面的残留高度。

2) 主偏角 κ_r 的选择

(1) 根据加工系统刚度选择。工艺系统刚性好时，宜选取较小的主偏角，以提高刀具寿命；刚度不足，如加工细长轴时，宜取较大的主偏角($\kappa_r = 60°\sim75°$)，甚至取 $\kappa_r \geqslant 90°$，以减小径向力。

(2) 根据工件材料选择。加工高强度、高硬度材料时，为提高刀具强度和寿命，宜选用较小的主偏角。

(3) 根据刀具材料和加工要求选择。使用硬质合金刀具进行粗加工和半精加工时，应选用较大的主偏角，有利于减振和断屑。

3) 副偏角 κ_r' 对切削过程的影响

副偏角是影响表面粗糙度的主要参数，它的大小也影响刀具强度。过小的副偏角，会增加副后刀面与已加工表面间的摩擦，引起振动。

4) 副偏角 κ_r' 的选择

(1) 不影响摩擦和振动的条件下，应选用较小的副偏角。

(2) 表面粗糙度值小时，应选用较小的副偏角或磨出修光刃。

(3) 切断刀、切槽刀考虑结构强度，宜选用较小的副偏角，一般取 $1°\sim3°$。

4. 刃倾角 λ_s

1) 刃倾角对切削过程的影响

(1) 影响切屑的流向；

(2) 影响切削刃的锋利程度。

2) 刃倾角的选择

(1) 根据加工要求选择。精加工时，为防止切屑划伤已加工表面，选择 $\lambda_s = 0°\sim+5°$；粗加工时，为提高刀具强度，选择 $\lambda_s = 0°\sim-5°$；车削淬硬钢等高硬度、高强度金属材料时，也常取较大的负刃倾角。

(2) 根据加工条件选择。加工断续表面、余量不均匀的表面，或在其他产生振动的切削条件下，通常取负的刃倾角。

3.8.2　切削用量的选择

加工零件时，在确定刀具几何参数后，还需选定切削用量才能进行切削加工。切削用量的选择，对生产效率、加工成本和加工质量均有重要影响，特别是在批量生产、自动机床、自动线和数控机床加工中尤为重要。

所谓合理的切削用量，是指在保证加工质量的前提下，能取得较高的生产效率和较低成本的切削用量。约束切削用量选择的主要条件有：工件的加工要求，包括加工质量要求和生产效率要求；刀具材料的切削性能；机床性能，包括动力特性(功率、扭矩)和运动特性；刀具耐用度要求等。随着机床、刀具和工件等条件的不同，切削用量的合理值有较大的变化。

1. 切削用量的选择原则

选择切削用量的基本原则是：首先选取尽可能大的背吃刀量；其次根据机床进给机构强度、刀杆刚度等限制条件(粗加工时)及已加工表面粗糙度要求(精加工时)，选取尽可能大的进给量；最后根据机械加工工艺手册查取或根据公式(3-43)计算切削速度。

2. 切削用量三要素的确定

1) 选择背吃刀量 a_p

对于粗加工，如果机床功率和系统刚度满足要求，余量应尽可能一次全部切除，以减少走刀次数。如果余量太大，或者机床功率和工艺系统刚度不足，可以分两次及以上切除余量。一般情况下，第一次切除余量大小由公式(3-42)确定，剩下的余量第二次切除掉，其中 Δ 为粗加工总余量。

$$a_{p1} = \left(\frac{2}{3} \sim \frac{3}{4}\right)\Delta \tag{3-42}$$

切削表面有硬皮的铸、锻件或者不锈钢等冷硬较严重的材料时，最少应使背吃刀量超过硬皮或者硬层，以避免造成刀具的损伤。半精加工时，a_p 可取 0.5 mm～2 mm；精加工时，a_p 可取 0.1 mm～0.4 mm。

2) 进给量 f

根据进给系统及刀杆的刚度和强度来确定进给量 f。生产实际中常以查表法确定合理的进给量。粗加工时，根据工件材料、刀具尺寸、工件尺寸及已经确定的背吃刀量 a_p 等条件，查阅机械加工工艺手册即可查得进给量 f 的取值。

进给量对工件表面粗糙度有很大的影响，因此在半精加工和精加工时，按粗糙度的要求，根据工件材料、刀尖圆弧半径、刀具副偏角、切削速度等选择进给量。当刀尖圆弧半径较大、副偏角较小时，加工表面粗糙度较小，可适当增大进给量；当切削速度较高时，切削力较小，可适当增大进给量；当加工脆性材料时，得到崩碎切屑，切削层与加工表面分界线不规则，加工表面不平整，表面粗糙度大，应选用较小的进给量；如果工艺系统的刚度较好，可以选择较大的进给量，否则应适当减小进给量。

当背吃刀量和进给量都确定后，就可以计算切削力，进而可以校验机床进给机构的刚度。

3) 切削速度 v_c

当背吃刀量 a_p 和进给量 f 确定后，在保证刀具耐用度的前提下，刀具耐用度为 T 时允许的切削速度 v_T 为

$$v_T = \frac{c_v}{T^m a_p^{x_v} f^{y_v}} K_v \tag{3-43}$$

式中：c_v——切削速度系数；

　　　　m、x_v、y_v——T、a_p、f 的指数；

　　　　K_v——修正系数。

上述有关参数均可查阅机械加工工艺手册获得。

在选择切削速度时，还应考虑以下几点：

(1) 粗加工时，背吃刀量 a_p 和进给量 f 均较大，故选择较低的切削速度；精加工时，背吃刀量 a_p 和进给量 f 均较小，故选择较高的切削速度。

(2) 工件材料强度、硬度高时，应选较低的切削速度；反之，选较高的切削速度(简称切速)。

(3) 刀具材料性能越好，切削速度选得越高些。

(4) 精加工时应尽量避开积屑瘤易于产生的速度范围。

(5) 断续切削时，宜适当降低切速，减少冲击对刀具造成的影响。

(6) 加工细长、薄壁以及带氧化外皮的铸锻零件时，应选用较低的切速；端面车削速度应该比外圆车削速度高些，以获得较高的平均切速，提高切除效率。

(7) 在易发生振动的情况下，切速应避开自激振动的临界速度。

这里要特别指出的是，在数控加工、智能加工情况下，新型刀具材料及新型刀具的诞生和应用，实现了高速切削、大进给量切削，使得切削效率、加工质量和经济性都得到了很大提高，同时对刀具耐用度的规定也较低。在这样的前提下，改变了原来切削三要素的选择顺序，即先选择高的切速，大的进给量，再选择较小的背吃刀量的原则。

3.8.3　切削液的合理选用

合理地使用切削液能有效地减小切削力、降低切削温度、减小工艺系统热变形、延长刀具使用寿命、改善工件表面质量、保证加工精度和提高生产效率。

1. 切削液的作用机理

(1) 冷却作用。切削液作用在切削区域内，利用热传导带走大量的切削热，从而降低切削温度，提高了刀具的耐用度。对于刀具、工件材料导热性差的情况，切削液的冷却效果尤为明显。

(2) 润滑作用。切削液渗透到刀具、切屑和工件之间，减小了各接触面的摩擦。尤其是当带油脂的极性分子吸附在刀具的前、后刀面上，形成了物理性吸附膜时，若在切削液中添加化学物质，就会形成化学性吸附膜，起到减小刀具磨损和提高加工表面质量的作用。

(3) 排屑和清洗作用。在封闭式的加工中，比如钻孔、铰孔、镗孔和内孔磨削加工中，利用高压喷射切削液的方法可以排除切屑，冲洗掉散落在机床部件上的铁屑。

(4) 防锈作用。切削液中加入防锈添加剂，可使金属表面产生保护膜，起到防锈和防蚀的作用。

2. 切削液的添加剂

加入切削液中的化学成分统称为添加剂，主要有油性添加剂、极压添加剂、表面活性剂等。

(1) 油性添加剂。添加剂中含有极性分子，能在金属表面形成牢固的吸附膜，主要起润滑作用。但是这种吸附膜只能在温度较低的情况下起到润滑作用，因此多用于低速、精加工场合。油性添加剂有动植物油、脂肪酸、胺类、醇类和脂类。

(2) 极压添加剂。常用的极压添加剂是含硫、磷、氯、碘的有机化合物。这些化合物在高温下与金属表面发生化学反应，形成化学润滑膜，比物理吸附膜能耐更高的温度。

(3) 表面活性剂。乳化剂是一种表面活性剂，是使矿物油和水乳化，形成稳定乳化液的添加剂。它把本来水和油不相溶的情况，变成了把油和水连接起来，使油以微小的颗粒稳定地分散在水中，形成稳定地水包油乳化液，吸附在金属表面形成润滑膜，起到润滑作用。

3. 切削液的分类与使用

(1) 水溶性切削液。水溶性切削液分为水溶液、乳化液和合成切削液。水溶液中加入一定的防腐剂和防霉剂，具有很好的冷却效果，常用于粗加工和磨削加工；乳化液是水和乳化油混合后形成的，乳化油是由矿物油、脂肪酸、皂及表面活性乳化剂配置而成的，适用于粗加工和磨削；合成切削液是现在国内外推广使用的高性能切削液，是由水、各种表面活性剂和化学添加剂组成的，具有良好的冷却、润滑、清洗和防锈作用，热稳定性好，可以重复使用，不含油，有利于节省能源和环保。

(2) 油溶性切削液。油溶性切削液常用的有切削油和极压切削油。切削油有矿物油、动植物油和复合油之分，应用最多的是矿物油，主要有轻柴油和煤油等，其特点是热稳定性好、价格低，但润滑性能差，主要用于低速精加工、非铁材料加工；极压切削油是在矿物油中添加氯、硫、磷等极压添加剂配制而成的，在高温高压下不破坏润滑膜，具有良好的润滑效果，尤其适用于难加工材料的切削加工。

(3) 固体润滑剂。固体润滑剂应用最多的是二硫化钼。二硫化钼形成的润滑膜具有很小的摩擦系数和很高的熔点，在高温下也不易改变润滑性能，同时具有很高的抗压和牢固的吸附性，还有利于抑制积屑瘤的产生，减小切削力，延长刀具使用寿命，减小表面粗糙度值。

3.9　磨削机理与磨削过程

3.9.1　磨削加工概述

磨削常用于工件的半精加工和精加工，加工精度可达 IT6～IT5，表面粗糙度可小至 $Ra1.25$～$Ra0.01$，镜面磨削时可达 $Ra0.04$～$Ra0.01$。磨削常用于淬硬钢、耐热钢及特殊合金材料等硬材料。磨削的加工余量可以很小。在毛坯预加工工序如模锻、模冲压、精密铸造的精度日益提高的情况下，磨削是直接提高工件精度的一种重要的加工方法。由工件和磨具在相对运动关系上的不同组合，可以产生不同的磨削方式。由于机械产品越来越多地采用成形表面，成形磨削和仿形磨削得到了越来越广泛的应用。磨削时，由于所采用的刀具(磨具)与一般金属切削所采用的刀具不同，且磨削速度很高，因而磨削机理和切削机理就有很大的不同。

3.9.2　磨料的形状特征

　　磨料是一个形状很不规则的多面体。如图 3-48 所示为刚玉和碳化硅的 F36～F80 磨粒，其平均尖角在 104°～108°之间，平均刃尖圆弧半径在 7.4 μm～35 μm 之间。通过磨粒形状可以看出，磨削时磨粒基本上都以很大的负前角进行切削，而其在砂轮上的分布都是随机的，经过修整后的砂轮，其前角在 −85°～−80°之间，而且随着磨削的不断进行，其形状也在不断变化。

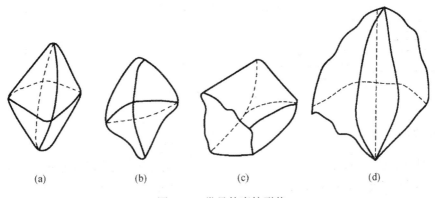

图 3-48　常见的磨粒形状

3.9.3　磨屑的形成过程

　　磨削时砂轮表面上有许多磨粒参与磨削工作，每个磨粒都可以看作一把微小的刀具。磨粒的形状很不规则，其尖点的顶锥角大多为负前角。磨粒上刃尖的圆弧半径大约在几微米至几十微米之间，磨粒磨损后刃尖圆弧半径还将增大。由于磨粒以较大的负前角和钝圆半径对工件进行切削，磨粒接触工件的初期不会切下切屑，只有在磨粒的切削厚度增大到某一临界值后才开始切下切屑。磨削过程中磨粒对工件的作用包括滑擦、耕犁和形成切屑三个阶段，如图 3-49 所示。

1. 滑擦阶段

　　磨粒刚开始与工件接触时，由于切削厚度非常小，磨粒只是在工件上滑擦，砂轮和工件接触面上只有弹性变形和由摩擦产生的热量。

2. 耕犁阶段

　　随着切削厚度逐渐加大，被磨削工件表面开始产生塑性变形，磨粒逐渐切入工件表层材料中。表层材料被挤向磨粒的前方和两侧，工件表面出现沟痕，沟痕两侧产生隆起，如图 3-40 中 N—N 截面图所示。此阶段磨粒对工件的挤压摩擦剧烈，产生的热量急剧增加。

3. 形成切屑

当磨粒的切削厚度增加到某一临界值时，磨粒前面的金属产生明显的剪切滑移形成切屑。

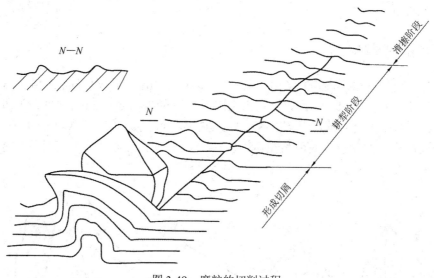

图 3-49　磨粒的切削过程

3.9.4　磨削力

单个磨粒的磨削力很小，但是磨削加工中，参与磨削加工的磨粒非常多，而且每个磨粒的工作角度不一致，总的磨削力非常大。磨削力可以分解为三个分力：主磨削力(切向磨削力)F_c、切深力(径向磨削力)F_p、进给力(轴向磨削力)F_f，如图 3-50 所示。

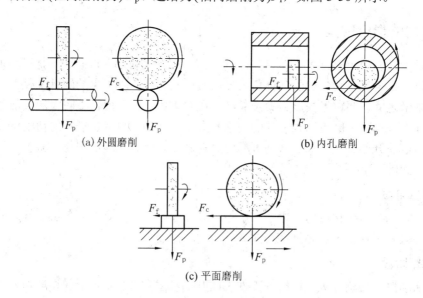

(a) 外圆磨削　　(b) 内孔磨削

(c) 平面磨削

图 3-50　磨削时的磨削分力

与切削力相比，磨削力有如下主要特征：

(1) 单位磨削力 k_c 值大，原因是磨粒大多以较大的负前角进行切削。单位磨削力 k_c 值最大可达 $70\,kN/mm^2$，而其他切削加工的 k_c 值均在 $7\,kN/mm^2$ 以下。

(2) 磨削分力中切深力 F_p 值最大。在正常磨削条件下，F_p 与 F_c 的比值约为 $2.0\sim2.5$。工件材料塑性越小、硬度越大，F_p 与 F_c 的比值越大。

3.9.5　磨削温度

1. 磨削温度

由于磨削时单位磨削力 k_c 比其他加工方法的切削力大得多，切除金属相同体积时，磨削所消耗的能量远远大于其他加工方法所消耗的能量。这些能量在磨削中将迅速转变为热能，使得磨粒磨削点温度高达 $1000\,℃\sim1400\,℃$，砂轮磨削区温度也有几百摄氏度。这些热量由工件、砂轮、磨屑和切削液带走。由于砂轮和工件接触时间短，砂轮的导热性又差，因此传入砂轮的热量很少，由切屑带走的热量也不多，大部分热量传入工件，使磨削区域的温度很高。

磨削温度是指磨削区域的平均温度，影响工件表面的加工硬化、烧伤和裂纹，使工件产生金相组织的变化，形成内应力。因此，在磨削时的冷却是非常重要的。

2. 影响磨削温度的因素

(1) 砂轮速度。砂轮速度越高，单位时间通过工件表面的磨粒数越多，挤压和摩擦作用加剧，单位时间内产生的热量越高，磨削温度越高。

(2) 工件速度。增大工件速度，单位时间内进入磨削区的工件材料增加，单颗磨粒的切削厚度加大，磨削力及能耗增加，磨削温度上升；但从热量传递角度分析，提高工件速度，工件表面被磨削点与砂轮的接触时间缩短，工件上受热影响区的深度较浅，可以有效防止工件表面层产生磨削烧伤和磨削裂纹。因此，在生产实践中常采用提高工件速度的方法来减少工件表面的烧伤和裂纹。

(3) 径向进给量。径向进给量增大，单颗磨粒的切削厚度增大，产生的热量增多，使磨削温度升高。

(4) 工件材料。磨削韧性大、强度高、导热性差的材料，消耗于金属变形和摩擦的能量大，磨削温度高；磨削脆性大、强度低、导热性好的材料，磨削温度相对较低。

(5) 砂轮特性。选用低硬度砂轮磨削时，砂轮自锐性好、磨粒切削刃锋利，磨削力和磨削温度都比较低。选用粗粒度砂轮磨削时，容屑空间大，磨屑不易堵塞砂轮，磨削温度就比选用细粒度砂轮磨削低。

3.9.6　砂轮磨损与耐用度

1. 砂轮磨损

砂轮的磨损主要有以下几种形式：

(1) 磨粒的磨损。磨粒在磨去工件表层多余金属的同时，本身的形状也在发生变化，棱角变圆，属于磨粒的正常磨损。

(2) 磨粒的破碎。磨粒在磨削力作用下，会发生碎裂，同时温度的骤变也造成在其内部产生很大的热应力，产生热疲劳而碎裂。

(3) 砂轮表面的堵塞。磨削过程中，磨屑会黏附在磨粒上，有的会嵌入到砂轮的气孔中，砂轮的表面变光滑，失去切削能力，切削韧性材料时尤其严重。

(4) 砂轮轮廓失真。砂轮具有自锐性，就是在磨削力作用下，磨粒自行脱落，露出新磨粒的特性。如果砂轮磨粒脱落不均匀，或者砂轮很软，就很容易发生砂轮轮廓失真现象。

2. 砂轮耐用度

砂轮的耐用度是指砂轮两次修整之间的实际切削时间，是衡量砂轮磨削性能的重要指标之一，也是影响磨削效率和磨削成本的重要因素。当砂轮的磨损量超过一定量的时候，工件表面粗糙度变大，温度很高，极易出现工件表面烧伤。但是这几项指标很难量化。在实际生产中可查阅机械加工工艺手册选取合适的砂轮。

思考与练习题

3-1　何为切削用量三要素？它们与切削层参数有什么关系？

3-2　车刀的角度如何定义？标注角度和工作角度有何不同？

3-3　刀具材料应具备哪些性能？常用的刀具材料有哪些？适用于什么环境？

3-4　切削变形区如何划分？各变形区有何特点？

3-5　积屑瘤是如何产生的？积屑瘤对切削过程有何影响？

3-6　如何描述切削变形程度？影响切削变形的因素有哪些？

3-7　车削加工时三个切削分力是如何定义的?各分力对加工有何影响？

3-8　影响切削力的因素有哪些？

3-9　切削热有哪些来源？切削热如何传出？

3-10　影响切削温度的因素有哪些？如何影响？

3-11　刀具磨损如何度量？刀具磨钝的标准如何制定？

3-12　切削用量三要素对刀具使用寿命的影响程度有何不同？试分析其原因。

3-13　刀具破损的主要形式有哪些？高速钢和硬质合金刀具的破损形式有何不同？

3-14　影响工件材料切削加工性的主要因素是什么？如何衡量？

3-15　刀具前角、后角有什么功用？试说明合理选择前角、后角的原则。

3-16　主偏角、副偏角有什么功用？试说明合理选择主偏角、副偏角的原则。

3-17　刃倾角有什么功用？试说明合理选择刃倾角的原则。

3-18　试说明刀具最大生产率使用寿命和最低成本使用寿命的含义及计算公式。

3-19　试论述如何正确选择切削用量。

3-20　试说明磨削机理，并分析影响磨削温度的主要因素。

参 考 文 献

[1]　陆剑中，孙家宁. 金属切削原理与刀具[M]. 4 版. 北京：机械工业出版社，2005.

[2]　杨叔子. 机械加工工艺师手册[M]. 北京：机械工业出版社，2001.

[3]　王先逵. 机械加工工艺手册[M]. 2 版. 北京：机械工业出版社，2007.

[4]　卢秉恒. 机械制造技术基础[M]. 4 版. 北京：机械工业出版社 2019.

[5]　王先逵. 机械制造工艺学[M]. 4 版. 北京：机械工业出版社，2019.

[6]　周宏甫. 机械制造技术基础[M]. 北京：高等教育出版社，2004.

[7]　李伟，谭豫之. 机械制造工程学[M]. 北京：机械工业出版社，2009.

[8]　范孝良，尹明富，郭兰申. 机械制造技术基础[M]. 北京：电子工业出版社，2008.

[9]　张福润，徐鸿本，刘延林. 机械制造技术基础[M]. 武汉：华中科技大学出版社，2000.

[10]　于骏一，邹青. 机械制造技术基础[M]. 2 版. 北京：机械工业出版社，2010.

第4章　工艺规程设计

　　工艺规程是规定产品或零部件的加工和装配工艺过程及操作方法的技术文件。生产规模的大小以及解决各种工艺问题的方法和手段都要通过工艺规程来体现。因此，工艺规程是指导生产的重要文件，也是组织和管理生产的基本依据。一个良好的工艺规程可以促使产品的加工过程达到优质、高效、低成本的目的，而制订良好的工艺规程要求设计者必须具备一定的生产实践经验和机械制造工艺基础理论知识。

4.1　概　　述

4.1.1　生产过程与工艺过程

1. 生产过程

　　生产过程是指将原材料或半成品转变为成品(机器)的所有劳动的全过程。生产过程包括：

　　(1) 物料流：原材料、半成品和成品的运输与保管；

　　(2) 生产技术准备：如产品的开发和设计、工艺设计、专用工艺装备的设计和制造、各种生产资料的准备，以及生产组织等方面的准备工作；

　　(3) 毛坯制造：型材、铸造、锻造、焊接、成形等；

　　(4) 零件加工：机械加工、热处理和其他表面处理等；

　　(5) 产品装配：包括组装、部装、总装、调试、检验、油漆和包装等；

　　(6) 产品辅助生产过程：产品的检验、运输与保管等；

　　(7) 产品销售和售后服务。

　　产品的生产过程由于其复杂程度和年产量的不同而不同，本着便于组织生产，降低生产成本和提高生产效率的目的，现代机械制造企业的发展趋势是网络化、专业化生产，即将复杂的机械产品划分为不同的部件或零件，由不同的专业厂家分别进行生产，最后由专门的装配厂进行装配，完成整个产品的生产过程。每个工厂有自己的生产过程，因此，生产过程可以是整个产品的生产过程，也可以是单个部件或零件的生产过程。

2. 工艺过程

　　在生产过程中，按一定顺序逐渐改变生产对象的形状、尺寸、表面相互位置和性质，使其成为成品或半成品的过程，称为工艺过程。

工艺过程按照内容的不同，又可分为铸造、锻造、冲压、焊接、机械加工、装配等。

原材料经铸造、锻造、冲压或焊接而成为铸件、锻件、冲压件或焊接件的过程，统称为材料成型工艺过程。采用机械加工方法改变毛坯的形状、尺寸、表面相互位置和性质，使其成为合格零件的过程，称为机械加工工艺过程。对零件半成品通过各种热处理方法直接改变它们的材料性能的过程，称为热处理工艺过程。将加工合格的零件、外购件、标准件装配成组件、部件和产品的过程，则称为装配工艺过程。

本章主要介绍机械加工工艺过程和装配工艺过程的相关知识。

4.1.2　生产纲领与生产类型

机械制造工艺过程的安排取决于产品的生产类型，而生产类型又是由产品的生产纲领决定的。

1. 生产纲领

企业根据市场需求和自身的生产能力决定生产计划。在计划期内，应当生产的产品产量和进度计划称为生产纲领。计划期根据市场的需要而定，计划期为一年的生产纲领称为年生产纲领。零件的年生产纲领可按下式计算：

$$N = Qn(1 + \alpha + \beta) \tag{4-1}$$

式中：N——零件的年产量(件/年)；

Q——产品的年产量(台/年)；

n——每台产品中该零件的数量(件/台)；

α——备品的百分率；

β——废品的百分率。

零件的生产纲领确定后，还要根据生产车间的具体情况将零件在一年中分批投产，每批投产的数量就称为批量。

2. 生产类型

生产类型是对企业生产规模的分类。根据零件的结构尺寸、特征、生产纲领和批量，生产类型可分为单件生产、成批生产和大量生产三种。

(1) 单件生产。

单件生产是指单个生产不同结构和尺寸的产品，工作地及加工对象经常改变，而且很少重复。例如新产品试制，工具、夹具和模具的制造，重型机械和专用设备的制造等都属于这种类型。

(2) 成批生产。

成批生产是指一次成批地制造相同的产品，每隔一定时间又重复进行生产，即分期、分批地生产各种产品。例如机床、阀门和电机的制造等均属于成批生产。

根据批量的大小，成批生产又可分为小批生产、中批生产、大批生产三种类型。

(3) 大量生产。

大量生产是指生产相同的产品数量很大，大多数工作地点长期重复地进行某一零件的某一工序的加工。例如汽车、家用电器、轴承、标准件等的制造多属于大量生产。

在工艺上，小批生产的工艺过程和生产组织与单件生产相似，常合称为单件小批生产；大批生产与大量生产的工艺过程和生产组织相似，常合称为大批大量生产。

在生产中，一般按照生产纲领的大小选用相应规模的生产类型。而生产纲领和生产类型的关系还随着零件的大小及复杂程度不同而有所不同，它们之间的关系见表 4-1。重型零件、中型零件、轻型零件的确定方法见表 4-2。

表 4-1　生产类型与生产纲领的关系

生产类型	零件的年生产纲领/(件/年)		
	重型零件	中型零件	轻型零件
单件生产	≤5	≤10	≤100
小批生产	5～100	10～200	100～500
中批生产	100～300	200～500	500～5000
大批生产	300～1000	500～5000	5000～50 000
大量生产	≥1000	≥5000	≥50 000

表 4-2　零件类型的确定

机械产品类别	加工零件的重量/kg		
	轻型零件	中型零件	重型零件
电子工业机械	<4	4～30	>30
机　床	<15	15～50	>50
重型机械	<100	100～2000	>2000

生产类型不同时，无论是在生产组织、生产管理、车间机床布置，还是在毛坯制造方法、机床种类、工具、加工或装配方法及工人技术要求等方面均有所不同。单件生产中所用的设备，绝大多数采用车床、钻床、铣床、刨床、磨床等通用设备以及通用的工艺装备，如三爪卡盘、四爪卡盘、虎钳、分度头等；零件的加工质量和生产跟工人的技术水平有很大关系。数控技术及设备的智能化改善了这一状况，使单件小批生产也能接近大批生产的效率及成本。在成批生产中，一方面可采用数控机床、加工中心、柔性制造单元和组合夹具，另外也可采用专用设备和专用工艺装备。在生产过程中保证零件的精度较多地采用自动控制的方法，某些零件的制造过程甚至可以组织流水线生产，因而对工人技术水平的要求可以降低。在大量生产中广泛采用高效的专用机床和自动化机床，按流水线排列或采用自动线进行生产，生产过程的自动化程度最高，工人的技术水平要求较低，但更换刀具和调整机床仍需技术熟练的工人。大量生产可以大大地降低产品成本，提高质量和增加产品在市场上的竞争能力。因此，在制订零件机械加工工艺规程时，必须首先确定生产类型，再分析该生产类型的工艺特征，选择合理的加工方法和加工工艺，以制订出正确合理的工艺规程，取得最大的经济效益。各种生产类型的工艺特征见表 4-3。

表 4-3　各种生产类型的工艺特征

项　目	单件小批生产	中批生产	大批大量生产
产品数量与加工对象	少、经常变换	中等、周期性变换	大量、固定不变
毛坯制造方法与加工余量	铸件用木模手工造型，锻件用自由锻。毛坯精度低，加工余量大	部分铸件采用金属模铸造，部分锻件采用模锻。毛坯精度和加工余量中等	铸件采用金属模机器造型，锻件采用模锻或其他高效方法。毛坯精度高，加工余量小
零件的互换性	配对制造，没有互换性，广泛采用钳工修配	大部分有互换性，少部分钳工修配	全部互换，某些高精度配合件可采用分组装配法和调整装配法
机床设备与布局	通用机床、数控机床或加工中心。按机床类别采用机群式布置	数控机床、加工中心和柔性制造单元；也可采用通用机床和专用机床。按零件类别，部分布置成流水线，部分采用机群式布置	广泛采用高效专用生产线、自动生产线、柔性制造生产线。按工艺过程布置成流水线或自动线
工艺装备	多数情况采用通用夹具或组合夹具。采用通用刀具和万能量具	广泛采用专用夹具、可调夹具和组合夹具。较多采用专用刀具与量具	广泛采用高效专用夹具、复合刀具、专用刀具和自动检验装置
工人技术水平的要求	高	中等	一般
工艺规程的要求	有简单的工艺过程卡	编制工艺规程，关键工序有较详细的工序卡	编制详细的工艺规程、工序卡和各种工艺文件
生产效率	低	中	高
生产成本	高	中	低

随着数控技术及智能制造技术的发展和市场需求的变化，单件小批生产类型将逐渐占据主导地位，而传统的单件小批生产的生产能力又跟不上市场之急需，因此各种生产类型都朝着生产过程柔性化的方向发展。成组技术(包括成组工艺、成组夹具)、数控机床、加工中心和 FMS 为这种柔性化生产提供了重要的基础。

单件小批生产中，产品的开发过程与生产过程往往结合为一体。但这些界限并不是绝对的，在敏捷制造、并行工程等先进制造模式下，大批量生产时，产品开发和生产组织阶段之间往往也消除了明显的界限。这就是为了迅速响应市场、占有市场，在高技术群的支撑下所达到的制造技术的状态。

企业组织产品的生产可以有多种模式：

(1) 产品的零部件都在本企业内部生产、装配；

(2) 企业生产部分关键的零部件，其余的由其他企业供应；

(3) 产品所有的零部件都由外部供应，企业内部只负责设计及销售。

第(1)种模式就是企业完成所有的零部件的加工，企业必须拥有全套的生产设备。这种企业的最大问题就是，当市场需求发生变化时，企业转产的适应性差，再次投资的负担重，设备再次利用率下降，造成企业的经济效益差。

第(2)种模式是很多国内外大企业采用的模式,关键的核心技术企业自己掌握,其余的由外部供应商提供,保障质量是关键,因此需要建立一套完善的质量监控及竞争机制,确保企业的产品质量。

第(3)种模式是很多中小企业的生产模式,"中间在外,两头在内",具有设备投资少,占地面积小,转产容易等优点。但也有明显不足,就是核心技术及工艺自己不掌握,难以获取比较大的经济效益和企业的长远效益。

4.1.3　机械加工工艺规程的组成

零件的机械加工是按一定的顺序逐步进行的。为了便于组织生产,应合理地使用企业的生产资源,以确保产品的加工质量、降低成本和提高生产效率。工艺过程是由若干个按一定顺序排列的工序组成的,每个工序又可分为若干个安装、工位、工步和走刀。

1. 工序

工序是指一个(或一组)工人在同一个工作地点(一台机床),对同一个(或几个)工件连续完成的那一部分工艺过程。划分工序的主要依据有两点:一是工作地点(加工机床)是否变动;二是加工内容是否连续。同样的加工内容可以有不同的工序安排。工序内容可繁可简,需根据被加工零件的批量及生产条件而定。

工　序

制订机械加工工艺过程,必须确定该工件要经过几道工序以及工序进行的先后顺序;仅列出主要工序名称及其加工顺序的简略工艺过程,称为工艺方案。

如图 4-1 所示的阶梯轴单件小批量生产时,其加工工艺方案见表 4-4;而当大批大量生产时,其加工工艺方案为表 4-5 所示。

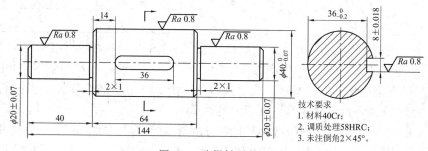

图 4-1　阶梯轴零件图

表 4-4　阶梯轴单件小批量生产的工艺方案

工序号	工 序 内 容	设　备
1	车右端面,钻中心孔,粗车小外圆;掉头,车左端面,钻中心孔,粗车大、小外圆	车床
2	半精车大、小外圆及倒角;车退刀槽	车床
3	铣键槽;去毛刺	铣床
4	热处理	
5	磨两端外圆	磨床

表 4-5　阶梯轴大批大量生产的工艺方案

工序号	工 序 内 容	设　　备
1	车端面；钻中心孔	钻中心孔车床
2	粗车小外圆	车床
3	粗车大外圆	车床
4	半精车大外圆及倒角；车退刀槽	车床
5	半精车小外圆及倒角；车退刀槽	车床
6	铣键槽	铣床
7	去毛刺	钳工台
8	热处理	
9	磨外圆	磨床

工序是工艺过程的基本组成单元。由零件加工的工序数，就可以知道工作地面积的大小、工人的数量和设备的数量。因此，工序是确定时间定额、配备工人和设备数量，安排生产计划和进行质量检验的基本单元。

2. 安装

安装是指在一道工序中，工件的一次定位和夹紧。一道工序中工件的安装可能是一次，也可能要安装数次。如表 4-4 中，工序 1 就需进行两次安装，先装夹工件一端，车端面钻中心孔称为安装 1；再掉头装夹，车另一端面并钻中心孔称为安装 2。为减少安装时间和安装误差，工件在加工中应尽量减少安装次数。

3. 工位

为了减少工件的安装次数，常采用各种回转工作台、回转夹具或移动夹具，使工件在一次安装中，可先后位于几个不同的位置进行加工。在工件的一次安装中，工件在相对机床所占据的一个固定位置所完成的那部分工作称为一个工位。如图 4-2 所示为一种用回转工作台在一次安装中顺序完成装卸工件、钻孔、扩孔和铰孔四个工位的加工。采用多工位加工，可减少安装次数、缩短辅助时间、提高生产效率和保证被加工表面间的相互位置精度。

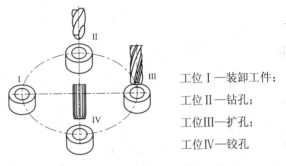

工位 I —装卸工件；

工位 II —钻孔；

工位Ⅲ—扩孔；

工位Ⅳ—铰孔

图 4-2　多工位回转工作台加工

4. 工步

在一个安装或工位中，被加工的表面、切削用量(指切削速度和进给量)、切削刀具均保持不变的情况下所连续完成的那一部分加工，称为工步。当其中有一个因素变化时，则为另一个工步。例如表 4-4 中的工序 1，共有七个工步，其中每次安装中都有车端面、钻中心孔两个工步。如图 4-3(a)所示为在转塔六角自动车床上加工零件的工序，它包括六个工步。当同时对一个零件的几个表面进行加工时，则为复合工步。如图 4-3(b)所示的在转塔车床上，车刀和钻头同时加工两个表面，这仍算成一个工步，称为复合工步。划分工步的目的是便于分析和描述比较复杂的工序，更好地组织生产和计算时间定额。

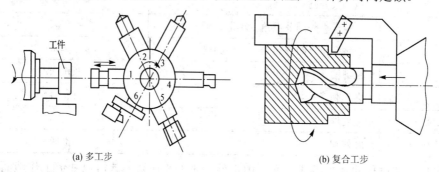

| (a) 多工步 | (b) 复合工步 |

图 4-3   多工步及复合工步

5. 走刀

有些工步由于余量太大或其他原因，需要同一刀具在相同转速和进给量下(背吃刀量可能略有不同)对同一表面进行多次切削，这时，刀具对工件的一次切削称为一次走刀。

工序、安装、工位、工步和走刀之间的关系如图 4-4 所示。

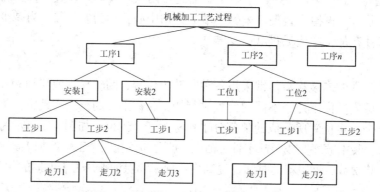

图 4-4   机械加工工艺过程组成关系图

4.1.4   机械加工工艺规程的作用

技术人员根据零件的生产类型、设备条件和工人技术水平等情况，规定零件机械加工工艺过程和操作方法等的工艺文件统称为机械加工工艺规程。

在具体的生产条件下，工艺规程应该拟订最合理或较合理的工艺过程和操作方法，并按规定的形式写成工艺文件，经审批后用来指导生产。

机械加工工艺规程是连接产品设计和制造过程的桥梁，是企业组织生产活动和进行生产管理的重要依据。具有以下作用：

(1) 工艺规程是指导生产的重要技术文件。合理的工艺规程是在总结技术人员和操作工人实践经验的基础上，依据科学的工艺理论和必要的工艺试验后制订的，并在实际的生产中不断地改进和完善，反映了加工中的客观规律。按照工艺规程组织生产，可以实现稳定的产品质量、较高的生产效率、较低的生产成本和安全生产，并能充分发挥设备能力。在实际生产中，所有生产人员都应严格执行和贯彻工艺规程。

(2) 工艺规程是生产组织和生产管理工作的基本依据。在产品投产前，原材料及毛坯的供应、通用工艺装备的准备、机械负荷的调整、专用工艺装备的设计和制造、生产进度计划安排、劳动力的组织和生产成本的核算以及关键技术的分析与研究，都是依据产品的工艺规程进行的。

(3) 工艺规程是新建或扩建企业或车间的基本资料。在新建或扩建企业或车间时，只有依据工艺规程和生产纲领才能正确地确定生产所需要的机床和相关设备的种类、规格和数量，确定车间的面积，设备的布置，生产工人的工种、等级和数量，以及辅助部门的安排等。

随着科学技术和生产的进步与发展，原有的工艺规程会出现某些不相适应的问题，因而工艺规程应定期调整和优化，及时吸取合理化建议、技术革新成果、新技术和新工艺，使工艺规程更加完善和合理。

4.1.5　机械加工工艺规程的制订原则

制订机械加工工艺规程应遵循以下基本原则：

(1) 工艺规程应能保证零件加工质量，可靠地达到设计图纸规定的各项技术要求；

(2) 在保证加工质量的基础上，使工艺过程有较高的生产效率和较低的成本；

(3) 了解国内外本行业工艺技术的发展水平，积极采用先进的工艺技术和工艺装备；

(4) 尽量减轻工人的劳动强度，保证安全生产，创造良好和文明的劳动条件；

(5) 在一定的生产条件下，可能会有几种能保证零件技术要求的工艺方案，此时应通过核算或对比，选择经济上最合理的方案，并要注重减少能源和原材料消耗，符合环境保护要求，实现绿色制造。

4.1.6　机械加工工艺规程的制订步骤

机械加工工艺规程的制订步骤如下：

(1) 分析研究产品的装配图和零件图；

(2) 根据零件的年生产纲领确定生产类型；

(3) 确定毛坯，选择毛坯类型及其制造方法，确定毛坯尺寸；

(4) 拟订工艺路线，包括划分工艺过程的组成、选择定位基准、选择零件表面的加工方法、安排加工顺序等；

(5) 工序设计，包括选择机床和工艺装备、确定加工余量、计算工序尺寸及其公差、确定切削用量及计算时间定额等；

(6) 技术经济分析；

(7) 编写工艺文件。

4.1.7　制订机械加工工艺规程需要的原始资料

制订机械加工工艺规程需要的原始资料如下：

(1) 产品的全套装配图及零件图；

（2）产品验收的质量标准；

（3）产品的生产纲领及生产类型；

（4）毛坯相关资料，包括毛坯制造方法，各种型材的品种和规格，毛坯图等；

（5）企业产品制造相关资料，包括工艺装备及专用设备的制造能力、有关机械加工车间设备和工艺装备的条件、技术工人的水平，以及各种工艺资料和标准等；

（6）国内外生产技术的发展情况。制订工艺规程时，还必须了解国内外生产技术的发展情况，结合本企业具体情况加以引进、消化、吸收、创新，以便制订出先进的工艺规程；

（7）各种有关工艺手册、标准及指导性文件。手册有机械加工工艺手册、切削用量手册、加工余量手册、时间定额手册、夹具结构及元件图册、刀具手册、机械设计手册及机床设计手册等。标准有公差与配合标准、机械零件标准、轴承、气动和液压标准等。这些资料有些是制订工艺规程所需要的，有些是设计专用工具、夹具、量具等参考用的资料。

4.2　机械加工工艺规程设计

4.2.1　分析产品的装配图与零件图

通过认真分析与研究产品的零件图和装配图，可以熟悉产品的用途、性能及工作条件，明确零件在产品中的位置和作用，弄清各项技术要求制订的依据，得出主要技术要求与技术关键，以便在制订工艺规程时，采取相应的工艺措施加以保证。分析产品的结构工艺性，包括零件的加工工艺性和装配工艺性。

在对产品装配图和零件图进行工艺分析时，主要分析以下四方面：

（1）分析零件图的完整性与正确性。分析尺寸、公差、表面粗糙度和技术要求的标注是否齐全、合理，重点要分析、掌握主要表面的技术要求的完整性与合理性。

（2）审查零件技术要求的合理性。审查尺寸精度、形状精度、位置精度的标注，热处理及其他要求等。要分析这些要求在保证使用性能的前提下是否经济合理，在现有生产条件下能否实现等。

（3）审查零件材料的选择是否合理。零件材料在能满足使用要求的前提下尽量选用经济性好、易于加工、易于采购的材料。

（4）审查零件的结构工艺性是否合理。零件的结构工艺性是指零件的结构在保证使用要求的前提下，能以较高的生产效率和较低的生产成本方便地制造出来的特性。

4.2.2　确定毛坯种类及其制造方法

毛坯的种类和质量与机械加工质量有密切关系，同时对提高劳动生产率、节约材料、降低成本也有很大影响。因此，在设计工艺规程时必须合理地选择毛坯的种类并确定其形状。在选择毛坯的种类和制造方法时，应同时考虑机械加工成本和毛坯制造成本，以达到降低零件生产总成本的目的。

1. 毛坯种类

机械产品及零件常用毛坯种类有型材、铸件、锻件、焊接件、冲压件及粉末冶金件和工程塑料件等。在选择毛坯时，不仅需要根据生产纲领、零件结构和毛坯车间的具体条件来确定毛坯的种类，同时还要充分注意利用新工艺、新技术、新材料的可能性。目前在机械制造业中广泛采用精密铸造、精密锻造、冲压、粉末冶金、型材和工程塑料，这些少切屑或无切屑加工对提高加工质量和劳动生产效率、降低成本有显著效果。

根据设计图纸要求的零件材料、零件对材料组织和性能的要求、零件结构及外形尺寸，零件生产纲领及现有生产条件，可参考表 4-6 确定毛坯的种类及其制造方法。

表 4-6 常用毛坯种类及制造方法

毛坯种类	毛坯制造方法	材料	形状复杂性	公差等级	特点及适应的生产类型	
型材	热轧	钢、有色金属（棒、管、板、异形）	简单	IT12～IT11	常用作轴、套类零件及焊接毛坯分件；冷轧钢尺寸较小、精度高，但价格昂贵	
	冷轧			IT10～IT9		
铸件	木模手工造型	铸铁、铸钢和有色金属	复杂	IT14～IT12	单件小批生产	铸造毛坯可获得复杂形状，其中灰铸铁因成本低廉、耐磨性好、吸振性好而广泛用作机架、箱体类零件毛坯
	木模机器造型			IT12～IT11	成批生产	
	金属模机器造型			IT12～IT11	大批大量生产	
	离心模铸造	有色金属、部分黑色金属	回转体	IT14～IT12	成批、大批大量生产	
	压力铸造	有色金属	较复杂	IT10～IT9	大批大量生产	
锻件	自由锻	钢	简单	IT14～IT12	单件小批生产	用于制造强度高、形状简单的零件（轴类和齿轮类）
	模锻		较复杂	IT12～IT11	大批大量生产	
	精密模锻			IT11～IT10		
冲压件	板料加压	钢、有色金属	较复杂	IT9～IT8	适用于大批大量生产	
粉末冶金	粉末冶金	铁、钢、铝基材	较复杂	IT8～IT7	机械加工余量极小或无加工余量，成本高，适用于大批大量生产。不适于结构复杂、薄壁、有锐角的零件	
	粉末冶金热模锻			IT7～IT6		
焊接件	普通焊接	铁、钢、铝基材	较复杂	IT13～IT12	适用于单件小批或成批生产。因其生产周期短、不需要准备模具、刚性好及省材料而常用来代替铸件，但抗振性差、容易变形、尺寸误差大	
	精密焊接			IT11～IT10		
工程塑料	注射成形	工程塑料	复杂	IT10～IT9	适用于大批大量生产	
	吹塑成形					
	精密模压					

2. 毛坯形状和尺寸的确定

毛坯是需要进一步加工的生产对象，所以毛坯的某些表面需要预留一定的加工余量，以便通过机械加工达到零件的技术要求。毛坯制造尺寸与零件相应尺寸的差值称为毛坯的加工余量，毛坯制造尺寸的公差称为毛坯公差，二者都与毛坯的制造方法有关，在实际生产中可以参阅机械加工工艺手册来选取。

4.2.3　工艺路线的拟订

拟订工艺路线是制订工艺规程的核心，即制订出零件的全部加工工序。主要工作包括：定位基准的选择；各加工表面的加工方法和加工方案的选择；加工阶段的划分；工序集中与工序分散的确定；加工顺序的安排等。

工艺路线的拟定与生产纲领有密切关系，是制订工艺规程的关键，因此，实际生产中，常常需要提出多个方案，然后从各方面进行分析比较，最终确定一个最佳方案。

1. 定位基准的选择

定位基准的选择是制订工艺规程的一个重要问题。定位基准选择得正确与否，不仅对零件的尺寸精度和相互位置精度有很大影响，而且对零件各表面间的加工顺序也有很大影响。

根据作为定位基准的工件表面的不同，定位基准分为粗基准和精基准两种。用未经加工的毛坯表面作定位基准，这种基准称为粗基准；用已经加工过的表面作定位基准称为精基准。由于粗基准和精基准的加工要求和用途各不相同，所以在选择粗、精基准时所应考虑问题的侧重点也不同。在选择定位基准时，要从保证工件精度的要求出发，因而分析定位基准选择的顺序就应首先根据工件的加工技术要求确定精基准，然后确定粗基准。

1) 精基准的选择原则

选择精基准主要应考虑可靠地保证零件的加工精度，特别是加工表面的相互位置精度，同时也要考虑装夹方便、夹具结构简单。精基准的选择一般应遵循如下原则：

(1) 基准重合原则。选择加工表面的设计基准作为定位基准，称为基准重合原则。采用基准重合原则，能够避免基准不重合而引起的基准不重合误差，有利于保证加工精度。在对加工面尺寸和位置关系有决定性影响的工序中，特别是当位置公差要求较严时，一般也不应违反这一原则，否则，将由于存在基准不重合误差而增大加工难度。另外在最后精加工时，为保证精度，更应该注意遵循这个原则。

(2) 基准统一原则。在工件的加工过程中，尽可能地采用统一的一组定位基准加工工件上尽可能多的表面，称为基准统一原则。工件上往往有多个表面需要加工，会有多个设计基准。要遵循基准重合原则，就会有较多定位基准，因而夹具种类也较多。为了减少夹具种类、简化夹具结构，可设法在工件上找到一组基准，或者在工件上专门设计一组定位基准，用它们来定位加工工件上的多个表面，有利于保障各面之间的相互位置精度，减少基准的多次转换，提高加工效率。例如，加工轴类零件时，一般都采用两个顶尖孔作为统一的精基准来加工零件上的所有外圆表面和端面；加工圆盘类零件(如齿轮的齿坯和齿形)时，多采用内孔及其端面作为定位基准；加工箱体类零件时，多采用一个较大的平面和两个距离较远的孔作精基准(一面两孔)。

(3) 自为基准原则。当某些表面精加工或光整加工工序要求加工余量小而均匀，在加工时就应尽量选择被加工表面自身作为精基准，即遵循自为基准原则。拉刀、浮动镗刀、浮动铰刀和珩磨等加工孔的方法，都遵循自为基准原则。

(4) 互为基准原则。当工件上两个加工表面之间的位置精度以及它们自身尺寸和形状

精度要求都很高时, 则可采取两个加工表面互为基准的方
法进行加工。

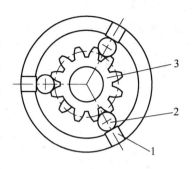

如加工精密齿轮时, 齿面经高频淬火后需再进行磨
齿, 因其淬硬层较薄, 所以磨削余量应小而均匀, 这样就
要先以齿面为基准磨内孔(如图 4-5 所示), 再以内孔为基
准磨齿面, 以保证齿面余量均匀。

(5) 保证工件定位准确、夹紧可靠、操作方便的原则。
精基准应该是精度较高、表面粗糙度值较小、支承面积较
大的表面。当用夹具装夹时, 选择的精基准表面还应使夹
具结构简单、操作方便。

1—卡盘; 2—滚珠; 3—齿轮

图 4-5　以齿面定位加工孔

2) **粗基准的选择原则**

粗基准是毛坯件进行加工时首先要选择的基准, 粗基准的选择应能保证加工面与不加
工面之间的位置要求和合理分配各加工面余量的要求, 同时要为后续工序提供精基准。具
体选择时应考虑下列原则:

(1) 保证工件的加工面与不加工面之间的相互位置要求原则。

为保证不加工表面与加工表面之间的位置要求(如壁厚均匀, 对称, 间隙大小一致等),
应首先选不加工表面为粗基准。

如图 4-6(a)所示的套筒法兰零件毛坯, 在铸造时, 孔 2 和外圆 1 有偏心, 要求加工后
外圆 1 与内孔 2 之间壁厚均匀。若采用不加工面(外圆 1)为粗基准加工孔 2, 则加工后的孔
2 与外圆 1 的轴线是同轴的, 即壁厚是均匀的, 满足要求, 但孔 2 的加工余量 3 不均匀,
如图 4-6(b)所示; 若采用加工面本身(孔 2)为粗基准加工孔 2, 则孔 2 的加工余量 3 均匀,
但孔 2 与外圆 1 的轴线是不同轴的, 即壁厚是不均匀的, 如图 4-6(c)所示。

当工件上有多个不加工表面与加工表面之间有位置要求时, 则应选择与加工表面的相
对位置有紧密联系的不加工表面作为粗基准。

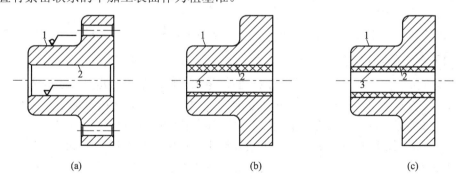

(a)　　　　　　　　　　　(b)　　　　　　　　　　　(c)

图 4-6　不同粗基准选择对比

(2) 保证加工表面有足够的加工余量原则。

若工件必须保证某些重要表面余量均匀, 则应选该表面作为粗基准。

如图 4-7 所示床身导轨的加工, 导轨面要求硬度高而且均匀。其毛坯铸造时, 导轨面
向下放置, 使表层金属组织细致均匀, 没有气孔、夹砂等缺陷。希望加工时只切去一层较
小而均匀的余量, 保留组织紧密耐磨的表层, 且达到较高加工精度。因此, 首先应以导轨

面作为粗基准加工床身的底平面,然后再以床身的底平面为精基准加工导轨面,如图 4-7(a)所示,此时床身的底面余量不均,但并不影响床身导轨质量。反之,若以床身底面作为粗基准,将造成导轨面余量不均匀,由于误差复映规律,会造成导轨的误差;如果消除误差复映规律的影响,又会引起导轨面的质量下降,如图 4-7(b)所示。

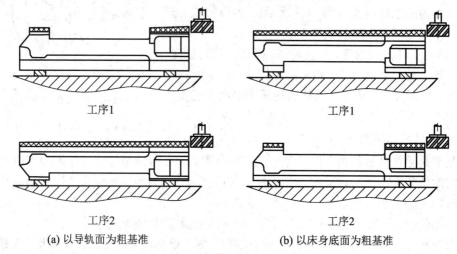

　　　　(a) 以导轨面为粗基准　　　　　　　　　　(b) 以床身底面为粗基准

图 4-7　导轨加工粗基准选择

(3) 同一尺寸方向的粗基准一般只使用一次原则。

在同一尺寸方向上,粗基准通常只允许使用一次。粗基准一般说来较粗糙,形状误差也大,如重复使用就会造成较大的定位误差,从而引起加工表面间较大的位置误差。因此,应避免粗基准重复使用。

(4) 保证定位稳定、准确,夹紧可靠原则。

作为粗基准的表面应尽可能地平整光洁,要有足够大的尺寸及面积,要避开锻造飞边和铸造浇口、冒口、分型面、毛刺等缺陷,必要时,应对毛坯加工提出修光打磨的要求,以保证定位准确、夹紧可靠。

同时,应该考虑用夹具装夹时,选择的粗基准面还应使夹具结构简单、操作方便。

2. 加工方法和加工方案的选择

机器零件的结构形状虽多种多样,但它们都是由一些最基本的几何表面构成的。机器零件的加工过程实际上就是获得这些几何表面的过程。同一种表面可以选用各种不同的加工方法,但每种加工方法的加工质量、加工时间和所花费的费用却是各不相同的。选择加工方法的基本原则是既要满足零件的加工质量要求,也要兼顾生产效率和经济性。为了正确选择加工方法,应了解各种加工方法的特点、加工经济精度及经济表面粗糙度。

1) 加工经济精度和经济表面粗糙度

在正常的加工条件下,即使用符合质量标准的设备、工艺装备和标准技术等级的工人、合理的时间定额,所能达到的加工精度和表面粗糙度,称为加工经济精度和经济表面粗糙度。

表 4-7、表 4-8、表 4-9 为典型表面的各种加工方法所能达到的经济精度和表面粗糙度,供选择时参考。

表 4-7　外圆各种加工方法的加工经济精度及表面粗糙度

加工方法	加工情况	加工经济精度	表面粗糙度 Ra/μm
车削	粗车	IT13～IT12	80～10
	半精车	IT11～IT10	10～2.5
	精车	IT8～IT7	5～1.25
	金刚石车(镜面车)	IT6～IT5	1.25～0.02
铣削	粗铣	IT13～IT12	80～10
	半精铣	IT12～IT10	10～2.5
	精铣	IT9～IT8	2.5～1.25
车槽	一次行程	IT12～IT11	20～10
	二次行程	IT11～IT10	10～2.5
外圆磨削	粗磨	IT9～IT8	10～1.25
	半精磨	IT8～IT7	2.5～0.63
	精磨	IT7～IT6	1.25～0.16
	精密磨	IT6～IT5	0.32～0.08
	镜面磨	IT5	0.08～0.008
抛光			1.25～0.008
研磨	粗研	IT6～IT5	0.63～0.16
	精研	IT5	0.32～0.04
	精密研	IT5	0.08～0.008
超精加工	精精密	IT5	0.32～0.08
		IT5	0.16～0.01
砂带磨削	精磨精密磨	IT6～IT5	0.16～0.02
		IT5	0.04～0.01
滚压		IT7～IT6	1.25～0.16

表 4-8　孔各种加工方法的加工经济精度及表面粗糙度

加工方法	加工情况	加工经济精度	表面粗糙度 Ra/μm
钻削	15 mm 以下	IT13～IT11	80～5
	15 mm 以上	IT12～IT10	80～20
扩孔	粗扩	IT13～IT12	20～5
	一次扩(铸孔或冲孔)	IT13～IT11	40～10
	精扩	IT11～IT9	10～1.25
铰孔	半精铰	IT9～IT8	10～1.25
	精铰	IT7～IT6	5～0.32
	手铰	IT5	1.25～0.08
拉	粗拉	IT10～IT9	5～1.25
	一次拉(铸孔或冲孔)	IT11～IT10	2.5～0.32
	精拉	IT9～IT7	0.63～0.16

续表

加工方法	加工情况	加工经济精度	表面粗糙度 Ra/μm
推孔	半精推	IT8～IT6	1.25～0.32
	精推	IT6	0.32～0.08
镗孔	粗镗	IT13～IT12	20～5
	半精镗	IT11～IT10	10～2.5
	精镗(浮动镗)	IT9～IT7	5～0.63
	金刚镗	IT7～IT5	1.25～0.16
内孔磨削	粗磨	IT11～IT9	10～1.25
	半精磨	IT10～IT9	1.25～0.32
	精磨	IT8～IT7	0.63～0.08
	精密磨	IT7～IT6	0.16～0.04
珩磨	粗珩	IT6～IT5	1.25～0.16
	精珩	IT5	0.63～0.16
研磨	粗研	IT6～IT5	0.63～0.16
	精研	IT5	0.32～0.04
	精密研	IT5	0.08～0.008
挤压	滚珠、滚柱扩孔器、挤压头	IT8～IT6	1.25～0.01

表 4-9　平面各种加工方法的加工经济精度及表面粗糙度

加工方法	加工情况	加工经济精度	表面粗糙度 Ra/μm
周铣	粗铣	IT13～IT11	20～5
	半精铣	IT11～IT8	10～2.5
	精铣	IT8～IT6	5～0.63
端铣	粗铣	IT13～IT11	20～5
	半精铣	IT11～IT8	10～2.5
	精铣	IT8～IT6	5～0.63
车	半精车	IT11～IT8	10～2.5
	精车	IT8～IT6	5～1.25
	金刚石车(镜面车)	IT6	1.25～0.02
刨	粗刨	IT13～IT11	20～5
	半精刨	IT11～IT8	10～2.5
	精刨	IT8～IT6	5～0.63
	宽刀精刨	IT6	1.25～0.16
插			20～2.5
拉	粗拉(铸造或冲压表面)	IT11～IT10	20～5
	精拉	IT9～IT6	2.5～0.32
平磨	粗磨	IT10～IT8	10～1.25
	半精磨	IT9～IT8	2.5～0.63
	精磨	IT8～IT6	1.25～0.16
	精密磨	IT6	0.32～0.04

续表

加工方法	加工情况		加工经济精度	表面粗糙度 Ra/μm
刮	$(25 \times 25)\text{mm}^2$ 内点数	8～10	—	1.25～0.16
		10～13	—	0.63～0.32
		13～16	—	0.32～0.16
		16～20	—	0.16～0.08
		20～25	—	0.08～0.04
研磨	粗研		IT6	0.63～0.16
	精研		IT5	0.32～0.04
	精密研		IT5	0.08～0.008
砂带磨	精磨		IT6～IT5	0.32～0.04
	精密磨		IT5	0.04～0.01
滚压			IT10～IT7	2.5～0.16

2) 加工方法的选择

机械制造中的加工方法很多，按照工件在加工过程中质量的变化(Δm)，可将加工方法分为去除材料加工($\Delta m<0$)、材料成型加工($\Delta m=0$)和增材制造技术($\Delta m>0$)三种形式。

(1) 材料去除加工($\Delta m<0$)。

材料去除加工是以一定的方法从工件上切除多余的材料，得到满足图纸要求的零件。在材料的去除过程中，工件逐渐逼近理想零件的形状与尺寸。材料去除工艺是机械制造中应用最广泛的加工方式，包括各种传统的切削加工、磨削加工和特种加工。

① 切削加工。切削加工是用切削刀具在机床上切除工件毛坯上多余的材料，从而使工件的形状、尺寸和表面质量达到设计要求的工艺方法。常见的切削加工方式有车削、铣削、刨削、钻削、拉削、镗削等。

② 磨削加工。磨削加工是利用高速旋转的砂轮在磨床上磨去工件上多余的材料，从而达到较高的加工精度和表面质量的工艺方法。磨削既可加工非淬硬表面，也可加工淬硬表面。常见的磨削加工方式有内外圆磨削、平面磨削、成形磨削等。

③ 特种加工。特种加工是利用电能、热能、化学能、光能、声能等对工件进行去除材料的加工方法。特种加工主要不是依靠机械能，而是用其他能量去除多余的材料。特种加工的工具硬度可以低于被加工工件材料的硬度；加工过程中工具和工件间不存在显著的机械切削力。常用的特种加工方法有电火花加工、电解加工、激光加工、超声波加工、水喷射加工、电子束加工、离子束加工等。

(2) 材料成型加工($\Delta m = 0$)。

材料成型加工工艺是指加工时材料的形状、尺寸、性能等发生变化，而其质量未发生变化，属于质量不变的加工工艺。材料成型工艺常用来制造毛坯，也可以用来制造形状复杂但精度要求不太高的零件。材料成型工艺的生产效率较高。常用的成型工艺有铸造、锻压、粉末冶金等。

① 铸造。铸造是将液态金属浇注到与零件的形状尺寸相适应的铸造型腔中，冷却凝

固后获得毛坯或零件的工艺方法。铸造的基本工艺过程为制模、造型、熔炼、浇注、清理等。由于铸造时受各种因素的影响，铸件可能存在组织不均匀、缩孔、热应力、变形等缺陷，使铸件的精度、表面质量、力学性能不高。尽管如此，由于适应性强，生产成本低，铸造工艺仍得到十分广泛的应用。形状复杂，尤其有复杂内腔的零件毛坯常采用铸造。常用的铸造方法有砂型铸造、金属型铸造、熔模铸造、压力铸造、离心铸造等。其中，砂型铸造应用最广。

② 锻压。锻造与板料冲压统称为锻压。锻造是利用锻造设备对加热后的金属施加外力，使之发生塑性变形，形成具有一定形状、尺寸和组织性能的零件毛坯。经过锻造的毛坯，内部组织致密均匀，金属流线分布合理，零件强度高。因此，锻造常用于制造综合力学性能要求高的零件毛坯。锻造的方法有自由锻造、模型锻造、胎膜锻造、轧制和挤压等。

板料冲压是在压力机上利用冲模将板料冲压成各种形状和尺寸的制件。由于板料冲压一般在常温下进行，故又称为冷冲压。冲压加工有极高的生产效率和较高的加工精度，其加工形式有冲裁、弯曲、拉深、成形等。板料冲压在电气产品、轻工产品、汽车制造中有十分广泛的应用。

③ 粉末冶金。粉末冶金是以金属粉末或金属与非金属粉末的混合物为原料，经模具压制、烧结等工序，制成金属制品或金属材料的工艺方法。粉末冶金制品的材料利用率能达到 95%，可实现少切屑、无切屑加工，降低生产成本，因此在机械制造中获得日益广泛的应用。粉末冶金生产的工艺流程包括粉末制备、混配料、压制成形、烧结、整形等。

(3) 增材制造技术($\Delta m > 0$)。

增材制造技术是指利用一定的方式使零件的质量不断增加的工艺方法。增材制造技术包括电铸电镀加工、快速成型技术和 3D 打印技术等。

① 电铸、电镀加工。电铸加工、表面局部涂镀加工和电镀都是利用电镀液中的金属正离子在电场的作用下，逐渐镀覆沉积到阴极上去，形成一定厚度的金属层，达到复制成形、修复磨损零件和表面装饰防锈的目的。

② 快速成型技术。近几十年才发展成熟起来的快速成型技术(RP)，是材料累积工艺的新发展。快速成型技术是将零件以微元叠加方式逐渐累积生成的。将零件的三维实体模型数据经计算机分层切片处理，得到各层截面轮廓；按照这些轮廓，激光束选择性地切割一层层的纸(LOM 叠层法)，或固化一层层的液态树脂(SL 光固化法)，或烧结一层层的粉末材料(SLS 烧结法)，或喷射源选择性地喷射一层层的黏结剂或热熔材料。

③ 3D 打印技术。3D 打印技术直接取材于工程材料，其制造的产品或零件可直接(或只经少量的机械加工)作为产品或功能零件使用，从而实现真正意义上的快速制造。3D 打印技术使用的材料种类相当广泛，比如玻璃纤维、耐用性尼龙材料、石膏材料、铝合金、钛合金、不锈钢、橡胶类材料、生材料、食品材料等。现在，利用 3D 打印设备可以打印出真实的 3D 物体，在科研、生产领域以及人类的日常生活中发挥着极为重要的作用。

关于快速成型(RP)技术以及 3D 打印技术的详细内容，可参阅相关的专著或教材。

选择各表面的加工方法时，在分析研究零件图的基础上，一般是先根据零件表面的技术要求，确定该表面的最终加工方法，然后再反推选定前面一系列工序的加工方法。由于要达到同样精度和表面粗糙度要求可以采用的加工方法多种多样，所以选择零件各表面的加工方法时，主要从以下几个方面来综合考虑：

(1) 加工方法的经济加工精度和表面粗糙度要与零件加工表面的技术要求相适应。零件上各种典型表面的加工可用许多种加工方法完成，为了满足加工质量、生产效率和经济性等方面的要求，应尽可能选择经济加工精度和表面粗糙度的加工方法来完成零件表面的加工。

(2) 加工方法要与零件材料的切削加工性相适应。零件材料的切削加工性是指零件材料切削加工的难易程度。在确定零件加工方法时，应考虑到零件材料的切削加工性能。例如，淬火钢、耐热钢由于硬度很高，车削、铣削等很难加工，一般采用磨削加工；硬度很低而韧性较大的金属材料(如有色金属)则不宜采用磨削，因为磨屑易堵塞砂轮，通常采用高速精密车削、金刚车或金刚镗。

(3) 加工方法要与零件的结构形状相适应。零件的结构形状和尺寸大小对加工方法的选择也有很大的影响。例如，回转类零件上的内孔可采用铰孔、镗孔、拉孔或磨孔等加工方法；而箱体上的孔一般不宜采用拉孔或磨孔，而常用镗孔或铰孔。

(4) 加工方法要与零件的生产类型相适应。大批大量生产应选用生产效率高和质量稳定的先进加工方法。如，平面和孔采用拉削加工。单件小批生产中一般多采用通用机床和常规加工方法，平面加工通常采用刨削、铣削，孔加工通常采用钻孔、扩孔、铰孔等。为了提高企业的竞争力，也应该注意采用数控机床、柔性加工系统以及成组技术等先进的技术和工艺装备。

(5) 加工方法要与工厂(或车间)的现有生产条件相适应。选择加工方法时，不能脱离工厂或现有设备情况和工人技术水平。既要充分利用现有设备，挖掘企业潜力，也应注意不断改进现有的加工方法和设备，采用新技术和新工艺。

3) 加工方案的选择

对于具有一定精度要求的多种几何元素构成的零件，一般不会通过一次加工就能达到图纸的技术要求，而是要通过多种加工方法，通过多工序才能完成。这样任何一个零件的加工，每个表面的加工方法就会有多种方案，不同的方案同时代表着不同的经济性和效率。典型零件表面的加工方案如图 4-8、图 4-9、图 4-10 所示。

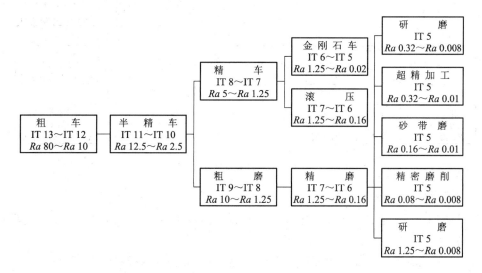

图 4-8　外圆加工方案

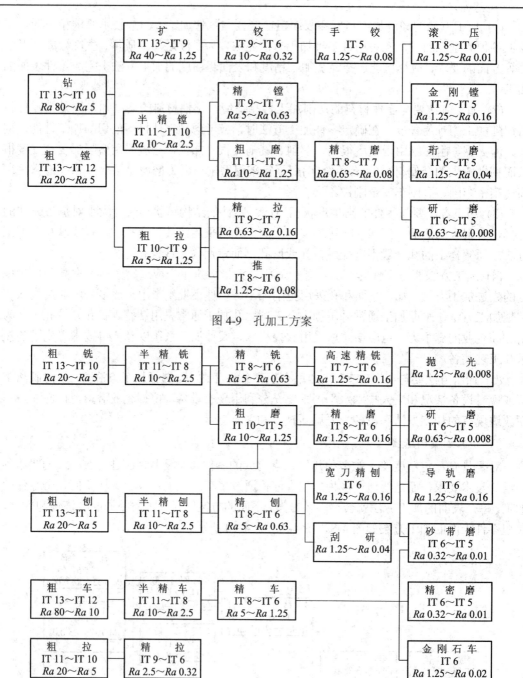

图 4-9　孔加工方案

图 4-10　平面加工方案

3. 加工阶段的划分

零件的加工质量要求较高时，必须把整个加工过程划分为几个阶段，每个阶段都有相应的任务。

(1) 粗加工阶段。粗加工阶段的主要任务是高效率地去除各表面的大部分余量，并为精加工确定精基准。在这个阶段中，精度要求不高，切削用量、切削力、切削功率都较大，切削热以及内应力等较大。

(2) 半精加工阶段。半精加工阶段的任务是使各主要表面消除粗加工时留下的误差，并达到一定的精度和粗糙度，为精加工做好准备。在此阶段还要完成一些次要表面的加工，使其达到图纸要求，如钻孔、攻丝、铣键槽等。

(3) 精加工阶段。精加工的任务就是使工件的尺寸精度、形状精度、位置精度及表面粗糙度达到图纸要求，大多数零件的加工经过这一阶段都可完成，同时也为少数需要进行精密加工或光整加工的表面做好准备。

(4) 光整加工阶段。当零件的尺寸精度、形状精度要求很高，表面粗糙度值要求很小及表面层物理机械性能要求很高时，则需要进行光整加工。光整加工的典型方法有珩磨、研磨、超精加工及无屑加工等，这些加工方法不但能提高表面质量，而且能提高尺寸精度和形状精度，但一般都不能提高位置精度。

划分加工阶段的原因如下：

(1) 保证加工质量。当零件的精度要求高时，如果不进行加工阶段划分，在一道工序中连续完成加工，则由于在粗加工时夹紧力大、切削厚度大、切削力大、切削温度高、零件受力变形、受热变形及残余应力等引起的加工误差，无后续工序加以纠正，从而难以保证加工精度。划分加工阶段后，在粗加工阶段造成的加工误差，可通过半精加工和精加工逐步得到纠正，达到质量要求。

(2) 便于及时发现毛坯的缺陷，可以避免后续加工的经济损失。粗加工时容易发现毛坯的缺陷(如气孔、砂眼和加工余量不足等)，此时便于及时修补或决定报废，可以避免后续精加工的经济损失。

(3) 有利于合理安排加工设备和工人。粗加工要求设备的功率大、生产效率高，对精度和工人的技术水平要求不高；精加工则要求用精度高但功率不大的设备，而对工人的技术水平要求高。划分加工阶段后，粗、精加工可分别安排适合的设备和操作工人，充分发挥粗、精加工设备的特点。

(4) 热处理工序安排的客观需要。如果零件材料有物理机械性能的要求，必须要进行相应的热处理，这样自然就把机械加工工艺过程划分成几个加工阶段。例如，粗加工后去除残余应力的时效处理；半精加工后的淬火处理；精加工后的低温回火等。

(5) 便于组织生产。粗、精加工对生产环境条件的要求不同。精加工和精密加工要求环境清洁、恒温，划分加工阶段之后，可以合理安排各阶段所要求的环境条件。

4. 工序集中与工序分散

一个零件的加工是由许多工步组成的，如何把这些工步组成工序，是设计工艺过程时要考虑的一个问题。工步是组成工序的基本单元，根据工步本身的性质、粗精加工阶段的划分、定位基准的选择和转换等，就把这些工步组成若干个工序，在若干台机床上进行。这样就需要决定是采取工序集中还是工序分散。

1) 工序集中

工序集中就是将工件的加工集中在少数几道工序内完成，每道工序的加工内容较多，即总的工序数少而各工序的加工内容多。

采用工序集中的原则，应尽可能在一次安装中加工多的表面，或尽可能在同一台设备上连续完成较多的加工内容，因而使总的工序数目减少。工序集中的主要特点如下：

(1) 工件装夹次数减少，在一次安装中加工多个表面，易于保证表面相互位置精度；

(2) 有利于采用高效的专用机床和工艺装备，可以大大提高生产效率；

(3) 所用机器设备的数量少，减少了生产的占地面积和操作工人数；

(4) 工序数目减少，缩短了工艺路线，简化了生产计划管理；

(5) 加工时间减少，减少了运输路线，缩短了加工周期；

(6) 专用机床和工艺装备成本高，机床结构通常较为复杂，其调整、维修费时费事，生产准备工作量大，转换新产品周期长、成本高。

2) 工序分散

工序分散就是将工件的加工分散在较多的工序内进行，每道工序的加工内容少。即总的工序数目多而各工序的加工内容少，最少时每道工序仅一个简单工步。工序分散的主要特点如下：

(1) 设备及工艺装备比较简单，调整和维修方便，生产准备工作量少；

(2) 生产工人便于掌握操作技术，对工人技术水平要求低；

(3) 转换新产品的适应性强；

(4) 有利于选择合理的切削用量，易于平衡工序时间；

(5) 设备数量多，占地面积大，工人数量也多；

(6) 工序数目较多，工艺路线长，生产周期长。

在一般情况下，单件小批生产采取工序集中；而大批大量生产则可以工序集中，也可以工序分散。采用数控机床、加工中心和柔性生产线等现代制造装备及技术，设备的一次性投资高，但可以实现工序集中，生产适应性强，转产容易。因此根据目前情况及今后发展趋势来看，大批大量生产一般多采用工序集中的原则。

5. 加工顺序的安排

一般零件的机械加工通常要经过切削加工、热处理和其他辅助工序等。零件的工艺路线拟定，就是零件表面的加工方法确定之后，安排切削加工的先后顺序，同时还要合理安排热处理、检验等其他辅助工序在工艺过程中的顺序。

1) 机械加工工序的安排原则

(1) 先基准，后其他。在每一个加工阶段选为精基准的表面应该先加工，以提高定位精度，然后再以精基准面定位进行其他有关表面的加工，这样能比较方便地保证加工精度要求。例如，精度要求较高的轴类零件(如机床的主轴、丝杠、发动机的曲轴等)，其第一道工序就是铣端面打中心孔，然后再以中心孔定位加工其他表面。

(2) 先主要表面，后次要表面。先安排主要表面加工，再安排次要表面加工。主要表面是指零件上一些配合面、接合面、安装面等精度要求较高的表面。主要表面的加工质量对整个零件的加工精度影响很大，是工艺过程的主要内容，因而在确定加工顺序时，要首先考虑主要加工表面的工序安排，以保证主要表面的加工精度。在安排好主要表面加工顺序后，常常从加工的方便与经济角度出发，安排次要表面的加工。次要表面主要是指键槽、螺纹孔(或螺栓用光孔)、连接螺纹及轴上无配合要求的外圆等表面。

(3) 先加工平面，后加工孔。因平面的轮廓平整，安放和定位比较稳定可靠，所以先加工好平面，就能以平面定位加工孔，易于保证孔和平面之间的位置精度。

(4) 先安排粗加工，后安排精加工。零件的切削加工过程，总是先进行粗加工，再进行半精加工，最后进行精加工和光整加工。这有利于加工误差和表面缺陷层的逐步消除，从而逐步提高零件的加工精度与表面质量。此外，粗加工后加工表面会产生较大的残余应力，粗、精加工分开后，其间的时间间隔用于自然时效，有利于减少残余应力并让零件充分变形，以便在后续精加工工序中得以切除修正。

2) 热处理工序的安排

为了改善工件材料的物理机械性能与切削性能，以及消除切削加工过程中产生的残余应力，在加工过程中应根据零件的技术要求和材料的性质，合理地安排热处理工序。采用何种热处理工序以及如何安排热处理工序在工艺过程中的位置，需根据零件材料和热处理的目的决定。

(1) 为了改善工件材料切削性能而进行的热处理工序，安排在粗加工前。对于高碳钢零件用退火降低其硬度，便于切削加工；对于低碳钢零件却要用正火的办法提高硬度降低塑性，改善切削性能(不粘刀)；对锻造毛坯，因表面软硬不均不利于切削，通常也进行正火处理。因此，为了改善工件材料切削性能而进行的退火、正火等热处理工序，一般应安排在机械加工之前进行。

(2) 为了消除内应力而进行的热处理工序，安排在粗加工之后、精加工之前进行。无论在毛坯制造还是在切削加工时都会产生内应力，不设法消除就会引起工件变形，降低产品质量，甚至造成废品。对于尺寸大、结构复杂的铸件，需在粗加工之前进行一次自然时效处理，以消除铸造残余应力；粗加工之后、精加工之前还要安排一次人工时效处理，一方面可将铸件原有的残余应力消除一部分，另一方面又可将粗加工时所产生的残余应力消除，以保证精加工时所获得的精度稳定。

(3) 为了改善工件材料的机械性能而进行的热处理工序，通常安排在粗加工后、精加工前进行。调质处理能得到组织均匀细致的回火索氏体，因此许多中碳钢和合金钢常采用这种热处理方法，一般安排在粗加工之后进行。淬火可以提高材料硬度和抗拉强度，由于工件淬火后常产生变形，因此，淬火工序一般安排在精加工阶段中的磨削加工之前进行。低碳钢有时需要渗碳，由于渗碳的温度高，工件产生的变形较大，一般安排在半精加工之后、精加工之前进行。氮化处理能提高零件表面硬度和抗腐蚀性，工件产生的变形较小，一般安排在该表面的最终加工之前进行。

(4) 为了提高零件表面耐磨性或耐蚀性而进行的热处理工序，以及以装饰为目的的热处理工序或表面处理工序(如镀铬、镀锌、氧化、发蓝、发黑等)，一般都安排在机械加工完毕后进行。

3) 辅助工序的安排

辅助工序包括工件的检验、去毛刺、清洗、防锈、去磁和平衡等。辅助工序是必要的工序，若安排不当或遗漏，将会给后续工序和装配带来困难。

检验工序是重要的辅助工序，它对保证质量、防止产生废品起到重要作用。除了每个操作工人必须在操作过程中和加工完成后进行自检外，在工艺规程中还必须在下述阶段安排检查工序：

(1) 粗加工结束、精加工开始前；

(2) 重要工序前后；

(3) 车间之间进行运输的前后；

(4) 全部加工工序完成后。

有些特殊的检验，如密封性检验、工件的平衡和重量检验，一般都安排在工艺过程最后进行。

此外，去毛刺、倒棱边、去磁、清洗、涂防锈油等辅助工序，往往是保证顺利装配、正常运行、安全生产不可缺少的辅助工作。

4.3　机械加工工序设计

工艺规程制订完成后，就进入工序设计。工序设计包括选择机床和工艺装备、确定加工余量、计算工序尺寸及其公差、确定切削用量及计算时间定额等。

4.3.1　机床及工艺装备的选择

1. 机床的选择

机床是参加切削加工的主要装备，有关机床的结构特性前面已经做了较为详细的介绍。如何正确选择机床，对于保证零件的加工质量，合理利用机床设备，提高生产效率都具有重要意义。选择机床应遵循如下原则：

(1) 机床的主要规格尺寸应与加工零件的外轮廓尺寸相适应；

(2) 机床的精度应与零件加工要求的精度相适应。高精度要求的工件选择高精度机床，低精度要求的工件选择低精度机床；

(3) 机床的自动化程度和生产效率应与零件的生产类型相适应。单件小批生产时一般选择通用设备，大批大量生产时优先选择高生产效率的机床；

(4) 与企业现有加工条件相适应。

如需要购置新机床时，在满足要求的前提下，优先选用国产机床设备。如果没有现成机床供选用，经过方案的技术经济分析后，可以考虑设计专用机床，并应根据具体要求提出机床设计任务书。机床设计任务书的内容包括工件的装夹方式、工序加工所用切削用量、时间定额、切削力、切削功率以及机床的总体布置形式等。

2. 工艺装备的选择

工艺装备包括夹具、刀具和量具。工艺人员应根据生产类型、具体加工条件、工件结构特点和技术要求等选择工艺装备。

1) 夹具的选择

单件小批生产应尽量选用通用夹具和通用机床附件；对于中、大批和大量生产，为提高劳动生产效率应采用专用高效夹具；多品种中、小批量生产应用成组技术时，可采用可调夹具和成组夹具。夹具的精度要与工件的加工精度相适应。

2) 刀具的选择

刀具的选择主要取决于工序所采用的加工方法、加工表面的尺寸、工件材料、所要求的精度和表面粗糙度、生产效率及经济性等。一般优先采用标准刀具，必要时也可采用各种高效的专用刀具、复合刀具和多刃刀具等。刀具的类型、规格和精度等级应符合加工要求。同时要合理地选择刀具几何参数。

3) 量具的选择

单件小批生产应广泛采用通用量具，如游标卡尺、百分表和千分尺等；大批大量生产应采用极限量块和高效的专用检具和量仪等。量具的精度必须与加工精度相适应。

当需要设计专用刀具、量具或夹具时，应提出相应的设计任务书。

机床设备和工艺装备的选择不仅要考虑设备投资的当前效益，还要考虑产品改型及转产的可能性，应使其具有更大的柔性。

4.3.2　加工余量

1. 加工余量的概念

加工余量是指加工过程中，从加工表面切除的材料厚度。加工余量可分为工序加工余量和总加工余量。

工序加工余量是指某一表面在一道工序中所切除的材料厚度，它取决于同一表面相邻两工序的工序尺寸之差。工序余量有单边余量和双边余量之分。

零件为非对称结构的表面，其加工余量 Z 一般为单边余量，如图 4-11(a)所示为被包容面，可表示为

$$Z = l_a - l_b \tag{4-2}$$

式中：l_a——上工序的公称尺寸(公称尺寸又称基本尺寸)；

　　　l_b——本工序的公称尺寸。

零件是对称表面，加工余量为双边余量，图 4-11(a)中，对于被包容面，也就是轴类零件，余量为

$$2Z = d_a - d_b \tag{4-3}$$

式中：d_a——上工序的公称直径；

　　　d_b——本工序的公称直径。

当零件为非对称结构的表面，其加工余量 Z 一般为单边余量，如图 4-11(b)所示为包容面，可表示为

$$Z = L_b - L_a \tag{4-4}$$

式中：L_a——上工序的公称尺寸；

　　　L_b——本工序的公称尺寸。

零件是对称表面，加工余量为双边余量，图 4-11(b)中，对于包容面，也就是孔类零件，余量为

$$2Z = D_b - D_a \tag{4-5}$$

式中：D_a——上工序的公称直径；

　　　D_b——本工序的公称直径。

总加工余量即毛坯余量，是指毛坯尺寸与零件设计尺寸之差，也就是指零件从毛坯变为成品的整个加工过程中，某一表面所被切除的材料的总厚度。总加工余量等于各工序加工余量之和：

$$Z_0 = \sum_{i=1}^{n} Z_i \tag{4-6}$$

式中：Z_0——毛坯余量，又叫总余量；

　　　Z_i——各工序余量；

　　　n——工序数。

由于工序尺寸有公差，所以加工余量也必然在某一公差范围内变化。其公差大小等于本道工序的工序尺寸公差与上道工序的工序尺寸公差之和。因此，工序余量有公称余量、最大余量和最小余量之分。

如零件为非对称结构的表面，如图 4-11(b)所示包容面，可表示为

$$Z_{max} = L_{a\,max} - L_{b\,min} \tag{4-7}$$
$$Z_{min} = L_{a\,min} - L_{b\,max} \tag{4-8}$$
$$T_Z = Z_{max} - Z_{min} = T_a + T_b \tag{4-9}$$

式中：Z_{max}、Z_{min}——本工序最大、最小加工余量；

　　　$L_{b\,max}$、$L_{b\,min}$——本工序最大、最小工序尺寸；

　　　$L_{a\,max}$、$L_{a\,min}$——上工序的最大、最小工序尺寸；

　　　T_Z——本工序的加工余量公差；

　　　T_a——上工序的尺寸公差；

　　　T_b——本工序的尺寸公差。

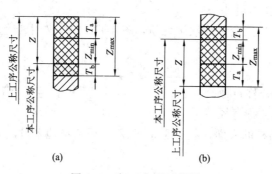

图 4-11　加工余量示意图

一般情况下，工序尺寸的公差按"入体原则"标注，即对被包容尺寸(如轴的外径，实体长、宽、高等)，其最大加工尺寸就是基本尺寸，上偏差为零；对包容尺寸(如孔的直径、槽的宽度等)，其最小加工尺寸就是基本尺寸，下偏差为零。毛坯尺寸公差按双向对称偏差形式标注。

2. 影响加工余量的因素

加工余量的大小对零件的加工质量、生产效率和经济性都有较大的影响。若加工余量

过小，则不能确保去除加工表面存在的各种缺陷和加工误差，无法保证零件的加工精度。若加工余量过大，不仅加大机械加工的工作量，降低生产效率，而且将增加原材料、刀具、动力等的损耗，使生产成本上升。因此加工余量大小应合理地确定。

确定加工余量的基本原则是在保证加工质量的前提下，本工序的最小加工余量越小越好。影响加工余量的因素主要有以下几个方面：

(1) 上道工序的表面粗糙度 Ra。

零件的加工过程是表面粗糙度逐渐降低的过程，所以本工序必须把上道工序留下的粗糙表面全部切除掉，如图 4-12 所示。

(2) 上道工序的表面缺陷层深度 H_a。

切削加工都会在已加工表面留下一定深度的缺陷，本道工序应切到待加工表面以下的正常金属组织，也就是应把上道工序破坏的缺陷层 H_a 切除掉，如图 4-12 所示。

(3) 上道工序的尺寸公差 T_a。

由式(4-9)可知，$T_Z = T_a + T_b$，余量公差中包括了上工序的尺寸公差。

(4) 上道工序的形位误差 ρ_a。

上道工序的形位误差 ρ_a 指不由尺寸公差 T_a 所控制的形位误差。当形位公差和尺寸公差之间的关系是包容原则时，可不计 ρ_a 值；若是独立原则或最大实体原则时，尺寸公差不控制形位误差，此时加工余量中要包括上工序的形位误差 ρ_a，当轴线有直线度误差时，需在本工序中纠正，因而直径方向的加工余量应增加 2Δ，如图 4-13 所示。形位误差具有矢量性质。

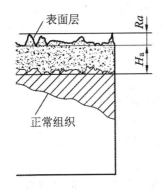
图 4-12　表面粗糙度和缺陷层的影响

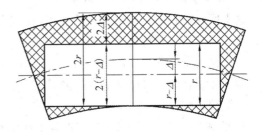
图 4-13　形状误差对加工精度的影响

(5) 本工序的装夹误差 ε_b。

本工序的装夹误差 ε_b 包括工件的定位误差和夹紧误差，这些误差会使工件的加工位置产生偏移，因此加工余量必须包括工件的装夹误差。ε_b 也具有矢量性质。

综上所述，加工余量的组成可用下式表示。

双边余量：

$$Z_{\min} = \frac{T_a}{2} + H_a + Ra + \left|\boldsymbol{\rho}_a + \boldsymbol{\varepsilon}_b\right| \tag{4-10}$$

单边余量：

$$Z_{\min} = T_a + H_a + Ra + \left|\boldsymbol{\rho}_a + \boldsymbol{\varepsilon}_b\right| \tag{4-11}$$

3. 加工余量的确定方法

1) 计算法

计算法是根据一定的试验资料和计算公式，对影响加工余量的各项因素进行分析和综合计算来确定加工余量的方法。在影响因素清楚的情况下，计算法是比较准确的，这种方法确定的加工余量最经济、最合理。但目前没有全面而可靠的试验资料，实际工作中很少采用。

2) 经验估计法

工程技术人员或工人根据经验确定加工余量的大小，称为经验估计法。为了防止加工余量不足而产生废品，由经验法所估计确定的加工余量往往偏大，此方法常用于单件小批生产。在确定加工余量时，要分别确定工序余量和总余量。总余量的大小与所选择的毛坯的制造精度有关。

3) 查表法

查表法是主要以企业生产实践和科学实验研究积累的经验数据为基础，并结合实际加工情况加以修正，确定的加工余量。机械加工工艺手册等各种专业手册可供工艺人员查阅这些数据。这种方法目前在实际生产中广泛使用。

4.3.3　工序尺寸及公差的确定

零件的加工过程是通过切削加工使毛坯逐步向成品过渡的过程。在加工过程中，各工序的工序尺寸及工序余量在不断地变化，其中一些工序尺寸在零件图纸上往往不标出或不存在，是零件加工过程中的尺寸，需要在制订工艺过程时予以确定。在确定了工序余量和工序所能达到的经济精度后，就可以计算出工序尺寸及公差。计算时分以下两种情况。

1. 基准重合时工序尺寸及公差确定

这里所说的基准重合是设计基准和定位基准重合。当零件加工时基准重合，只需考虑各工序的加工余量和每道工序加工方法的加工经济精度，然后由最后一道工序开始向前推算，最后得到毛坯的尺寸，并且按照入体原则确定上、下偏差。

如加工箱体孔，设计要求为：$\phi62^{+0.03}_{0}$。在小批量生产的条件下，加工方案为：钻孔—扩孔—粗铰—精铰。

从机械加工工艺手册所查得的各工序的加工余量和所能达到的经济精度，列于表4-10中。

表 4-10　基准重合时工序尺寸及公差的计算

工序名称	工序双边余量/mm	加工经济精度		工序基本尺寸	工序尺寸及公差
		公差等级	公差值		
精铰	0.2	IT7	0.03	$\phi62$	$\phi62^{+0.03}_{0}$
粗铰	1.8	IT9	0.074	$\phi61.8$	$\phi61.8^{+0.074}_{0}$
扩孔	20	IT10	0.12	$\phi60$	$\phi60^{+0.12}_{0}$
钻孔	40	IT12	0.25	$\phi40$	$\phi40^{+0.25}_{0}$

2. 基准不重合时工序尺寸及公差的确定

在复杂零件的加工过程中，常常出现基准不重合或加工过程中需要多次转换工艺基准的情况，工序尺寸的计算非常复杂，不能用基准重合时的反向推算法，而是需要借助尺寸链原理进行分析和计算，并对工序余量进行验算，以校核工序尺寸及上、下偏差。

1) 尺寸链的基本概念

(1) 尺寸链的定义。

下面通过举例分析零件在加工和测量中有关尺寸之间的转换关系，以此来建立工艺尺寸链的定义。

加工如图 4-14(a)所示零件，零件图上标注了设计尺寸 A_1 和 A_0。当 A、B 表面均已加工完，要加工表面 C 时，为使夹具结构简单和工件定位稳定可靠，应选择表面 A 为定位基准和调刀基准，并按调整法，根据尺寸 A_2 对刀加工表面 C，以间接保证尺寸 A_0 的精度要求，这样需要首先分析尺寸 A_1、A_2 和 A_0 之间的内在关系，然后据此计算出对刀尺寸 A_2 及其公差。

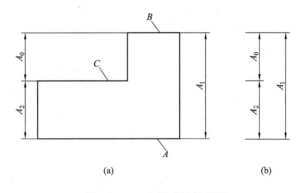

图 4-14　工艺尺寸链关系图

通过上述的例子可以看出，在零件的加工过程中，有时需要进行一些工艺尺寸的计算。为了计算工艺尺寸，在零件加工过程中，把若干互相关联的尺寸，按一定顺序首尾相接，形成一个封闭的尺寸组合，这个封闭的尺寸组合被称为工艺尺寸链。如图 4-14(b)所示，即反映了尺寸 A_1、A_2 和 A_0 三者关系的工艺尺寸链简图，利用工艺尺寸链就可以方便地对工艺尺寸进行分析计算。

(2) 尺寸链的组成。

组成尺寸链的每一个尺寸都称为环。图 4-14(b)所示尺寸链中的 A_1、A_2 和 A_0 都称为尺寸链的环。一般来说，尺寸链至少由三个环构成。根据每个尺寸环的性质不同，分为封闭环和组成环。

① 封闭环。尺寸链中，在机器装配或零件加工过程中间接得到的尺寸，称为封闭环，如图 4-14(b)中的尺寸 A_0。封闭环的尺寸和公差是由各组成环决定的。在工艺尺寸链中，封闭环的尺寸不能通过加工直接得到，而是由组成环的尺寸间接得到的。

② 组成环。尺寸链中对封闭环有影响的环，称为组成环。组成环中的任何一个变动，都会引起封闭环变动。组成环又分为增环和减环两类。增环：当其他组成环的大小不变时，该环增大会使封闭环增大，该环减小封闭环也减小，则该环称为增环。如图 4-14(b)的尺寸 A_1 为增环，用 $\overrightarrow{A_1}$ 表示；减环：当其他组成环的大小不变时，该环增大会使封闭环减小，

该环减小封闭环增大，则该环称为减环。如图 4-14(b) 的尺寸 A_2 为减环，用 $\overleftarrow{A_2}$ 表示。

(3) 尺寸链的特征。

从工艺尺寸链构成简图(图 4-14(b))中可以得出尺寸链有以下两个主要特征：

① 封闭性。封闭性是尺寸链很重要的特征，即由一个封闭环和若干个组成环构成封闭的尺寸组合。

② 关联性。关联性是指尺寸链的各环之间是相互关联的，即封闭环受各组成环的变动影响，对封闭环没影响的不是该尺寸链的组成环。

2) 尺寸链的建立

尺寸链的计算并不复杂，尺寸链的建立才是关键。封闭环的确定和组成环的查找，一旦弄错一个尺寸环，整个结果就是错误的，对整个零件的加工就会造成很大的影响甚至损失，因此需要准确地判定，正确地建立尺寸链。

(1) 封闭环的确定。在建立尺寸链时，首先要正确地确定封闭环，如果封闭环确定错了，整个尺寸链的结果也将是错误的。封闭环的确定要把握以下两点：一是通过零件的工艺分析，封闭环表现为间接获得的，即封闭环的尺寸是由其他环的尺寸确定后间接形成(或保证)的；二是一个尺寸链只有一个封闭环。

(2) 组成环的查找。在封闭环确定之后，从封闭环尺寸两端起，分别循着邻近加工尺寸查找出该尺寸的另一端面，再顺着继续查找下去，查找它邻近加工尺寸的另一端面，直到找到某个尺寸，形成全封闭的尺寸组合，即完成尺寸链的建立。这里需要注意尺寸链的组成环环数最少原则，且一个尺寸链只能含有一个封闭环，不能多个尺寸链嵌套在一起。

3) 尺寸链的分类

(1) 按尺寸链应用场合的不同，可分为设计尺寸链(零件的设计图中尺寸构成的尺寸链)、工艺尺寸链(零件加工过程中尺寸转换构成的尺寸链)和装配尺寸链(装配时不同零件尺寸构成的尺寸链)。

(2) 按组成尺寸链几何元素特征的不同，可分为角度尺寸链(组成尺寸链的环为角度)和长度尺寸链(组成尺寸链的环为长度)。

(3) 按尺寸链的空间位置的不同，可分为直线尺寸链、平面尺寸链和空间尺寸链。

① 直线尺寸链：由平行的直线尺寸构成的尺寸链，图 4-14(b) 所示为直线尺寸链；

② 平面尺寸链：由位于一个或几个平行平面内但相互都不平行的尺寸构成的尺寸链，如图 4-15 中，A_0、A_1 和 A_2 构成平面尺寸链；

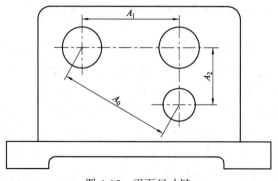

图 4-15　平面尺寸链

③ 空间尺寸链：由位于几个不平行平面内尺寸构成的尺寸链。

最常见的是直线尺寸链，而且平面尺寸链和空间尺寸链都可以通过坐标投影的方法转换为直线尺寸链求解，这里只介绍直线尺寸链的计算方法。

4) 尺寸链的计算

(1) 尺寸链的计算方法。尺寸链计算有极值法与统计法两种。

① 极值法。这种方法又叫极大、极小值解法，是从尺寸链各环均处于极值情况，来求解封闭环尺寸与组成环尺寸之间的关系。它是按误差综合后的两种最不利情况来计算封闭环极限尺寸的，即各增环皆为最大极限尺寸而各减环皆为最小极限尺寸，或者各增环皆为最小极限尺寸而各减环皆为最大极限尺寸的情况。这种计算方法考虑各组成环同时出现极值情况，这种情况出现的概率极小，因此比较保守，但计算比较简单，因此应用较为广泛。在工艺尺寸链中基本都用极值法计算封闭环尺寸。

② 统计法。统计法是指应用概率论原理来求解封闭环尺寸与组成环尺寸之间的关系。此法适用于大批量自动化生产及半自动化生产，以及组成环个数较多、封闭环公差较小的装配过程。

(2) 尺寸链的计算形式。在求解尺寸链时，常遇到正计算、反计算和中间计算三种形式。

① 正计算。已知各组成环的基本尺寸及公差，求封闭环的基本尺寸及公差。其计算结果是唯一的。这种情况主要用于验证产品设计的正确性以及审核图纸。

② 反计算。已知封闭环的基本尺寸及公差和各组成环的基本尺寸，求各组成环的公差。这种情况实际上是将封闭环的公差值合理地分配给各组成环，主要用于产品设计、装配和加工尺寸公差的确定等情况。反计算时，封闭环公差的分配方法有以下几种：

a. 等公差分配法：将封闭环公差平均分配给各组成环；

b. 等精度分配法：各组成环的公差根据其基本尺寸的大小按比例分配，或是按照公差表中的尺寸段的公差等级规定组成环公差，使各组成环的公差符合下列条件：

$$\sum_{i=1}^{n-1} T_{A_i} \leqslant T_{A_0} \tag{4-12}$$

式中：T_{A_i}——各组成环公差；

T_{A_0}—— 封闭环公差。

计算完成后，根据情况做适当调整。这种方法从实际加工情况来讲是比较合理的。

③ 中间计算。已知封闭环的基本尺寸及公差和部分组成环的基本尺寸及公差，求其余组成环的基本尺寸及公差。这种方法广泛应用于各种工艺尺寸链计算，反计算最后也要通过中间计算得出结果。

5) 极值法求解尺寸链

机械制造中的工艺尺寸的表示通常有三种方法：

① 用基本尺寸(A)与上偏差(ES)、下偏差(EI)表示；

② 用最大极限尺寸($A_{\max}$)与最小极限尺寸($A_{\min}$)表示；

③ 用基本尺寸(A)、中间偏差($\varDelta$)与公差(T)表示。

它们之间的关系如图 4-16 所示。

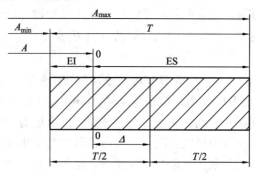

图 4-16 基本尺寸、极限尺寸、公差与中间偏差的关系图

极值法计算工艺尺寸链是建立在各组成环及封闭环的极限情况，它们之间的关系如下。

(1) 封闭环的基本尺寸 A_0。

封闭环的基本尺寸等于所有增环基本尺寸之和减去所有减环基本尺寸之和，即

$$A_0 = \sum_{i=1}^{k} \vec{A}_i - \sum_{j=k+1}^{n-1} \tilde{A}_j \tag{4-13}$$

式中：$\vec{A}_i$——所有增环的基本尺寸；

$\tilde{A}_j$——所有减环的基本尺寸；

k——所有增环数；

n——尺寸链环数。

(2) 封闭环的极限偏差。

封闭环的上偏差等于所有增环的上偏差之和减去所有减环的下偏差之和；封闭环的下偏差等于所有增环的下偏差之和减去所有减环的上偏差之和，即

$$ES_0 = \sum_{i=1}^{k} ES(\vec{A}_i) - \sum_{j=k+1}^{n-1} EI(\tilde{A}_j) \tag{4-14}$$

$$EI_0 = \sum_{i=1}^{k} EI(\vec{A}_i) - \sum_{j=k+1}^{n-1} ES(\tilde{A}_j) \tag{4-15}$$

式中：ES_0、EI_0——封闭环上、下偏差；

$ES(\vec{A}_i)$、$EI(\vec{A}_i)$——各增环的上、下偏差；

$ES(\tilde{A}_j)$、$EI(\tilde{A}_j)$——各减环的上、下偏差。

(3) 封闭环公差。

封闭环公差等于所有组成环公差之和，即：

$$T_0 = ES_0 - EI_0 = \sum_{i=1}^{n-1} T_i \tag{4-16}$$

式中：T_i——各组成环公差。

其他尺寸，如各环的极限尺寸、极限偏差及中间偏差都可以利用式(4-13)、式(4-14)、式(4-15)和式(4-16)推导得出，这里不再赘述。

6) 统计法求解尺寸链

极值法求解尺寸链虽然简便可靠，但由于它是从最不利的情况下出发，推导出来的封闭环与组成环的关系，从式(4-16)中可以看出，如果组成环个数较多，封闭环的公差较小，那么各组成环的公差就会很小，也就势必造成组成环的公差过于严格使加工困难，进而造成制造成本的增加。事实上，从概率论原理可知，每个组成环处于极值的概率是很小的，尤其是当组成环较多，而且又是大批生产时，这种几率小到可忽略不计。因而概率法就显得更科学、更合理。

由概率理论可知，随机变量有两个特征数，即表示加工尺寸分布中心位置的算术平均值 $\overline{A}$，和表示实际尺寸分布相对算术平均值的离散程度的均方根偏差 σ_0。

统计法求解尺寸链时，各环的公称尺寸改用平均尺寸标注。封闭环公差的计算中用概率理论来解尺寸链时，认为各个组成环是彼此独立的随机变量，封闭环作为组成环的合成量也是一个随机变量；且有封闭环的平均值等于各组成环的平均值的代数和，即

$$A_{0M} = \sum_{i=1}^{k} \overline{A}_{iM} - \sum_{j=k+1}^{n-1} \overline{A}_{jM} \tag{4-17}$$

封闭环的均方根偏差与各组成环均方根偏差的关系为

$$\sigma_0 = \sqrt{\sum_{i=1}^{n-1} \sigma_i^2} \tag{4-18}$$

式中：σ_0——封闭环的均方根偏差；

　　　σ_i——各组成环的均方根偏差。

若各组成环为正态分布则封闭环也是正态分布，其分布范围为 6σ，封闭环的公差等于各组成环公差的平方和的平方根，即

$$T_0 = \sqrt{\sum_{i=1}^{n-1} T_i^2} \tag{4-19}$$

封闭环的统计公差为

$$T_0 = \frac{1}{k_0} \sqrt{\sum_{i=1}^{n-1} k_i^2 T_i^2} \tag{4-20}$$

式中：k_0——封闭环的相对分布系数；

　　　k_i——各组成环的相对分布系数。

封闭环的中间偏差为

$$\Delta_0 = \sum_{i=1}^{n-1} \eta_i \left(\Delta_i + \frac{e_i T_i}{2} \right) \tag{4-21}$$

式中：η_i——组成环为增环时为 +1，为减环时为 −1。

e_i——各组成环的相对不对称系数。

e 为组成环的相对不对称系数，表示分布曲线不对称程度；k 为相对分布系数，表示尺寸分散性。常见分布曲线的 e 值与 k 值见表 4-11。

表 4-11　常用分布曲线的 e 值与 k 值

分布特征	正态分布	三角分布	均匀分布	瑞利分布	偏态分布	
					外尺寸	内尺寸
分布曲线						
e	0	0	0	-0.28	0.26	-0.26
k	1	1.22	1.73	1.14	1.17	1.17

7) 几种工艺尺寸链的分析与计算

(1) 基准不重合时工序尺寸及公差的计算。

① 定位基准与设计基准不重合。

当采用调整法加工一批零件时，若所选的定位基准与设计基准不重合，那么该加工表面的设计尺寸就不能由加工直接得到。这时，就需进行相关的工序尺寸计算以保证设计尺寸的精度要求，并将计算的工序尺寸标注在该工序的工序图上。

尺寸链的分析与
计算例题

【例 4-1】 批量生产如图 4-17(a)所示的轴套零件，其外圆、内孔及 A、B 端面均已加工完，现以 B 面定位钻 $\phi 10 \mathrm{mm}$ 的孔，求刀具的调整尺寸 A_1 及其偏差。

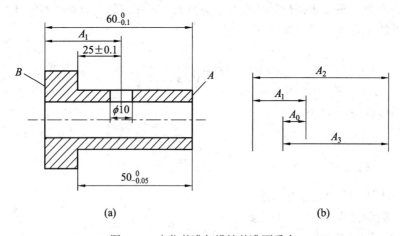

(a)　　　　　　　　　　　　　　(b)

图 4-17　定位基准与设计基准不重合

解: (1) 绘制尺寸链图。

通过对零件的工艺过程分析可知，以 B 面定位钻 $\phi 10$ 孔，刀具从定位面到加工面的直接调刀尺寸是 A_1，而孔的位置尺寸 $A_0 = 25 \pm 0.1$ 是通过 A_1 的精度间接保证的，所以 A_0 是封闭环；以封闭环的尺寸 A_0 两端为基准向下一个尺寸查找与其有关的尺寸是 A_1 和 A_3，这两个尺寸的共同基准是 A_2，这样尺寸链就封闭了。尺寸链如图 4-17(b)所示。

其中 $A_3 = 50_{-0.05}^{0}$，$A_2 = 60_{-0.1}^{0}$。

(2) 判断增减环。

根据增减环的定义可以判断出，A_1 和 A_3 为增环，A_2 为减环。

(3) 计算 A_1 的尺寸及公差。

根据式(4-13)计算 A_1 基本尺寸：

$$A_0 = A_1 + A_3 - A_2$$

代入可得 $A_1 = 35$。

根据式(4-14)可知：

$$\mathrm{ES}(A_0) = \mathrm{ES}(A_1) + \mathrm{ES}(A_3) - \mathrm{EI}(A_2)$$

代入可得 $\mathrm{ES}(A_1) = 0$。

根据式(4-15)可知：

$$\mathrm{EI}(A_0) = \mathrm{EI}(A_1) + \mathrm{EI}(A_3) - \mathrm{ES}(A_2)$$

代入可得 $\mathrm{EI}(A_1) = -0.05$。

(4) 钻 $\phi 10$ 孔的调刀尺寸为 $A_1 = 35_{-0.05}^{0}$ mm，就可以满足孔的位置精度要求。

② 测量基准与设计基准不重合。

零件加工过程中，需要检查或者测量零件中某个表面的尺寸是否合格，有时候会遇到该表面不方便或不能直接测量，这样就要选择其他方便测量的表面作为测量基准，间接验证设计尺寸是否满足，这种情况下，需要进行有关尺寸的计算。

【例 4-2】　加工如图 4-18 所示轴承座零件，孔 $\phi 30_{0}^{+0.03}$ mm 已加工完，其设计基准为下底面，设计尺寸为 80 ± 0.05 mm。由于该尺寸不便直接测量，故改测尺寸 H。试确定尺寸 H 的大小及偏差。

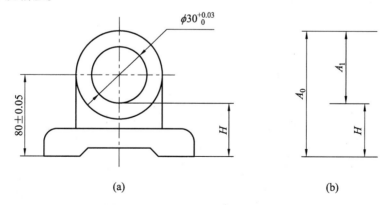

图 4-18　测量基准与设计基准不重合

解：(1) 绘制尺寸链图。

通过对该零件测量过程分析可知，孔 $\phi 30_{0}^{+0.03}$ mm 设计基准为下底面，设计尺寸为 80 ± 0.05 mm。由于该尺寸不便直接测量，改测尺寸 H，间接检测设计尺寸 80 ± 0.05 mm

是否合格。很显然，该尺寸链的封闭环是 80 ± 0.05 mm，另两个与之相关的尺寸为组成环，尺寸链如图 4-18(b)所示。其中 $A_0 = 80 \pm 0.05$ mm；$A_1 = \dfrac{\phi 30^{+0.03}_0}{2}$ mm $= 15^{+0.015}_0$ mm。

(2) 判断增减环。

根据增减环的定义可以判断出，A_1 和 H 为增环，无减环。

(3) 计算 H 的尺寸及偏差。

根据式(4-13)计算 H 基本尺寸：

$$A_0 = A_1 + H$$

代入可得 $H = 65$ mm。

根据式(4-14)可知：

$$ES(A_0) = ES(A_1) + ES(H)$$

代入可得 $ES(H) = 0.035$。

根据式(4-15)可知：

$$EI(A_0) = EI(A_1) + EI(H)$$

代入可得 $EI(H) = -0.05$。

(4) 测量尺寸为 $H = 65^{+0.035}_{-0.05}$ mm，就可知 85 ± 0.05 合格。

(2) 工序基准是待加工表面时工序尺寸及公差的计算。

在零件的加工过程中，有些表面的测量基准或定位基准是需要在后面工序中进一步加工的待加工表面。当加工这些基面时，必须同时保证多个设计尺寸的精度要求，为此必须进行中间工序尺寸的计算。

【例 4-3】 图 4-19(a)为齿轮轴的键槽部位截面图，其中轴的尺寸为 $\phi 28^{+0.024}_{+0.008}$ mm；键槽深度为 $t = 4^{+0.16}_0$ mm；其工艺过程为：

(1) 车外圆至 $\phi 28.5^{\ 0}_{-0.1}$ mm；

(2) 铣键槽深度尺寸为 H；

(3) 热处理；

(4) 磨外圆至尺寸 $\phi 28^{+0.024}_{+0.008}$ mm。

求铣键槽深度 H 的大小及偏差。

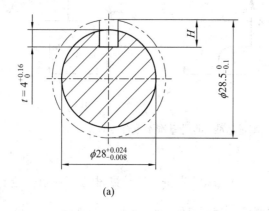
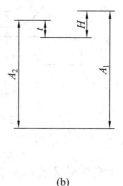

(a)   (b)

图 4-19 工序基准是待加工表面

解：通过对齿轮轴工艺过程分析可知，铣键槽一定要在热处理之前铣削加工，因为高速钢铣刀不能加工硬表面；由于轴和齿轮的配合表面精度要求较高，需要磨削加工，磨削之前必然需要进行热处理；这样磨削齿轮轴的同时，也要保证键槽的尺寸是合格的，也就是说磨削轴径的尺寸是直接保证，而键槽的深度是间接保证的，是封闭环。

(1) 绘制尺寸链图。

根据上面的分析可知，封闭环为 $t = 4^{+0.16}_{0}$ mm，以封闭环的两端为起点进行组成环的确定，以轴的回转中心作为基准重合的统一基准，形成尺寸链的封闭，这里的

$$A_1 = \frac{\phi 28.5^{0}_{-0.1}}{2} \text{mm} = 14.25^{0}_{-0.05} \text{mm}；A_2 = \frac{\phi 28^{+0.024}_{+0.008}}{2} \text{mm} = 14^{+0.012}_{+0.004} \text{mm}；建立的尺寸链如图 4-19(b) 所示。$$

(2) 判断增减环。

根据增减环的定义可以判断出，H 和 A_2 为增环，A_1 为减环。

(3) 计算 H 的尺寸及公差。

根据式(4-13)计算 H 基本尺寸：

$$t = H + A_2 - A_1$$

代入可得 $H = 4.25$。

根据式(4-14)可知

$$\text{ES}(t) = \text{ES}(A_2) + \text{ES}(H) - \text{EI}(A_1)$$

代入可得 $\text{ES}(H) = 0.098$。

根据式(4-15)可知

$$\text{EI}(t) = \text{EI}(A_2) + \text{EI}(H) - \text{ES}(A_1)$$

代入可得 $\text{EI}(H) = -0.004$。

(4) 铣键槽深度为 $H = 4.25^{+0.098}_{-0.004}$ mm；

按入体原则标注键槽深度为 $H = 4.348^{0}_{-0.102}$ mm。

(3) 保证渗碳、渗氮层厚度的工序尺寸计算。

机器中有些零件的表面需进行渗氮或渗碳处理，而渗碳、渗氮后工件变形较大，要经磨削达到尺寸精度的要求，同时要保证渗层深度的要求。为此，必须合理地确定渗碳、渗氮前的工艺尺寸和热处理时的渗层深度。

【例 4-4】 如图 4-20(a)所示，材料为 38CrMoAlA 的衬套需要渗氮，其部分工艺过程为：

(1) 粗磨孔至 $\phi 144.76^{+0.04}_{0}$ mm；

(2) 氮化处理，渗层深度为 H；

(3) 精磨内孔至 $\phi 145^{+0.02}_{0}$ mm，保证渗氮层厚度为 $H_0 = 0.4 \pm 0.1$ mm。

求粗磨后精磨前渗氮层厚度 H 及偏差。

解：(1) 绘制尺寸链图。

根据题意的工艺过程可知，精磨内孔尺寸 $\phi 145^{+0.02}_{0}$ mm 是直接保证的，而渗氮层厚度

0.4 ± 0.1 mm 是间接保证的，是尺寸链的封闭环。以渗氮层厚度尺寸两端为线索，与之相关的尺寸所组成的尺寸链如图 4-20(b) 所示。这里的 $A_1 = \dfrac{\phi 144.76^{+0.04}_{0}}{2}$ mm $= 72.38^{+0.02}_{0}$ mm，

$A_2 = \dfrac{\phi 145^{+0.02}_{0}}{2}$ mm $= 72.5^{+0.01}_{0}$ mm。

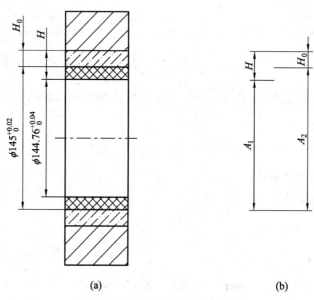

(a)　　　　　　　　　　　(b)

图 4-20　渗氮层厚度工序尺寸计算

(2) 判断增减环。

根据增减环的定义可以判断出，H 和 A_1 为增环，A_2 为减环。

(3) 计算 H 的尺寸及偏差。

根据式(4-13)计算 H 基本尺寸：

$$H_0 = H + A_1 - A_2$$

代入可得 $H = 0.52$。

根据式(4-14)可知：

$$\mathrm{ES}(H_0) = \mathrm{ES}(A_1) + \mathrm{ES}(H) - \mathrm{EI}(A_2)$$

代入可得 $\mathrm{ES}(H) = 0.08$。

根据式(4-15)可知：

$$\mathrm{EI}(H_0) = \mathrm{EI}(A_1) + \mathrm{EI}(H) - \mathrm{ES}(A_2)$$

代入可得 $\mathrm{EI}(H) = -0.09$。

(4) 渗氮层深度为 $H = 0.52^{+0.08}_{-0.09}$ mm；

按入体原则标注键槽深度为 $H = 0.43^{+0.17}_{0}$ mm。

8) 工艺尺寸图表追踪法

要制订一个零件的工艺规程，必须要确定毛坯尺寸，所有工序尺寸及其公差。当工序较多，工序中工艺基准和设计基准又不重合，且各工序的工艺基准需多次转换时，工序尺寸及其公差的换算变得很复杂，难以迅速地建立工艺尺寸链，难以正确判定封闭环，容易

导致计算错误。

　　将整个工艺过程用符号形象地描绘在一张图表上，利用这张图表直观、简便地建立工艺尺寸链，迅速地计算工序尺寸及其公差、验算余量、确定毛坯尺寸及其公差，这种利用图表求解工艺尺寸的方法，称为工艺尺寸图表追踪法。

　　图表的绘制步骤如下：

　　(1) 利用粗实线将零件的主要轮廓绘制在图表旁边，并用双点划线绘出毛坯的主要轮廓。

　　(2) 从毛坯和零件的各轴向端面用细实线向下引出各尺寸界线，直至图纸底部。各轴向端面距离不可拘泥于严格的比例，但应力求各轴向尺寸界线不要重叠或过于拥挤，以便能清晰地表示各端面的加工尺寸。

　　(3) 将全部的工艺过程填写在图表的左侧，写明工序号、工序名称、工序尺寸、工序公差。在图表的右侧写明余量基本值、最大余量、最小余量和余量的变动值。在图表的最下方写明图纸设计尺寸和终结尺寸。

　　(4) 利用图例符号，按加工过程中的先后顺序，标定各工序的定位基准、测量基准、加工表面、工序尺寸线和终结尺寸线。

　　(5) 正确地标注加工尺寸是正确利用图表追踪法的基础。加工尺寸必须严格地按照加工顺序标注，不得颠倒。通常总是从毛坯尺寸开始，自上而下地标注各工序的加工尺寸，直到最后注完图纸设计尺寸为止。应遵循每切削一个表面，只能标注一个加工尺寸，不得遗漏和多余的原则。

　　图表绘制完后，就可以进行工艺尺寸设计。下面结合如图 4-21 所示轴套零件图说明图表追踪法的具体应用。

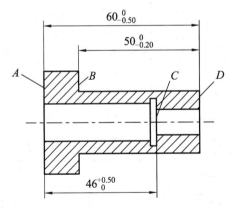

图 4-21　轴套零件图

　　【例 4-5】图 4-21 所示轴套零件，其端面加工时，有关轴向尺寸的加工顺序为参照(表4-12 中零件轮廓图)：

　　工序 1：以端面 A 定位，车小端面 D，保证尺寸 L_1(留余量 3 mm)，车小外圆到端面 B，保证尺寸 L_2；

　　工序 2：以小端面 D 定位，粗、精车大端面 A，保证尺寸 L_3(留磨削余量 0.2 mm)，镗大孔，保证孔深为 L_4；

　　工序 3：以小端面 D 定位，磨大端面 A，保证尺寸 L_5。

利用图表追踪法进行工艺尺寸的计算，即计算各工序尺寸及公差、验算磨削余量、推算毛坯尺寸及公差。具体过程如下：

(1) 做图表 4-12。

(2) 按反顺序(超精加工—精加工—半精加工—粗加工)填写加工余量的基本值。

(3) 计算工序尺寸的基本值。根据设计尺寸及余量，从最后的工序尺寸计算起，自下而上依此确定。也就是说，在计算前工序尺寸时，按所画余量的实际位置，予以相加或相减而得。其中由精加工直接保证的设计尺寸不必计算，将该尺寸直接填写在工序尺寸栏内，如 $L_5(59.75)$、$L_2(49.9)$。其余工序尺寸基本值的计算(见图 4-22)：

$$L_4 = 46.25 + 0.2 = 46.45 \text{ mm}$$

$$L_3 = 59.75 + 0.2 = 59.95 \text{ mm}$$

$$L_1 = L_3 + 2.8 = 59.95 + 2.8 = 62.75 \text{ mm}$$

将上述计算结果填入工序尺寸栏内。

表 4-12　工艺尺寸链的图表法

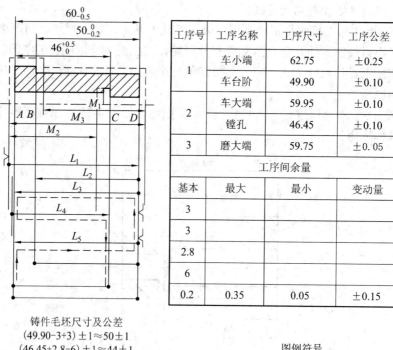

工序号	工序名称	工序尺寸	工序公差
1	车小端	62.75	±0.25
1	车台阶	49.90	±0.10
2	车大端	59.95	±0.10
2	镗孔	46.45	±0.10
3	磨大端	59.75	±0.05

工序间余量			
基本	最大	最小	变动量
3			
3			
2.8			
6			
0.2	0.35	0.05	±0.15

铸件毛坯尺寸及公差
(49.90-3+3)±1≈50±1
(46.45+2.8-6)±1≈44±1
(52.75+3)±1.5≈66±1.5

图纸要求
49.90±0.10
46.25±0.25
59.75±0.25

终结尺寸
49.90±0.10
46.25±0.25
59.75±0.05

图例符号

⊣ 定位基准

• 测量基准

→ 加工表面

|—| 工序尺寸

|—| 终结尺寸

(4) 确定各工序尺寸公差。

工序尺寸公差的确定分以下三种情况：

① 经精加工直接保证设计尺寸的工序尺寸，其公差就是该设计尺寸的公差，如：

$$L_5 = 59.75 \pm 0.05 \text{ mm}$$

$$L_2 = 49.9 \pm 0.10 \text{ mm}$$

② 经工艺尺寸链求解而得工序尺寸公差。

设计尺寸是所建工艺尺寸链的封闭环。如设计尺寸 $0.46^{+0.05}_{0}$ mm (46.25 ± 0.25 mm)由工艺过程得知是间接保证的，所以是封闭环。可利用该尺寸作为封闭环建立工艺尺寸链。

计算分配各工序尺寸公差：为满足公共环(某工序尺寸是两个及两个以上的尺寸链的尺寸环，该尺寸环叫公共环)的要求，应从封闭环精度最高而组成环环数又最多的尺寸链开始计算工序尺寸公差。本实例从图 4-22 所示尺寸链开始，采用等公差法将封闭环的公差(±0.25)分配给工序尺寸 L_3、L_4、L_5，即：$L_3 = 59.95 \pm 0.10$ mm、$L_4 = 46.45 \pm 0.10$ mm、$L_5 = 59.75 \pm 0.05$ mm。

③ 确定与设计尺寸要求无直接关系的工序尺寸公差。与设计尺寸要求无直接关系的工序尺寸公差，常按该工序的经济精度确定。如 L_1 既不是直接保证的设计尺寸，又未参与尺寸链，故按粗车经济精度取其公差，$L_1 = 62.75 \pm 0.25$ mm。

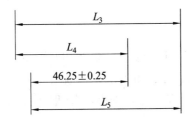 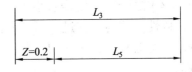

图 4-22　工序尺寸及公差尺寸链图　　　图 4-23　验算余量尺寸链图

将计算结果填入工序公差栏内。

(5) 验算工序余量。在工艺尺寸设计中，先确定各工序的加工余量，然后计算工序尺寸与公差。由于工序尺寸有公差，在加工中实际切除的余量是有变化的，余量过大或过小都不合适；余量过大导致不经济，余量过小易造成废品，所以确定了工序尺寸与公差之后，要验算加工余量。每一余量都有相应的尺寸链，余量是封闭环，按上述追踪的方法建立尺寸链。利用表 4-12 绘制如图 4-23 所示验算工序 3 磨削余量尺寸链图。尺寸链中，余量是封闭环，工序尺寸 L_3、L_5 是组成环。

经计算可得：$Z_{max} = 0.35$ mm，$Z_{min} = 0.05$ mm；余量合理。

(6) 推算铸件毛坯尺寸。利用表 4-12，自上而下推算：

$$M_1 = (L_2 - 3 + 3) \pm 1 \approx 50 \pm 1 \text{ mm}$$

$$M_2 = (L_4 - 6 + 2.8) \pm 1 \approx 44 \pm 1 \text{ mm}$$

$$M_3 = (L_1 + 3) \pm 1 \approx 66 \pm 1.5 \text{ mm}$$

将计算结果填入图表中，设计完成。

4.3.4　时间定额的确定

1. 时间定额的基本概念

时间定额又称工时定额，是在一定的技术和生产组织条件下，规定生产一件产品或完成某一道工序所需要的时间。

时间定额不仅是衡量劳动生产效率的指标，也是安排生产计划，计算产品成本和企业经济核算的重要依据之一；同时是新建、扩建工厂或车间时决定设备和人员数量的重要依据。

时间定额应根据本企业具体的生产技术条件，通过查找实践积累的统计资料以及进行部分计算来确定。若时间定额规定得过紧，会影响生产工人的劳动积极性和创造性，并容易诱发忽视产品质量的倾向；若规定得过松又起不到指导生产和促进生产发展的积极作用。因此制定的时间定额要防止过紧和过松两种倾向，应该具有平均先进水平，并随着生产水平的发展而及时修订。合理的时间定额一定是使大多数工人都能达到，部分先进工人可以超过，少数工人经过努力可以达到或接近的平均先进水平。

2. 时间定额的组成

完成某一工件的某一工序所需要的时间，称为工序单件时间。在一定的技术、组织条件下制订出来的工序单件时间，称为时间定额。

时间定额由以下几个部分组成：

(1) 基本时间 $T_{基本}$。它是直接用于改变零件尺寸、形状、表面相互位置，以及表面状态或材料性质等的工艺过程所消耗的时间。对切削加工来说，就是切除余量所耗费的时间，包括刀具的切入和切出时间在内，又可称为机动时间。一般可用公式计算的方法确定。

(2) 辅助时间 $T_{辅助}$。它指在各个工序中，为了保证基本加工工作所需要做的辅助动作所耗费的时间。辅助动作包括装卸工件、开停机床、改变切削用量、进退刀具、测量工件等。确定辅助时间的方法主要有两种：一是在大批量生产中，将各辅助动作分解，然后采用实测或查表的方法确定各分解动作所需消耗的时间，并进行累加；二是在中小批生产中，按基本时间的一定百分比进行估算，并在实际生产中进行修正，使其趋于合理。

基本时间和辅助时间之和称为工序操作时间。

(3) 布置工作地时间 $T_{布置}$。它指工人在工作时间内照管工作地点及保证工作状态所耗费的时间。例如在加工过程中调整刀具、修正砂轮、润滑及擦拭机床、清理切屑、刃磨刀具等。布置工作地时间可按工序操作时间的 2%～7%估算。

(4) 休息和自然需要的时间 $T_{休息}$。它指在工作时间内所允许的必要的休息和自然需要时间，可取工序操作时间的 2%进行估算。

(5) 准备和终结时间 $T_{准备}$。它指成批生产中，每当加工一批零件时，进行准备和结束工作所耗费的时间，包括：加工开始时熟悉工艺文件、领取毛坯材料、安装刀具和夹具、调整机床，加工结束时需要拆卸和归还工艺装备、发送成品等。准备和终结时间对一批零件只消耗一次。零件批量 N 越大，分摊到每个零件上的准备和终结时间 $T_{准备}/N$ 就越少。当 N 很大时(大量生产)，$T_{准备}/N$ 可以忽略不计。

综上所述，时间定额 $T_{单件}$ 是

$$T_{单件} = T_{基本} + T_{辅助} + T_{布置} + T_{休息} + T_{准备} \tag{4-22}$$

成批生产时，时间定额为

$$T_{成批} = T_{基本} + T_{辅助} + T_{布置} + T_{休息} + \frac{T_{准备}}{N} \tag{4-23}$$

在大量生产中，每个工作地点完成固定的一个工序，不需要上述准备和终结时间，所以其时间定额为

$$T_{单件} = T_{成批} \tag{4-24}$$

3. 时间定额的制订方法

时间定额的制订方法通常有以下三种：

(1) 由定额员、工艺人员和工人相结合，通过总结过去的经验，并参考有关的技术资料直接估计确定；

(2) 以同类产品的工件或工序的时间定额为依据，进行对比分析后推算出来；

(3) 通过对实际操作时间的测定和分析来确定。

4.3.5　工艺方案的技术经济分析

机械加工手段的多样性使得同一零件的机械加工工艺规程在制订时，一般都可以制订出几种甚至十几种不同的工艺方案，并分别能达到不同的目标，例如最大生产效率或最低生产成本。为了选取在给定生产条件下最合理的工艺方案，必须对各种不同的工艺方案进行经济分析。经济分析就是比较不同方案的生产成本的多少。生产成本最少的方案就是最经济的方案。

生产成本是制造一个零件或一台产品所必需的一切费用的总和。在分析工艺方案的优劣时，只需分析与工艺过程直接有关的生产费用，这部分生产费用就是工艺成本。在进行经济分析时，还必须全面考虑改善劳动条件，提高劳动生产率，以及促进生产技术发展等问题。

工艺方案的技术经济分析大致可分为两种情况：一是对不同工艺方案进行工艺成本的分析和比较，二是按某些相对技术经济指标进行比较。

1. 工艺成本的组成

工艺成本由可变费用与不变费用两部分组成。

可变费用 V 与零件的年产量有关，它包括材料费(毛坯材料和制造费用)、工人工资、通用机床和通用工艺装备维护及折旧费、刀具费用以及能源消耗等。

不变费用 C 与零件年产量无关，它包括专用机床、专用工艺装备的维护及折旧费，以及与之有关的调整费等。因为专用机床、专用工艺装备是专门为加工某一工件所用，它不

能用来加工其他工件，专用设备的折旧年限是一定的，因此专用机床、专用工艺装备的费用与零件的年产量无关。

若零件的年产量为 N，则全年工艺成本 S 为

$$S = VN + C \tag{4-25}$$

单件工艺成本 S_t 为

$$S_t = V + \frac{C}{N} \tag{4-26}$$

由以上两式可以看出，全年工艺成本 S 与年产量 N 呈线性关系(见图 4-24(a))；单个零件的工艺成本 S_t 与年产量 N 呈双曲线关系(见图 4-24(b))。

如图 4-24(b)所示，单个零件的工艺成本 S_t，在 A 区当 N 略有变化，S_t 就变化很大，这种情况相当于单件小批生产；在 B 区当 N 变化时，S_t 变化很小，所以 B 区为大批大量生产区，A、B 之间为成批生产区。采用数控机床或加工中心等设备时，ΔS 和 ΔS_t 随年产量 N 的变化将呈减缓的趋势。

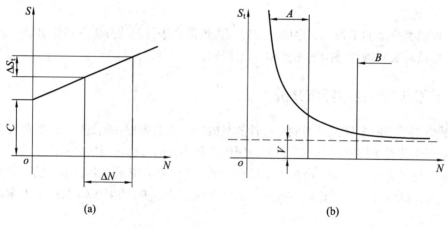

(a)　　　　　　　　　　　　　　　　(b)

图 4-24　工艺成本与年产量的关系

2. 工艺方案的比较

对年产量较大的主要零件或关键工序的工艺方案，需要通过计算相应的工艺成本来评定其经济性，以便在制订工艺规程时做出正确的选择。对不同工艺方案进行经济性评比时有下述两种情况。

(1) 两种方案的基本投资相近。

两种工艺方案的基本投资相近或使用相同设备时，工艺成本即可作为衡量各方案经济性的主要依据。

① 若两种工艺方案中只有少数工序不同，多数工序相同时，可对这些不同工序的单件工艺成本进行分析比较。

方案 1 的单件工艺成本为

$$S_{t1} = V_1 + \frac{C_1}{N}$$

方案 2 的单件工艺成本为

$$S_{t2} = V_2 + \frac{C_2}{N}$$

当年产量 N 为定值时，若 $S_{t1} < S_{t2}$，则方案 1 的经济性较好。

当年产量 N 为变量时，可做出如图 4-25(a)所示的曲线进行比较。N_k 为方案 1 和方案 2 两曲线相交处的年产量，称为临界年产量，它表明若年产量为 N_k 时，两种方案的工艺成本相等。由图 4-25(a)可知：

当 $N < N_k$ 时，曲线 2 在曲线 1 下方，即 $S_{t2} < S_{t1}$，宜采用方案 2；

当 $N > N_k$ 时，曲线 1 在曲线 2 下方，即 $S_{t1} < S_{t2}$，宜采用方案 1。

其中 N_k 为

$$N_k = \frac{C_2 - C_1}{V_1 - V_2} \tag{4-27}$$

② 若两种工艺方案中，多数工序不同，少数工序相同时，应对该零件的全年工艺成本进行比较。如两方案的全年工艺成本分别为

$$S_1 = V_1 N + C_1$$
$$S_2 = V_2 N + C_2$$

当年产量 N 为定值时，若计算得出 $S_1 > S_2$，则方案 2 的经济性好。

当年产量 N 为变量时，根据上述两式可做出两种工艺方案全年工艺成本与年产量的关系图 4-25(b)，由图可知：

当年产量 $N < N_k$ 时，$S_1 < S_2$，方案 1 的经济性好；

当年产量 $N > N_k$ 时，$S_1 > S_2$，方案 2 的经济性好。

其中 N_k 由式(4-27)确定。

由图 4-25(b)可以看出，在批量较少时，应采用不变费用较小的方案；在批量较大时，应采用不变费用较大的方案。

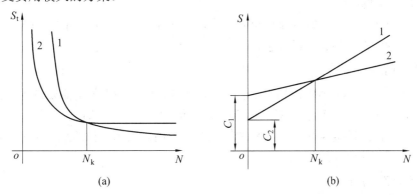

图 4-25　工艺成本比较

(2) 两种工艺方案的基本投资相差较大。

假如方案 1 采用价格较贵的高效机床及工艺装备，显然其基本投资 K_1 大，工艺成本 S_1 较高，但生产准备周期短，产品上市快；方案 2 采用价格较便宜，但生产率较低的机床及工艺装备，其基本投资 K_2 小，工艺成本 S_2 较低，但生产准备周期长，产品上市慢。

显然，单独比较工艺成本不能全面评价工艺方案的经济性，这时考虑工艺成本的同时，

还必须考虑不同工艺方案基本投资差额的回收期限。

所谓投资差额回收期限是指一种方案比另一种方案多耗费的投资需要多长时间才能由工艺成本的降低而收回。回收期限的计算公式为

$$T = \frac{K_1 - K_2}{S_1 - S_2} = \frac{\Delta K}{\Delta S} \tag{4-28}$$

式中：T——回收期限(年)；

　　　　ΔK——两种方案的基本投资差额(元)；

　　　　ΔS——两种方案的全年工艺成本差额(元)。

回收期限越短，经济效益越好。回收期限一般应满足下列要求：

① 回收期限应小于所用设备或工艺装备的使用年限；

② 回收期限应小于该产品的市场需求年限；

③ 回收期限应小于国家所规定的标准回收期，采用专用工艺装备的标准回收期为2～3年，采用专用机床的标准回收期为4～6年。

在决定工艺方案时，我们强调一定要做经济分析，但经济分析不能只算投资账。如某一工艺方案虽然投资较大，工件的单件工艺成本也许相对较高，但若能使产品上市快，工厂可以从中取得较大的经济收益，从工厂整体经济效益分析，选取该工艺方案仍是可行的。

4.3.6　编制工艺文件

工艺规程设计所涉及的内容完成以后，还需以图表、卡片和文字材料的形式固定下来，以便贯彻执行，这些图表、卡片和文字材料统称为工艺文件。工艺文件的种类和形式有多种多样，它的详略程度也有很大差别，要视生产类型而定。

1. 综合工艺过程卡片

在单件小批生产中，一般只编写简单的综合工艺过程卡片，如表4-13所示。只有关键零件或复杂零件才制订较详细的工艺规程。

2. 机械加工工艺卡片

在成批生产中，多采用机械加工工艺卡片。此卡片以工序为单位简要说明工件的加工工艺路线，包括工序号、工序名称、工序内容、所经车间工段、所用机床与工艺装备的名称、时间定额等，如表4-14所示。机械加工工艺卡片用来表示工件的加工工艺流向，供安排生产计划、组织生产调度用。

3. 机械加工工序卡片

在大批大量生产中，则要求完整和详细的工艺文件，各工作地点都制订有机械加工工序卡片，如表4-15所示。此卡片是在机械加工工艺卡片的基础上分别为每一工序编制的一种工艺文件，它用于指导操作工人完成某一工序的加工。工序卡片要求画出工序简图，工序简图上用定位夹紧符号表示定位基准、夹紧位置和夹紧方式，用粗实线标出本工序的加工表面，标明工序尺寸、公差及技术要求。对于多刀加工和多工位加工，还应绘出工序布置图，要求标明每个工位刀具和工件的相对位置和加工要求等。

表 4-13　综合工艺过程卡片

(工厂名)	综合工艺过程卡片	产品名称及型号			零件名称			零件图号			
		材料	名称		毛坯	种类		零件质量/kg	毛重		第 页
			牌号			尺寸			净重		共 页
			性能		每料件数			每台件数	每批件数		
工序号	工 序 内 容				加工车间	设备名称及编号	工艺装备名称及编号			技术等级	时间定额/min
							夹具	刀具	量具		单件	准备一终结
更改内容											
编 制		抄 写		校 对		审 核		批 准			

表 4-14　机械加工工艺卡片

(工厂名)	机械加工工艺卡片	产品名称及型号			零件名称			零件图号			
		材料	名称		毛坯	种类		零件质量/kg	毛重		第 页
			牌号			尺寸			净重		共 页
			性能		每料件数			每台件数	每批件数		
工序	安装	工步	工序内容	同时加工零件数	背吃刀量/mm	切削速度(m/min)	每分钟转数/(r/min)或往复次数	进给量/(mm/r)	设备名称及编号	工艺装备名称及编号			技术等级	时间定额/min
										夹具	刀具	量具		单件	准备一终结
更改内容															
编 制		抄写		校 对		审 核		批准							

表 4-15　机械加工工序卡片

					文件编号		
(厂名 全称)	机械加工 工序卡片	产品型号		零(部)件图号		共　页	
		产品名称		零(部)件名称		第　页	
(工序简图)				车间	工序号	工序名称	材料牌号
				毛坯种类	毛坯外形尺寸	每坯件数	每台件数
				设备名称	设备型号	设备编号	同时加工件数
				夹具编号		夹具名称	冷却液
							工序时间
						准终	单件

工步号	工步内容	工艺装备	主轴转速 /(r/min)	切削速度 /(m/min)	进给量 /(mm/r)	背吃刀量 /mm	走刀 次数	时间定额	
								基本	辅助

描图										
描校										
底图号										
装订号										
*						编制 (日期)	审核 (日期)	会签 (日期)	*	*
	标记	处数	更改 文件号	签字	日期	标记	处数	更改 文件号	签字	日期

4.4　成组加工工艺规程设计

随着消费者对产品的需求日趋个性化和多样化,同时日益加剧的国内外市场竞争和现代科技飞速发展,不断促进机械制造业向生产种类更多、批量更小的方向发展,即多品种、小批量生产的比重今后有继续增长的趋势。目前,机械制造中小批量生产占有较大的比重,各类机器的生产中大约有 70%~80% 属于单件、小批量生产。按传统生产方式组织生产的中小批生产企业劳动生产率低,生产周期长,产品成本高,因此在市场竞争中常处于不利的地位。

成组技术是利用事物之间的相似性,将许多具有相似信息的研究对象归并成组,用大致相同的方法来解决这一组研究对象的设计和制造问题。应用成组技术组织生产,可以扩大同类零件的生产数量,故能用大批量生产方式组织中小批量产品的生产,这就是成组技术的哲学理念。成组技术是在零件的制造中发展起来的,但在产品的设计、企业管理等诸多领域都有应用。

4.4.1　成组技术的基本概念

成组技术(Group Technology,GT)是一门生产技术和管理技术相结合的科学,它研究如何识别和发展生产活动中有关事物的相似性,并充分利用它把各种问题按相似性归类成组,寻求解决这一组问题相对统一的最优方案,以取得所期望的经济效益。

在机械产品生产中,成组技术的运用是指:识别相似零件并将它们组合在一起形成零件组,每个零件组都具有相似的设计和加工特点,以便在设计和制造中充分利用它们的相似性,通过对相似零件的修改来完成零件设计和工艺规程制订,根据给定零件组具有的相似工艺过程将生产设备分成加工组或加工单元,从而提高产品设计和制造的运行效率。由于成组技术的原理符合客观生产规律,所以可以用它作为指导生产的通用准则。

成组技术的核心是成组工艺。它是把结构、材料、工艺相似的零件组成一个零件组,按零件组制订工艺规程进行加工,从而扩大了批量、减少了品种,便于采用高效方法,从而提高劳动生产效率,降低工艺成本。零件的相似性是广义的,在几何形状、尺寸、功能要素、精度、材料等方面的相似性为基本相似性,如图 4-26 所示。把同一零件组中诸零件的小批量汇集成较大的成组生产量,为提高多品种、小批量生产的经济效益开辟了广阔的空间。

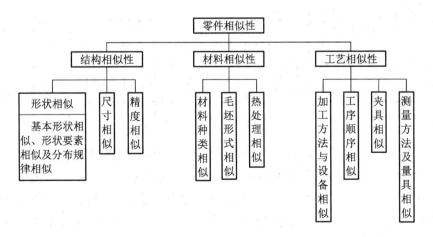

图 4-26　零件相似性的构成

4.4.2 零件的分类编码

对所加工零件实施分类编码是推行成组技术的基础。所谓分类编码就是用数字来描述零件的名称、几何形状、工艺特征、尺寸和精度等信息，即将零件的有关设计、制造等方面的信息转译为代码，代码可以是数字或数字和字母的组合，使零件的特征数字化。为此，需选用或制订零件分类编码系统。由于零件的有关信息代码化，因此就可以根据代码对零件进行分类。目前，各个国家或大的企业均有自己的零件分类编码系统，比较典型和应用比较广泛的有德国的 OPTIZ 系统、日本的 KK-3 系统和我国的 JLBM-1 系统。

JLBM-1 系统是我国机械工业部门为在机械加工中推行成组技术而开发的一种零件分类编码系统。它是一套通用零件分类编码系统，适用于中等及中等以上规模的多品种、中小批量生产的机械制造厂使用，为在产品设计、制造工艺和生产管理等方面开展成组技术提供了条件。

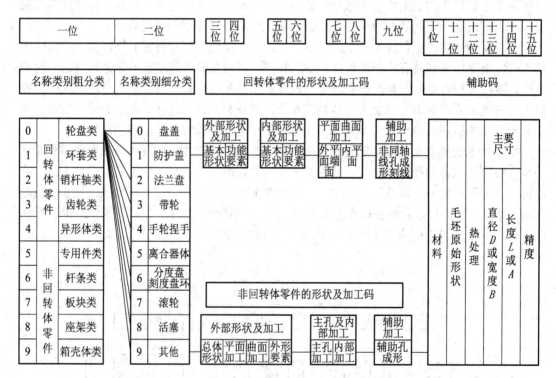

图 4-27　JLBM-1 零件分类编码系统结构

JLBM-1 零件分类编码系统是一个十进制 15 位代码的主辅码组合结构系统，其基本结构如图 4-27 所示。它吸取了德国的 OPTIZ 零件分类编码系统的基本结构和日本 KK-3 系统的特点。在横向分类环节上，主码分为零件名称类别码、形状及加工码、辅助码。零件名称类别码表示了零件的功能名称；形状及加工码表示零件的形状特征及加工方法辅助码表示了与设计和工艺有关的信息；每一码位包括从 0 到 9 的 10 个特征项号，详见表 4-16～表 4-19。JLBM-1 系统的特点是零件类别按名称类别矩阵划分，便于检索，码位适中，又有足够的描述信息的容量。图 4-29 所示为按 JLBM-1 系统对图 4-28 所示零件的分类编码。

表 4-16　名称类别矩阵表

第一位			第二位									
			0	1	2	3	4	5	6	7	8	9
0	回转类零件	轮盘类	盘、盖	防护盖	法兰盘	带轮	手轮捏手	离合器体	分度盘刻度盘杯	滚轮	活塞	其他
1		环套类	垫片类	环、套	螺母	衬套轴套	外螺纹套直管接头	法兰套	半联轴节	液压缸汽缸		其他
2		销杆轴类	销、堵短圆柱	圆杆圆管	螺杆螺栓螺钉	阀杆阀芯活塞杆	短轴	长轴	蜗杆丝杠	手把手柄操纵杆		其他
3		齿轮类	圆柱外齿轮	圆柱内齿轮	锥齿轮	蜗轮	链轮棘轮	螺旋锥齿轮	复合齿轮	圆柱齿条		其他
4		异形件	异形盘套	弯管接头弯管	偏心件	扇形件弓形件	叉形接头叉轴	凸轮凸轮轴	阀体			其他
5		专用件										其他
6	非回转类零件	杆条类	杆、条	杠杆摆杆	连杆	撑杆拉杆	扳手	键镶(压)条	梁	齿条	拨叉	其他
7		板块类	板、块	防护板盖板门板	支承板垫板	压板连接板	定位板棘爪	导向块、滑块、板	阀块分油器	凸轮板		其他
8		座架类	轴承座	支座	弯板	底座机架	支架					其他
9		箱壳体类	罩、盖	容器	壳体	箱体	立柱	机身	工作台			其他

表 4-17　回转类零件分类表

码位 / 特征 / 项号	三 外部形状及加工 基本形状	四 功能要素	五 外部形状及加工 基本形状	六 功能要素	七 平面、曲面加工 外(端)面	八 内面	九 辅助加工(非同轴线孔、成形、刻线)
0	光滑	0 无	0 无轴线孔	0 无	0 无	0 无	0 无
1	单向台阶	1 环槽	1 非加工孔	1 环槽	1 单一平面不等分平面	1 单一平面不等分平面	1 均布孔 轴向
2	双向台阶	2 螺纹	2 通孔 光滑单向台阶	2 螺纹	2 平行平面等分平面	2 平行平面等分平面	2 均布孔 径向
3	球、曲面（单一轴线）	3 1+2	3 通孔 双向台阶	3 1+2	3 槽、键槽	3 槽、键槽	3 非均布孔 轴向
4	正多边形	4 锥面	4 盲孔 单侧	4 锥面	4 花键	4 花键	4 非均布孔 径向
5	非圆对称表面	5 1+4	6 盲孔 双侧	5 1+4	5 齿形	5 齿形	5 倾斜孔
6	弓、扇形或4、5以外	6 2+4	6 球、曲面	6 2+4	6 2+5	6 3+5	6 各种孔组合
7	平行轴线（多轴线）	7 1+2+4	7 深孔	7 1+2+4	7 3+5 或 4+5	7 4+5	7 成形
8	弯曲、相交轴线	8 传动螺纹	8 相交孔 平行孔	8 传动螺纹	8 曲面	8 曲面	8 机械刻线
9	其他	9 其他	9 其他	9 其他	9 其他	9 其他	9 其他

表 4-18　材料、毛坯、热处理分类表

码位 / 项目	十 材料	十一 毛坯原始形状	十二 热处理
0	灰铸铁	棒材	无
1	特殊铸铁	冷拉材	发蓝
2	普通碳钢	管材(异形管)	退火、正火及时效
3	优质碳钢	型材	调质
4	合金钢	板材	淬火
5	铜和铜合金	铸件	高、中、工频淬火
6	铝和铝合金	锻件	渗碳＋4 或 5
7	其他有色金属及其合金	铆焊件	氮化处理
8	非金属	铸塑成形件	电镀
9	其他	其他	其他

表 4-19 主要尺寸、精度分类表

码位	十三			十四			十五	
	主要尺寸/mm						项目	精度
项目	直径或宽度(D 或 B)			长度(L 或 A)				
	大型	中型	小型	大型	中型	小型		
0	≤14	≤8	≤3	≤50	≤18	≤10	0	低精度
1	>14~20	>8~14	>3~6	>50~120	>18~30	>10~16	1	中等精度 — 内、外回转面加工
2	>20~58	>14~20	>6~10	>120~250	>30~50	>16~25	2	平面加工
3	>58~90	>20~30	>10~18	>250~500	>50~120	>25~40	3	1+2
4	>90~160	>30~58	>18~30	>500~800	>120~250	>40~60	4	高精度加工 — 外回转面加工
5	>160~400	>58~90	>30~45	>800~1250	>250~500	>60~85	5	内回转面加工
6	>400~630	>90~160	>45~65	>1250~2000	>500~800	>85~120	6	4+5
7	>630~1000	>160~440	>65~90	>2000~3150	>800~1250	>120~160	7	平面加工
8	>1000~1600	>440~630	>90~120	>3150~5000	>1250~20 000	>160~200	8	4 或 5、或 6+7
9	>1600	>630	>120	>5000	>2000	>200	9	超高精度

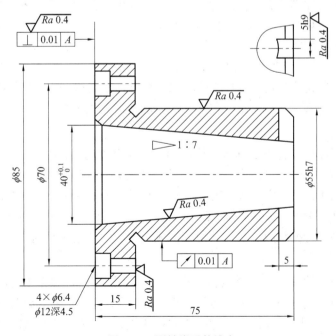

图 4-28 回转类零件锥套

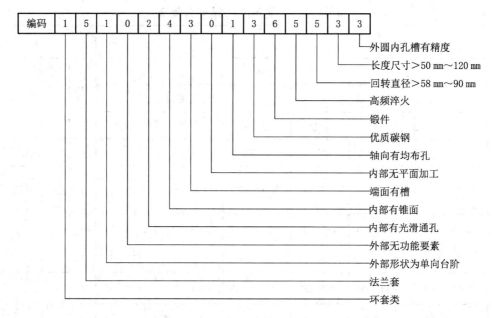

图 4-29　锥套的 JLBM-1 分类编码

4.4.3　成组工艺

成组工艺是在零件分类成组的基础上进行的，当零件分为若干个零件组后，即可按零件组设计成组工艺。

1. 划分零件组

编码分类是根据零件的编码来进行分类成组，并用特征矩阵形式表示。按编码分类法进行零件组的划分简单易行，其关键问题有两个：

(1) 要有一个合适的零件分类编码系统；

(2) 要制定一个合适的零件组相似性标准。

在分类之前，首先要制定各零件组的相似性标准，根据这一相似性标准进行零件的归组。制定零件组相似性标准有特征码位法、码域法和特征位码域法 3 种。

1) 特征码位法

根据零件加工相似的特点，选择几位与加工特征有关的码位(即特征码位)作为划分零件组的依据，凡零件编码中特征码位的代码相同者归属于一组，称为特征码位法。如图 4-30 所示，选取 1、2、6、7 码位为特征码位，零件编码中只要这几个码位的代码相同就归为一组，其他码位可不考虑，为全码域。这种分类方法的关键是要根据待选零件来确定特征码位，可借助零件的特征频数分析与其他分类成组方法的结果等来选定。

2) 码域法

分类编码系统中的每一码位的码值规定一定的码域作为划分零件组的依据，凡零件编码中每一码位值均在规定的码域内，则归属于一组，称之为码域法。如图 4-31 所示，码位 1 选定码域为 0 或 1，其码域值为 2；码位 2 选定码域为 0~3，其码域值为 4；码位 3 选定码域为 2~4，其码域值为 3。依次类推，各码位均选定相应的码域。若零件编码的各码位上的特征码落在规定码域内的零件可归属于同一组。

3) 特征位码域法

特征位码域法是上述两种方法的综合。根据具体生产条件与分组需要，选取特征性较强的特征码位并规定允许的特征码变化范围(码域)，以此作为零件分组的依据。这样既考虑了零件分类的主要特征，同时又适当放宽了相似性要求。

零件组相似性标准对零件分类成组的影响很大，制定时的难度也很大，可参考视检法、生产流程分析法等的分类效果作为依据。

码值	码位								
	1	2	3	4	5	6	7	8	9
0	+		+	+	+		+	+	+
1			+	+	+			+	+
2			+	+	+			+	+
3			+	+	+	+		+	+
4		+					+		
5			+	+	+			+	+
6			+	+	+			+	+
7			+	+	+			+	+
8			+	+	+			+	+
9			+	+	+			+	+

例如:

041003072

零件 042033075 为一个零件组

047323072

图 4-30 特征码位法分类

码值	码位								
	1	2	3	4	5	6	7	8	9
0	+	+			+	+		+	
1	+	+		+	+	+	+	+	+
2		+	+	+	+	+			+
3		+	+	+	+	+	+		
4				+		+			
5									
6									
7									
8									
9									

例如:

032204111

零件 123302302 为一个零件组

024302101

图 4-31 码域法分类

2. 制订零件组的加工工艺规程

成组工艺规程设计是在零件分类成组的基础上进行的，当零件已分为若干个零件组后，即可按零件组设计成组工艺，归纳起来，有复合零件法和复合工艺法两种方法。复合零件法的思路是先按各零件组设计出能代表该组零件特征的复合零件，制订该复合零件的工艺规程，即为该零件组的成组工艺规程，再由成组工艺规程经过删减等处理，产生该组各个零件的具体工艺规程。

3. 设计零件组的复合零件

一个零件组中，选择其中一个能包含这组零件全部加工表面要素的零件作为该组的代表零件，可称为样件，即为复合零件。如果在零件组中不能选择出复合零件，则可以设计一个假想零件或称虚拟零件，作为复合零件。其具体的方法是先分析零件组内各个零件的型面特征，将它们组合在一个零件上，使这个零件包含了全组的型面特征，即可形成复合零件。图 4-32 表示了复合零件的设计产生过程，该零件组由三个零件组成，将它们组合在一起就形成了图示的复合零件。

4. 设计复合零件的标准工艺

对复合零件制订其工艺规程即为该零件组的标准工艺。标准工艺规程应能满足该零件组所有零件的加工要求，并能反映工厂实际工艺水平，是合理可行的。设计时对零件组内各零件的工艺要进行仔细分析、概括和总结，每一个形状要素都要考虑在内。另外要征求有经验的工艺人员、专家和工人的意见，集中大家的智慧和经验。从成组工艺规程经过删减可分别得到该组中各零件的工艺规程，图 4-32 中所列举的复合零件的工艺规程如图 4-33 所示。

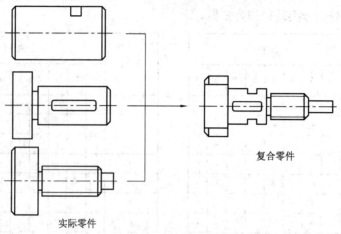

图 4-32　复合零件的构成

车　间		成组工艺过程卡							零件组代号				页

特征矩阵 / 复合零件

工艺表:

工序号	工序名称及内容	机床	适用零件					
			A	B	C	D	E	
1	车右端面，打中心孔，车外圆（留磨量）车螺纹，倒角，切槽，切断	C6132	√	√	√	√	√	
2	车左端面，打中心孔，倒角	C6132	√	√	√	√	√	
3	铣键槽（铣横槽、铣扁）	X51W	√	√		√		
4	调质				√	√		
5	研中心孔	C6132				√		
6	磨外圆	M121	√	√	√		√	

图 4-33　复合零件的工艺规程

4.5　计算机辅助工艺过程设计(CAPP)

计算机辅助工艺过程设计(Computer Aided Process Planning，CAPP)是指用计算机编制零件的加工工艺规程。

长期以来，工艺规程大多由工艺人员凭经验设计，设计质量因人而异，甚至同一个零件的工艺规程各不相同。计算机辅助工艺过程设计从根本上改变了依赖个人经验编制工艺规程的状况，它不仅提高了工艺规程设计的质量，而且使工艺人员从繁琐、重复的工作中解脱出来。

4.5.1　计算机辅助工艺过程设计(CAPP)的工作过程

自从第一个 CAPP 系统诞生以来，国内外对使用计算机辅助工艺过程设计(CAPP)进行了大量的研究，开发了许多 CAPP 系统。CAPP 的基本原理可以描述为：将经过标准化或优化的工艺，或编制工艺的逻辑思想(工艺师长期生产实践积累的知识和经验)，通过 CAPP 系统存入计算机，在计算机生成工艺时，CAPP 软件首先读取有关零件的信息，然后识别并检索一个零件组的标准工艺和有关工序，经过编辑修改(派生式)，或按工艺决策逻辑进行推理(创成式)自动生成具体零件的工艺。CAPP 的工作过程如图 4-34 所示。

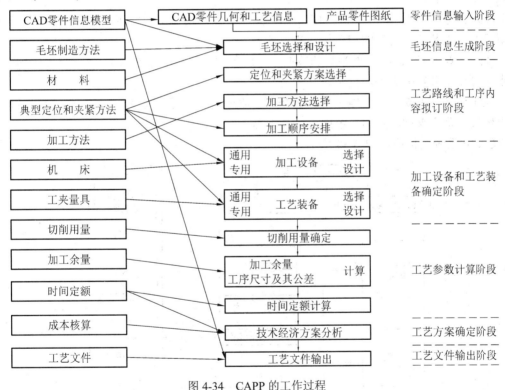

图 4-34　CAPP 的工作过程

4.5.2　计算机辅助工艺过程设计(CAPP)系统的组成

计算机辅助工艺过程设计(CAPP)系统由以下几部分组成：

(1) 控制模块。控制模块的主要功能是协调各模块的运行，是人机交互的窗口，实现人机之间的信息交流，控制零件信息的获取方式。

(2) 零件信息获取模块。当零件的信息不能从 CAD 系统直接获取时，此模块实现零件信息的输入。

(3) 工艺路线设计模块。工艺路线设计模块进行加工工艺流程的决策，产生工艺过程卡，供加工及生产管理部门使用。

(4) 工序决策模块。工序决策模块的主要任务是生成工序卡，对工序尺寸进行计算，生成工序图。

(5) 工步决策模块。工步决策模块对工步内容进行设计，确定切削用量，提供形成 NC 加工控制指令所需的刀位文件。

(6) 输出模块。输出模块可输出工艺流程卡、工序卡、工步卡、工序图及其他文档，亦可从现有工艺文件库中调出各类工艺文件，利用编辑工具对现有工艺文件进行修改。

(7) 产品设计数据库。产品设计数据库存放由 CAD 系统完成的产品设计信息。

(8) 制造工艺文件库。制造工艺文件库存放由 CAPP 系统生成的产品制造工艺信息，供输出工艺文件、数控加工编程、生产管理与运行控制系统使用。

(9) 制造资源数据库。制造资源数据库存放企业或车间的加工设备、工装工具等制造资源的相关信息。

(10) 工艺知识数据库。工艺知识数据库用于存放产品制造工艺规则、工艺标准、工艺数据手册、工艺信息处理的相关算法和工具等。

(11) 典型案例数据库。典型案例数据库存放各零件组典型零件的工艺流程图、工序卡、工步卡、加工参数等数据，供系统参考使用。

(12) 编辑工具数据库。编辑工具数据库存放工艺流程图、工序卡、工步卡等系统输入输出模板，手工查询工具和系统操作工具集等。

CAPP 系统的构成如图 4-35 所示。

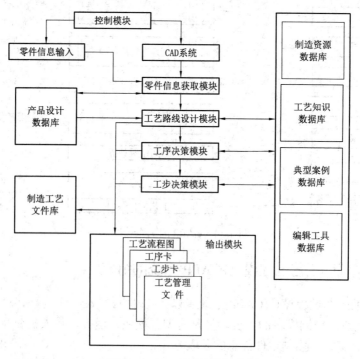

图 4-35　CAPP 系统的组成

4.5.3　计算机辅助工艺过程设计(CAPP)的类型

CAPP 系统可按不同的方法进行分类。

1. 从系统的基本工作原理来分

(1) 派生法。派生法也称为变异式 CAPP，是在成组工艺的基础上，将编码相同或相近的零件组成许多零件组，并为其中每一个零件组设计一个能集中反映该组零件结构特征和工艺特征的复合零件，然后再为复合零件设计适合本厂生产条件的典型工艺规程，并以典型工艺文件的形式存储在计算机中，其设计流程如图 4-36 所示。当需要设计某一具体零件的工艺规程时，计算机会根据该零件的编码自动识别它所属的零件组别，并检索出该零件组的典型工艺文件。此时只要进一步输入所设计零件的成组技术编码及各有关表面的尺寸公差、表面粗糙度等数据，并对检索出的典型工艺进行修改和编辑，便可设计出该零件的工艺规程。派生法的特点是系统简单，但要求工艺人员参与并进行决策。

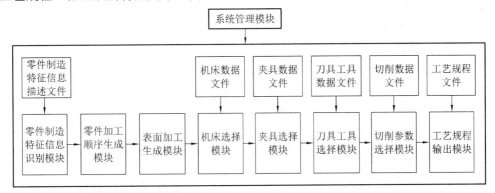

图 4-36　派生法 CAPP 设计流程

(2) 创成法。用创成法设计工艺规程时，只要输入零件的图形和工艺信息，如材料、毛坯、加工精度和表面质量要求等，计算机会利用按工艺决策制定的逻辑算法语言自动生成工艺规程。其设计流程如图 4-37 所示。其特点是自动化程度高，但系统复杂，技术上尚不成熟。目前利用创成法设计工艺规程还只局限于某些特定类型的零件，其通用系统尚待进一步研究开发。

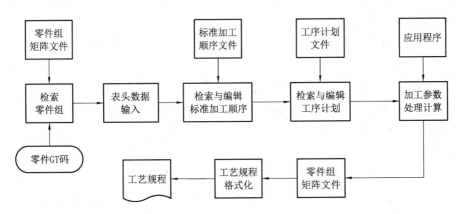

图 4-37　创成法 CAPP 设计流程

(3) 综合法。

综合法是一种以派生法为主、创成法为辅的设计方法，兼有两者之优点，是很有发展前景的方法。

2. 从 CAPP 系统的实现方式来分

(1) 使用 Word、Excel、AutoCAD 等软件平台生成工艺或在其上二次开发的 CAPP 系统；

(2) 工艺数据用数据库管理，工艺文件使用数据库语言或其他高级语言的报表设计器生成的 CAPP 系统；

(3) 采用交互式填表方式加上工艺数据管理集成的综合式 CAPP 系统。

3. 从 CAPP 系统的使用平台来分

(1) 单机版 CAPP 系统。适合单机独立运行，一般适合于规模很小的企业。

(2) 基于局域网的 CAPP 系统。一般以较大型网络数据库为后台支撑数据库，相关的工艺人员可以通过企业内部网络同时工作，不存在各个模块间数据来源不同、数据不同步等造成的系统混乱等问题，实现数据共享。

(3) 基于 Web 的协同式 CAPP 系统。CAPP 系统以交互式工艺设计为基础，将 CAPP 系统与 Web 数据库相连，适应 Internet/Intranet 技术的开放性、通用性等诸多优势，使工艺设计部门在分布式网络环境下实现信息共享、协同作业、过程管理和信息集成，可使动态联盟企业实现协同化工艺设计。

4. 从 CAPP 系统的功能来分

(1) 交互式的 CAPP 系统。它是以人机对话的方式完成工艺规程的设计，由于工艺设计涉及的因素很多，很难用简单的数学模型进行理论分析和决策。

(2) 基于并行工程的 CAPP 系统。并行工程环境下的 CAPP 系统的体系结构应是一种在产品设计开发过程模型控制下的分层、分阶段的模块化结构，可制造性评价是产品设计与工艺设计并行交互的主要内容。

(3) 基于 PDM 的 CAPP 系统。以 PDM、Web 技术、网络和数据库为依托，以统一的产品数据模型为核心进行工艺设计，实现 CAPP 系统内部各用户以及 CAPP 与 CAD、MRPII/ERP 等应用系统之间的信息共享和集成。

(4) 基于敏捷制造的 CAPP 系统。针对敏捷制造环境，一个完整的产品将通过联盟中多个敏捷伙伴企业分工协作生产。

(5) 集成化的 CAPP 系统。在集成化的环境下，不但需要完成零件工艺设计工作，而且需要结合制造企业内各种技术单元(如 CAD、CAFD、CAM、PDM 等)实现集成。

(6) 智能化的 CAPP 系统。CAPP 专家系统是一种基于人工智能技术的 CAPP 系统，也称智能型 CAPP 系统。

(7) 分布式 CAPP 系统。分布式 CAPP 系统是集智能化技术、集成化技术、分布式数据库技术、分布式程序设计技术以及网络技术为一体的综合设计系统，具有更大的柔性。

(8) 工具型的 CAPP 系统。这类系统的开发思想是根据工艺过程设计原理,抽取 CAPP 系统的实现机制,为用户提供一个构造实用 CAPP 系统的环境及有关的功能构件,不同的用户根据需要,运用开发工具自行设置系统参数,定义工艺设计资源等,快速地完成实用 CAPP 系统的二次开发、系统测试和实际应用。

4.5.4　基于成组技术的派生法 CAPP 系统

1. 系统的设计过程

(1) 零件编码。首先要选择或制订合适的零件分类编码系统,然后对已有的零件进行编码(即 GT 码)。

(2) 零件分组。为了合理确定样件,必须对零件分组,并建立零件组特征矩阵库。一个相似零件组可用一个矩阵表示。一个零件组一般包含了若干个相似零件,可以把每个相似零件组用一个样件来代表。

(3) 样件的设计。样件是对一个零件组的抽象,可见样件是一个复合零件,也可以说一个零件组矩阵就是一个样件。

(4) 设计标准工艺规程。标准工艺规程应能满足该零件组所有零件的加工要求,并能反映工厂实际工艺水平,尽可能合理可行。

(5) 标准工艺规程的表达与工艺规程筛选方法。标准工艺规程可以用工序代码和工步代码来表示。不同的表达方式其工艺规程的筛选方法是不同的,下面介绍一种基于工步代码的工艺规程筛选方法。

① 基于工步代码的标准工艺规程的表达方法。

标准工艺规程可以用工序代码和工步代码来表示,以便于在计算机内部存储与管理。工艺规程是由各种加工工序组成的,一个工序又是由若干工步组成的。为便于对标准工艺规程表达、存储、调用与筛选,可用代码来表示工步内容,其所形成的文件叫工步代码文件。工步代码随所采用的零件编码系统不同而异,当采用 JCBM(机床编码)编码系统时,采用五位代码表示一个工步,各码位的含义如图 4-38 所示。其中前两位代码表示工步的名称,其含义见表 4-20。

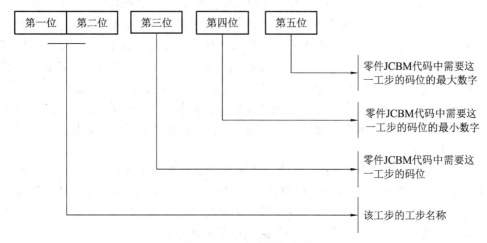

图 4-38　工步代码的含义

表 4-20　五位代码中前两位代码的含义

01	粗车外圆	07	车外螺纹	13	精车锥面	19	磨平面	25	磨齿
02	粗车端面	08	粗车	14	精镗内孔	20	磨内孔	26	钳工倒角
03	切槽	09	铣平面	15	加工内螺纹	21	滚齿	27	钳工去毛刺
04	钻孔	10	倒角	16	磨外圆	22	插齿	28	检验
05	钻辅助孔	11	精车外圆	17	磨端面	23	拉花键	29	渗碳淬火
06	镗孔	12	精车端面	18	磨锥面	24	拉键槽	30	磁力探伤

例如代码为 11202 的工步代码，"11"表示精车外圆；其后的"2"代表该零件 JCBM 代码的第二位需要精车外圆(对于回转类零件而言 JCBM 的第二位描述零件的外形及外形要素)；最后两位的"0""2"，表示该零件 JCBM 代码的第二位代码范围如果在 0～2 范围内(0 表示该回转类零件外形光滑，1、2 表示该零件为单向台阶轴)，则该零件需要精车外圆。又如代码 09412 所示的工步代码，"09"表示铣平面，"4"表示该零件 JCBM 代码的第"4"位需要这一操作；1、2 表示若该零件 JCBM 代码的第 4 位代码范围如果是 1～2，则此零件需要铣平面。

② 基于工步代码的工艺规程筛选方法。

当计算机检索到标准工艺规程的某一工步时，根据工步代码的第三位数值，查看该零件的 JCBM 编码中这一码位的数值是否在工步代码的第四位和第五位数值范围内，如果在这一范围内，就在标准工艺规程中保留这一工步，否则就删除这一工步，直至将标准工步的所有工步代码筛选完毕为止。

例如，若某个回转类零件的 JCBM 编码为 013124279，假如 11202 是标准工艺规程中的一个工步代码，根据此工步代码的第三位数值 2，在 JCBM 编码这一码位的数值是 1，它是在工步代码的第四位(0)和第五位(2)范围内，所以就在零件标准工艺规程中保留这一工步。标准工艺规程中剩下的部分就是当前零件的初步的工艺规程，接下来就是对所得到的工艺规程进行必要的修正与编辑等，最后才能形成符合要求的工艺文件。

(6) 建立工艺数据库。CAPP 所要处理的数据，种类和数量都非常大，而且其中许多数据是和其他系统共享的。由于产品零件的品种繁多，零件形状又十分复杂，涉及的加工要素很多，采用的加工方法也各种各样，而所有的加工方法都必须要有切削数据(进给量、切削速度、背吃刀量等)，为此必须建立大量的切削数据文件。为了生成工艺规程，还必须要建立各种工艺数据文件，如机床文件、刀具文件、夹具文件、加工余量文件、公差文件、标准工艺文件、工步代码文件、工时定额参数文件、成本计算参数文件等。另外在生成工艺规程中，临时生成的中间数据文件、工序图文件以及最终生成的工艺规程都必须要进行储存，需要时还将随时调用。

(7) 设计各种功能子程序或模块。由于 CAPP 系统中要应用各种计算方法，为此需预先将实现各种功能的子系统或模块以及各种计算公式和求解方法编成各种功能子程序或函数，如切削参数的计算、加工余量的计算、工序尺寸及公差的计算、切削时间和加工费用的计算、工艺尺寸链的求解、切削用量的优化和工艺方案的优化等。

(8) CAPP 系统集成。上述各项准备工作完成以后，把所有的子系统、功能模块、子程序或功能函数以及数据库集成起来，就构成了 CAPP 系统。

2．系统的工作过程

(1) 用编码及零件信息输入模块，完成对所设计零件的描述与输入。

(2) 根据检索模块查出该零件所属的零件组。

(3) 对标准工艺进行删减及修改，形成该零件的工艺规程。

(4) 对设计结果存储和输出。

3．系统的特点

(1) 以成组技术为理论基础，利用其相似性原理和零件分类编码系统，有系统理论指导，比较成熟。

(2) 有较好的实用价值，研究较早，应用范围比较广泛。

(3) 多适用于结构比较简单的零件，在回转体类零件中应用更为广泛。对于复杂的或不规则的零件则不易胜任。

(4) 对于相似性差的零件，难以形成零件组，不适于用派生法，因此多用于相似性较强的零件。

4.6　产品装配工艺规程设计

装配是机器制造中的最后一个阶段，包括连接、调整、检验和试验等工作。机器或产品的质量，是以机器或产品的工作性能、使用效果和寿命等综合指标来评定的。装配工作任务之所以重要，是因为产品的质量最终由装配来保证。装配工作占有大量的劳动量，因此对生产任务的完成、人力与物力的利用和资金的周转有直接的影响。

另外，在机器的装配过程中，可以发现机器设计和零件加工等所存在的问题，并对这些问题加以改进，以保证机器的质量。

近年来，在毛坯制造和机械加工等方面实现了高度的机械化、自动化和智能化，新技术、新工艺的不断涌现，大大节省了人力和物力。而机器装配在实现自动化方面存在一定的难度，发展相对滞后，从而使装配工作在整个机器制造中所占的比重日益加大。装配工人的技术水平和劳动生产率必须大幅度提高，才能适应整个机械行业的发展形势，达到优质、高产、低消耗的要求。

4.6.1　机器装配的基本概念

任何机器都是由许多零件和部件组成的。按照一定的顺序和技术要求，将零件、组件和部件进行配合和连接，使之成为半成品或成品的工艺过程称为装配。将零件、组件装配成部件的过程称为部件装配；将零件、组件和部件装配成为最终产品的过程称为总装配。

为了保证装配有效地进行，同时保证装配精度和质量，通常将机器划分为若干个能进行独立装配的装配单元。装配不仅是零件、组件和部件的配合和连接的过程，还包括调整、检验、试验、验收和包装等工作。

1. 装配单元的划分

(1) 零件。零件是组成机器的最小单元。

(2) 套件。套件是在一个基准件上装上一个或若干个零件。

(3) 组件。组件是在一个基准件上装上若干个零件和套件。比如减速器的轴就是在一根轴上装上若干齿轮、轴套、垫片、轴承等零件的组件。为此进行的装配工作称为组装。

(4) 部件。部件是在一个基准件上装上若干个组件、套件和零件。为此进行的装配工作称为部装。如减速器的装配就是部装。

(5) 机器。机器是在一个基准件上装上若干部件、组件、套件和零件。为此进行的装配工作称为总装。比如一台机床或一辆汽车的装配。

2. 装配工作的主要内容

(1) 清洗。清洗是用清洗剂清除产品或工件在制造、储藏、运输等环节造成的油污及杂质的过程。特别是对密封件、精密件及有特殊清洗要求的工件来说，清洗尤为重要。

(2) 连接。连接是将两个或两个以上具有装配关系的零件装配在一起的过程。装配过程中有大量的连接工作。通常连接的方式有两种：一种为可拆卸连接，如螺纹连接、键连接和销钉连接等；另一种为不可拆卸连接，如焊接、铆接和过盈连接等。

(3) 校正。校正是指在装配过程中对相关零、部件的相互位置进行找正、找平和相应调整的工作。如机床床身安装时工作台水平的校正。

(4) 调整。调整是指在装配过程中对相关零、部件的相互位置关系进行具体的调整工作。除了配合校正工作来调整零部件的位置精度外，还需要调整运动副之间的间隙，以保证其运动精度。

(5) 配作。配作是在装配时加工与其相配的另一工件，或将两个或两个以上的工件组合在一起进行加工的方法，如配钻、配铰、配刮、配磨等。减速器上、下箱体连接的锥销孔的加工就属于配作。

(6) 平衡。对于转速高、运转平稳性要求高的机器，为防止振动和噪声，对旋转的零部件要进行平衡。平衡分为静平衡和动平衡。

(7) 验收与试验。产品装配完成后，需根据有关技术标准和规定对产品进行检验和试验，合格后才允许出厂。

3. 装配的组织形式

机器装配的组织形式通常可分为固定装配和移动装配两种，它和机器的生产类型有很大关系，机器生产类型的不同会影响装配的自动化程度、装配工序的划分以及对工人的技术要求等。各种生产类型的装配特点如表 4-21 所示。

4. 装配工艺系统图

在装配工艺规程中，通常用装配工艺系统图表示零、部件的装配流程和零、部件间的相互装配关系。在装配工艺系统图上，每一个单元用一个长方形框表示，标明零件、套件、组件和部件的名称、编号及数量。在装配工艺系统图上，装配工作由基准件开始，沿水平线自左向右进行，一般将零件画在上方，套件、组件、部件画在下方，其排列顺序就是装配工作的先后顺序，如图 4-39 所示。

表 4-21　各种生产类型的装配特点

	生产类型	装配的组织形式	自动化程度	特点
固定装配	单件生产	手工(使用简单工具)装配,无专用和固定工作台位	手工装配	生产效率低,装配质量很大程度上取决于装配工人的技术水平和责任心
	小批生产	装配工作台位固定,备有装配夹具、模具和各种工具,可分部件装配和总装配	手工装配为主,部分使用工具和夹具装配	有一定的生产效率,能满足装配质量要求;工作台位之间一般不用机械化传输
移动装配	成批生产	每个工人只完成一部分工作,装配对象用人工依次移动,装备按装配顺序布置	人工流水线	生产效率较高,对工人技术水平要求相对较低,装备费用不高
	成批或大批生产	一种或几种相似装配对象的专用流水线,有周期性间歇移动和连续移动两种方式	机械化传输	生产效率高,节奏性强,待装零、部件不能脱节,装备费用较高
	大批大量生产	半自动或全自动装配线,半自动装配线部分上下料和装配工作采用人工方法	半自动、全自动装配	生产效率高,质量稳定,产品变动灵活性差,装备费用昂贵

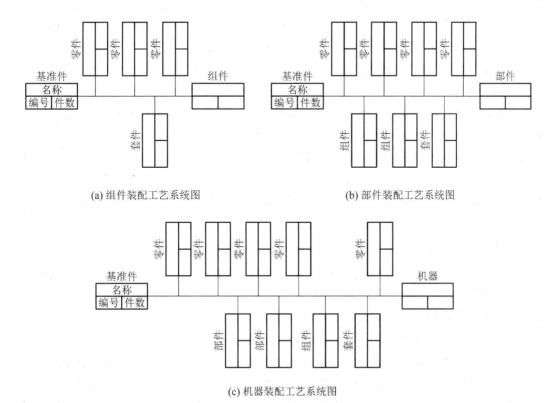

(a) 组件装配工艺系统图　　　(b) 部件装配工艺系统图

(c) 机器装配工艺系统图

图 4-39　装配工艺系统图

5. 装配精度

机械产品的装配精度是指装配后实际达到的精度。为了确保产品的可靠性和精度保持性，一般装配精度要稍高于精度标准的规定。装配精度不仅影响机器或部件的工作性能，而且影响它们的寿命。对于机床来讲，装配精度将直接影响在机床上加工的零件精度。

正确地规定机器和部件的装配精度是产品设计的重要环节之一，不仅关系到产品质量，也影响产品制造的经济性。装配精度是制订装配工艺规程的主要依据，也是合理地选择装配方法和工件加工精度的依据。所以，应正确规定机器的装配精度。对于一些标准化、通用化和系列化的产品，如通用机床、减速器等，装配精度可根据国家标准和行业标准来确定；对于没有标准可循的产品，其装配精度可根据用户的使用要求，参照经过实践检验过的类似部件或产品的已有数据，采用类比法确定；对于一些重要产品，其装配精度要经过分析计算和试验研究后才能确定。

装配精度包括以下几个方面：

(1) 零部件间的配合精度和接触精度。零部件间的配合精度是指配合面间达到规定的间隙或过盈的要求；零部件间的接触精度是指配合表面、接触表面和连接表面达到规定的接触面积大小与接触点分布的情况。接触精度影响接触刚度和配合质量。

(2) 零部件间的尺寸精度和位置精度。零部件间的尺寸精度是指零部件间的距离精度。零部件间的位置精度包括平行度、垂直度、同轴度和各种跳动。

(3) 零部件间的相对运动精度。零部件间的相对运动精度是指相对运动的零部件间由于运动方向和运动速度引起的位置上的变动。运动方向上的精度包括零部件间相对运动时的直线度、平行度和垂直度等。运动速度引起的位置上的精度即传动精度，是指内联系传动链中，始末两端传动元件间的相对运动(转角)精度。

6. 装配精度与零件精度的关系

机器和部件是由零件装配而成的。显然，零件的精度特别是关键零件的加工精度对装配精度有很大的影响。一般而言，多数的装配精度与它相关的若干个零件的加工精度有关。所以应合理地规定和控制这些相关零件的加工精度。

对于有些要求较高的装配精度，如果完全靠相关零件的加工精度来直接保证，则零件的加工精度将会很高，给加工带来较大困难。在生产中，一般按较经济的精度来加工相关零件，在装配时采用一定的工艺措施(如选择法、修配法和调整法等)来保证装配精度。

4.6.2 装配尺寸链

机器的质量主要取决于机器结构设计的合理性、零件的加工质量，以及机器的装配精度。零件的精度又是影响机器装配精度的最主要因素，因此通过建立、分析计算装配尺寸链，可以解决零件精度与装配精度之间的关系。

1. 装配尺寸链的概念

在机器的装配关系中，由相互关联的有关零件尺寸或位置关系所构成的封闭尺寸组合，叫装配尺寸链。机器的装配尺寸链和前述的零件加工工艺尺寸链有很大的不同，装配尺寸链的封闭环很容易判断，就是装配所要保证的装配精度，或者技术要求即是装配尺寸链的封闭环。

在装配关系中，对装配尺寸链的封闭环有直接影响的零部件的尺寸和位置关系，都是装配尺寸链的组成环，也分为增环和减环。这个和零件的加工工艺尺寸链的定义及判断方式是一样的。

2. 装配尺寸链的分类

装配尺寸链按照各环的几何特征和所处空间位置的不同分为以下几类：

(1) 直线装配尺寸链。在一个平面内，由相互平行的装配尺寸所构成的尺寸链，称为直线装配尺寸链，如图 4-40 所示。

(2) 角度装配尺寸链。由角度、平行度、垂直度等组成，各环相互不平行的装配尺寸构成的尺寸链，称为角度装配尺寸链，如图 4-41 所示。

(3) 平面装配尺寸链。在一个或几个平行平面内，由呈角度关系的装配尺寸所构成的装配尺寸链，称为平面装配尺寸键，如图 4-42 所示。

(4) 空间装配尺寸链。由空间尺寸所构成的装配尺寸链，称为空间装配尺寸链。

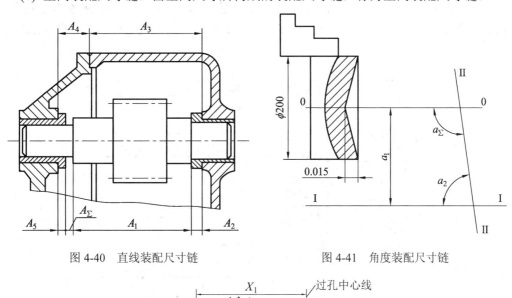

图 4-40　直线装配尺寸链　　　　　　　　　　图 4-41　角度装配尺寸链

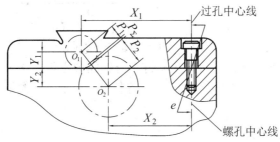

图 4-42　平面装配尺寸链

3. 装配尺寸链的建立

正确地建立装配尺寸链是保证装配精度的关键。首先确定封闭环，装配尺寸链的封闭环是装配精度；然后以封闭环的两端为起点，沿着装配精度要求的方向，以装配基面为查找线索，分别找出影响装配精度的相关零件的尺寸，直到找到同一装配基准的零件，这样装配尺寸链形成封闭环，装配尺寸链即建立完毕。

建立装配尺寸链应该注意以下几个问题：

(1) 装配尺寸链"一件一环"原则。在装配精度一定的条件下，组成环环数越少，则各组成环所分配到的公差值就越大，零件公差越大，加工越容易、越经济。因此产品结构设计时，在满足产品工作性能的前提下，应尽量简化产品结构，使影响产品装配精度的零件数尽量减少。

(2) 装配尺寸链最少环数原则。机械产品的结构通常都比较复杂，对装配精度有影响的因素很多，在查找尺寸链时，在保证装配精度的前提下，可以不考虑那些影响较小的因素，使装配尺寸链尽量简化。

如图 4-43(a)所示的轴系装配图，图上标列了许多零件尺寸，其中 A_0 代表轴向间隙，是必须保证的一个装配精度，查找对装配精度有影响的相关尺寸，建立与 A_0 有关的装配尺寸链。图 4-43(b)与图 4-43(c)列出了两种不同的装配尺寸链。图 4-43(b)将变速箱箱盖上的两个尺寸 B_1 和 B_2 都列入了尺寸链中。很明显，箱盖上只有凸台高度 A_2 与装配精度直接相关，而尺寸 B_1 的大小只影响端盖的厚度，而与 A_0 的大小并无直接关系。在图 4-43(c)上把 B_1 和 B_2 去除，以 A_2 取代，这就正确了。比较便可发现，正确的装配尺寸链，其路线最短，即最少环数原则。

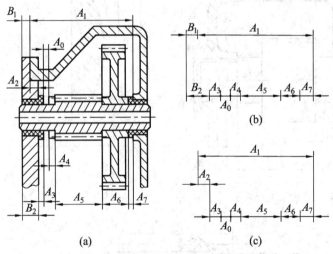

图 4-43　装配尺寸链最少环数原则

(3) 装配尺寸链具有方向性。装配尺寸链本身就包含位置关系的精度问题，而位置关系是矢量关系，具有方向性，即便是同一个位置精度，由于方向的不同，建立的装配尺寸链也会不同。

4. 装配尺寸链的计算方法

和机械加工工艺尺寸链一样，装配尺寸链的计算方法也有两种：极值法和概率法。计算装配尺寸链所采用的计算方法必须与机器装配中所采用的装配工艺相关联，才能得到满意的装配精度。同一装配精度要求，采用不同的装配方法时，其装配尺寸链的计算方法也不同。装配尺寸链的计算可分为正计算和反计算，其与机械加工工艺尺寸链是一样的，可参阅机械加工工艺尺寸链的描述。

4.6.3 保证装配精度的方法

机械产品的装配精度最终是靠装配实现的。任何零件都有加工误差,如果装配时零件的累积误差不超过装配精度,那么装配工作就变得十分简单。当零件的累计误差超过装配精度,或者装配精度较高,组成环数较多时,零件的加工精度就很高,很难保证,或者装配精度很难用简单的装配方法满足,这时候就必须依赖装配工艺技术来满足装配精度的要求。

用合理的装配方法来达到要求的装配精度,以实现用较低的零件精度和最少的装配劳动量来达到较高的装配精度,即合理地选择装配方法,这是装配工艺的核心问题。在长期生产实践中,为了保证装配精度,人们创造了许多巧妙的装配工艺方法。这些方法经过发展和完善,又成为既有理论指导、又有实践基础的科学方法。具体可归纳为互换法、选配法、修配法和调整法。

1. 互换法

用控制零件的加工误差来保证装配精度的方法称为互换法。按互换程度的不同,又分为完全互换法和部分互换法两种。

1) 完全互换法

完全互换法就是机器在装配过程中,只要零件的加工精度满足要求,零件实现完全互换,无需挑选、修配和调整,就能达到装配精度的一种装配方法。

为了确保装配精度,要求各相关零件的公差之和小于或等于装配允许公差,这样,装配后各相关零件累积误差的变化范围就不会超出装配允许公差的范围。当用极值法计算直线尺寸链时,这一原则用公式表示为

$$T_0 \geqslant \sum_{i=1}^{n-1} T_i \tag{4-29}$$

式中:T_0——装配允许公差;

T_i——相关零件的制造公差;

n——装配尺寸链环数。

当遇到反计算形式时,可按等公差原则先求出各组成环的平均公差为

$$T_{平均} = \frac{T_0}{n-1} \tag{4-30}$$

经式(4-30)计算各组成环的公差后,考虑各组成环尺寸的大小和加工的难易程度,可对组成环公差进行适当调整,如尺寸大、加工困难的组成环应给以较大的公差;反之,尺寸小、加工容易的组成环就给以较小的公差。对于组成环是标准件(如轴承、键等)上的尺寸,仍按标准规定;对于组成环是几个尺寸链中的公共环时,其公差由要求最严的尺寸链确定。组成环的公差调整后仍需满足式(4-29)。

采用等精度原则确定各组成环的公差时,各组成环都按同一公差等级制造,等精度法计算比较复杂,计算后仍要进行调整,故用得不多。

确定各组成环的公差后,按入体原则确定极限偏差。这里特别需要注意的是,按上述原则确定极限偏差时,按公式计算的封闭环极限偏差常不符合封闭环的要求值。这就需要

选取一个组成环，它的极限偏差不是事先定好，而是经过计算确定，以便与其他组成环相协调，最后满足封闭环极限偏差的要求，这个组成环称为协调环。协调环不能选取标准件或几个尺寸链的公共组成环。

完全互换装配法的计算公式见工艺尺寸链计算式(4-13)～式(4-16)。

当制造公差能满足机械加工的经济精度要求时，不论何种生产类型，均应优先采用完全互换法。完全互换法的特点如下：

(1) 装配质量稳定；

(2) 装配过程简单，装配效率高；

(3) 易于实现自动装配；

(4) 产品维修方便；

(5) 当装配精度要求较高，尤其是在组成环数较多时，组成环的制造公差规定得严，使得零件制造困难，加工成本高。

【例 4-6】 如图 4-44(a)所示的齿轮轴部件图。装配后要求齿轮轴向间隙为 0.1 mm～0.35 mm，图中 $A_1 = 3$ mm 为标准件的尺寸，$A_2 = 50$ mm，$A_4 = 35$ mm，$A_3 = A_5 = 6$ mm。试确定各尺寸公差。

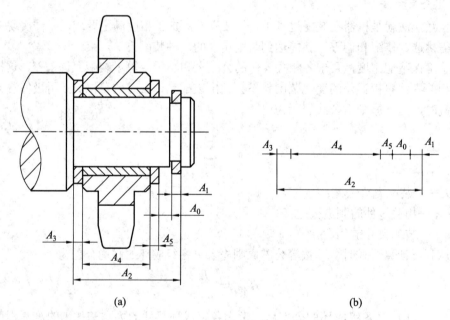

(a)   (b)

图 4-44 齿轮轴部件图

解：(1) 确定封闭环，$A_0 = 0^{+0.35}_{+0.10}$；

(2) 确定组成环，影响封闭环的尺寸 A_1、A_2、A_3、A_4、A_5 为组成环；

(3) 建立装配尺寸链，如图 4-44(b)所示；

(4) 确定组成环公差，根据式(4-30)可得

$$T_{平均} = \frac{T_0}{n-1} = \frac{0.25}{5} = 0.05$$

选择尺寸 A_2 为协调环，按照入体原则，确定 A_1、A_3、A_4、A_5 的尺寸及公差为

$$A_4 = 35_{-0.05}^{0}, \quad A_3 = A_5 = 6_{-0.05}^{0}, \quad A_1 = 3_{-0.05}^{0}$$

由式(4-14)、(4-15)计算可得

$$ES(A_2) = +0.15, \quad EI(A_2) = +0.10$$

故 $A_2 = 50_{+0.10}^{+0.15}$。

(5) 各尺寸及公差为

$$A_4 = 35_{-0.05}^{0}, \quad A_3 = A_5 = 6_{-0.05}^{0}, \quad A_2 = 50_{+0.10}^{+0.15}, \quad A_1 = 3_{-0.05}^{0}$$

2) 部分互换法

当装配精度要求高，零件加工困难且又不经济时，在大批量生产中，就可考虑采用部分互换装配工艺方法。部分互换法又称不完全互换法或大数互换法。它是将各相关零件的制造公差适当放大，使加工变得容易且经济，又能保证绝大多数产品达到装配精度的一种方法。

部分互换法装配尺寸链的计算是以概率论原理为基础，即概率法。当零件的生产数量足够大时，加工后的零件尺寸一般在公差带上呈正态分布，而且平均尺寸在公差带中点附近出现的概率最大；在接近上、下极限尺寸处，零件尺寸出现概率很小；在一个产品的装配中，各相关零件的尺寸恰巧都是极限尺寸的概率就更小，出现这种极小概率情况，累积误差才会超出装配允许的公差范围。因此，利用这个规律，将装配中可能出现的废品控制在一个极小的比例之内。对于这一小部分不能满足要求的产品，可以进行经济核算或采取补救措施。

当各组成环尺寸在其公差内呈正态分布时，封闭环公差也呈正态分布，对于直线尺寸链，封闭环的公差为

$$T_0 = \sqrt{\sum_{i=1}^{n-1} T_i^2} \tag{4-31}$$

当进行装配尺寸链的反计算时，按等公差原则求出各组成环的平均统计公差为

$$T_{平均} = \frac{T_0}{\sqrt{n-1}} \tag{4-32}$$

部分互换法的特点如下：

(1) 适用于大批大量生产，组成环较多、装配精度要求又较高的场合；

(2) 零件规定的公差比完全互换装配法所规定的公差大，有利于零件的经济加工；

(3) 会存在个别产品因超出公差范围而产生废品的可能性，应采取适当工艺措施以便排除或修补；

(4) 装配过程与完全互换装配法一样简单、方便。

【例 4-7】 如图 4-44(a)所示的齿轮轴部件图。装配后要求齿轮轴向间隙 0.1 mm～0.35 mm，图中 $A_1 = 3$ mm 为标准件的尺寸，$A_2 = 50$ mm，$A_4 = 35$ mm，$A_3 = A_5 = 6$ mm。试用概率法确定各尺寸公差。

解：(1) 确定封闭环，$A_0 = 0_{+0.10}^{+0.35}$；

(2) 确定组成环，影响封闭环的尺寸 A_1、A_2、A_3、A_4、A_5 为组成环；

(3) 建立装配尺寸链，如图 4-44(b)所示；

(4) 确定组成环公差，根据式(4-32)可得

$$T_{平均} = \frac{T_0}{\sqrt{n-1}} = \frac{0.25}{\sqrt{5}} = 0.11$$

选择尺寸 A_2 为协调环，按照入体原则，确定 A_1、A_3、A_4、A_5 的尺寸及公差为

$$A_4 = 35_{-0.16}^{\ 0}, \quad A_3 = A_5 = 6_{-0.10}^{\ 0}, \quad A_1 = 3_{-0.05}^{\ 0}$$

由式(4-31)计算可得，$T_2 = 0.12$。

(5) 各尺寸及公差为

$$A_4 = 35_{-0.16}^{\ 0}, \quad A_3 = A_5 = 6_{-0.10}^{\ 0}, \quad A_1 = 3_{-0.05}^{\ 0}$$

各组成环的平均尺寸为

$$A_{4m} = 34.92 \text{ mm}, \quad A_{3m} = A_{5m} = 5.95 \text{ mm}, \quad A_{1m} = 2.975 \text{ mm}$$

$$A_{0m} = A_{2m} - (A_{1m} + A_{3m} + A_{4m} + A_{5m})$$

$$A_{2m} = 50.02 \text{ mm}$$

$$A_2 = 50.02 \pm \frac{0.12}{2} = 50.08_{-0.12}^{\ 0}$$

2. 选配法

选配法就是当装配精度要求极高，几乎无法加工或加工成本很高时，可将制造公差放大到经济可行的程度，然后选择合适的零件进行装配来保证装配精度的一种装配方法。

选配法有三种不同的形式：直接选配法、分组选配法和复合选配法。

1) 直接选配法

直接选配法是由装配工人在许多待装配的零件中，直接凭经验挑选合适的互配件装配在一起，以保证装配精度的要求。

这种方法事先不对零件进行测量，而是在装配时直接由工人试凑装配，故称为直接选配法。其优点是操作简单，能达到很高的装配精度，装配质量在很大程度上取决于工人的技术水平。因此这种选配法不宜采用在节奏要求严格的大批大量流水线装配中。

2) 分组选配法

在大批大量生产中，对于组成环环数少而装配精度要求很高的部件，常采用分组选配法。

当封闭环精度要求很高时，采用完全互换法或部分互换法解尺寸链，组成环公差非常小，加工十分困难又不经济。因此，在加工零件时，常将各组成环的公差相对完全互换法所求公差的数值放大数倍，使其尺寸能按经济加工精度加工，再按实际测量尺寸将零件分为数组，按对应组分别进行装配，以达到原装配精度的要求。由于同组内的零件可以互换，故这种方法又称为分组互换法。

如图 4-45 所示，活塞销孔与活塞销的装配，冷态装配要求活塞销孔与活塞销的过盈量是 0.0025 mm～0.0075 mm，配合公差为 0.005 mm。若活塞与活塞销采用完全互换法装配，且按等公差原则分配孔与销的直径公差时，各自公差只有 0.0025 mm；如果配合采用基轴制的原则，活塞销外径尺寸 $d = \phi 26_{-0.0025}^{\ 0}$ mm，相应销孔的直径 $D = \phi 26_{-0.0075}^{-0.0050}$ mm。加工这种精度的孔和销是相当困难的，也是不经济的。生产中将上述零件的公差放大四倍 $d = \phi 26_{-0.010}^{\ 0}$ mm 和 $D = \phi 26_{-0.015}^{-0.005}$ mm，就可以用高效的无心磨削和金刚镗削法加工，测量后，按尺寸大小分成四组并标志四种颜色。将不同颜色的零件进行分组装配，具体的分组情

况见表 4-22。

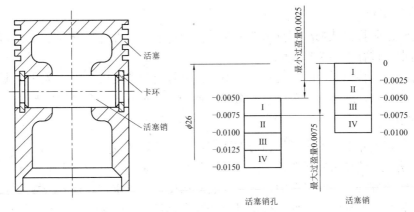

图 4-45　活塞销孔与活塞销的装配

表 4-22　活塞销孔和活塞销的分组情况

组别	活塞销直径 $\phi 26_{-0.010}^{0}$ (加工制造尺寸)	活塞销孔直径 $\phi 26_{-0.015}^{-0.005}$ (加工制造尺寸)	配合情况	标志颜色
I	$\phi 26_{-0.0025}^{0}$	$\phi 26_{-0.0075}^{-0.0050}$		红
II	$\phi 26_{-0.0050}^{-0.0025}$	$\phi 26_{-0.0100}^{-0.0075}$	$0.0025 \sim 0.0075$	黑
III	$\phi 26_{-0.0075}^{-0.0050}$	$\phi 26_{-0.0125}^{-0.0100}$		蓝
IV	$\phi 26_{-0.0100}^{-0.0075}$	$\phi 26_{-0.0150}^{-0.0125}$		白

从表 4-22 的配合情况可以看出，公差经过放大后分组装配的情况和原要求相同。

采用分组选配法应注意以下几点：

(1) 为保证分组后各组的配合性质及配合精度与原装配要求相同，配合件的公差范围应相等，公差应同方向增加，增大的倍数应等于后面的分组数。

(2) 分组后零件表面粗糙度及形位公差不扩大，仍按原设计要求制造。

(3) 分组不宜过多，以免造成零件的储存、运输及装配工作复杂化。

(4) 保证零件分组后数量匹配，不产生一组零件过多或者过少，避免造成浪费。

分组选配法的特点如下：

(1) 零件加工公差要求不高，但能获得很高的装配精度。

(2) 同组内的零件仍可以互换，具有互换法的优点，故又称为分组互换法。

(3) 增加了零件的存储量。

(4) 增加了零件的测量、分组工作，并使零件的储存、运输工作复杂化。

在分组选配法中，如果分布曲线不相同或为不对称分布曲线时，将产生各组相配零件数量不等的情况，造成一些零件的积压或浪费。如图 4-46 所示，其中第 I 组与第 IV 组中的轴与孔零件数量相差较大，在生产实际中，常专门

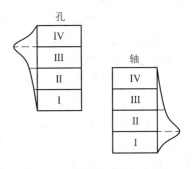

图 4-46　轴孔尺寸的偏态分布

加工一批与剩余零件相配的零件，以解决零件配套问题。

3) 复合选配法

复合选配法是直接选配法和分组选配法的复合，先将零件进行测量分组，装配时，工人对组内的零件进行直接选择装配。

复合选配法的特点是，配合公差可以不等，而且装配速度快、质量高，可以适应一定的流水线装配要求，适合装配精度高、组成环数少、成批或者大批量地生产装配。

3. 修配法

修配法是将尺寸链中各组成环的公差适当放大，使其能按经济的公差制造，预先选定参与装配的某个零件作为修配对象，并预留修配量；在装配过程中，根据实际测量结果，用锉、刮、研等方法，去除多余的材料，使装配精度达到要求，这种方法称为修配法。

修配法装配时去除修配环部分材料以改变其实际尺寸，使封闭环达到其公差与极限偏差要求。修配环是预留修配量的某一组成环，其用来补偿其他各组成环由于公差放大后所产生的累积误差。因修配法是逐个修配，故零件不具有互换性。修配法通常采用极值法进行装配尺寸链的计算。

1) 选择修配环应满足要求

(1) 正确选择修配环。修配环要便于装拆，易于修配，一般应选形状比较简单、修配面较小的零件。

(2) 合理确定修配环的尺寸及其公差。既要保证有足够的修配量，又不要使修配量过大。

(3) 尽量不选公共组成环。因为公共组成环难以同时满足几个装配尺寸链的要求，所以应尽量选只与某一项装配精度有关的环。

2) 修配法种类

(1) 单件修配法。

在多环尺寸链进行装配时，选择某一固定零件作为修配对象，采用去除多余材料的办法改变其尺寸，以达到装配精度要求的方法称为单件修配法。单件修配法是实际装配中应用最多的一种方法。

(2) 就地加工修配法。

这种装配方法主要用于机床制造业中。在机床装配初步完成后，运用机床自身具有的加工能力，对该机床上预定的修配对象进行自我加工，以达到某一项或几项装配精度要求，称为就地加工修配法。机床制造中，有些装配精度要求很高，影响这些精度的零件数量又往往较多。在装配时由于误差的累积，某些装配精度极难保证。零件装配结束后，运用机床自我加工的方法，综合消除装配累积误差，从而达到装配精度要求。如平面磨床自磨工作台面就是采用的就地加工修配法。

(3) 合并加工修配法。

将两个或多个零件装配在一起后，进行合并加工修配，以减少累积误差和修配工作量，称为合并加工修配法。例如车床尾架与垫板，先进行组装，再对尾架套筒孔进行镗加工，于是本来应由尾座和垫块两个高度尺寸进入装配尺寸链，变成一个尺寸进入装配尺寸链，从而减小了加工余量。

合并加工修配法在装配中使用时，要求零件对号入座，给组织生产带来一定的麻烦。

因此，单件小批生产中使用较为合适。

3) 修配法应用场合

修配法是在不提高组成环加工精度的前提下，通过去除修配对象多余材料的方法获得较高的装配精度。但是修配工作需要技术熟练的工人逐个修配，生产效率低，没有良好的生产节奏，不易组织流水装配，因此在单件小批生产中广泛采用修配法。

4. 调整法

封闭环公差要求较高而组成环又较多的装配尺寸链，可用调整法装配。用一个可以调整的零件，装配时调整它在机器中的位置，或者增加一个定尺寸零件，如垫、套筒等，以达到装配精度要求的方法，称为调整法。

装配时通过调整的方法改变调整件的实际尺寸或位置，使封闭环达到其公差与极限偏差要求。它是用来补偿其他各组成环由于公差放大后所产生的累积误差。调整法通常采用极值法进行装配尺寸链的计算。

调整法应用范围很广，在实际生产中，常用的调整法有以下三种。

1) 可动调整法

采用调整的方法改变调整件的位置，使装配精度达到其公差与极限偏差要求的方法，称为可动调整法。调整件有螺栓、斜面、挡环等。如图 4-47 所示用楔形块调整丝杠螺母间隙，如图 4-48 所示用螺钉调整轴承间隙。

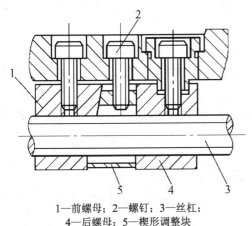

1—前螺母；2—螺钉；3—丝杠；
4—后螺母；5—楔形调整块

图 4-47　用楔形块调整丝杠螺母间隙

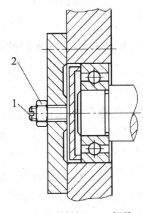

1—调节螺钉；2—螺母

图 4-48　用螺钉调整轴承间隙

可动调整法的特点如下：

(1) 调整方便，能获得比较高的装配精度，而且还可以补偿由于磨损和变形等所引起的误差；

(2) 除调整件以外的组成环可按加工经济精度进行制造，成本低；

(3) 由于增加了调整环节，使得机器的结构变得复杂，刚度有所降低；

(4) 调整法依赖工人的技术水平，调整时间不固定，因此不适用于流水线装配。

2) 固定调整法

选定某一零件作为调整件，根据装配精度要求来确定该调整件的尺寸及公差，以达到装配精度要求。由于调整件的尺寸是固定的，所以该种方法称为固定调整法。

选定的调整件要形状简单，便于装拆，常用的调整件有垫片、挡环、套筒等。

固定调整法的特点如下：

(1) 固定调整法结构紧凑，刚性好；

(2) 可降低组成环的制造精度要求，利用改变调整件的精度，获得很高的装配精度；

(3) 固定调整法结构简单，适合大批大量生产；

(4) 固定调整法的安装和拆卸比较费时费力，尤其在可选择的调整件规格比较多时。

3) 误差抵消调整法

通过调整某些相关零件误差的大小、方向，使误差互相抵消的方法，称为误差抵消调整法。机床装配时应用较多，如装配机床主轴时，通过调整前、后轴承的径向圆跳动来控制主轴的径向圆跳动，提高机床主轴的回转精度。

4.6.4 装配工艺规程设计

装配工艺规程是以文件的形式规定装配工艺过程。装配工艺规程是指导装配工艺过程的主要技术文件之一，也是进行装配生产计划和装配技术准备工作的依据。同时对于新建和扩建工厂或装配车间具有很重要的指导意义。其主要内容包括产品及其部件的装配顺序、装配方法、装配的技术要求和检验方法、装配时所需要的设备和工具以及装配时间定额等。装配工艺规程对保证产品装配质量、提高装配生产效率、降低生产成本、减轻装配工人劳动强度、减小装配场地等都具有重要作用。

1. 制订装配工艺规程的基本原则

(1) 保证并力求提高产品的装配质量，并有一定的精度储备量，以保证产品在使用期限内的精度。

(2) 提高装配效率，合理安排装配顺序和工序，尽量减少钳工、人工调整的装配工作量，减少装配时间、缩短装配周期。

(3) 尽量降低装配成本。

(4) 尽可能减少装配车间的生产面积，以提高单位面积的装配率。

(5) 了解国内外本行业装配工艺技术的发展水平，积极采用先进的装配工艺技术和工艺装备。

(6) 注重减少能源和原材料消耗，符合环境保护要求，实现绿色装配制造。

2. 制订装配工艺规程所需的原始资料

(1) 产品的装配图。有时还需要有关零件图，以便装配时进行补充加工和核算装配尺寸链。产品的装配图应包括总装配图和部件装配图。图纸应能清楚地表示出所有零件相互连接的结构，装配时应该保证的尺寸，配合件的配合性质及精度，装配技术要求及零件明细表等。

(2) 产品的生产纲领。产品的生产纲领决定了产品的生产类型。一般装配的生产类型和零件的加工工艺过程一样，分为大批量生产、成批生产和单件小批生产三种类型。随着生产类型的不同，装配的组织形式、装配的工艺方法、装配工艺过程的划分、设备及工艺装备专业化或通用化的水平、手工操作量的比例、对工人技术水平的要求和工艺文件的格式等都有很大的不同。

(3) 现有的生产条件。包括现有的装配装备、车间面积、工人的技术水平、时间定额标准等。

3. 制订装配工艺规程的步骤

(1) 分析产品装配图和验收技术标准。制订装配工艺时，首先要仔细分析研究产品的装配图及验收技术标准，然后审核产品装配图的完整性和正确性。明确产品的性能、部件的作用、工作原理和具体结构；对产品进行结构工艺性分析，明确各零件、各部件之间的装配关系；正确掌握装配中的技术关键问题并制订相应的技术保障措施；必要时应用装配尺寸链进行分析和计算，对于特别重要的问题应及时提出，与技术人员研究后予以解决。

(2) 确定装配的组织形式。产品装配工艺方案的制订与装配组织形式有着密切的关系。例如：总装、部装的具体划分；装配工序划分时的集中与分散程度；产品装配的运输方式及工作地的组织等都与组织形式有关。

(3) 划分装配单元、确定装配顺序。装配单元的划分就是从装配工艺角度出发，将产品分解成可以独立进行装配的组件及部件。它是制订装配工艺规程中最重要的一个步骤。特别是在大批量生产中装配复杂的产品，只有在此基础上才便于拟定装配顺序，划分装配工序，组织装配工作的作业形式。

装配单元划分后，可确定各级各部分组件、部件和产品的装配顺序。确定装配顺序时，首先要选择一个零件或低一级的基准单元作为装配的基准件，其余零件、组件或部件按一定顺序装配到基准件上，成为下一级的装配单元。装配基准件一般选择产品的基础零部件或主干零部件。因为它的体积和质量较大，有足够的支承面，可以满足陆续装入其他零部件的需要和稳定性的要求，但应尽量避免此件在后续工序中还有机械加工工序。

确定装配基准件后，接着进行装配顺序的确定，装配顺序的确定原则是：

① 先下后上。以基准件为基础，从下往上依次装配。

② 先内后外。先安排型腔内部的装配，然后再安排型腔外部的装配。

③ 先难后易。先安排工艺复杂、较难装配的部位，后装配容易的部位。

④ 先精密后一般。先安排精度难保证部位的装配，后安排精度一般部位的装配。

⑤ 先重大后轻小。先安排体积大、重量大的零件装配，后安排轻小的零件装配。

按照上述的装配顺序，最后画出装配工艺系统图。如图 4-49 所示为车床床身部件图，图 4-50 所示是其装配工艺系统图。

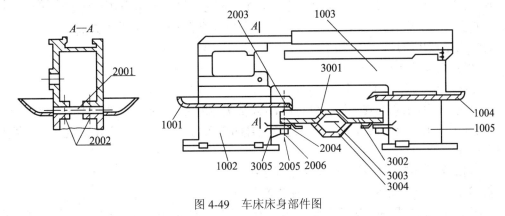

图 4-49　车床床身部件图

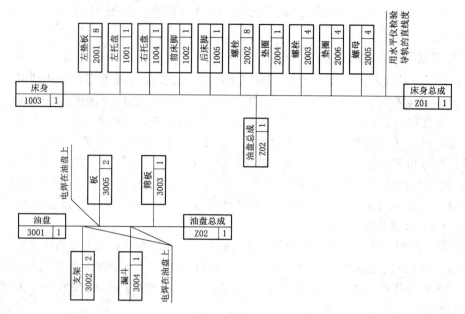

图 4-50　车床床身部件装配工艺系统图

(4) 划分装配工序。将装配工艺过程划分为若干个工序，确定各装配工序的工作内容，所需的设备、工装及时间定额等。装配工序还应包括检验和试验工序。装配工序的划分，通常先安排预处理工序，如零件清洗、去毛刺、防锈处理等。

装配工序设计应遵循以下原则：

① 后续工序不应损坏先行工序的装配质量，故有些工序就应尽可能安排在前，如冲击装配作业、变温装配作业等；

② 处于与基准件同一方位的装配工序尽可能集中安排，使装配过程中翻转的次数尽量少；

③ 使用同一装配工艺设备或装配环境有同样特殊要求的工序尽可能集中安排，以减少装配时在车间内的运转和设备的重复调整；

④ 要及时安排检验工序，特别是在对产品质量和性质有重大影响的工序之后必须安排检验工序，检验合格后，才允许进入下一道工序；

⑤ 易燃、易爆、易碎、有毒物质等零部件的装配，尽可能集中在专门的装配工作地进行，并安排在最后装配，以减少污染，减少安全防护的工作量和设备数量。

装配工序设计的具体内容如下：

① 确定采取工序集中与分散的程度；

② 划分装配工序，确定工序内容；

③ 确定各工序所需的安装设备和安装工具，如需专用夹具与设备，则应拟定设计任务书；

④ 制定各工序装配操作规范，如过盈配合的压入力、变温装配的装配温度以及紧固件的力矩等；

⑤ 制定各工序装配质量要求与检测方法；

⑥ 确定工序时间定额，平衡各工序生产节拍。

装配工序的划分是根据装配系统图进行的，按照低级分组件到高级分组件的次序，直至产品总装配。

(5) 编制装配工艺文件。在单件小批生产时，通常不制订装配工艺卡片，而按照装配图和装配工艺系统图进行。成批生产时，通常根据装配工艺系统图分别制订部件、总装的装配工艺卡片，如表 4-23 所示。对卡片上的每一道工序，应简要说明工序的内容、所需设备和工夹具名称及编号、工人技术等级和时间定额等。如大批大量生产时，不仅要制订装配工艺卡片，还应为每一道工序单独制订工序卡片，如表 4-24 所示，详细说明该工序的工艺内容。装配工序卡片直接指导工人进行装配。各种生产类型的装配工作特点见表 4-25。

表 4-23　装配工艺卡片

部件简图					装配的技术条件			
厂名		装配工艺过程卡			产品型号			装配图号
车间名称		工段	工序数量	产品中部件数	部件重量/kg	部件名称		
工序号	工步号	工序、工步内容	零件或部件、组件名称		预备	夹具	工具	时间/min
			名称 / 组号 / 数量			名称 / 编号	名称 / 编号	
				编制者		总工艺师		页次
编号 / 日期 / 签单	编号 / 日期 / 签章			技术科长		车间主任		页数
页记录								

表 4-24　装配工序卡片

车间名称		工序卡片		工序名称	工序号	部件名称	部件图号
工步序号	工具内容	工具箱夹具编号	零件明细表				
			工步序号 / 零件名称 / 图纸编号 / 数量		工步序号 / 零件名称 / 图纸编号 / 数量		
更改记录	更改编号 / 日期 / 签章		更改编号 / 日期 / 签章		更改编号 / 日期 / 签章		
	工艺组长 / 车间主任 / 技术科长		总工艺师				页次
							页数

表 4-25　各种生产类型的装配工作特点

类　型	单件小批生产	中批生产	大批大量生产
装配特点	产品经常变化，不定期重复生产，生产周期短	产品在系列化范围内变动，分批交替投产，生产活动在一定时间内重复	产品固定，生产周期长，长期重复
组织形式	多采用固定装配或固定式流水装配进行总装	重型产品批量不大时多用固定流水装配，批量较大时采用流水装配，多品种平行投产时采用多品种可变节奏流水装配	多采用流水装配线，采用连续移动、间歇移动及可变节奏等方式，还可采用自动装配机或自动装配线
装配方法	以修配法和调整法为主，互换件比例较少	主要采用互换法，但灵活运用其他保证装配精度的装配工艺方法，如调整法、修配法，以节约加工费用	优先选用完全互换法装配，装配精度要求高，环数少时用分组法；环数多时用调整法
工艺过程	一般不详细制订工艺文件，工序可适当调度，工艺也可灵活掌握	工艺过程划分应适合批量的大小，尽量使生产均衡	工艺过程划分很细，力求达到高度的均衡性
工艺装备	一般为通用设备及通用工具、夹具、量具等	通用设备较多，但也采用一定数量的专用工具、夹具、量具，以保证装配质量，提高效率	专业化程度高，宜采用高效工艺装备，易于实现机械化和自动化
工艺文件	仅需装配工艺卡片	有装配工艺卡片，复杂的产品需要有装配工序卡片	有装配工艺卡片和装配工序卡片
手工操作	手工操作比重大，要求工人有比较高的技术水平和多方面的工艺知识	手工操作比重小，技术水平要求较高	手工操作比重小，对工人水平要求低
应用实例	重型机床、大型内燃机、大型锅炉、汽轮机等	机床、机车车辆、中小型锅炉、矿山采掘机械等	汽车、拖拉机、内燃机、滚动轴承、手表、缝纫机、电气开关等

4.7　机械产品设计的工艺性评价

4.7.1　机械产品设计工艺性的概念

机械产品设计在满足使用要求的前提下，还应满足产品的制造、装配和维修的可行性和经济性。它包括产品生产工艺性和产品使用工艺性，前者是指其制造过程中的加工和装配的难易程度与经济性，后者则指其在使用过程中维护保养和修理的难易程度与经济性。

机械产品设计的工艺性评价包括毛坯制造工艺性评价、热处理工艺性评价、机械加工工艺性评价和装配工艺性评价。此处只讨论机械加工工艺性评价和装配工艺性评价。

4.7.2　机械产品设计的加工工艺性评价

产品的机械加工在满足零件使用性能的前提下，还应满足经济、高效制造过程的要求，达到优质、高效、低成本。许多功能完全相同而结构工艺性不同的零件，它们的加工方法和制造成本往往差别很大，也就是说产品的设计就应具有良好的结构工艺性。因此在进行产品设计时除了考虑使用性能的要求外，还应满足产品的制造可行性和经济性，否则就会影响产品的生产效率和生产成本。良好的零件结构不仅要达到设计要求，更要有好的机械加工工艺性，也就是要有加工的可能性，要便于加工，要能够保证加工质量，同时使加工的劳动量最小。

1. 零件的结构及尺寸应标准化和规范化

零件结构标准化，如螺纹、齿轮、键槽、中心孔等结构和尺寸都应符合国家标准规定；零件结构标准化不仅可以简化设计工作，在加工过程中也可采用标准化刀具和工艺装备，减少生产准备时间，缩短准备周期。

2. 尽量采用标准件和通用件

机械产品中采用标准件和通用件的比例是评价产品设计标准化程度的一个重要指标。采用标准件和通用件，不仅可以简化设计工作，避免重复设计工作，还可以降低制造成本。

3. 零件的尺寸、公差及表面粗糙度在满足使用要求的前提下，优先采用经济值

零件图纸上的尺寸、公差和表面粗糙度的大小对切削加工工艺性有较大的影响，它是零件结构工艺性的一项重要内容。若公差规定过严，表面粗糙度值规定过低，必然会增加产品的制造成本。在对机械产品设计进行机械加工工艺性评价时，必须对主要工作表面的尺寸公差逐一校核。在没有特殊要求的情况下，表面粗糙度值应与该表面加工精度等级相对应。

4. 尽量选用切削加工性好的材料

材料切削加工性好坏的衡量标准，一般可以根据加工质量的高低、刀具使用寿命的长短、切削力的大小和断屑性能的好坏等几个方面进行衡量。材料强度高，切削力大，切削温度高，刀具磨损快，则切削加工性差；材料强度相同时，塑性较大的材料由于加工变形大和硬化程度较大，切屑与前刀面的接触长度较大，切削力较大，切削温度较高，刀具磨损较快，表面粗糙度较高，切削加工性相对较差。材料的切削加工性可以通过在材料中添加微量元素和选择适当的热处理方式进行改善。

5. 保证加工的可能性和经济性

(1) 被加工表面的形状应尽量简单，面积应尽可能小，规格应尽量标准和统一(如表4-26 中序号 1 所示)。

(2) 零件的结构应保证能采用普通设备和标准刀具进行加工，且刀具易进入、退出和顺利通过加工表面(如表 4-26 中序号 2、3 所示)。

(3) 加工面与非加工面应明显分开，加工面之间也应明显分开(如表 4-26 中序号 4、5、6 所示)。

(4) 尽量减小加工面积。这样既减小了加工工作量，又保证接触良好(如表 4-26 中序号

7 所示)。

　　(5) 零件的结构应能尽量减少加工时的装夹及换刀次数(如表 4-26 中序号 8 所示)。

　　(6) 零件的结构形状应能定位准确,夹紧可靠,便于加工,便于测量(如表 4-26 中序号 9、10、11 所示)。

　　(7) 有位置要求或同方向的表面尽量能在一次装夹中加工出来(如表 4-26 中序号 12、13 所示)。

　　(8) 零件要有足够的刚性,便于采用高速切削和多刀切削(如表 4-26 中序号 14 所示)。

表 4-26　零件结构工艺性分析

序号	零件结构		
	工艺性不好		工艺性好
1	退刀槽的宽度不同,需用三把不同的刀具加工,影响生产效率		退刀槽的宽度相同,用一把刀具加工即可
2	钻孔过深,加工时间长,钻头损耗大,且容易折断		减少钻孔深度,增加钻头寿命
3	加工面设计在箱体内,加工时不便调整刀具并观察加工情况		加工面设计在箱体外,加工时调整刀具与观察加工情况方便
4	车螺纹根部时刀具易折断,且不易清根		增加退刀槽可使螺纹清根,且刀具不易折断
5	两端轴颈需要磨削加工,但砂轮有圆角不易清根		增加退刀槽,磨削时易清根

序号	零件结构		
	工艺性不好		工艺性好
6	锥面需要磨削加工，磨削时砂轮易碰伤圆柱面，且不易清根		磨削锥面时砂轮不易碰到圆柱面
7	轴承座底面都需要加工，精度不够高时，易造成接触面不良		加工面积减小了，而且接触面容易保证
8	两个键槽分别设计在两个方向上，需两次装夹工件		两个键槽设计在同一个方向上，一次装夹即可加工两个键槽
9	孔离箱壁太近，钻头易引偏；箱壁高度尺寸大，钻头需加长		加长箱耳，不用加长钻头；若使用允许，可将箱耳设计在某一端面，便于加工
10	斜面钻孔，钻头易引偏和折断		斜面结构可设计成平面，避免刀具损坏，便于加工

序号	零件结构			
	工艺性不好		工艺性好	
11	内壁孔出口处有台阶或阶梯面，钻头易引偏或折断			内壁孔出口处改为平面，防止钻头引偏或折断
12	加工面高度不同，需两次调整刀具，影响生产率			加工面在同一高度，调整一次刀具可加工两个平面
13	同一表面上的螺纹孔，尺寸接近，但需更换刀具，因此加工不便			尺寸接近的螺纹孔，改为同一尺寸螺纹孔，加工方便，生产效率高
14	无加强筋，刚性差，影响切削效率			有加强筋，刚性好，切削效率高

4.7.3　机械产品设计的装配工艺性评价

机器装配工艺性和零件机械加工工艺性一样，对机器的整个生产过程都有较大的影响，也是评价机器设计的指标之一。机器结构的装配工艺性在一定程度上决定了装配周期的长短、工作量的大小、成本的高低，以及机器使用性能的优劣等。

机器的装配工艺性在整个生产过程中占有很重要的地位。机械产品设计的装配工艺性可以从以下几个方面加以分析评价。

1. 能分解成独立的装配单元

装配的机器或者部件，其结构应能分解成独立的装配单元，即产品可由若干个独立的部件总装而成，部件可由若干个独立的组件组装而成。这样的产品，装配时可组织平行作业，大批大量生产时可按流水作业的原则组织装配生产，因而能缩短生产周期，提高生产效率。由于平行作业，各部件都能预先装好、调试好，以较完善的状态运送到总装部位，保证装配质量。另外，还有利于企业间的协作，组织专业化生产。

如图 4-51 所示为传动轴的装配工艺性对比，图 4-51(a)中箱体的孔径 D_1 小于齿轮直径 D_2，装配时必须先把齿轮放入箱体内，在箱体内装配齿轮，再将其他零件逐个装在轴上。图 4-51(b)中的箱体的孔径 D_1 大于齿轮直径 D_2，装配时可将轴系零件组成独立组件后再装入箱体内，也就是可以将本装配划分为独立的装配单元以提高装配效率，缩短装配周期。所以图 4-51(b)中结构的装配工艺性好。

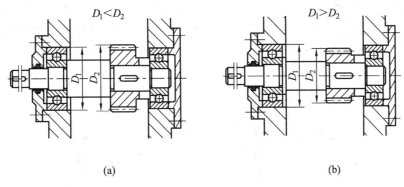

(a)　　　　　　　　　　　　　　　(b)

图 4-51　传动轴的装配工艺性对比

2. 机械结构应便于装配与调整

(1) 为了保证装配精度，零部件上应具有一定的导向基准面。如图 4-52 所示为油缸活塞部件装配图，图 4-52(a)为螺纹连接直接作为活塞杆的导柱支承，由于螺纹连接精度不高，这样油缸活塞杆的运动精度就会受到很大的影响；改成图 4-52(b)中的结构，油缸活塞杆和缸体的同轴度就很容易得到保证。

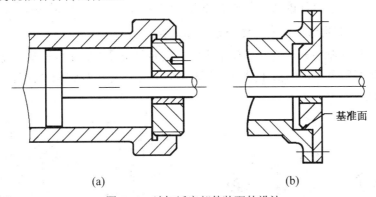

(a)　　　　　　　　　　　　　　　(b)

图 4-52　油缸活塞部件装配的设计

(2) 同一对配合件不应同时具有两个配合面。同一对配合件间，如果同时具有两个配合面，就会出现过定位的情况，零件间的位置就会不确定，要达到理想装配状态，就需要两个配合件的加工精度很高，这样很不经济，也是没必要的。如图 4-53(a)所示为两个配合面的装配情况，修改成如图 4-53(b)所示的装配情况就合理。

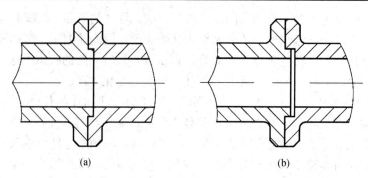

图 4-53　配合面的设计

(3) 配合面的面积不宜过大、长度不宜过长。配合面的接触面积过大、接触长度过长，都会造成装配费时费力。如图 4-54(a)所示的结构为配合面过长，如果配合精度要求高，装配就会很麻烦；改成如图 4-54(b)所示的结构，减小接触长度后，既保证了结构的要求，还利于装配。

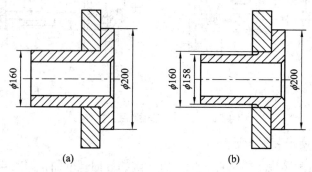

图 4-54　配合面长度的设计

(4) 尽量避免在机器内部进行装配。如图 4-51(a)所示的轴系部件装配中，由于 $D_1 < D_2$，装配时，齿轮和右端轴承只能在机器内部安装，受空间的限制，加上轴承的配合为过盈配合，因此安装非常不便，如改成如图 4-51(b)所示的结构形式，就可以避免上述安装不足。

3. 装配时应具有足够的空间，便于装配和调整

机器的很多连接都需要特定的工具来进行，比如普遍采用的螺栓连接，需要扳手进行安装，这样就需要留有一定的操作空间。如图 4-55 所示，在进行结构设计时，一定要考虑扳手的操作空间。

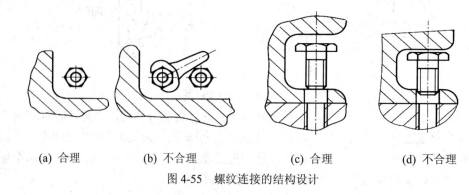

(a) 合理　　　　(b) 不合理　　　　(c) 合理　　　　(d) 不合理

图 4-55　螺纹连接的结构设计

机器的运行出现故障或者易损件需要更换的部位，需注意结构的拆卸问题。如图 4-56 所示，轴承和销钉需要拆卸，就要在结构上进行合理设计，否则会造成装配结构工艺性很差。

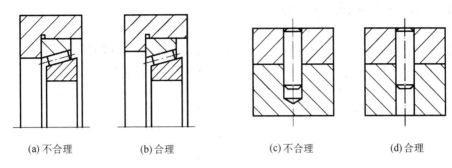

(a) 不合理　　　　　　(b) 合理　　　　　　(c) 不合理　　　　　　(d) 合理

图 4-56　机器需拆卸结构的设计

4. 减少装配时的机械加工量或修配量

机器在进行装配时，尽量避免过多的现场机械加工，一是不便，二是精度也难以保证，除非特殊需要，否则尽量避免。如图 4-57 所示，图中(a)需要装配时加工防松螺母中的孔，改成图中(b)形式的防松结构即可满足要求。

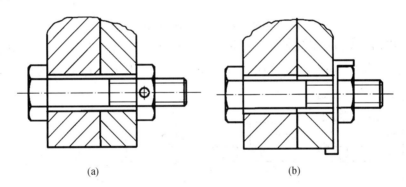

(a)　　　　　　　　　　　　　　　(b)

图 4-57　螺栓连接结构的设计

思考与练习题

4-1　什么是工艺过程和工艺规程?

4-2　什么是工序、工步、安装、工位?

4-3　简述工艺规程设计的原则及步骤。

4-4　什么是基准? 简述粗基准和精基准及其选择原则。

4-5　简述加工顺序的确定原则。

4-6　工艺过程划分为哪几个加工阶段，每个加工阶段的目的是什么?

4-7　简述工序集中和工序分散的概念及特点。

4-8　什么是加工余量? 影响工序余量的因素有哪些?

4-9　什么是生产成本、工艺成本? 什么是可变费用、不变费用? 在市场经济条件下，如何正确运用经济分析方法合理地选择工艺方案?

4-10　成组技术的概念及基本原理是什么?

4-11　简述计算机辅助工艺规程设计的方法与步骤。

4-12　简述时间定额概念及其组成。

4-13　简述装配工艺规程内容及作用。

4-14　保证产品装配精度的工艺方法有几种?试说明各自的应用场合。

4-15　机械设计的工艺性评价的内涵是什么,包含哪些方面?

4-16　如图 4-58 所示轴套零件。加工前其内、外圆及端面 A、B、D 均已加工完成。现以 A 面定位钻孔 $\phi8$ 及铣缺口 C。求相应的工序尺寸及其偏差。

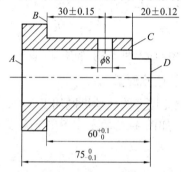

图 4-58　轴套零件钻孔工序图

4-17　如图 4-59(a)所示的零件,尺寸 $38_{-0.1}^{0}$ mm 及 $8_{-0.05}^{0}$ mm 均已经加工完成,本工序为钻孔,分别计算图中(b)(c)(d)三种定位情况下,工序尺寸 A_1、A_2 和 A_3 的大小及公差。

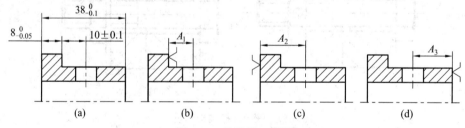

(a)　　　　　(b)　　　　　(c)　　　　　(d)

图 4-59　钻孔的工序图

4-18　图 4-60 所示的齿轮内孔插键槽,键槽的深度如图所示,其工艺过程如下:

(1) 镗孔至 $\phi84.8_{0}^{+0.07}$ mm;

(2) 插键槽工序尺寸为 A;

(3) 淬火处理;

(4) 磨内孔至 $\phi85_{0}^{+0.035}$ mm,同时保证键槽深度为 $90.4_{0}^{+0.20}$ mm。

求工序尺寸 A 及公差。

4-19　如图 4-61 所示零件,$L_1 = 70_{-0.050}^{-0.025}$ mm,$L_2 = 60_{-0.025}^{0}$ mm,$L_3 = 20_{0}^{+0.15}$ mm。L_3 不便测量,试重

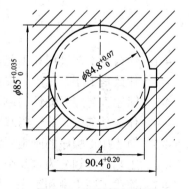

图 4-60　插键槽工序图

新给出测量尺寸及公差。

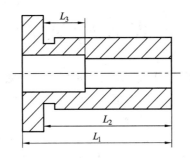

图 4-61 尺寸检验工序图

4-20 材料为 2Cr13 的套筒零件，其内孔加工顺序为：

(1) 车内孔至尺寸 $\phi 31.8_{0}^{+0.14}$ mm；

(2) 氰化处理，氰化层深度为 t；

(3) 磨内孔至尺寸 $\phi 32_{+0.010}^{+0.035}$ mm，要求保证氰化层深度为 0.1 mm～0.3 mm。

试求氰化处理深度 t 的尺寸范围。

4-21 某轴系装配关系如图 4-62 所示，$A_1 = 40$ mm，$A_2 = 36$ mm，$A_3 = 4$ mm。要求装配后轴向间隙 $A_0 = 0.1$ mm～0.25 mm。试用极值法确定 A_1、A_2、A_3 的公差。

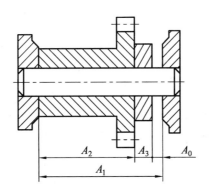

图 4-62 轴系装配关系图

4-22 图 4-63 所示轴系部件，要求保证轴向间隙为 $A_0 = 0.05$ mm～0.42 mm。已知 $A_1 = 32$ mm，$A_2 = 36$ mm，$A_3 = 3$ mm(标准件)，试用概率法确定各组成环尺寸的公差。

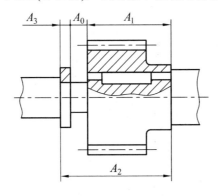

图 4-63 轴系装配尺寸关系图

参 考 文 献

[1]　王先逵. 机械制造工艺学[M]. 4 版. 北京：机械工业出版社，2019.

[2]　郑修本. 机械制造工艺学[M]. 3 版. 北京：机械工业出版社，2020.

[3]　于俊一，邹青. 机械制造技术基础[M]. 2 版. 北京：机械工业出版社，2010.

[4]　卢秉恒. 机械制造技术基础[M]. 4 版. 北京：机械工业出版社，2019.

[5]　黄健求. 机械制造技术基础[M]. 北京：机械工业出版社，2006.

[6]　熊良山，严晓光，张福润. 机械制造技术基础[M]. 3 版. 武汉：华中科技大学出版社，2016.

[7]　李伟，谭豫之. 机械制造工程学[M]. 北京：机械工业出版社，2009.

[8]　范孝良，尹明富，郭兰申. 机械制造技术基础[M]. 北京：电子工业出版社，2008.

[9]　周宏甫. 机械制造技术基础[M]. 北京：高等教育出版社，2004.

[10]　张胜文，赵良才. 计算机辅助工艺设计：CAPP 系统设计[M]. 北京：机械工业出版社，2005.

第5章　机械制造质量分析及控制

5.1　概　　述

　　产品的质量是指产品功能及其可靠性的优劣，是消费者对产品满意程度的总体评价。机械产品的质量是指机械产品在其全生命周期内表现出来的性能的好坏。质量是企业的生命线，要做好企业，产品质量是关键。在产品的生产过程中，为了保证自己的产品质量在市场营销中能获得好的口碑，就必须做好每个生产环节的质量控制。机械制造必须以保证质量为基础，并且保证高效率、低消耗。在市场竞争日趋激烈的情况下，产品的质量直接关系着企业的生存与发展。

　　产品的质量包括设计质量、制造质量和服务质量三方面。在企业质量管理理念中，制造质量是首要保证的，是指企业产品的制造与设计的符合度。我们现代企业对于质量管理的观念是基于用户的，设计质量主要反映所设计的产品与用户期望的符合程度，设计质量也是质量的重要组成部分；零件的制造质量是保证产品设计质量的基础，而产品的制造质量与零件的制造质量和产品的装配质量有关。制造质量包含的内容如图 5-1 所示。

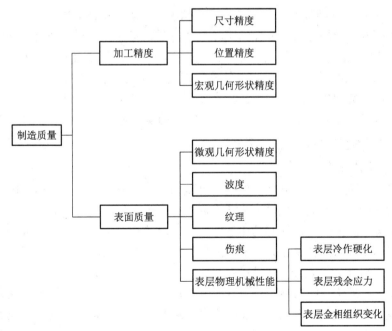

图 5-1　制造质量包含的内容

　　零件的制造质量包括零件的加工精度和表面质量两方面。其中零件的加工精度包括尺寸精度、位置精度和宏观几何形状精度；表面质量是指微观几何形状精度、波度、纹理、伤痕和表面物理机械性能等，其中表面物理机械性能又包括表层冷作硬化、表层残余应力和表层金相组织变化等。

　　下面对机械制造质量的加工精度相关概念和加工误差的统计分析方法、加工表面质量以及对加工精度和表面质量都有较大影响的振动现象进行分析和研究。

5.2　机械加工精度

5.2.1　机械加工精度的基本概念

1. 加工精度与加工误差

　　加工精度是指零件经机械加工后，其尺寸、形状、表面相互位置等参数的实际值与理想值相符合的程度，而它们之间的偏离程度则称为加工误差。加工精度在数值上以加工误差的大小来表示。因此说，加工精度和加工误差是对同一问题的两种不同的说法，两者的概念是关联的，即符合程度越高，加工精度也越高，误差越小；反之，加工精度越低，误差就越大。生产实践证明，任何一种加工方法无论多么精密，都不可能把零件加工得与理想值完全相符。从机器的使用要求来说，只要其误差值满足机器的使用性能要求，就允许误差值在一定的范围内变动，也就是说允许有一定的加工误差存在。

机械加工精度
的基本概念

　　零件的几何参数包括尺寸、几何形状和表面相互位置三个方面，所以零件的加工精度也包括三个方面：尺寸精度、形状精度和位置精度，三者之间既独立，又有一定的联系。

　　(1) 尺寸精度是指加工后，零件的实际尺寸与零件尺寸公差带中心尺寸的符合程度。就一批零件的加工而言，零件平均尺寸与公差带中心的符合程度由加工时刀具与零件的位置关系决定，即调刀尺寸；而零件尺寸的分散程度，则取决于工序的加工能力。

　　(2) 形状精度是指加工后，零件表面的实际几何形状与理想几何形状的符合程度。

　　(3) 位置精度是指加工后，零件有关表面之间的实际位置与理想位置的符合程度。

2. 获得加工精度的方法及确定原则

1) 获得尺寸精度的方法

　　(1) 试切法：通过试切、测量、调整、再试切……直到被加工尺寸达到图纸要求为止的加工方法。这种方法的效率低，对操作者的技术水平要求高，主要适用于单件小批生产。

　　(2) 调整法：加工前调整好刀具和工件在机床上的相对位置，并在一批零件的加工过程中保持这个位置不变，以保证被加工工件尺寸精度的方法。调整法广泛用于各类半自动、自动机床和自动线上，适用于大批大量生产。

　　(3) 定尺寸刀具法：用刀具的尺寸直接来保证工件加工尺寸的方法，如钻孔、拉孔和攻螺纹等。这种方法的加工精度主要取决于机床精度、刀具的制造精度、刀具磨损和切削用量的影响等。其优点是生产效率较高，但刀具制造较复杂，常用于孔、螺纹和成形表面的加工。

(4) 自动控制法：利用测量装置、进给机构和控制系统对加工过程进行自动控制，即自动完成加工中的切削、测量、补偿调整等一系列工作，当工件达到要求的尺寸时，机床自动退刀，停止加工的方法。

2) 获得形状精度的方法

(1) 轨迹法：依靠刀具与工件的相对运动轨迹获得工件形状的方法。轨迹法的加工精度与机床的精度密切相关。如车削圆柱类零件时，其圆度、圆柱度等形状精度主要取决于主轴的回转精度、导轨精度以及主轴回转轴线与导轨之间的相互位置精度。

(2) 成形刀具法：采用成形刀具加工工件的成形表面以达到所要求形状精度的方法。成形刀具法的加工精度主要取决于刀刃的形状精度。该方法可以简化机床结构，提高生产效率。

(3) 展成法：又叫范成法，利用刀具与工件间作展成切削运动，其包络线形成工件形状。展成法常用于各种齿形加工，其形状精度与刀具精度以及机床传动精度有关。

3) 获得位置精度的方法

获得零件的相互位置精度的方法主要有直接找正法、划线找正法和夹具定位法。其精度主要由机床精度、夹具精度和工件的装夹精度来保证。详见本书第 2 章机床夹具设计部分。

4) 尺寸精度、形状精度及位置精度的确定原则

独立原则是处理形状精度、位置精度和尺寸精度关系的基本原则，即尺寸精度和形状、位置精度按照使用要求分别满足；在一般情况下，尺寸精度高，其形状和位置精度也高；有时形状精度要求高时，相应的位置精度和尺寸精度不一定要求高，这要根据零件的功能要求来决定。通常，零件的形状误差约为相应尺寸公差的 30%～50%；位置误差约为相应尺寸公差的 65%～85%。

5.2.2　影响加工精度的因素分析

在机械加工时，由机床、夹具、刀具和工件等组成的系统称为机械加工工艺系统。在机械加工过程中，精度的获得是由切削过程中刀具和工件间的相互位置关系决定的，而刀具和工件又和相应的机床和夹具联系在一起，那么加工精度的问题就涉及整个工艺系统。工艺系统的误差在加工过程中以不同的形式反映到工件上，形成工件的加工误差；工艺系统误差是"因"，工件误差是"果"，所以工艺系统的误差又称为原始误差。原始误差主要包括工艺系统的静误差和工艺系统的动误差，其具体的组成如图 5-2 所示。下面对几种主要的原始误差进行分析介绍。

1. 原理误差

原理误差是指在加工过程中由于采用了近似的刀具与工件间的运动关系，或者采用近似的刀具轮廓而产生的误差。

在零件的加工过程中，为了得到特定的零件表面，必须在工件和刀具的运动之间建立一定的联系。例如车削螺纹时，要求工件转一转刀具进给一个螺距；滚齿机加工齿廓时，

要求滚刀和工件之间满足一定的展成运动。这种运动联系称为加工原理，经常出现在加工成形表面的场合。这种运动联系一般都由机床的机构来保证。从理论上讲，应采用完全准确的加工原理及运动联系，以求获得完全准确的成形表面。但是，采用理论上完全准确的加工原理，有时会使机床或夹具的结构变得极为复杂，造成制造上的困难，或者由于环节过多，增加了机构运动中的误差，反而得不到高的加工精度。实际生产中，常采用近似的加工原理解决上述问题。采用近似的加工原理往往还可以提高生产效率和使工艺过程更为经济。

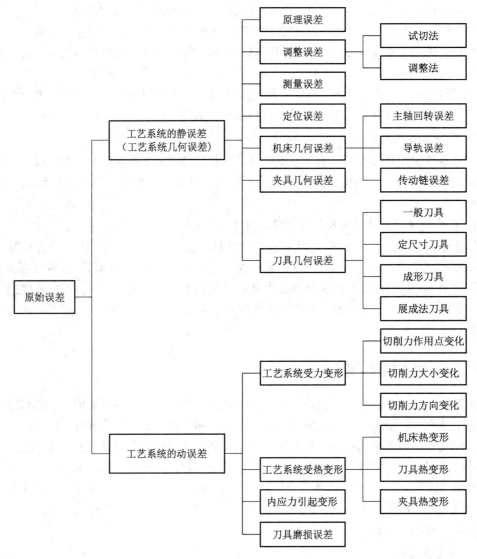

图 5-2　原始误差的构成

成形法加工齿轮齿廓，就是利用齿轮模数铣刀直接进行廓面加工(见图 5-3)，而齿轮模数铣刀的成形轮廓面就不是完全准确的渐开线，所以有一定的原理误差。理论上讲，加工任意一种模数、齿数的齿轮都需用一种一定刃形的齿轮铣刀，这样就需要很多种齿轮铣刀。实际生产中为减少铣刀的储备，每一种模数的铣刀由 8 或 15 把组成一套，每一刀号的铣刀用于加工某一齿数范围的齿轮(见表 5-1)。这样一来，每把铣刀是按照一种模数的某一固定齿数而设计和制造的，因而加工其他齿数的齿轮时，齿形很显然就存在误差，这也是原理误差。

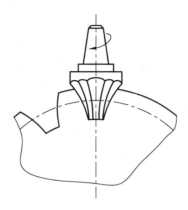

图 5-3　模数铣刀加工齿轮廓面

表 5-1　模数铣刀加工齿轮刀号及加工齿数范围

铣刀号		1	$1\frac{1}{2}$	2	$2\frac{1}{2}$	3	$3\frac{1}{2}$	4	$4\frac{1}{2}$	5	$5\frac{1}{2}$	6	$6\frac{1}{2}$	7	$7\frac{1}{2}$	8
加工齿数	8 件一套 m = (0.3～8)mm	12～13	—	14～16	—	17～20	—	21～25	—	26～34	—	35～54	—	55～134	—	≥135
	15 件一套 m = (9～16) mm	12	13	14	15～16	17～18	19～20	21～22	23～25	26～29	30～34	35～41	42～54	55～79	80～134	

注：m 表示齿轮模数。

展成法加工齿轮齿廓存在两种误差：一是为了制造方便，采用阿基米德蜗杆代替渐开线基本蜗杆而产生的刀刃齿廓近似形状误差；二是由于滚刀切削刃数有限，切削是不连续的，因而滚切出的齿轮齿形不是光滑的渐开线，而是折线，如图 5-4 所示。

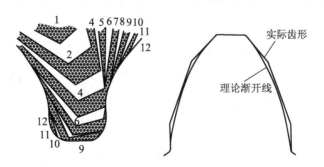

图 5-4　滚齿原理误差

采用近似的成形运动或近似的切削刃轮廓，虽然会带来加工原理误差，但往往可简化机床结构或刀具形状，或可提高生产效率，有时甚至能得到高的加工精度。因此，只要其误差不超过规定的精度要求(一般原理误差应小于工件公差值的 10%～15%)，在生产中仍能得到广泛的应用。

2. 工艺系统的几何误差

机械加工工艺系统是由机床、刀具、夹具和工件构成的，下面分别对前三部分的几何误差进行分析。

1) 机床的几何误差

在机械加工中，机床是工艺系统的重要组成部分，是连接刀具、夹具和工件的载体，所以机床的精度对工件加工误差有直接影响。而机床本身又有制造、安装误差，在长期的使用中，机床本身的不断磨损也会加大误差。同时，评价一台机床精度的高低，不仅要看机床无载荷状态，即静态下的情况，还应该看它在切削载荷下的动态情况。在研究和解决实际生产中加工精度的问题时，就必须全面地考虑和分析。首先分析机床的静态误差对工件加工精度的影响。机床的静态误差主要从以下三个方面分析：主轴回转误差、导轨误差和传动链误差，如图 5-5 所示。

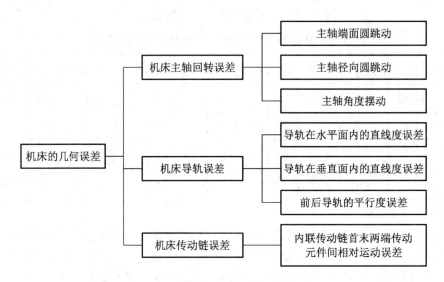

图 5-5　机床几何误差的构成

(1) 机床主轴回转误差。

机床主轴回转时，理论上要求其回转轴线在回转过程中应保持在某一位置固定不变。但是在实际加工过程中，由于主轴部件存在各种误差，如主轴轴径的圆度误差、前后轴径的同轴度误差、主轴轴承本身的各种误差、轴承孔之间的同轴度误差、主轴挠度及支承端面对轴颈轴线的垂直度误差等，导致主轴在每瞬时回转轴线的空间位置是变动的，即存在回转误差。

主轴的回转误差是指主轴的实际回转轴线相对其理想回转轴线(各瞬时回转轴线的平均位置)的变动量。变动量越大，回转精度越低；变动量越小，回转精度越高。主轴的回转误差表现为端面圆跳动、径向圆跳动、角度摆动三种基本形式，如图 5-6 所示。

① 端面圆跳动：主轴实际回转轴线沿平均回转轴线的方向作纯轴向窜动，如图 5-6(a)所示。车削加工时，端面圆跳动对内孔及外圆柱面车削影响不大，主要是在车端面时使工

件端面产生垂直度、平面度误差和轴向尺寸精度误
差，在车螺纹时产生螺距误差。

②　径向圆跳动：主轴实际回转轴线相对于平均
回转轴线在径向的变动量，如图 5-6(b)所示。车削外
圆时径向圆跳动影响被加工工件圆柱面的圆度和圆
柱度误差，对端面加工没有影响。

③　角度摆动：主轴实际回转轴线相对于平均回
转轴线倾斜一个角度作摆动，如图 5-6(c)所示。角度
摆动综合影响被加工工件圆柱度与端面的形状误差。

主轴回转运动误差实际上是上述三种不同误差
的合成。主轴不同横截面上轴线的运动轨迹是不同
的。影响主轴回转运动误差的因素有主轴轴颈、轴承、
轴承间隙、箱体支承孔、与轴承相配合零件的误差及
主轴刚度和热变形等。对于不同类型的机床，其影响
因素也是不同的。

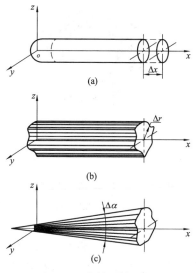

图 5-6　主轴回转误差

①　主轴采取滑动轴承支承。滑动轴承结构如图 5-7(a)所示。装配时，其外径与箱体孔
过盈配合，内孔与轴是间隙配合，因此，主轴的回转精度主要取决于滑动轴承的内孔及主
轴的制造精度。

a. 对于工件回转类机床(车床类)，切削力的方向基本是不变的，主轴在切削力的作用
下，与滑动轴承内孔的某一固定区域接触(见图 5-7(b))。主轴的回转精度主要取决于主轴
本身的制造精度，与滑动轴承内孔的制造精度无关。因此工件回转类机床的主轴制造精度
要求很高，而支承的精度要求相对较低。

b. 对于刀具回转类机床(镗床类)，切削力的方向随着主轴的回转而与滑动轴承内孔
的任意部位接触(见图 5-7(c))。主轴的回转精度主要取决于滑动轴承内孔的精度，而与
主轴的制造精度无关。因此刀具回转类机床的支承精度要求高，而主轴的制造精度要求
相对较低。

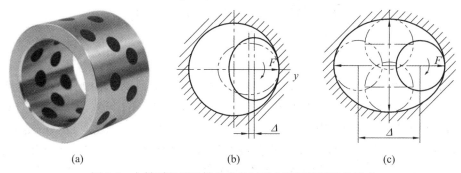

图 5-7　主轴采取滑动轴承支承时对主轴回转精度的影响

②　主轴采取滚动轴承支承。滚动轴承结构如图 5-8(a)所示。由外圈、内圈和滚动体构
成，其外圈与箱体过渡配合，内圈与轴过盈配合。滚动轴承影响主轴回转精度的因素比较
复杂，主要有外圈的内滚道、内圈的外滚道及滚动体。

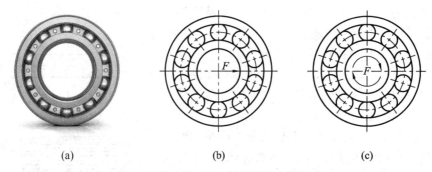

图 5-8　滚动轴承对主轴回转精度的影响

　　a. 对于工件回转类机床(车床类)，由于切削力的方向是固定的，这样主轴上的切削力始终作用在轴承外圈内滚道的某一固定区域(见图 5-8(b))，因此主轴的回转精度取决于主轴本身的制造精度及轴承内圈外滚道的精度，而与轴承外圈内滚道的精度无关。

　　b. 对于刀具回转类机床(镗床类)，由于切削力的方向随着主轴回转，这样主轴上的切削力作用在滚动轴承外圈内滚道上的任意位置(见图 5-8(c))，因此主轴的回转精度取决于滚动轴承外圈内滚道的精度，而与主轴本身的制造精度及轴承内圈外滚道的精度无关。

　　c. 滚动体误差。无论是工件回转类机床还是刀具回转类机床，滚动体的误差对主轴的回转精度都有直接的影响，所以无论是哪种类型的轴承，对滚动体的制造精度要求都很高。

　　③ 主轴回转精度的测量方法。

　　a. 千分表测量法。千分表测量法是在生产现场中沿用的测量主轴轴线跳动、窜动和摆动的方法。将一根精密心轴插入主轴孔，在其两端部打表(见图 5-9)。这种方法简单，但测得的径向移动中既包含有主轴回转轴线的径向移动，又有锥孔相对于回转轴线的偏心所引起的径向移动，无法加以区分；而且测量过程是在主轴慢速回转下进行的，不能反映主轴在工作转速下的回转误差。

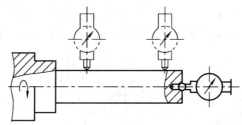

图 5-9　主轴回转精度的千分表测量法

　　b. 传感器测量法。图 5-10(a)是用于测量铣镗类机床主轴回转精度的装置，在主轴端部黏接一个精密测量球 3，球的中心和主轴回转轴线略有偏心 e (由摆动盘 1 进行调整)，在球的横向互相垂直的位置上安装两个位移传感器 2、4，并与测量球之间保持一定的间隙。当主轴旋转时，由于轴线的漂移引起测量间隙产生微小的变化，两个传感器发出信号，经放大器 5 分别输入示波器 6。如测量球是绝对的圆，主轴的旋转也是正确的，则示波器的光屏将显出一个以测量球偏心 e 为半径的真圆。若主轴的旋转存在着径向圆跳动，则传感器输出的信号将其跳动量叠加到球心所作的圆周运动上，此时，示波器光屏上的光点将描绘出一个圆的李沙育图形，如图 5-10(b)所示。它是由不重合的每转回转误差曲线叠加而成的。包容该图形的两个同心圆的最小半径差 $\Delta R_{\min}$，即为主轴回转轴线径向圆跳动，它影响加工工件的圆度误差。图形轮廓线宽度 B 表示随机径向圆跳动，它影响工件的表面粗糙度。

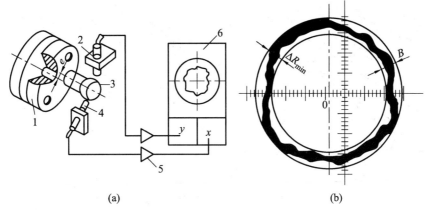

图 5-10　主轴回转精度的传感器测量法

(2) 机床导轨误差。

机床导轨既是确定机床各主要部件位置关系的基准，又是刀具或工件的运动基准。其制造和装配精度直接影响被加工工件的精度。一般对机床导轨的精度要求主要有以下三个方面：

① 导轨在水平面内的直线度误差。导轨在水平面内有直线度误差，如图 5-11 所示。这里以卧式车床车削外圆为例。如果导轨在水平面内有弯曲误差 δ_y，那么刀具在纵向进给过程中，运动将产生误差，导致加工工件产生径向尺寸误差 $\Delta R'$，且 $\Delta R' = \delta_y$。导轨在水平面内的误差直接反映到加工工件的尺寸误差上，这个方向被称为误差敏感方向，即被加工工件的法线方向为误差敏感方向。这个方向的误差对工件加工精度影响很大，是不能忽略的。

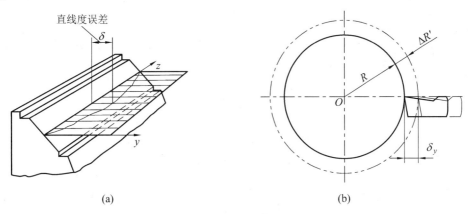

图 5-11　导轨在水平面内的误差对零件加工精度的影响

② 导轨在垂直面内的直线度误差。如果导轨在垂直面内存在直线度误差(见图 5-12(a))，那么在刀具纵向进给过程中，刀具的运动也将产生误差，它发生在被加工表面的切线方向(见图 5-12(b))。这里同样以卧式车床加工外圆为例。导轨在垂直面内的直线度误差 δ_z 对工件的径向尺寸误差的影响为

$$(R + \Delta R)^2 = R^2 + \delta_z^2 \tag{5-1}$$

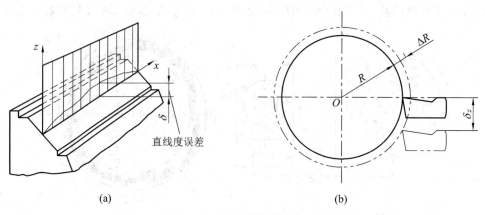

图 5-12　导轨在垂直面内的误差对加工精度的影响

由于 ΔR 很小，ΔR^2 是高阶无穷小，忽略不计，可得

$$\Delta R \approx \frac{\delta_z^2}{2R} \tag{5-2}$$

例如：加工直径 $D = 50\,\mathrm{mm}$ 的轴，假如导轨在水平面和垂直面的直线度误差都为 0.1 mm，即 $\delta_y = \delta_z = 0.1\,\mathrm{mm}$，那么由于导轨的误差带来的工件半径的加工误差为

$$\Delta R' = \delta_y = 0.1\,\mathrm{mm}$$

$$\Delta R \approx \frac{\delta_z^2}{2R} = 0.0001\,\mathrm{mm}$$

$$\Delta R' = 1000\Delta R$$

由此可知，导轨在垂直面内的误差对零件加工精度的影响比在水平面内的误差对零件加工精度的影响要小很多，可以忽略不计，而水平面内的误差(误差敏感方向)是不能忽略的。

③ 前后导轨的平行度误差。当前后导轨存在平行度误差时，如图 5-13 所示，将会使刀具相对于工件在水平和垂直方向都发生变化。

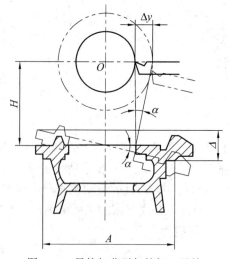

图 5-13　导轨扭曲引起的加工误差

设前后导轨的平行度误差为 Δ，在被加工工件误差敏感方向引起的尺寸误差为

$$\begin{cases} \dfrac{\Delta y}{H} \approx \dfrac{\Delta}{A} \\ \Delta y \approx \dfrac{H\Delta}{A} \end{cases} \tag{5-3}$$

式中：A——导轨宽度；

　　　H——主轴高度。

一般车床的结构 $H \approx \dfrac{2}{3}A$，外圆磨床结构 $H \approx A$，可以看出扭曲误差对零件加工精度的影响很大。

影响导轨精度的主要因素是机床制造误差。其中包括导轨、溜板的制造误差及机床的安装误差。机床安装不正确会对导轨产生很大的误差影响，比制造误差产生的影响更大。例如刚性较差的长床身，其自重就会引起导轨变形。除了安装误差，导轨磨损也是造成导轨误差的重要因素。实际加工过程中，因机床受力不均及润滑不好等，导轨会承受不同程度的磨损，也会引起导轨在水平面和垂直面内有直线度误差。

(3) 机床传动链误差。

传动链误差是指机床内联系传动链中，首末两端传动元件之间相对运动引起的误差。运用展成法原理加工齿轮、蜗轮等零件时，传动链误差是影响加工精度的主要因素。传动链中的各传动元件，如齿轮、蜗轮、蜗杆等有制造误差和磨损时，就会破坏正确的运动关系，同时会引起传动链的传动误差。

传动链的传动误差一般用传动链末端的转角误差来衡量。传动链的总转角误差 $\Delta\varphi_{\Sigma}$ 是各传动元件转角误差 $\Delta\varphi_j$ 所引起的末端转角误差 $\Delta\varphi_{jn}$ 的叠加。传动链中某个传动元件的转角误差引起末端传动元件转角误差的大小，取决于该传动元件到末端元件之间的总传动比 u_j，即

$$\Delta\varphi_{jn} = u_j \Delta\varphi_j \tag{5-4}$$

图 5-14 所示是一台精密滚齿机的传动系统图。被加工齿轮装夹在工作台上，与蜗轮同轴回转。由于传动链中各传动元件的制造不绝对准确，各传动元件在传动链中所处的位置不同，它们对工件加工精度的影响也不同，都通过传动链影响被切齿轮的加工精度。

设滚刀轴匀速旋转，若齿轮 z_1 有转角误差 $\Delta\varphi_1$，假设其他各传动件无误差，则由 $\Delta\varphi_1$ 所引起的工件转角误差 $\Delta\varphi_{1n}$ 为

$$\Delta\varphi_{1n} = \Delta\varphi_1 \times \frac{80}{20} \times \frac{28}{28} \times \frac{28}{28} \times \frac{28}{28} \times \frac{42}{56} \times i_{差} \times \frac{e}{f} \times \frac{a}{b} \times \frac{c}{d} \times \frac{1}{72} = K_1 \times \Delta\varphi_1 \tag{5-5}$$

式中，K_1 为 z_1 到工作台的总传动比，反映了齿轮 z_1 的转角误差对工作台转角精度的影响程度，亦称为误差传递系数。设第 j 个传动元件的转角误差为 $\Delta\varphi_j$，那么该转角误差通过相应的传动链传递到工作台的转角误差为

$$\Delta\varphi_{jn} = K_j \Delta\varphi_j \tag{5-6}$$

式中：K_j——第 j 个传动元件的误差传递系数。

由于所有的传动元件都有可能存在误差，因此各传动元件对工件精度影响的和 $\Delta\varphi_{\Sigma}$ 为各传动元件所引起的末端元件转角误差的叠加

$$\Delta\varphi_\Sigma = \sum_{j=1}^{n}\Delta\varphi_{jn} = \sum_{j=1}^{n}K_j\Delta\varphi_j \tag{5-7}$$

式中：K_j——第 j 个传动元件的误差传递系数；

　　　$\Delta\varphi_j$——第 j 个传动元件的转角误差。

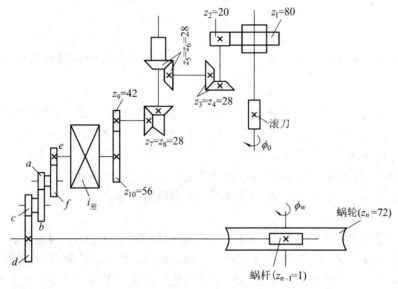

图 5-14　滚齿机传动系统图

为了提高传动精度，减小传动链的传动误差，可采取以下措施：

① 减少传动环节，缩短传动链，以减少误差来源。

② 提高传动元件，特别是末端传动元件(如车床丝杠螺母副、滚齿机分度蜗轮)的制造精度和装配精度。

③ 传动链中按降速比递增的原则分配各传动副的传动比。传动链末端传动副的降速传动比越大，则传动链中其余各传动元件误差对传动精度的影响就越小。

④ 采用误差补偿机构。其实质是测出传动误差，在原传动链中人为地加入一个误差，其大小与传动链本身的误差大小相等但方向相反，从而使之相互抵消。

2) *刀具误差*

刀具误差是由于刀具制造误差和刀具磨损所引起的。一般刀具(如车刀、刨刀等)的制造误差对加工精度没有直接影响；定尺寸刀具(如钻头、铰刀、拉刀等)的尺寸误差直接影响被加工工件的尺寸精度；成形刀具和展成刀具(如成形车刀、齿轮刀具等)的制造误差直接影响被加工工件表面的形状精度。另外，刀具安装不当或使用不当，也将影响加工精度。

刀具的磨损除了对切削性能、加工表面质量有不良影响外，也直接影响加工精度。例如用成形刀具加工时，刀具刃口的不均匀磨损将直接复映在工件上，造成形状误差；在加工较大表面(一次走刀需较长时间)时，刀具的尺寸磨损会严重影响工件的形状精度；车削细长轴时，刀具的逐渐磨损会使工件产生锥形的圆柱度误差；用调整法加工一批工件时，刀具的磨损会扩大工件尺寸的分散范围。

3) 夹具的误差

夹具的误差主要是指夹具的定位元件、导向元件及夹具体等零件的加工与装配误差，它将直接影响工件加工表面的位置精度或尺寸精度，对被加工工件的位置精度影响最大。在设计夹具时，凡影响工件精度的有关技术要求必须给出严格的公差。粗加工用夹具一般取工件相应尺寸公差的 1/10～1/5。精加工用夹具一般取工件相应尺寸公差的 1/3～1/2。

夹具磨损将使夹具的误差增大，从而使工件的加工误差也相应增大。为了保证工件的加工精度，除了严格保证夹具的制造精度外，还必须注意提高夹具易磨损件的耐磨性，当磨损到一定限度以后，必须及时予以更换。

3. 工艺系统受力变形对加工精度的影响

1) 工艺系统的刚度及计算

机械加工工艺系统在切削力、传动力、惯性力、夹紧力以及重力等的作用下，将产生相应的变形，破坏已调整好的刀具和工件之间正确的位置关系，从而产生加工误差。

例如，在车床上车削一根细长轴时，在纵向进给过程中切屑的厚度发生了变化，越到中间，切屑层越薄，加工出来的工件出现了两头细、中间粗的腰鼓形误差(见图 5-15(a))。这是由于工件的刚性太差，受到切削力作用时，就会朝着相反的方向变形，根据力学知识，越到中间变形越大，实际切深也就越小，所以产生腰鼓形的加工误差。在内圆磨床上，以横向切入法磨削内孔时，由于内圆磨头主轴弯曲变形，因此磨出的孔会出现圆柱度误差(锥度)(见图 5-15(b))。

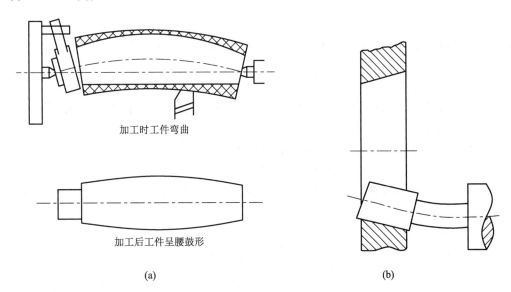

加工时工件弯曲

加工后工件呈腰鼓形

(a)　　　　　　　　　　(b)

图 5-15　工艺系统受力变形引起的误差

工艺系统的受力变形是机械加工精度中一项很重要的原始误差，它不但严重地影响加工后工件的精度，还影响表面质量，限制切削效率和生产效率的提高。

工艺系统在外力作用下产生变形的大小，不仅和外力的大小有关，还和工艺系统抵抗变形的能力(即工艺系统的刚度)有关。工艺系统在各种外力的作用下，将在各个受力方向上产生相应的变形，变形有大有小，这里主要研究误差敏感方向上的变形。因此，工艺系

统的刚度定义为：加工表面法向切削力 F_p 与工艺系统的法向变形 y 的比值，即

$$k = \frac{F_p}{y} \tag{5-8}$$

由工艺系统的刚度定义可知，法向变形 y 不是法向切削力 F_p 的作用结果，而是 F_f、F_p、F_c 综合作用的结果，是工艺系统各环节变形量的叠加，即

$$y = y_{机床} + y_{刀具} + y_{夹具} + y_{工件} \tag{5-9}$$

式中：$y_{机床}$、$y_{刀具}$、$y_{夹具}$、$y_{工件}$——机床、刀具、夹具、工件的变形量(mm)。

根据刚度的定义，有

$$\begin{cases} k_{机床} = \dfrac{F_p}{y_{机床}} \\[2mm] k_{刀具} = \dfrac{F_p}{y_{刀具}} \\[2mm] k_{夹具} = \dfrac{F_p}{y_{夹具}} \\[2mm] k_{工件} = \dfrac{F_p}{y_{工件}} \end{cases} \tag{5-10}$$

式中：$k_{机床}$、$k_{刀具}$、$k_{夹具}$、$k_{工件}$——机床、刀具、夹具、工件的刚度(N/mm)。

将式(5-8)和式(5-10)代入式(5-9)，整理可得工艺系统的刚度计算公式为

$$\frac{1}{k} = \frac{1}{k_{机床}} + \frac{1}{k_{刀具}} + \frac{1}{k_{夹具}} + \frac{1}{k_{工件}} \tag{5-11}$$

由式(5-11)可知，工艺系统是个串联系统，系统的总刚度取决于刚度小的部分，即工艺系统的薄弱环节。

(1) 工件和刀具的刚度。当工件和刀具的形状比较简单时，其刚度可用材料力学的有关公式进行近似计算，计算结果在误差允许范围内。

装夹在卡盘中的圆棒料以及夹紧在车床刀架上的车刀的刚度，可按悬臂梁受力变形的公式计算：

$$y_{工件(刀具)} = \frac{F_p L^3}{3EI} \tag{5-12}$$

$$k_{工件(刀具)} = \frac{F_p}{y_{工件}} = \frac{3EI}{L^3} \tag{5-13}$$

式中：E——材料的弹性模量(N/mm^2)；

　　　I——刀具、工件的截面惯性矩(mm^4)；

　　　L——刀具、工件的长度(mm)。

(2) 机床和夹具部件的刚度。机床部件及夹具由若干零件组成，其结构复杂，受力变形与各接触零件的刚度有很大关系，很难用公式准确表达，一般应用实验法测定(通常用单

向静载测定法和三向静载测定法来测定)。

2) 工艺系统的刚度对加工精度的影响

(1) 切削力作用点变化对加工精度的影响。

在车床上车削短而粗的轴，且刀具的悬伸量很小，即刀具和工件的刚度很大，相对机床的变形很小时，只考虑机床的变形对加工精度的影响，同时假定加工余量均匀，即法向切削力保持不变。设切削力为 F_p，刀具进给到距离机床头部距离为 x 时，工件的受力及变形情况如图 5-16 所示。

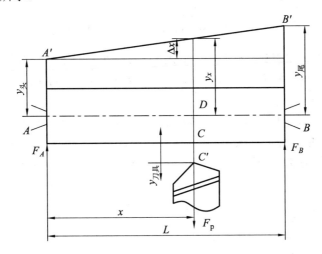

图 5-16　切削力作用点变化对加工精度的影响

在切削力 F_p 的作用下，机床头部和尾部所受到的力 F_A 和 F_B 分别为

$$F_A = \left(1 - \frac{x}{L}\right)F_p \tag{5-14}$$

$$F_B = \frac{x}{L}F_p \tag{5-15}$$

机床头部和尾部在力 F_A 和 F_B 的作用下，都将发生变形，分别为 $y_{头}$ 和 $y_{尾}$，在距离机床头部距离为 x 位置处，变形量为

$$y_x = y_{头} + \Delta x \tag{5-16}$$

$$\Delta x = \frac{x}{L}(y_{尾} - y_{头}) \tag{5-17}$$

机床头部和尾部的变形为

$$y_{头} = \frac{F_A}{k_{头}} \tag{5-18}$$

$$y_{尾} = \frac{F_B}{k_{尾}} \tag{5-19}$$

将式(5-14)、式(5-15)、式(5-17)、式(5-18)、式(5-19)代入式(5-16)，可得

$$y_x = \frac{F_p}{k_{头}}\left(\frac{L-x}{L}\right)^2 + \frac{F_p}{k_{尾}}\left(\frac{x}{L}\right)^2 \tag{5-20}$$

刀架的变形为

$$y_{刀架} = \frac{F_p}{k_{刀架}} \tag{5-21}$$

刀架的变形与 y_x 的变形方向相反，在切削位置 x 处，系统总变形为

$$y_{系统} = y_x + y_{刀架} \tag{5-22}$$

将式(5-20)、式(5-21)代入式(5-22)，整理得

$$y_{系统} = F_p \left[\frac{1}{k_{刀架}} + \frac{1}{k_{头}} \left(\frac{L-x}{L} \right)^2 + \frac{1}{k_{尾}} \left(\frac{x}{L} \right)^2 \right] \tag{5-23}$$

由工艺系统的变形量表达式(5-23)可以得出，随着切削力作用点的位置 x 的变化，工艺系统的变形是变化的，根据其函数关系，可知其有变形最小值，变形最小值位置即为工艺系统刚度最大值处。

工艺系统变形小的位置，切除的金属层厚度大；相反，变形大的地方，切削的金属层厚度小。这样加工完的零件呈马鞍形，由于机床结构决定了头部刚度远大于机床尾部刚度，因此零件的形状呈不对称马鞍形，尾部变形大，头部变形小(见图 5-17)。

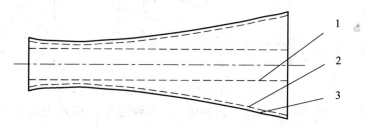

1—工艺系统无变形工件形状；2—考虑机床头部、尾部变形情况；3—考虑机床头部、尾部及刀架变形情况

图 5-17　切削力作用点的变化引起工件形状误差

工艺系统的刚度为

$$k_{系统} = \frac{F_y}{y_{系统}} = \frac{1}{\dfrac{1}{k_{刀架}} + \dfrac{1}{k_{头}} \left(\dfrac{L-x}{L} \right)^2 + \dfrac{1}{k_{尾}} \left(\dfrac{x}{L} \right)^2} \tag{5-24}$$

当考虑工件的变形时，假设不考虑机床、刀具的变形，由材料力学计算被加工工件在切削点的变形量为

$$y_{工件} = F_p \frac{(L-x)^2 x^2}{3EIL} \tag{5-25}$$

当同时考虑机床、夹具、刀具及工件的变形时，工艺系统的总变形为

$$y_{总} = y_{系统} + y_{工件} \tag{5-26}$$

将式(5-23)和式(5-25)代入式(5-26)，可得工艺系统总变形为

$$y_{总} = F_p \left[\frac{1}{k_{刀架}} + \frac{1}{k_{头}} \left(\frac{L-x}{x} \right)^2 + \frac{1}{k_{尾}} \left(\frac{x}{L} \right)^2 + \frac{(L-x)^2 x^2}{3EIL} \right] \tag{5-27}$$

工艺系统的总刚度为

$$k_{总} = \frac{F_y}{y_{总}} = \cfrac{1}{\cfrac{1}{k_{刀架}} + \cfrac{1}{k_{头}}\left(\cfrac{L-x}{L}\right)^2 + \cfrac{1}{k_{尾}}\left(\cfrac{x}{L}\right)^2 + \cfrac{(L-x)^2 x^2}{3EIL}} \tag{5-28}$$

(2) 切削力大小变化引起的加工误差(误差复映规律)。

在切削加工中，毛坯余量和材料硬度的不均匀，会引起切削力大小的变化。切削力的变化，引起工艺系统变形的大小也相应地发生变化，从而产生的加工误差也不同。

加工图 5-18 所示的毛坯是椭圆的轴，理论上要加工出虚线所示的圆。这样在毛坯椭圆长轴方向上的背吃刀量为 a_{p1}，短轴方向上的背吃刀量为 a_{p2}，由于背吃刀量的不同，切削力也不同，工艺系统产生的变形也不同。

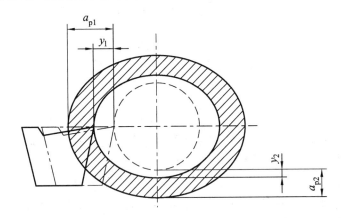

图 5-18　切削力大小变化引起的加工误差

由切削力的计算公式可知：

$$F_p = C_{F_p} a_p^{x_{F_p}} f^{y_{F_p}} (\text{HBW})^{n_{F_p}} \tag{5-29}$$

式中：C_{F_p}——与刀具几何参数及切削条件有关的系数；

　　　a_p——背吃刀量；

　　　f——进给量；

　　　HBW——工件材料硬度；

　　　x_{F_p}、y_{F_p}、n_{F_p}——指数。

在工件材料硬度均匀，刀具几何参数、切削条件及进给量一定的情况下，车削加工中，$x_{F_p} \approx 1$，那么 $C_{F_p} f^{y_{F_p}} (\text{HBW})^{n_{F_p}} = C$(常数)，于是切削力式(5-29)简化为

$$F_p = C a_p \tag{5-30}$$

这样加工椭圆毛坯轴时，长轴和短轴的切削力分别为

$$F_{p1} = C a_{p1} \tag{5-31}$$

$$F_{p2} = C a_{p2} \tag{5-32}$$

在切削力作用下产生的变形分别为

$$y_1 = \frac{F_{p1}}{k} \tag{5-33}$$

$$y_2 = \frac{F_{p2}}{k} \tag{5-34}$$

由式(5-33)和式(5-34)可得

$$y_1 - y_2 = \frac{1}{k}(F_{p1} - F_{p2}) \tag{5-35}$$

将式(5-31)、式(5-32)代入式(5-35)，整理得

$$y_1 - y_2 = \frac{1}{k}(F_{p1} - F_{p2}) = \frac{c}{k}(a_{p1} - a_{p2}) \tag{5-36}$$

设 $\Delta_{毛坯} = a_{p1} - a_{p2}$，$\Delta_{工件} = y_1 - y_2$，代入式(5-36)可得

$$\Delta_{工件} = \frac{c}{k}\Delta_{毛坯} \tag{5-37}$$

令 $\varepsilon = \frac{c}{k}$，则

$$\Delta_{工件} = \varepsilon \Delta_{毛坯} \tag{5-38}$$

上式说明，毛坯的误差以一定的规律映射到工件上，这种现象称为误差复映现象。ε 称为误差复映系数。工艺系统刚度越高，ε 越小，即复映在工件上的误差越小。

当加工表面分成几次进给时，每次进给的误差复映系数为 ε_1，ε_2，ε_3，…；总的误差复映系数为 $\varepsilon_总 = \varepsilon_1\varepsilon_2\varepsilon_3\cdots$。每次加工的误差系数远小于1，经过多次加工后，总误差复映系数就非常小，复映误差基本消除。

通过以上的分析，误差复映规律对加工过程的影响为：

① 除了尺寸误差以外，零件的形位误差都存在误差复映规律。如果知道了某加工工序的误差复映系数，就可以通过测量毛坯的误差值来估算加工后工件的误差值。

② 由于误差复映系数远小于1，因此要想消除误差复映规律对加工精度的影响，经过多次加工即可实现。

③ 在大批量生产中，采取调整法加工一批零件时，由于误差复映规律的影响，如果毛坯的余量不均匀，会造成一批零件的尺寸分散。

3) 机床部件刚度及其特点

对于简单的结构或者零件，可以通过材料力学的相关知识进行精确或者误差允许范围内的近似计算，但机床结构较为复杂，它由许多零部件组成，其刚度值尚无合适的精确或近似计算方法，目前主要还是用实验的方法进行测定。

(1) 机床静刚度测量。

图5-19为机床头部、尾部及刀架静刚度测试原理图。其原理为：在车床头尾部两顶尖之间，安装一根短而粗的光轴(轴的变形忽略不计)，刀架上安装一个加力器，在加力器和光轴间安装一个测力环，加力器及测力环与光轴长度的中间位置接触。转动加力器的加力螺钉5，刀架与轴之间便产生了作用力，力的大小由测力环3中的表读出。在力的作用下，机床头部、尾部和刀架的位移可以由装在相应位置的千分表4读出。

图 5-20 为某车床刀架的静刚度实验曲线。实验过程为：载荷逐渐加大，依次测出变形值；再逐渐减小，测出变形值。反复三次，将三次加载、卸载曲线绘制在刀架静刚度实验曲线图中。

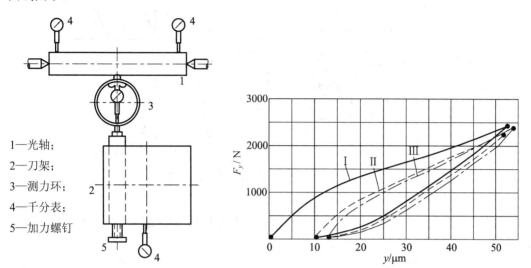

1—光轴；
2—刀架；
3—测力环；
4—千分表；
5—加力螺钉

图 5-19　机床静刚度测试原理图　　　　　　图 5-20　某车床刀架的静刚度实验曲线

从图 5-20 中可以得出以下结论：

① 力和变形不为线性关系，说明不完全是弹性变形，还有塑性变形；

② 每次的加载曲线与卸载曲线不重合，加载曲线与卸载曲线围成的面积为克服摩擦力及塑性变形所做的功；

③ 载荷去除后，变形恢复不到起点，说明既有弹性变形，又有不能恢复的塑性变形。但在多次反复加载、卸载后，残余变形逐渐消失，加载与卸载曲线重合；

④ 实测刚度值比预想的要小很多，说明有影响刚度的薄弱环节的存在。

(2) 影响机床部件刚度的因素。

通过以上机床部件的静刚度测量实验结果可知，影响机床部件刚度的因素很多，且实验结果和预想的相差很大，说明影响因素多，而且复杂。

① 接触变形的影响。任何两个接触表面，无论加工精度多高，受加工精度、表面粗糙度及波度的影响，其实际接触表面也只是部分接触，在外力作用下，接触面必然发生弹塑性变形，但经多次加载卸载后，接触变形逐渐趋于稳定状态。

② 摩擦力的影响。任何两个作相对运动的接触表面都存在摩擦力，摩擦力的方向始终与运动趋势方向相反，加载时摩擦力阻碍变形的增加，卸载时摩擦力阻碍变形的恢复。

③ 薄弱环节的影响。机床部件中，因必要的功能及结构的需要，不可避免地存在薄弱环节。工艺系统是刚度串联系统，系统的总刚度取决于薄弱环节，因此薄弱环节对机床部件的刚度影响很大。刀架和机床的溜板箱中为了调整间隙及使用中磨损的需要，加入楔铁(见图 5-21(a))，楔铁在结构上属于细长类零件，不易做得平直，受力易变形，从而使刀架的刚度下降很多。

④ 间隙的影响。对于单一方向受力的接触表面，间隙没什么影响，但对于双向受力的机构来讲，间隙的影响很大(见图 5-21(b))。

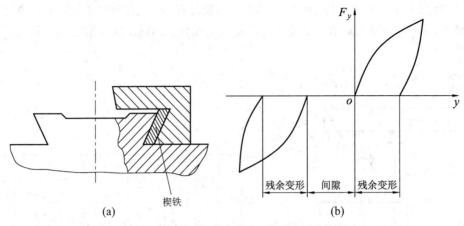

图 5-21　薄弱环节及间隙对工艺系统刚度的影响

4) 减少工艺系统受力变形的措施

要想减少机构受力变形，只能从提高工艺系统刚度和减小切削力及其变化这两方面进行综合考虑。

(1) 提高工艺系统刚度。

提高工艺系统刚度应从提高其组成结构的薄弱环节的刚度入手。从影响工艺系统刚度的因素分析中可知，提高工艺系统刚度可以采取以下措施：

① 提高接触刚度。两个零件的接触刚度都低于零件实体的刚度，所以提高接触刚度是提高工艺系统刚度的关键。常用的方法有：一是从改善工艺系统中主要零件接触面的配合质量入手，如对机床导轨副、锥体与锥孔、顶尖与中心孔等配合面采用刮研与研磨，以提高配合表面的形状精度，使实际接触面积增加，从而有效地提高接触刚度；二是对于相配合零件，可以通过在接触面间适当预紧来消除间隙，增大实际接触面积，减少受力后的变形量，比如轴承预紧等措施。

② 提高零件的刚度。在切削加工中，如果零件本身的刚度较低，例如薄壁类、细长轴类等零件，就容易变形。在这种情况下，提高零件的刚度是提高加工精度的关键。其主要措施是缩小切削力的作用点到支承之间的距离，增加辅助支承，以增大零件在切削时的刚度(见图 5-22)。

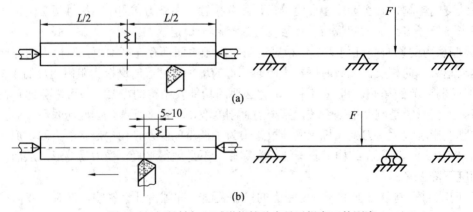

图 5-22　细长轴加工时增加辅助支承以提高工件刚度

③ 提高机床部件的刚度。在切削加工中，有时由于机床部件刚度低而产生变形，影响加工精度，所以加工时常采用增加辅助装置、减少悬伸量以及增大刀杆直径等措施来提高机床部件的刚度。

④ 选择合理的工件装夹方式和加工方法。改变夹紧力的方向、让夹紧力均匀分布等都是减少夹紧变形的有效措施。如图 5-23 所示为薄壁零件装夹改善过程。

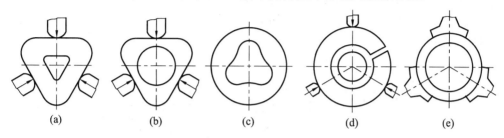

图 5-23　薄壁零件装夹改善

(2) 减小切削力及其变化。

改善毛坯制造工艺，合理选择刀具的几何参数，增大前角和主偏角，合理选择刀具材料，对工件材料进行适当的热处理以改善材料的切削加工性能，都可使切削力减小。还应尽量使一批工件的材料性能和加工余量保持均匀，以控制和减小切削力的变化。

4. 工艺系统受热变形对加工精度的影响

在机械加工过程中，工艺系统会受到各种热源的影响而产生变形，破坏刀具与工件间正确的相对位置关系，从而造成工件的加工误差。工艺系统热变形对加工精度的影响非常大，尤其是精密加工及大型零件的加工。随着高精度、高效率、自动化及智能化加工技术的发展，工艺系统的热变形问题更加突出。

1) 工艺系统的热源

引起工艺系统热变形的热源可分为内部热源和外部热源两大类(如图 5-24 所示)。内部热源包括切削热和摩擦热，它们产生于工艺系统内部，其热量主要是以热传导的形式传递。外部热源包括环境热和辐射热，主要是指工艺系统外部的、以对流传热为主要形式的环境温度和各种辐射热。

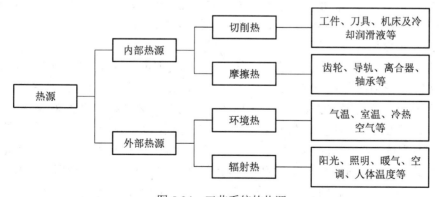

图 5-24　工艺系统的热源

切削热是切削加工中最主要的热源，它对工件加工精度的影响最为直接。在加工过程中，切削层的弹、塑性变形能及刀具与工件和切屑之间摩擦的机械能，绝大部分都转变成了切削热。切削热产生的多少与被加工材料的性质、切削用量及刀具的几何参数等有关；同样，切削热传导的多少也随切削条件的不同而不同。车削时，切屑带走的热量可达 50%～80%，传给工件约 30%，传给刀具约 5%；铣削、刨削加工传给工件的热量约 30%；钻削和卧镗时，切屑留在孔中，传给工件的热量大约 50%；磨削时，切屑带走的热量为 4% 左右，传导给工件的约 84%，所以工件表面温度高。

车削加工中，随着切削速度的不同，切削热传到工件、刀具和切屑中的比例有很大不同，如图 5-25 所示。

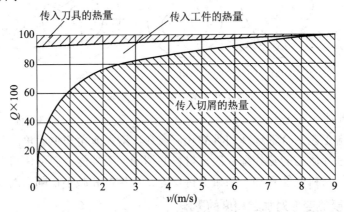

图 5-25　车削加工切削热与切削速度的关系

工艺系统中的摩擦热主要是由机床和液压系统中的运动部件产生的，如电动机、轴承、齿轮、丝杠副、导轨副、离合器、阀等各运动部件产生的摩擦热。摩擦热在工艺系统中是局部发热，会引起局部温升和局部变形，破坏工艺系统原有的几何精度，对加工精度带来严重影响。

2) 工艺系统温度场及热平衡

由于工艺系统各组成部分的热源、发热量、位置和作用时间各不相同，各部分的热容量、散热条件也不一样，因此各部分的温升也各不相同。即使是同一物体，处于不同空间位置上的各点，在不同时间其温度也是不等的。物体中各点温度的分布称为温度场，当物体未达到热平衡时，各点温度不仅是坐标位置的函数，也是时间的函数，这种温度场称为不稳态温度场；当物体达到热平衡后，各点温度将不再随时间而变化，而只是其坐标位置的函数，这种温度场称为稳态温度场。

当工件、刀具和机床的温度达到某一数值时，单位时间内散发的热量与从热源传入的热量趋于相等，这时工艺系统就达到了热平衡状态。在热平衡状态下，工艺系统各部分的温度就保持在一个相对固定的数值上，因而各部分的热变形也就相应地趋于稳定。

目前，对于温度场和热变形的研究，仍然着重于模型试验与实测。早期的热电偶、热敏电阻、半导体温度计是常用的测温手段，其效率低，精度差。近年来红外测温、激光全息照相、光导纤维等技术在机床热变形研究中已开始得到应用。此外，随着计算机技术的广泛应用，对微分方程进行数值解的有限元法和有限差分法在热变形研究方面也有了很大的发展。

3) 工件热变形对加工精度的影响

机械加工过程中，工件热变形的主要原因是切削热的影响。对于精密零件，环境温度、光照、取暖设备等外部热源对工艺系统的局部辐射等也不容忽视。工件的受热变形与工件的材料、形状、尺寸、加工方法等有关。在车削或磨削轴类零件时，如果零件处在周围环境相对稳定的温度场，零件可近似看成是均匀受热。

工件均匀受热也影响工件的尺寸精度，其热变形可以按物理学计算热膨胀的公式求出，即

$$\Delta L = \alpha L \Delta t \tag{5-39}$$

式中：L——工件变形方向的尺寸(长度或直径)(mm)；

　　　α——材料热膨胀系数(1/℃)(可通过机械加工工艺手册查得)；

　　　Δt——工件平均温升(℃)。

精密丝杠磨削时，工件的受热伸长会引起螺距累积误差。若丝杠长度为 2m，每一次走刀磨削温度升高约3℃，则丝杠的伸长量 $\Delta L = \alpha L \Delta t = 1.17 \times 10^{-5} \times 2000 \times 3 = 0.07$ mm(查表得钢的热膨胀系数 $\alpha = 1.17 \times 10^{-5}/℃$)，而 6 级丝杠的螺距累积误差在全长上不允许超过 0.02 mm，由此可见热变形的严重性。

工件不均匀受热时，如图 5-26(a)所示，由于磨削热的作用，工件上表面温度高于下表面温度，导致工件向上凸起，加工时凸起部分被刀具切除掉，加工完工件冷却后，工件表面呈中凹状几何形状误差。

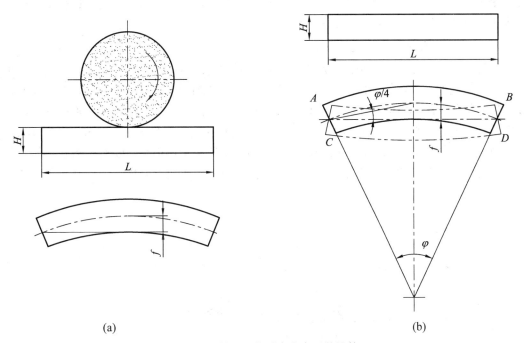

图 5-26　单面受热时弯曲变形的计算

如图 5-26(b)所示，由于切削热造成的工件凸起量 f 的计算如下：

$$f = \frac{L}{2}\sin\frac{\varphi}{4} \tag{5-40}$$

由于 φ 很小，$\sin\dfrac{\varphi}{4} \approx \dfrac{\varphi}{4}$，这样式(5-40)变为

$$f = \frac{L}{2}\sin\frac{\varphi}{4} \approx \frac{L}{8}\varphi \tag{5-41}$$

根据热变形计算公式(5-39)有

$$\alpha L\Delta t = \overset{\frown}{AB} - \overset{\frown}{CD} = AC\varphi = H\varphi \tag{5-42}$$

由上式可得

$$\varphi = \frac{\alpha L\Delta t}{H} \tag{5-43}$$

将式(5-43)代入式(5-41)，可得不均匀受热情况下工件的凸起量为

$$f \approx \frac{\alpha L^2 \Delta t}{8H} \tag{5-44}$$

式中：L——工件长度(mm)；

H——工件厚度(mm)。

从式(5-44)可以看出，工件越长、越薄，热变形越大；而在工件尺寸参数一定的情况下，温差越高，热变形越大，这样就要求在精密加工时必须采取一定的工艺方法控制温差。如：及时修整砂轮或刃磨刀具，使刀具保持锋利，以减少切削热的产生；提高切速或进给量，使产生的热量传入工件的更少；加工过程中充分冷却；粗、精加工之间进行足够时间的冷却；必要时还可以采取一定的补偿措施。

4) **刀具热变形对加工精度的影响**

刀具热变形的热源主要是由切削热引起的。通常传入刀具的热量并不太多，尤其外表面的加工，比如车、铣等，但由于热量集中在刀具的切削部分，刀具体积小，热容量小，故刀具仍会有很高的温升。例如，车削时，高速钢车刀切削刃部分温度可达 700℃～800℃，而硬质合金刀具切削刃部分可达 1000℃以上。刀具总的热变形量可达 0.03 mm～0.05 mm。

当刀具进行连续切削时，其热变形在切削初始阶段增加得很快，随后变得较缓慢，随着切削的进行，刀具的散热量加大，进入热平衡状态后，热变形变化量就非常小了，如图 5-27 中曲线 1 所示。

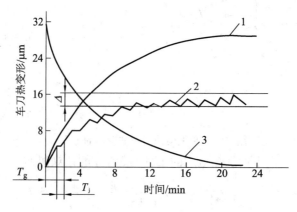

图 5-27　车削加工刀具热变形

间断切削时，由于刀具有短暂的冷却时间，热变形量相比连续切削要小很多，其热变

形曲线具有热胀、冷缩的综合作用效果，如图 5-27 中曲线 2(图中 T_g 表示切削时间；T_j 表示间断时间)所示，但总的变化趋势和连续切削时相同。当切削停止后，随着刀具温度逐渐下降，热变形也逐渐消失。

粗加工时，刀具的热变形对加工精度的影响不大。但精加工时，尤其精密加工及加工大型零件时，刀具热变形对零件的尺寸精度和形位公差影响较大，必须予以充分重视。

为了减小刀具热变形对加工精度的影响，应该从降低切削热的产生和改善散热条件两方面综合考虑。首先应合理选择切削用量和刀具几何参数，降低切削温度；其次是合理选择冷却润滑液及冷却方式，降低切削区温度。

5) 机床热变形对加工精度的影响

机床种类繁多，结构各种各样，工作条件千差万别，引起机床热变形的热源非常多，而且热变形对加工精度的影响也各不相同。引起机床变形的热源主要集中在主轴部件、导轨、床身、立柱、工作台等部件上。

车、铣、钻、镗类机床，主轴箱中的齿轮、轴承摩擦发热，润滑油发热是其主要热源，造成主轴箱及与之相联部分，如床身或立柱的温度升高而产生较大变形。图 5-28(a)、(b) 分别表示车床、铣床的主轴发热使主轴箱在水平面内发生偏移和倾斜；对于磨床类机床，除了主轴箱热源外，还有主轴电机及冷却润滑系统热源的影响，图 5-28(c)、(d)表示平面磨床、双端面磨床的主轴箱及切削液热流使主轴在垂直面和水平面内发生偏移和倾斜。

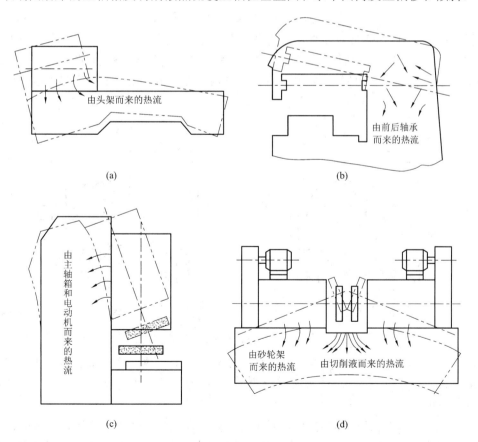

图 5-28　几种机床热变形

在分析机床热变形对加工精度的影响时，应注意分析热位移方向与误差敏感方向的相对位置关系。对于处在误差敏感方向的热变形，需要特别注意控制。

减小机床热变形对加工精度的影响，可以从机床结构及加工工艺两方面综合考虑。

(1) 在机床结构上控制。具体措施包括：

① 采取热对称结构。机床主要部件的热变形对加工精度的影响非常大，而采取热对称结构可以减少热变形对加工精度的影响。如图 5-29 所示的牛头刨床的滑枕结构设计中，采取图 5-29(a)所示的截面设计，由于热变形集中在滑枕的下部，因此滑枕部件的热变形下面大、上面小，造成如图 5-29(b)所示的误差，当采取热对称结构时(如图 5-29(c)所示)，其变形明显减小。

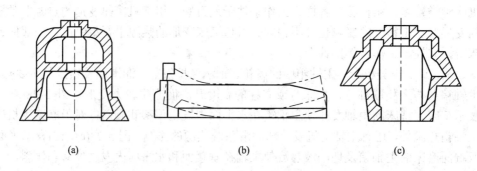

图 5-29　牛头刨床滑枕热对称结构

② 机床关键件热变形对零件精度的影响在误差非敏感方向。误差敏感方向是工件表面的法线方向，在机床的结构设计时，热变形对零件的精度的影响控制在误差的非敏感方向(见图 5-30(a))时，对零件加工精度没有直接影响。图 5-30(b)所示的热变形对零件加工精度影响较大。

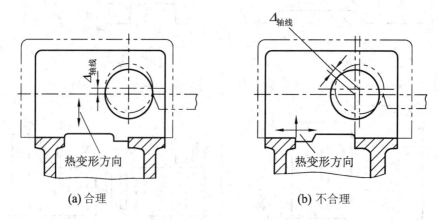

图 5-30　机床误差非敏感方向的安装位置的选择

③ 缩短热变形的长度。直接减小部件热变形的长度，热变形产生的误差就会直接减小。图 5-31 所示的实线结构中，丝杠长度为 L，如结构变成虚线位置，丝杠长度大大缩短，从而热变形要小得多。

④ 采取必要的冷却或隔离措施。对于机床内部发热量比较大的热源，如电机、泵、轴承等，保障有良好的冷却条件，或采取强制冷却或隔离措施，减弱热源温度对主要部件

热变形的影响。

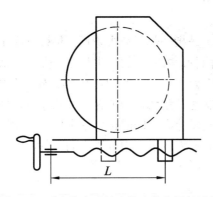

图 5-31 减少热变形长度的安装位置的选择

⑤ 采取热补偿方法减少热变形。当单纯地降低温升对热变形不能取得满意的效果时，可采用热补偿的方法使机床的温度场更均匀，图 5-32(a)所示为立式平面磨床采用热空气循环加热温度较低的立柱后壁，使立柱前后壁的温度大致相同，以减少立柱的弯曲变形；图 5-32(b)所示为机床的床身较长时，床身上面的温度高于下面，为减小热变形，在床身下面配置热补偿油沟，均衡床身的温度，以减小床身的热变形。

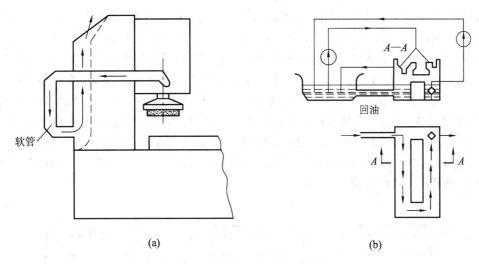

(a)   (b)

图 5-32 热补偿方法减少热变形

(2) 在加工工艺措施上控制。具体措施包括：

① 控制环境温度。对于普通机床，在安装机床的区域内，要保证环境温度均匀，避免阳光直射，避免取暖、加热设备热流的影响，避免造成不均匀的热变形。精密机床一般要安装在恒温车间。高精度级机床恒温一般控制在±1℃以内，精密级为±0.5℃，超精密级为±0.01℃。恒温车间平均温度一般为20℃，冬季可取17℃，夏季取23℃。

② 保持热平衡状态对于精密机床，特别是大型机床，达到热平衡的时间较长。为了缩短这个时间，可以在加工前使机床作高速空运转，或在机床的适当部位设置可控制热源，人为给机床加热，使机床较快地达到热平衡状态，然后进行加工。根据机床类型的不同，其空运转的热平衡时间为几个小时、十几个小时甚至数十个小时不等。

5. 内应力引起的工件变形

1) 内应力的概念

内应力又称为残余应力，是指外部载荷去除后，仍残存在工件内部的应力。内应力分为残余拉应力和残余压应力两种。内应力的产生是由于金属内部相邻组织之间发生不均匀体积变化引起的。内应力常常处于不稳定的相对平衡状态，其内部组织有强烈地恢复到一种新的不存在内应力的稳定状态的趋势。即使在常温状态下，外界某些因素的影响也会使内应力失去原有状态，使其重新分布，同时也会使零件产生相应变形，破坏零件原有的加工精度。如果已经加工完成的零件或者使用过程中的零件产生变形，机器的使用性能就会受到很大影响。

2) 内应力的产生

(1) 毛坯制造中产生的内应力。

在铸、锻、焊及热处理等热加工过程中，毛坯内部会产生相当大的残余应力，主要是由于毛坯结构复杂、壁厚不均匀等因素造成散热条件差别比较大，热胀冷缩不均匀使得毛坯内部产生较大的内应力。同时，金相组织转变时，不同组织的密度不同而引起的体积变化，也会带来相当大的影响。当外界条件变化后，毛坯中的内应力短暂的平衡就会被打破，导致内应力重新分布，工件则产生变形。

如图 5-33(a)所示，该铸件的内外壁厚不均匀，尺寸相差较大，在浇铸完毕后，当温度逐渐冷却到室温时，A、C 处壁厚较薄，散热条件好，冷却快；B 处壁厚较厚，散热条件差，冷却慢。当 A、C 从塑性状态冷却到弹性状态时，B 的温度会依然比较高，并且仍然处在塑性状态，A、C 处收缩时，B 处不能阻挡工件变形，并且其内部不会产生内应力。但是，当 B 处也冷却到弹性状态时，A、C 处已经快速降低温度，由于 B 处的收缩速度慢，导致 B 处受到 A、C 处变形的阻碍。这样，B 处就产生拉应力，A、C 处受到 B 的牵制而产生压应力，如图 5-32(b)所示，铸件会暂时处于相对平衡状态。当在 A 处上开口时，A处的压应力会消失，B 处收缩，C 处伸长，这时铸件就产生了弯曲变形，直到残余应力重新分布达到新的平衡状态为止，如图 5-33(c)所示。

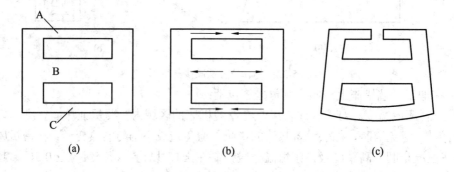

(a)　　　　　　　　　　(b)　　　　　　　　　　(c)

图 5-33　铸造毛坯残余应力引起的变形

(2) 冷校直带来的内应力。

细长轴类零件刚度较差，且容易变形。比如，由于丝杠毛坯轧制中产生的内应力会重新分布，因此加工后的丝杠会产生弯曲变形。

在实际生产过程中，细长轴类零件毛坯在运输或存储中往往会发生弯曲变形，加工前一般会采用冷校直方法来减小弯曲，即在常温下，将带有弯曲变形的轴放在两个支点上，凸起部位朝上，同时在弯曲的反方向加外力 F；此时工件向反方向弯曲，并且产生塑性变形，从而可以达到校直的目的，如图 5-34(a)所示。在外力 F 的作用下，工件内应力的分布会如图 5-34(b)所示，在轴线以上产生压应力(用负号表示)，轴线以下产生拉应力(用正号表示)，在轴线和两条虚线之间是弹性变形区域，在两条虚线之外是塑性变形区域。

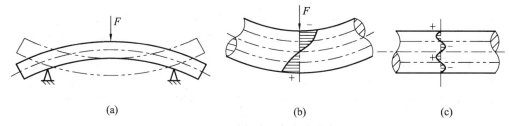

(a)　　　　　　　　　　(b)　　　　　　　　　　(c)

图 5-34　冷校直引起的内应力

外力 F 去除后，塑性变形不能恢复，弹性变形恢复，这样内部弹性变形部分在外层的塑性变形区域的阻碍下，没有完全恢复，从而导致内部残余应力重新分布，如图 5-34(c)所示。此时，虽然冷校直可以减小甚至消除弯曲变形，但是工件内部产生了残余应力，毛坯在进行进一步的加工后，其内部的残余应力进行重新分布，使工件产生新的变形，并且恢复到原来的弯曲方向。

(3) 切削加工产生的内应力。

在切削加工时，工件在切削力和摩擦力的作用下，表层金属会产生冷、热态塑性变形及温度的改变，引起内部金相组织改变，从而产生残余应力。内部有残余应力的工件，在切去表层金属后，内部的残余应力会重新分布，从而导致工件变形。为此，在拟订工艺规程时，可以把加工工艺划分为粗、精等不同阶段进行，从而在精加工阶段去除粗加工后残余应力重新分布所产生的变形。

3) 减少或消除内应力的措施

(1) 合理设计工件的结构。设计零件的结构时，对于铸、锻、焊类毛坯件，尽量简化结构，使壁厚均匀、结构对称，以减少内应力的产生。

(2) 合理安排热处理。由于在制造及运输保存过程中会产生内应力，因此毛坯在加工前后可安排多次退火、回火及时效处理，尤其大型、精密、细长轴类零件。最常见的是时效处理，按照方法的不同又可以分为以下几种：

① 自然时效法。自然时效法是最传统的时效处理方法，即把工件露天置于室外，依靠大自然的力量，历经几个月甚至几年的风吹、日晒、雨淋及季节的温度变化，在反复的温度应力作用下，促使工件内部残余应力松弛，从而获得稳定的尺寸精度。该方法简单，但周期很长，占地面积大，不能及时发现工件内部缺陷。

② 人工时效法。人工时效法是指将铸件加热到一定温度后(与材料及工艺方法有关)，长时间保温并随炉冷却，也可以自然冷却。相比自然时效，人工时效法周期短，占地面积小，但残余应力释放得不够彻底；对于大型铸锻件需要很大的炉，相对投资较大。

③ 振动时效法。振动时效法让工件受到激振器或振动台的振动，或装入滚筒，在滚筒旋转时相互撞击，通过振动使工件的内应力和附加的振动应力的矢量叠加，超过材料屈

服强度的时候，材料发生微量的塑性变形，从而材料的内应力得以松弛和减轻。这种方法节省能源、简便高效。

5.3 加工误差的统计分析

实际生产过程中，影响加工精度的因素很多，并且往往是"多因一果"，而且其中的不少因素对加工精度的影响带有随机性，很多因素又互相交织在一起。因此，在大部分情况下，依靠前面所述的单因素分析方法分析加工误差是不够的，必须运用数理统计方法对加工误差数据进行处理和分析，从中发现误差的形成规律，分析影响加工误差的主要因素，找出解决影响加工精度的办法。这就是加工误差的统计分析法。

5.3.1 加工误差的性质

根据加工工件时误差出现的规律，加工误差可分为系统性误差和随机性误差两大类。

1. 系统性误差

当顺序地加工一批工件时，误差的大小和方向始终保持不变，或者按一定规律变化，这种误差叫系统性误差。

误差的大小和方向始终保持不变，称为常值系统性误差。原理误差，机床、刀具、夹具的制造误差，工艺系统受力变形引起的加工误差，其变化均与时间无关，并且大小和方向在一次调整中也基本不变，因此属于常值系统性误差。

误差的大小和方向按照一定规律变化，称为变值系统性误差。机床、刀具、夹具等在热平衡前的热变形误差和刀具的磨损，都属于变值系统性误差。

2. 随机性误差

随机性误差是指在加工一批工件时，加工误差的大小和方向的变化是随机的。毛坯余量不均匀造成的误差复映规律引起的误差，工件材料硬度不均匀造成的加工误差，夹紧误差，残余应力引起的误差，多次调整的误差等都属于随机性误差。

在加工过程中不可避免地存在着随机性误差，随机性误差看似毫无规律可言，难以分析和控制，但是可以应用数理统计方法找出一批零件加工误差的总体规律。所以当掌握工艺过程中各种随机误差的概率分布和变值系统性误差的分布规律后，就可以从工艺上采取措施来控制其影响。

5.3.2 机械加工中常见的误差分布规律

机械加工中，常见的工件加工误差的分布规律如图 5-35 所示。

1. 正态分布

在机械加工中，一批工件的加工误差服从正态分布(见图 5-35(a))。正态分布的加工必须同时满足三个条件：

(1) 无变值系统性误差(或有而不显著)；

(2) 各随机性误差相互独立;

(3) 误差中没有起主导作用的任何随机性误差。

上述三个条件缺一不可。

2. 平顶分布

机械加工过程中,如果刀具线性磨损影响显著,此时工件的尺寸误差正态分布曲线对称中心逐渐右移,随机性误差中混有变值系统性误差,总体呈现平顶分布,如图 5-35(b)所示。

3. 双峰分布

同一台机床,两次调刀加工的工件混在一起测量,由于两次调刀不完全相同,会造成双峰分布;或者由两台机床加工同一个工件,若这两台机床所加工的所有工件混合测量,则工件的尺寸误差也会呈双峰分布,如图 5-35(c)所示。

4. 偏态分布

当采用试切法车削轴或孔时,为了避免造成不可修复的废品,一般都主观地使轴径加工得宁大勿小,孔径加工得宁小勿大。则它们的尺寸误差就呈偏态分布,如图 5-35(d)所示。对于轴向圆跳动和径向圆跳动而产生的误差,也会产生偏态分布。

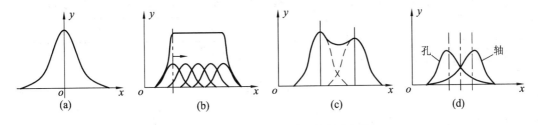

图 5-35　加工中常出现的误差分布规律

5.3.3　加工误差的分布图分析法

1. 实际分布曲线法——直方图法

采用调整法加工一批工件,随机抽取足够数量的工件作为样本。由于各种误差因素的影响,同一道工序所加工出来的一批工件的尺寸是在一定范围内变化的,其最大和最小加工尺寸之差称为尺寸的分布范围。如果按一定的尺寸间隔将这一分散范围划分成若干个尺寸区间,称为分组;以尺寸间距为横坐标,以每个区间内的工件数(称为频数)为纵坐标画出一个个矩形,这些连在一起的矩形就构成了所谓的直方图。如果以每个区间的中点(称为组中值)为横坐标,以每区间的频数为纵坐标,得到相应的一些点,将这些点用直线连接起来就成为分布折线图。若所取的工件数量增加而尺寸间隔取得很小,则做出的折线图就会非常接近光滑的曲线,即实际分布曲线。

实际分布曲线的绘制步骤如下:

(1) 确定样本容量。从一批工件的总体中抽取样本时,样本容量的确定是很重要的。如果抽取样本的容量太少,样本不能准确地反映总体的实际情况,失去了取样的目的和研究的意义;如果抽取样本的容量太大,虽能代表总体,但却增加了分析计算的工作量。一般生产条件下,样本容量取 $n = 50 \sim 200$,就能有足够的估计精度。

(2) 获取样本数据。选用合适的测量仪器，尤其是仪器的测量精度要高于被测工件精度一个数量级，采取合理的测量方法，对所选工件的数据进行测量、记录，并填入预先设计的表格中。

(3) 异常数据剔除。在所实测的数据中，有时会存在异常测量数据或异常加工数据，这种数据具有偶发性，是不正常数据，如果参与后续的计算，会使整体结果不可信，因此需剔除。

(4) 计算分布范围，其公式为

$$R = x_{\max} - x_{\min} \tag{5-45}$$

式中：$x_{\max}$、$x_{\min}$——所测样本尺寸的最大值和最小值；

　　　R——样本尺寸的分布范围。

(5) 确定组数 k，计算组距 h。将所选样本数据分成若干组，组数 k 既不能太少，也不能太多。组数太少会掩盖组内数据的变化情况，组数太多又发现不了数据的变化规律。一般每组的样本数量至少要有 4～5 个。样本数量与组数选择参阅表 5-2。

表 5-2　组数 k 与样本数量 n 的关系

n	25～40	40～60	60～100	100	100～160	160～250
k	6	7	8	10	11	12

组数确定完成后，组距 h 按下式计算：

$$h = \frac{R}{k-1} \tag{5-46}$$

(6) 计算各组上、下界限值：

$$x_{上} = x_{\min} + (j-1)h + \frac{h}{2} \tag{5-47}$$

$$x_{下} = x_{\max} + (j-1)h - \frac{h}{2} \tag{5-48}$$

式中：j——组序号。

(7) 计算组中值：

$$x_{中} = \frac{x_{上} + x_{下}}{2} = x_{\min} + (j-1)h \tag{5-49}$$

(8) 统计各组频数、频率及频率密度，填写分布表。频数是指同一尺寸组中的工件数量，用 m_j 表示；频率是频数与样本容量的比值，用 f_j 表示，即

$$f_j = \frac{m_j}{n} \tag{5-50}$$

为了使分布图能代表该工序的加工精度，不受组距和样本容量的影响，引入频率密度 g_j，即

$$g_j = \frac{f_j}{h} = \frac{m_j}{nh} \tag{5-51}$$

(9) 计算平均值 $\bar{x}$ 和均方根偏差 σ。样本的算术平均值 $\bar{x}$ 代表样本的尺寸分布中心，它

主要取决于调整尺寸和常值系统性误差;样本的均方根偏差 σ 反映了样本尺寸的分散范围,它取决于变值系统性误差和随机性误差的大小。σ 越大,尺寸的分散范围越大,加工精度越低;σ 越小,分散范围越小,加工精度越高。$\bar{x}$ 与 σ 的计算公式分别为

$$\bar{x} = \frac{1}{n}\sum_{i=1}^{n} x_i \tag{5-52}$$

$$\sigma = \sqrt{\frac{1}{n}\sum_{i=1}^{n}(x_i - \bar{x})^2} \tag{5-53}$$

(10) 以频数、频率或频率密度为纵坐标,以组距为横坐标,绘制直方图,如图 5-36 所示。

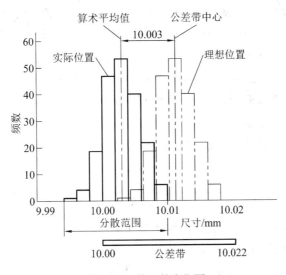

图 5-36 某工件直方图

2. 理论分布曲线法

在机械加工过程中,采取调整法加工一批工件,且工件数量足够多时,很多相互独立的随机误差综合作用,产生工件的尺寸误差;若没有一个随机误差是起决定作用的,此时加工后工件的尺寸将会呈正态分布。正态分布曲线又叫高斯曲线。

1) 正态分布曲线

正态分布曲线的形状如图 5-37 所示。其概率密度函数表达式为

$$y = \frac{1}{\sigma\sqrt{2\pi}} e^{-\frac{1}{2}\left(\frac{x-\mu}{\sigma}\right)^2} \tag{5-54}$$

式中：y——分布的概率密度;

  x——随机变量;

  μ——正态分布随机变量总体的算术平均值;

  σ——正态分布随机变量的均方根偏差。

正态分布曲线的特点如下：

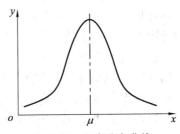

图 5-37 正态分布曲线

(1) 曲线关于 $x = \mu$ 对称，最大值为 $y_{max} = \dfrac{1}{\sigma\sqrt{2\pi}}$。

(2) 曲线在 $x = \mu \pm \sigma$ 处有两个拐点，即曲线的凸凹分界点。

(3) σ 决定曲线的形状(见图 5-38(a))，σ 越小，曲线越陡，对于工件加工来讲就是尺寸分布范围越小，加工精度越高；μ 决定曲线位置(见图 5-38(b))，对于工件加工来讲。μ 就是工件尺寸平均值的大小。

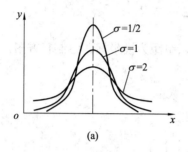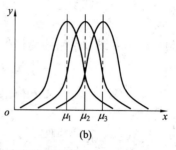

(a)　　　　　　　　　　　　(b)

图 5-38　σ 及 μ 对正态分布曲线的影响

(4) 曲线与 x 轴所围成的面积为 1，代表整批工件。

2) 正态分布曲线的应用

(1) 当采用正态分布曲线代表加工尺寸的实际分布曲线时，正态分布曲线方程为

$$y = \frac{1}{\sigma\sqrt{2\pi}} e^{-\frac{1}{2}\left(\frac{x-\mu}{\sigma}\right)^2}$$

其中：y——分布曲线的纵坐标，表示工件的分布密度(频率密度)；

　　　x——分布曲线的横坐标，表示工件的尺寸或误差；

　　　μ——工件的平均尺寸(分散中心)，为 $\mu = \dfrac{1}{n}\sum\limits_{i=1}^{n} x_i$；

　　　σ——一批工件的均方根偏差，为 $\sigma = \sqrt{\dfrac{1}{n}\sum\limits_{i=1}^{n}(x_i - \bar{x})^2}$；

　　　n——一批工件的数目(样本数)。

(2) 确定加工方法的加工精度(6σ 准则)。

如图 5-39 所示，在 $\pm 3\sigma$ 范围内，曲线围成的面积为 0.9973。实际生产中，常常认为加工一批工件尺寸全部在 $\pm 3\sigma$ 范围内，零件的合格品率为 99.73%，该范围外的零件只有 0.27%，忽略不计。即：正态分布曲线的分散范围为 $\pm 3\sigma$，工艺上称该原则为 6σ 准则。6σ 准则的概念在研究加工误差时应用很广。

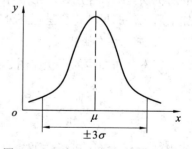

图 5-39　正态分布曲线确定加工精度

6σ 的大小代表了某种加工方法在一定的条件(如毛坯余量、机床、夹具、刀具等)下所能达到的加工精度。

所以在一般情况下，应使所选择的加工方法的均方根偏差 σ 与公差带宽度 T 之间具有下列关系：

$$6\sigma \leqslant T$$

但考虑到系统误差及其他因素的影响,应当使 6σ 小于公差带宽度 T,才能可靠地保证加工精度。

(3) 判断加工误差的性质。

① 如果工件的加工尺寸分布曲线基本符合正态分布,则说明加工过程中无变值系统性误差,或者变值系统性误差的影响很小;

② 若工件要求的公差带中心与尺寸分布中心重合,则加工过程中不存在常值系统性误差,否则存在常值系统性误差;

③ 若实际分布曲线不服从正态分布,可根据直方图分析判断变值系统性误差的类型,分析产生误差的原因并采取有效措施加以抑制和消除。

(4) 判断工序能力及其等级。

工序能力是指某工序处于稳定状态时,加工误差波动的幅度,也代表着能否稳定地加工出合格产品的能力。

把工件尺寸公差 T 与分散范围 6σ 的比值 C_p 称为该工序的工序能力系数,用以判断工序能力,即

$$C_p = \frac{T}{6\sigma} \tag{5-55}$$

根据工序能力系数 C_p 的大小,工序能力共分为五个等级,如表 5-3 所示。

表 5-3　工序能力等级

工序能力系数	工序能力等级	说　　明
C_p 1.67	特级	工序能力过高,可以允许有异常波动
$1.67 \geqslant C_p$ 1.33	一级	工序能力足够,可以有一定的异常波动
$1.33 \geqslant C_p$ 1.00	二级	工序能力勉强,必须密切注意
$1.00 \geqslant C_p$ 0.67	三级	工序能力不足,可能出少量不合格品
$0.67 \geqslant C_p$	四级	工序能力差,必须加以改进

一般情况下,工序能力不得低于二级。

(5) 计算一批工件的合格品率及不合格品率。

由分布函数的定义可知,正态分布函数是正态分布概率密度函数的积分,即

$$F(x) = \frac{1}{\sigma\sqrt{2\pi}} \int_{-\infty}^{x} e^{-\frac{1}{2}\left(\frac{x-\mu}{\sigma}\right)^2} \mathrm{d}x \tag{5-56}$$

正态分布曲线上下积分区间包含的面积,表征了随机变量 x 落在区间 $(-\infty, x)$ 上的概率。

为了简化计算,令 $z = \dfrac{x-\mu}{\sigma}$,则式(5-56)简化为

$$F(z) = \frac{1}{\sqrt{2\pi}} \int_{0}^{z} e^{-\frac{z^2}{2}} \mathrm{d}z \tag{5-57}$$

$F(z)$ 为图 5-40 阴影部分的面积,对于不同的 z 值,可以通过表 5-4 查得阴影部分面积

的大小。阴影部分代表实际工件尺寸分布范围，它与工件公差之间的对应关系即可确定工件的合格品率和不合格品率。

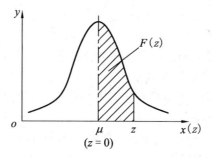

图 5-40　利用正态分布曲线计算合格品率与不合格品率

表 5-4　$F(z) = \dfrac{1}{\sqrt{2\pi}} \displaystyle\int_0^z e^{-\frac{z^2}{2}} dz$ 的数值

z	$F(z)$	z	$F(z)$	z	$F(z)$	z	$F(z)$
0.01	0.0040	0.22	0.0871	0.43	0.1641	0.78	0.2823
0.02	0.0080	0.23	0.0910	0.44	0.1700	0.80	0.2881
0.03	0.0120	0.24	0.0948	0.45	0.1736	0.82	0.2939
0.04	0.0160	0.25	0.0987	0.46	0.1772	0.84	0.2995
0.05	0.0199	0.26	0.1023	0.47	0.1808	0.86	0.3051
0.06	0.0239	0.27	0.1064	0.48	0.1844	0.88	0.3106
0.07	0.0279	0.28	0.1103	0.49	0.1879	0.90	0.3159
0.08	0.0319	0.29	0.1141	0.50	0.1915	0.92	0.3212
0.09	0.0359	0.30	0.1179	0.52	0.1985	0.94	0.3264
0.10	0.0398	0.31	0.1217	0.54	0.2054	0.96	0.3315
0.11	0.0438	0.32	0.1255	0.56	0.2123	0.98	0.3365
0.12	0.0478	0.33	0.1293	0.58	0.2190	1.00	0.3413
0.13	0.0517	0.34	0.01331	0.60	0.2257	1.05	0.3531
0.14	0.0557	0.35	0.1368	0.62	0.2324	1.10	0.3634
0.15	0.0596	0.36	0.1406	0.64	0.2389	1.15	0.3749
0.16	0.0636	0.37	0.1443	0.66	0.2454	1.20	0.3849
0.17	0.0675	0.38	0.1480	0.68	0.2517	1.25	0.3944
0.18	0.0714	0.39	0.1517	0.70	0.2580	1.30	0.4032
0.19	0.0753	0.40	0.1554	0.72	0.2642	1.35	0.4115
0.20	0.0793	0.41	0.1591	0.74	0.2703	1.40	0.4192
0.21	0.0832	0.42	0.1628	0.76	0.2764	1.45	0.4265

z	$F(z)$	z	$F(z)$	z	$F(z)$	z	$F(z)$
1.50	0.4332	1.85	0.4678	2.40	0.4918	3.20	0.499 31
1.55	0.4394	1.90	0.4713	2.50	0.4938	3.40	0.499 66
1.60	0.4452	1.95	0.4744	2.60	0.4953	3.60	0.499 841
1.65	0.4502	2.00	0.4772	2.70	0.4965	3.80	0.499 928
1.70	0.4554	2.10	0.4821	2.80	0.4974	4.00	0.499 968
1.75	0.4599	2.20	0.4861	2.90	0.4981	4.50	0.499 997
1.80	0.4641	2.30	0.4893	3.00	0.498 65	5.00	0.499 999 97

【例 5-1】　车一批外圆，图纸要求 $\phi 10_{-0.1}^{0}$ mm，测量后知其尺寸呈正态分布，尺寸偏于量规的通端，均方根偏差 $\sigma = 0.025$ mm，系统存在常值系统性误差 $\Delta = 0.03$ mm。分析该工序的工序能力，计算合格品率及废品率是多少，哪些不合格品能修复。

加工误差统计分析分布图法例题

解：(1) 计算该工序的工序能力系数：

$$C_p = \frac{T}{6\sigma} = \frac{0.1}{6 \times 0.025} = 0.67 < 1$$

工序能力系数 $C_p < 1$，说明该工序能力不足，肯定会出现不合格品。

(2) 大批量生产轴类零件，尺寸精度的检测是通过通规和止规这样的专用仪器来检测的。被检测工件通规能通过去，止规通不过去，零件就是合格的。工件尺寸偏于量规通端，说明尺寸偏大，这样工序尺寸分布如图 5-41 所示。

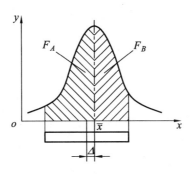

图 5-41　尺寸分布图

(3) 分布于公差范围之内的工件是合格的，即

$$z_A = \frac{x - \bar{x}}{\sigma} = \frac{\dfrac{T}{2} + \Delta}{\sigma} = \frac{0.05 + 0.03}{0.025} = 3.2$$

查表 5-4，可得 $F_A = 0.499\,31$。

$$z_B = \frac{x - \bar{x}}{\sigma} = \frac{\dfrac{T}{2} - \Delta}{\sigma} = \frac{0.05 - 0.03}{0.025} = 0.8$$

查表 5-4，可得 $F_A = 0.2881$。

那么合格品率为

$$Q_{合格} = F_A + F_B = 0.787\ 41 = 78.741\%$$

不合格品率为

$$Q_{不合格} = 1 - Q_{合格} = 21.259\%$$

正常情况下，不合格的尺寸偏大的轴类零件可修，尺寸偏小的孔类零件可修，这样可修的不合格品为

$$Q_{可修} = 0.5 - 0.2881 = 21.19\%$$

其余为不可修的不合格品，即为废品。

【例 5-2】粗镗一批工件内孔，图纸要求尺寸为 $\phi 80^{+0.18}_{0}$ mm，若加工尺寸按正态分布，可修的不合格品率 $Q_{可修} = 15.87\%$，不可修的不合格品率 $Q_{不可修} = 2.28\%$，求该工序的工序精度和常值系统性误差大小。

解：(1) 根据工件的合格品率和不合格品率的大小关系，可知工序尺寸分布图如图 5-42 所示。

(2) $F_A = 0.5 - Q_{可修} = 0.5 - 0.1587 = 0.3413$，查表 5-4，可得

$$z_A = \frac{x - \bar{x}}{\sigma} = \frac{\dfrac{T}{2} - \Delta}{\sigma} = 1 \qquad (5\text{-}58)$$

$F_B = 0.5 - Q_{不可修} = 0.5 - 0.0228 = 0.4772$，查表 5-4，可得

$$z_B = \frac{x - \bar{x}}{\sigma} = \frac{\dfrac{T}{2} + \Delta}{\sigma} = 2 \qquad (5\text{-}59)$$

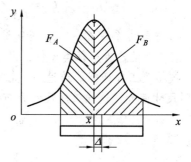

图 5-42　尺寸分布图

由式(5-58)、式(5-59)，即可求得 $\sigma = 0.06$ mm，这样该工序的工序精度为 $6\sigma = 0.36$ mm，常值系统性误差为 $\Delta = 0.03$ mm。

3. 分布图分析法的特点

(1) 分布图分析法以大样本分析为基础，因此能比较接近实际地反映工艺过程的总体情况。

(2) 分布图分析法能够把工艺过程中存在的常值系统性误差从误差中分离出来，但对变值系统性误差无能为力。

(3) 分布图分析法只有等一批工件加工完成后才能进行工艺过程的分析，不能在加工过程中及时发现影响加工精度的问题，及时解决问题。

(4) 分布图分析法计算比较复杂，工作量大。

(5) 分布图分析法适合工艺过程稳定的场合。

5.3.4　加工误差的点图分析法

常用点图分析法分析加工误差，能够消除分布图分析法的不足。

首先，应用分布图分析工艺过程的前提是工艺过程必须是稳定的；而点图分析法能够反映质量指标随时间变化的情况，所以这种方法既能用于稳定的工艺过程，也可用于不稳定的工艺过程。对于一个不稳定的工艺过程来说，点图分析法是进行统计质量控制的有效方法。

其次，分布图分析法只有等一批工件都加工完成后才能进行分析，不能在加工过程中及时发现问题、解决问题；而点图分析法解决的问题是如何在工艺过程进行中，不断地进行质量指标的主动控制，工艺过程一旦出现工件的质量指标有不合格的趋向时，能够及时调整工艺系统或者采取其他相应的工艺措施，使工艺过程得以继续进行。

再次，点图分析法能够观察到变值系统性误差的变化趋势，在加工过程中及时处理。

用点图分析法来评价工艺过程稳定性采用的是顺序样本。顺序样本是由工艺系统在一次调整中，按顺序加工的工件组成的。这样的样本可以得到在时间上与工艺过程运行同步的有关信息，反映加工误差随时间变化的趋势；而分布图分析法采用的是随机样本，不考虑加工顺序，而且对加工完成的一批工件的有关数据进行处理后，才能作出分布曲线。因此，采用点图分析法可以克服分布图分析法的缺点。

1. 点图分析法的基本形式及绘制

为了能直接反映出加工过程中系统误差和随机误差随加工时间的变化趋势，实际生产中常采用 $\bar{x} - R$ 点图分析法。$\bar{x} - R$ 是平均值 $\bar{x}$ 控制图和极差 R 控制图联合使用时的统称。$\bar{x}$ 为各小样组的平均值，R 为各小样组的极差。前者控制工艺过程质量指标的分布中心，反映系统性误差及其变化趋势；后者控制工艺过程质量指标的分散程度，反映随机误差及其变化趋势。这两个点图必须联合使用，才能控制整个工艺过程。

在工艺过程进行中，每隔一定时间抽取容量 $n = 2 \sim 10$ 件的一个小样本(一般取 5 件左右)，求出小样本的平均值 $\bar{x}$ 和极差 R。经过若干时间后，就可取得若干组(通常取组数 $k = 20 \sim 25$)，$80 \sim 100$ 个左右工件的小样本数据。这样，以样组序号为横坐标，分别以 $\bar{x}$ 和 R 为纵坐标，就可分别做出 $\bar{x}$ 点图和 R 点图，如图 5-43 所示。其中：

$$\bar{x} = \frac{1}{n} \sum_{i=1}^{n} x_i \qquad (5\text{-}60)$$

$$R = x_{\max} - x_{\min} \qquad (5\text{-}61)$$

式中：$x_{\max}$、$x_{\min}$——每个小样本的最大、最小值。

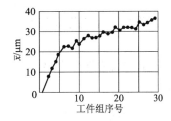

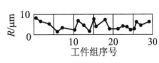

图 5-43　$\bar{x} - R$ 图

任何一批工件的加工尺寸都有波动性，因此各样组的平均值 $\bar{x}$ 和极差 R 也都有波动性。假如加工误差主要是随机性误差，且系统性误差的影响很小，那么这种波动属于正常波动，加工工艺是稳定的。假如加工中存在着影响较大的变值系统性误差，或随机性误差的大小有明显的变化，那么这种波动属于异常波动，这个加工工艺就被认为是不稳定的。

在 $\bar{x} - R$ 图上分别画出中心线和控制线，控制线就是用来判断工艺是否稳定的界线，如图 5-44 所示。

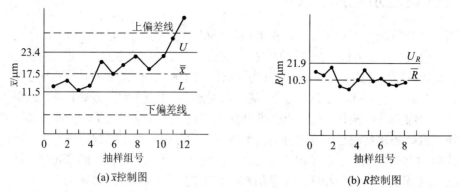

图 5-44　$\bar{x} - R$ 点图控制界限

在极差 R 图的点图曲线上有三条控制线，即中心线和上、下控制界线。

R 图的中心线为

$$\bar{R} = \sum_{i=1}^{k} \frac{R_i}{k} \tag{5-62}$$

R 图的上控制界线为

$$U_R = D\bar{R} \tag{5-63}$$

R 图的下控制界线取为 0，即

$$L_R = 0 \tag{5-64}$$

在平均值 $\bar{x}$ 的点图曲线上有五条控制线，即中心线和上、下控制界线及上、下偏差线。

$\bar{x}$ 图的中心线为

$$\bar{\bar{x}} = \sum_{i=1}^{k} \frac{\bar{x_l}}{k} \tag{5-65}$$

$\bar{x}$ 图的上控制界线为

$$U = \bar{\bar{x}} + A\bar{R} \tag{5-66}$$

$\bar{x}$ 图的下控制界线为

$$L = \bar{\bar{x}} - A\bar{R} \tag{5-67}$$

式中的 A 及 D 可由表 5-5 查得。

表 5-5　常数 A 及 D 的值

n	A	D
4	0.73	2.28
5	0.58	2.11
6	0.48	2.00

2. 点图分析法的应用

点图分析法在实际生产中应用很广，主要用于工艺验证、分析加工误差和加工过程的质量控制。工艺验证的目的是判定某工艺是否稳定地满足产品的加工质量要求。其主要内容是通过抽样调查，确定其工艺能力和工艺能力系数，并判别工艺过程是否稳定。在点图上做出平均线和控制线后，就可根据图中点的分布情况来判别工艺过程是否稳定。一旦出现异常波动，就要及时查找原因，直到不稳定的趋势能够消除。

下面为根据数理统计学原理得到的正常波动与异常波动的标准。

1）正常波动

(1) 没有点超出控制线；

(2) 点没有明显的规律性；

(3) 大部分点在平均线上下波动，小部分在控制线附近。

2）异常波动

(1) 有点超出控制线；

(2) 点有上升或下降趋势；

(3) 点有周期性波动；

(4) 点密集分布在控制线附近；

(5) 连续 7 个以上点出现在中心线一侧；

(6) 连续 11 个点中有 10 个点出现在中心线一侧；

(7) 连续 14 个点中有 12 个点出现在中心线一侧；

(8) 连续 17 个点中有 14 个点出现在中心线一侧；

(9) 连续 20 个点中有 16 个点出现在中心线一侧。

5.4　机械加工表面质量

机器零件的机械加工质量，除了加工精度之外，表面质量也是不容忽视的一个方面。产品的工作性能，尤其是它的可靠性、使用寿命，在很大程度上取决于其主要零件的表面质量。由于设计参数选取不当导致的强度不足而造成的零件失效是少数，而由于表面质量问题造成的零件失效是多数，因此深入分析和研究机械加工表面质量，掌握机械加工中各种工艺因素对表面质量影响的规律，并应用这些规律控制加工过程，对提高表面质量，保证产品质量具有重要意义。

5.4.1　机械加工表面质量的含义

任何机械加工的表面都不可能是理想的光滑表面，而是存在着表面粗糙度、波度等表面微观几何形状误差，以及划痕、裂纹等表面缺陷。工件表层的材料在加工时也会产生物理性质的变化，有些情况下还会产生化学性质的变化，该层称为加工变质层。表面质量错综复杂地影响着机械零件的精度、耐磨性、配合精度、抗腐蚀性和疲劳强度等。

随着用户对产品使用性能的要求不断提高，一些零件必须在高速、高温、高应力等条件下工作，而且有可能还会直接受到外界介质的腐蚀，此时表面层的任何缺陷都可能引起应力集中、应力腐蚀等现象而导致零件的损坏，因而表面质量问题变得更加突出和重要。

图 5-45(a)所示为加工表层沿深度方向的变化情况。最外一层(第一层)为吸附层，是暴露在空气中形成的氧化膜或其他化合物，并吸附了空气中的气体、液体、固体或化合物，

是很薄的一层，厚度大约为 8 nm。

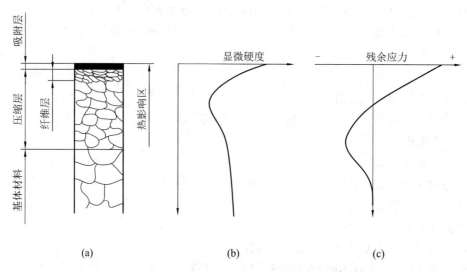

图 5-45　加工表层沿深度方向变化

第二层为压缩层，即为表面塑性变形区，由切削力及刀具后刀面与已加工表面间的摩擦造成。其厚度随着加工方法及加工过程中刀具几何参数与切削条件的不同而不同，大约为几十至几百微米。上部的纤维层是由被加工材料与刀具之间的摩擦造成的。另外切削热也会使表面层产生各种变化，热处理也会使材料产生相变以及晶粒大小的变化等。压缩层同样会使表层产生显微硬度(见图 5-45(b))和残余应力变化(见图 5-45(c))。

影响机械零件的表面质量的主要因素有以下两个方面。

1. 表面几何形状特征

加工后的表面形状在微观情况下，总是以"峰"或"谷"的形式偏离其理想光滑表面。峰与峰或谷与谷间的距离叫波距，以 L 表示，峰与谷间的距离叫波高，以 H 表示，如图 5-46 所示。

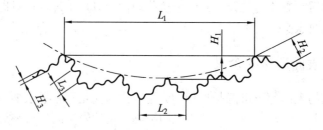

图 5-46　表面几何形状误差

1) 表面粗糙度

当 $L_3/H_3 < 50$ 时，属于零件表面微观几何形状误差，称为表面粗糙度，如图 5-46 所示。

2) 波度

介于宏观加工精度($L_1/H_1 > 1000$ 属于形状误差)和微观形状误差(表面粗糙度)之间的周期性几何形状误差，即 $50 < L_2/H_2 < 1000$，如图 5-46 所示，称为波度。波度主要是由于机械加工过程中工艺系统的振动所引起的。

3) 纹理

纹理是指在切削加工过程中，由刀具和工件之间的相对运动关系决定的，在被加工工件表面留下的刀纹方向。

2. 材料表面物理性能

机械加工中力因素和热因素的综合作用，使得加工表面层金属的物理性能发生一定的变化，主要表现在以下几个方面：

(1) 表面层因塑性变形引起冷作硬化；

(2) 表面层因切削热引起金相组织变化；

(3) 表面层产生残余应力。

5.4.2　机械加工表面质量对零件使用性能的影响

1. 表面质量对耐磨性的影响

1) 表面粗糙度对耐磨性的影响

零件的耐磨性主要与摩擦副的材料及润滑条件有关，但在这两个条件已经确定的情况下，起决定性作用的是零件的表面质量。当两个表面接触时，并不是全部表面接触，而只是部分波峰与波峰之间的接触。由实验得知，两个车削或铣削加工后的表面实际接触面积仅为全部表面的 15%～20%；磨削过后的两表面实际接触面积为全部表面的 30%～50%；超精加工后两表面实际接触面积为全部表面的 90%～97%。

当外力作用在两接触表面上时，在波峰的接触部分就产生很大的压强，表面越粗糙，实际接触面积越小，压强越大；当两个接触表面作相对运动时，实际接触部分就会产生弹性变形、塑性变形及剪切等现象，即产生表面的磨损。即使在有润滑的情况下，由于压强过大，超过了润滑油膜存在的条件，形成不了润滑，也会造成接触区域的干摩擦。

一般情况下，零件的磨损分为三个阶段，如图 5-47 所示。第 I 阶段为初期磨损阶段，由于接触面积小，压强大，磨损很快；经过初期磨损阶段后，随着接触面积加大，压强逐渐减小，磨损缓慢，进入第 II 阶段，即正常磨损阶段，这一阶段的润滑性很好，零件的耐磨性最好，可以持续很长时间；随着接触面积的加大，不利于润滑油的存在，造成接触区域分子亲和力增大，甚至造成分子间的黏合，进入第 III 磨损阶段，即急剧磨损阶段。

实践表明，零件表面粗糙度对摩擦副的磨损影响很大。在一定的工作条件下，一对摩擦副的粗糙度有个最佳值，如图 5-48 所示，一般

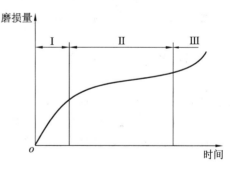

图 5-47　磨损过程的基本规律

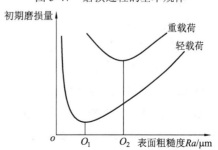

图 5-48　初期磨损量与表面粗糙度关系

为 $Ra = (0.32\sim1.25)\mu m$，过大或过小都会引起磨损加剧及使用寿命降低。

2) 表面纹理对耐磨性的影响

表面纹理形状及刀纹方向对耐磨性也有一定影响，其原因在于纹理形状及刀纹方向将影响有效接触面积大小及润滑液的存留。一般情况下，圆弧状、凹坑状表面纹理形状的耐磨性优于尖峰状；两表面有相对运动的零件，刀纹方向与运动方向相同时，耐磨性较好，刀纹方向与运动方向垂直时，耐磨性最差；在重载情况下，由于压强、润滑油存储及分子间亲和力等因素的变化，耐磨性的规律与轻载时会有所不同。

3) 冷作硬化对耐磨性的影响

工件表层的冷作硬化提高了表层的强度和硬度，使表层金属塑性降低，减少了表层金属的弹性和塑性变形，所以耐磨性有所提高；但不是说冷作硬化所造成的硬度越高，耐磨性就越好，硬度到一定程度后，会使表层金属组织产生疲劳裂纹，严重的甚至出现剥落现象，反而使耐磨性降低。也就是说，表层冷作硬化程度要控制在一定范围内，才会对耐磨性有一定的提高，否则会降低耐磨性。

2. 表面质量对零件疲劳强度的影响

零件的疲劳强度是指在交变载荷作用下，零件不产生破坏的最大应力。而在交变载荷作用下，零件表面的粗糙度、划痕和裂纹等缺陷，都会因为应力集中的原因使零件表面产生裂纹，造成零件疲劳破坏。

1) 表面粗糙度对疲劳强度的影响

在交变载荷作用下，表面粗糙度的波谷部位容易引起应力集中，产生疲劳裂纹。表面粗糙度值越小，表面缺陷越少，零件疲劳强度越好；反之，加工表面越粗糙，纹底半径越小，其抵抗疲劳破坏的能力越差。

加工的纹理对疲劳强度影响也较大，如果刀痕与受力方向垂直，则疲劳强度将显著降低。

表面粗糙度对疲劳强度的影响，还与材料对应力集中的敏感程度和材料的强度极限有关。钢材对应力集中最为敏感，钢材的强度越高，对应力集中的敏感程度就越大，其他金属材料对应力集中的敏感性相对较弱。

对于承受交变载荷的零件，减少其容易发生应力集中部位的表面粗糙度，可以明显提高零件的疲劳强度。如连杆、曲轴等，应进行光整加工，减小表面粗糙度值，提高其疲劳强度。

2) 表层冷作硬化对疲劳强度的影响

零件表层一定程度的冷作硬化可以阻碍表层裂纹的产生和扩展，有利于提高零件疲劳强度；但硬化程度过高时，会使工件表层产生裂纹，反而使工件的疲劳强度降低，因此需将冷作硬化的程度控制在一定范围内。

3) 表层残余应力对疲劳强度的影响

残余应力分为残余拉应力和残余压应力。零件表层有残余拉应力，会使零件表面产生疲劳裂纹，使零件的疲劳强度降低；而残余压应力能延缓疲劳裂纹的产生和扩展，有利于提高零件的抗疲劳特性。

3. 表面质量对零件配合性质的影响

相互配合的零件,有间隙、过渡和过盈三种配合关系,无论哪种配合,零件表面粗糙度过大,都会影响配合性质。

对于间隙配合,如果粗糙度过大,使用一段时间后,磨损会使间隙越来越大,改变原有的配合性质,使机器不能正常工作。

对于过盈配合,由于粗糙度大,装配时波峰发生塑性变形,会使实际过盈量减小,降低了连接强度,影响配合的可靠性。

因此无论是什么配合关系,都要求零件表面有较小的粗糙度,配合精度要求越高,表面粗糙度值要求越小。

表面残余应力会引起零件变形,使零件尺寸和形状发生变化,对配合性质也有一定的影响。

4. 表面质量对零件耐腐蚀性的影响

零件的耐腐蚀性很大程度取决于零件表面粗糙度。当零件在有腐蚀性介质的环境中工作时,腐蚀性介质容易吸附和聚集在粗糙表面的波谷处,并通过微细裂纹向内渗透。表面粗糙度值越大,波谷越深、越尖锐,尤其是当表面有裂纹时,零件的腐蚀作用就越强烈。

表层的残余应力和冷作硬化对零件的耐腐蚀性也有一定的影响。残余拉应力使表面产生裂纹,腐蚀性介质进入裂纹,增加了零件的腐蚀性。因此表面适当的残余压应力和硬化有利于提高零件的耐腐蚀性。

5.4.3　影响零件表面粗糙度的因素

机械加工中,影响表面粗糙度的主要原因可归纳为两方面:一是刀刃的几何参数和工件相对运动轨迹所形成的表面粗糙度,此为几何影响因素;二是和被加工材料性质及切削机理有关的因素,此为物理影响因素。而磨削加工与普通切削加工由于机理不同,影响表面粗糙度的因素也不同。

1. 切削加工影响表面粗糙度的因素

1) 几何因素

切削加工时,由于刀具的几何形状及进给因素的影响,会有部分金属残留在已加工表面上,形成了理论表面粗糙度,如图 5-49 所示。

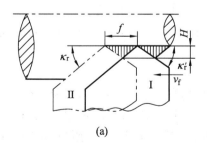
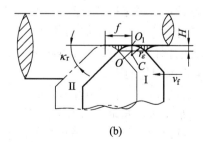

(a)　　　　　　　　　　　　　　(b)

图 5-49　切削加工残留面积

在理想切削条件下,刀具相对于工件作进给运动,切削层残留面积形成理论表面粗糙度，可由刀具几何形状、进给量求得。

在刀尖圆弧半径 $r_\varepsilon = 0$ 时，理论粗糙度的最大高度 H 为

$$H = \frac{f}{\cot\kappa_r + \cot\kappa_r'}　　　　　　　　(5\text{-}68)$$

当刀尖圆弧半径 $r_\varepsilon \neq 0$ 时，理论粗糙度的最大高度 H 为

$$H = OO_1 = CO_1 - CO = \gamma_\varepsilon - \sqrt{r_\varepsilon^2 - \left(\frac{f}{2}\right)^2}　　　(5\text{-}69)$$

由于 $r_\varepsilon \gg H$，式(5-69)简化为

$$H = \frac{f^2}{8r_\varepsilon}　　　　　　　　(5\text{-}70)$$

式中：f——进给量；

　　　κ_r——刀具主偏角；

　　　κ_r'——刀具副偏角。

由式(5-68)和式(5-70)可知，减小 f、κ_r、κ_r' 及增大 r_ε，都可减小理论表面粗糙度。

2) 物理因素

通过对切屑的实际观察发现，切削加工表面粗糙度的实际轮廓形状，与纯几何因素形成的理论粗糙度的轮廓有很大差距(见图 5-50)，主要原因是在切削加工过程中存在较大的塑性变形、后刀面与已加工表面间的摩擦、积屑瘤、鳞刺及工艺系统的振动。其中切削加工过程中的塑性变形对表面粗糙度有很大影响。

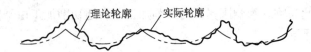

图 5-50　加工后的零件的理论轮廓和实际轮廓

(1) 刀具几何参数的影响。

适当增大刀具的前角，可以降低被切削材料的塑性变形，减小表面粗糙度值；降低刀具前刀面和后刀面的表面粗糙度可以抑制积屑瘤的生成；增大刀具后角，可以减小刀具和工件的摩擦；合理选择切削液，可以减少切屑的变形和摩擦，降低切削区的温度。采取上述各项措施均有利于减小加工表面的表面粗糙度值。刃倾角的大小也会影响刀具的实际前角，因此它们都会影响零件表面粗糙度。

(2) 切削用量的影响。

① 切削速度。加工塑性材料时，应避开中速切削，因为中速切削时易产生积屑瘤和鳞刺，使加工表面粗糙度值增大，而高速切削时，表面粗糙度值减小(见图 5-51)。

② 背吃刀量。过小的背吃刀量，由于刀尖圆弧半径及工艺系统刚度的影响，将使刀具在被加工表面上挤压和打滑，形成附加的塑性变形，会增大表面粗糙度值。

③ 进给量。由式(5-68)、式(5-70)可知，减小进给量，可降低表面粗糙度，但进给量

不能过小，否则容易造成刀具与工件之间的挤压，使表面粗糙度值变大。

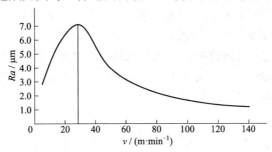

图 5-51　切削塑性材料时切速对表面粗糙度的影响

(3) 工件材料的影响。

加工塑性材料时，刀具对金属的挤压产生了塑性变形，加之刀具迫使切屑与工件分离的撕裂作用，使表面粗糙度值增大。工件材料韧性越好，金属的塑性变形就越大，加工表面粗糙度值就越大。所以中碳钢和低碳钢材料的工件，常安排做调质或正火处理，就是为了改善工件的切削性能，减小表面粗糙度值。

加工脆性材料时，切屑呈碎粒状，切屑的崩碎又在加工表面留下许多麻点，使表面粗糙度值变大。

对于同样的材料，晶粒组织越粗大，加工后的表面粗糙度值也越大。

2. 磨削加工影响表面粗糙度的因素

磨削加工与切削加工有许多不同之处。磨削时，加工表面是由砂轮上大量磨粒刻画出无数条刻痕形成的。单位面积上的刻痕越多，即通过单位面积上的磨粒数越多，且刻痕深度越均匀，则表面粗糙度值越小。同时，由于在砂轮外圆表面上的磨粒大多具有很大的负前角，很不锋利，所以大多数磨粒在磨削时对表面产生耕犁挤压作用而使表面产生塑性变形，磨削时的高温又加剧了塑性变形，增大了表面粗糙度值。影响磨削表面粗糙度的主要因素有以下几点。

1) 砂轮

(1) 砂轮粒度。砂轮粒度号越大，砂轮粒度越细，单位时间内通过工件表面的磨粒越多，在工件表面的刻痕越密而细，则工件粗糙度值越小。但粒度过细，砂轮易堵塞，使表面粗糙度值增大，同时还易产生波纹和引起烧伤，如图 5-52 所示。针对具体加工情况，存在一个粒度号的最佳值。

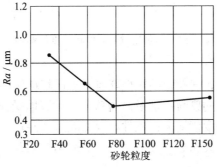

图 5-52　砂轮粒度与表面粗糙度关系

(2) 砂轮硬度。砂轮选得太硬，磨粒不易脱落，自锐性差，磨钝了的磨粒不能及时被新磨粒替代，使表面粗糙度值增大；砂轮选得太软，磨粒易脱落，磨削作用减弱，也会使表面粗糙度值增大。通常选用中软砂轮。

(3) 砂轮修整。砂轮应及时修整，以去除已钝化的磨粒。用金刚石修整砂轮相当于在砂轮工作表面上车出一道螺纹，修整导程和切深越小，修出的砂轮就越光滑，磨削刃的等高性也越好，因而磨出的工件表面粗糙度也就越小。

2) 磨削用量

(1) 砂轮速度。砂轮速度越高，单位时间参与切削的磨粒数越多，可以增加工件单位面积上的刻痕数；又因高速磨削时塑性变形不充分，因而提高磨削速度有利于降低表面粗糙度值，如图 5-53(a)所示。

(2) 工件速度。工件速度越高，切屑的塑性变形加大，表面粗糙度值增大，如图 5-53(b)所示。

(3) 磨削深度和进给量。磨削深度和进给量的增大，都会使塑性变形加剧，增大表面粗糙度，如图 5-53(c)、(d)所示。但在实际磨削加工时，为了提高磨削效率，一般在粗磨时采取大的磨削深度，精磨时采取小的磨削深度或者采取光磨形式，以减小表面粗糙度。

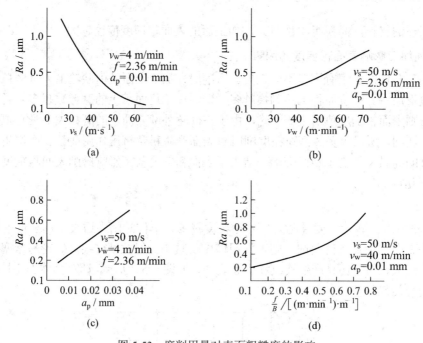

图 5-53　磨削用量对表面粗糙度的影响

3) 工件材料

工件材料的硬度、塑性、韧性和导热性能等对表面粗糙度都有显著影响。工件材料越硬，磨粒越容易钝化，钝化的磨粒不能及时脱落，工件表面受到强烈的摩擦和挤压作用，塑性变形加剧，使表面粗糙度值增大；工件材料太软时，砂轮易堵塞，工件表面粗糙度值也会增大；工件材料的韧性大和导热性差也会使磨粒早期崩落，破坏磨粒的等高性，使表面粗糙度值增大。

4) 切削液及其他因素

磨削时磨削区域温度高，热效应占主导地位，因此切削液的作用十分重要。选择适当的冷却方法和切削液，可以降低磨削区温度，减少烧伤，还可以冲去脱落的砂粒和切屑，以免划伤工件，从而减小表面粗糙度值。

除此以外，磨床主轴精度、进给系统的刚度及稳定性，整个机床的刚度和抗振性等，与工件表面粗糙度都有很大关系。

5.4.4 影响零件表面物理性能的因素及改进措施

机械加工过程中，工件表层由于受到切削力和切削热的综合作用，产生很大的塑性变形，使表层的物理力学性能发生变化，主要表现为表层金相组织变化、显微硬度变化和出现残余应力。其中，磨削加工时产生的塑性变形和切削热比切削加工时更严重，所以磨削加工表面的物理性能的变化比切削加工更为明显。

1. 表层冷作硬化及其影响因素

切削过程中，工件表层金属受切削力的作用，产生强烈的塑性变形，使金属的晶格扭曲，晶粒被拉长、纤维化甚至破碎，从而引起表层金属强度和硬度增加，塑性降低，物理性能发生变化。这种现象称为冷作硬化，又称为加工硬化或强化。

已加工表面除了受力变形，产生冷作硬化现象外，还受到机械加工过程中产生的切削热的影响。切削热在一定条件下会使金属在塑性变形中产生回复现象，使加工过程中产生的冷作硬化的物理性能有所降低，这种现象称为弱化。因此，金属在加工过程中最后的冷作硬化程度，取决于硬化速度与弱化速度的比率。机械加工时表面层的冷作硬化，就是强化作用和弱化作用的综合结果。

1) 冷作硬化的评定指标

评定冷作硬化的指标有三项(如图 5-54 所示)：

(1) 表面层的显微硬度 HV；

(2) 硬化层深度 h；

(3) 硬化程度 N。其计算式为

$$N = \frac{HV - HV_0}{HV_0} \times 100\% \tag{5-71}$$

式中：HV_0——金属内部的显微硬度。

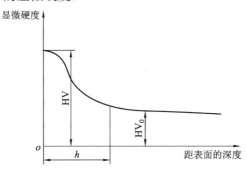

图 5-54 切削加工后表层冷作硬化

加工普通钢件时，采用各种不同的加工方法时表面冷作硬化情况如表 5-6 所示。

表 5-6　不同加工方法加工钢件时表面冷作硬化情况

加工方法	硬化层深度 h/mm		硬化程度 N/%		加工方法	硬化层深度 h/mm		硬化程度 N/%	
	平均值	最大值	平均值	最大值		平均值	最大值	平均值	最大值
车削	30～50	200	20～50	100	滚齿、插齿	120～150	—	60～100	—
精细车削	20～60	—	40～80	120	外圆磨低碳钢	30～60	—	60～100	150
端铣	40～100	200	40～60	100	外圆磨未淬硬中碳钢	30～60	—	40～60	100
圈周铣	40～80	110	20～40	80	外圆磨淬火钢	20～40		25～30	
钻孔、扩孔	180～200	250	60～70	—	平面磨	16～25		50	
拉孔	20～75		50～100		研磨	3～7		12～17	

2) 冷作硬化的影响因素

(1) 刀具几何参数的影响。刀具切削刃的钝圆半径增大，径向切削力增大，表层塑性变形程度加剧，导致冷作硬化现象严重。刀具后刀面的磨损造成刀具与已加工表面的磨损加剧，同样导致塑性变形增大，导致表面冷作硬化严重。

刀具其他几何参数对表层冷作硬化影响不大。

(2) 切削用量的影响。切削用量中切削速度和进给量影响最大。增大切削速度，刀具与工件的作用时间减少，使塑性变形的扩展深度减小，因而冷作硬化层深度减小；但增大切削速度，切削热在工件表面层上的作用时间也缩短了，将使冷作硬化程度增加。切削速度对冷作硬化程度的影响是力因素和热因素综合作用的结果，与工件的材质有关。图 5-55 表明加工 45 钢时，切削速度增大，冷作硬化现象随之增大；但加工 Q235-A 钢时，结果却相反。增大进给量时，切削力也增大，表层金属的塑性变形加剧，冷硬程度增大。但是如果进给量很小，比如切削厚度小于 0.05 mm～0.06 mm 时，若继续减小进给量，则表层金属的冷作硬化程度不仅不会减小，反而会增大。背吃刀量对表层金属冷作硬化影响不大。

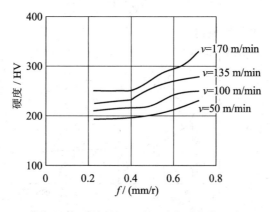

图 5-55　进给量及切速对冷作硬化的影响

(3) 工件材料的影响。工件材料的塑性越大，加工表面层的冷作硬化就越严重。碳钢中含碳量愈高，强度愈高，塑性愈小，冷作硬化程度愈低。有色金属的熔点低，弱化作用效果明显，冷作硬化现象就比碳钢轻得多。

2. 表层金相组织的变化及影响因素

1) 表层金相组织的变化及磨削烧伤

机械加工过程中，加工区由于加工时所消耗的能量大部分转化为热能而使加工表面温度升高，当温度升高到金相组织变化的临界点时，就会产生金相组织变化。切削加工时，切削热大部分被切屑带走，因此影响较小，多数情况下，表层金属的金相组织没有质的变化。磨削加工由于磨削速度高，大部分磨粒带有很大的负前角，磨粒除了切削作用外，很大程度是在刮擦挤压工件面，因而产生的磨削热比切削时大得多。同时，磨削时约有 70%的热量瞬时进入工件，只有小部分通过切屑、砂轮、冷却液、周围空气带走，而切削时只有约 5%的热量传入工件，致使磨削时工件表面层温度比切削时高得多，表层的金相组织产生更为复杂的变化，表面层的硬度也相应有了更大的变化，直接影响零件的使用性能。

磨削时在砂轮与工件的接触区，磨粒磨削点的温度很高，一般均超过 1000℃，这样高的温度发生在微小的磨削区域上，随后以极高的速度向周围传导，形成砂轮磨削区的温度，该温度直接决定了工件表面层的温度分布，工件表面的热变质层也由此产生。

当磨削工件表面层温度达到金属的相变温度以上时，表层金属发生金相组织的变化，使表层金属强度、硬度降低，并伴随着残余应力产生，甚至出现微观裂纹，这种现象称为磨削烧伤。

磨削烧伤时，表面因磨削热产生的氧化层因厚度不同，往往会出现黄、褐、紫、青等颜色变化。有时在最后光磨时，磨去了表面烧伤变化层，实际上烧伤层并未完全去除，这会给工件使用带来隐患。

磨削淬火钢时，在工件表面形成的瞬时高温将使表层金属产生以下三种金相组织变化：

(1) 回火烧伤。当磨削区温度超过马氏体转变温度(中碳钢为 250℃～300℃)时，工件表面原来的马氏体组织将转化成回火索氏体或托氏体等与回火组织相近的组织，使表层硬度低于磨削前的硬度，称为回火烧伤。

(2) 淬火烧伤。如果磨削区温度超过了相变温度，再加上切削液的急冷作用，表层金属会出现二次淬火马氏体组织，硬度比原来的回火马氏体高；在它的下层，因冷却较慢，出现了硬度比原来的回火马氏体低的回火组织(索氏体或托氏体)，这称为淬火烧伤。

(3) 退火烧伤。若工件表面层温度超过相变温度，则马氏体转变为奥氏体，如果这时无切削液，则表面硬度急剧下降，工件表层被退火，这种现象称为退火烧伤。干磨时很容易产生这种现象。

2) 减轻磨削烧伤的途径

磨削热是造成磨削烧伤的根本原因，故改善磨削烧伤有两个途径：一是尽可能地减少磨削热的产生；二是改善冷却条件，使传入工件的热量尽量少。

(1) 合理选择磨削用量。

当磨削深度增大时，磨削力增大，工件表层金属的温度将显著增加，容易造成烧伤或使烧伤加剧，故磨削深度不能太大。生产中常在精磨时逐渐减小磨削深度，以便逐渐减小热变质层，并逐步去除前一次磨削时的热变质层，最后再进行若干次的无进给磨削，这样可有效地避免表面层的磨削烧伤。

当工件速度增大时，工件表层温度升高，由于砂轮和工件间作用时间短，反而可减轻磨削烧伤，但提高工件速度会导致表面粗糙度值增大，此时，可提高砂轮转速进行弥补。实践证明，同时提高工件速度和砂轮速度既能减轻工件表面烧伤，又能保证磨削表面粗糙度。

当工件纵向进给量增加时，工件与砂轮的接触时间变短，散热变好，可减轻烧伤；但进给量增大，会导致表面粗糙度增大，因而可采用宽砂轮来弥补造成的不足。

降低砂轮速度会减轻磨削烧伤，但会影响磨削效率及表面粗糙度，生产中一般不采用。

(2) 合理选择砂轮。

砂轮磨料的种类、砂轮的粒度、结合剂种类、硬度以及组织等均对烧伤有影响。硬度高而锋利的磨料，不易产生烧伤，比如人造金刚石、立方氮化硼等磨料；对于硬度太高的砂轮，钝化砂粒不易脱落，容易产生烧伤，因此用软砂轮较好。砂轮结合剂最好采用具有一定弹性的材料，如树脂、橡胶等。一般来说，选用粗粒度砂轮磨削，不容易产生烧伤。磨削导热性差的材料，容易产生烧伤，比如不锈钢、轴承钢等。

改善砂轮结构，可以在砂轮的周向开槽，增大磨削刃间距，使砂轮和工件间断接触，能够大大地减少工件表面的烧伤程度。槽可以等距开(A 型)，也可变距开(B 型)，如图 5-56所示。

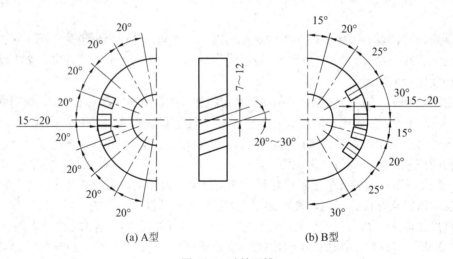

(a) A型　　　　　　　　(b) B型

图 5-56　砂轮开槽

3) 提高冷却效果

采用适当的冷却润滑方法，可有效避免或减小烧伤，降低表面粗糙度值。常规的冷却方法，由于砂轮的高速回转，砂轮的外圆表面产生强大的气流，冷却润滑液很难进入磨削区，磨削区的温度很高，易造成磨削烧伤。

如何将冷却润滑液送到磨削区内，是提高磨削冷却润滑效果的关键。具体方法有以下几种：一是加大冷却润滑液的压力和流量，这样不但可以提高磨削表面的冷却效果，而且还可以起到对砂轮和工件的清洁作用，防止砂轮阻塞；二是采取特殊的结构，克服由于高速旋转砂轮周围气流的影响,造成的冷却乳化液不能喷射到磨削区的缺点，如图 5-57 所示；三是采取内冷却的方式降低切削区温度，如图 5-58 所示，为了达到预定的冷却效果，冷却润滑液需要很好地过滤，防止砂轮孔堵塞，砂轮周围也需要很好的防护，防止冷却润滑液的飞溅，这种方法的缺点是防护的遮挡会造成操作者很难清晰地观察到磨削区域的情况。

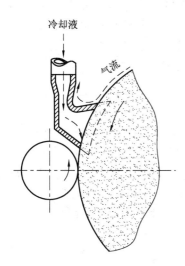

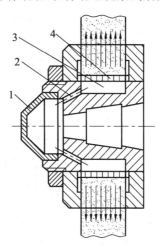

1—密封端盖；2—通道孔；3—环形腔；4—带孔的套

图 5-57　带空气挡板的喷嘴　　　　图 5-58　内冷却砂轮结构

3. 残余应力及其影响因素

加工过程中，工件表层相对于基体材料发生形状、体积或金相组织变化时，加工后表面层中将有残余应力，应力大小随深度而变化，其外层的应力和里层的应力方向相反，并相互平衡。残余压应力可提高工件表面的耐磨性和疲劳强度，残余拉应力则刚好相反，若拉应力值超过工件材料的疲劳强度极限，将使工件表面产生裂纹，加速工件的损坏。

1) 残余应力产生的原因

(1) 冷态塑性变形的影响。在切削或磨削加工过程中，工件加工表面受到刀具或砂轮磨粒的挤压和摩擦后，产生塑性变形，此时里层金属处于弹性变形状态；切削或磨削过后，里层金属趋于弹性恢复，但受到临近表层金属已产生塑性变形的牵制，在表面层产生残余压应力，里层产生残余拉应力。

(2) 热态塑性变形的影响。在切削或磨削过程中，工件表层的温度比里层高，表层的热膨胀大，当表层的温度超过材料的弹性变形范围时，就会产生热塑性变形，但受到里层温度低的金属的弹性变形的阻碍，加工后零件冷却至室温时，表层金属的收缩又受到里层金属的牵制，因而使表层产生残余拉应力，里层产生残余压应力。尤其是在磨削加工中，磨削温度越高，热塑性变形越大，残余拉应力也越大，当残余拉应力超过金属材料的强度极限时，在表面上就会产生裂纹，即磨削裂纹。

(3) 金相组织变化的影响。在切削或磨削的过程中，若工件表层金属温度高于材料的相变温度，将引起金相组织的变化。由于不同的金相组织具有不同的密度，如马氏体密度 $\rho_马 = 7.75\ \mathrm{g/cm^3}$、奥氏体密度 $\rho_奥 = 7.96\ \mathrm{g/cm^3}$、珠光体密度 $\rho_珠 = 7.78\ \mathrm{g/cm^3}$、铁素体密度

$\rho_{铁} = 7.88$ g/cm^3，因此表层金属金相组织的变化造成了其体积的变化，这种变化受到了基体金属的限制，从而在工件表面层产生残余应力。当金相组织的变化使表面层金属的体积膨胀时，表面层金属产生残余压应力，反之，则产生残余拉应力。

机械加工后实际表层上的残余应力是很复杂的，是上述三方面原因综合作用的结果。以冷塑性变形为主的加工，表层中以产生残余压应力为主；切削温度较高以致在表层中产生热塑性变形时，当热塑性变形占主导地位时，表层产生残余拉应力；磨削时一般因磨削温度高，常以相变和热塑性变形产生的拉应力为主，所以表层常带有残余拉应力。

当表层的残余拉应力超过材料的强度极限时，零件表面就会产生裂纹，有的磨削裂纹也可能不在工件外表面，而是在表层下成为难以发现的缺陷。裂纹的方向常与磨削的方向垂直，或呈网状，裂纹的产生常与烧伤同时出现。

2) 切削加工残余应力的影响因素

(1) 刀具几何参数的影响。前角对表层金属残余应力的影响最大。图 5-59 所示的试验曲线，试验条件为：车削速度 $v = 150$ m/min，工件材料 45 钢。当前角由正值变为负值或继续增大负前角时，残余拉应力的数值减小(见图 5-59(a))。当切削速度增大到 $v = 750$ m/min 时，前角的变化将引起残余应力性质的变化，当负前角为 $\gamma = -30° \sim -50°$ 时，表层金属发生淬火反应，表层产生残余压应力，如图 5-59(b)所示。前角的变化不仅影响残余应力的数值和方向，而且在很大程度上影响残余应力的扩展深度。

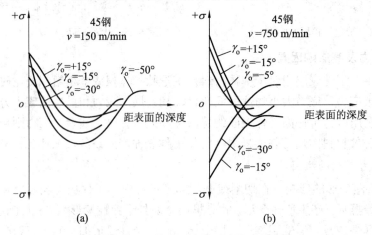

图 5-59　刀具前角对表层残余应力的影响

(2) 切削用量的影响。用正前角车刀加工 45 钢的切削试验结果表明，在所有的切削速度下，工件表层金属均产生拉伸残余拉应力，这说明切削热在切削过程中起主导作用。

车削 18CrNiMoA 合金钢时，切削速度对表层残余应力的影响从试验曲线(见图 5-60(a))中可以看出，随着切削速度的增大，表层残余拉应力值随之减小，甚至当切削速度增大到 $v = (200 \sim 250)$ m/min 时，表层出现残余压应力；在高速切削时，表层产生残余压应力(见图 5-60(b))。产生上述现象的主要原因是，在低速切削时，切削热起主导作用，表层产生残拉应力，随着切削速度的提高，表层金属产生局部淬火，金属的比容开始增大，金相组织变化开始起作用，致使残余拉应力的数值逐渐减小。当高速切削时，表面淬火起主导作用，所以表面出现残余压应力。切削时加大进给量，会使表面层金属的塑性变形增加，切削区产生的热量也将增加，从而会使表层残余应力的数值及扩展深度均相应增大。

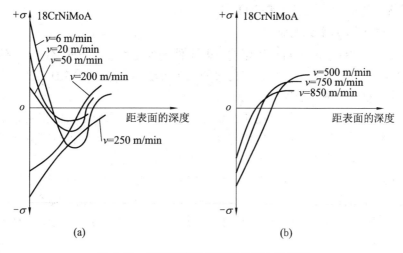

图 5-60　切削速度对表层残余应力的影响

3) 磨削加工残余应力的影响因素

(1) 磨削用量的影响。

首先是砂轮的速度。砂轮速度越高，磨削区温度越高，热效应超过塑性变形影响因素，表层产生残余拉应力的倾向越大，如图 5-61 所示。

其次是背吃刀量。背吃刀量对残余应力的影响很大。图 5-61 所示为磨削工业铁时的试验曲线。背吃刀量很小时，塑性变形起主要作用，表层产生残余压应力；随着背吃刀量的增加，磨削温度的影响逐渐占主导地位，表层残余应力逐渐由残余压应力转变为残余拉应力；背吃刀量大到一定程度时，尽管温度很高，但工业铁含碳量很低，不会出现淬火现象，塑性变形逐渐起主导作用，残余应力逐渐由残余拉应力转变为残余压应力。

同时工件速度和进给量对残余应力也有一定影响。增大工件速度和进给量，砂轮与工件的作用时间变短，热效应逐渐减小，塑性变形因素逐渐加大，表层残余拉应力的趋势逐渐减弱，残余压应力的趋势逐渐增强。

(2) 工件材料的影响。工件材料强度越高，导热性越差，塑性越低，磨削时表层产生残余拉应力的趋势越明显，如图 5-62 所示。

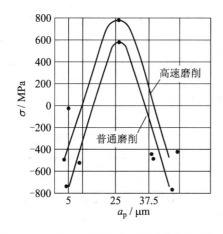

图 5-61　磨削速度及背吃刀量对残余应力的影响

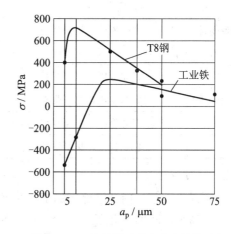

图 5-62　工件材料对残余应力的影响

4. 表层物理性能的改进及提高措施

1) 零件最终加工工序的选择

工件表层金属的残余应力将直接影响机器零件的使用性能。一般来说，工件表面残余应力的数值及性质主要取决于工件最终工序的加工方法，而零件最终加工工序的选择还必须综合考虑零件的工作条件及破坏形式。

如果零件发生的是疲劳破坏，在交变载荷的作用下，残余拉应力的作用会使零件表面上存在的局部微观裂纹扩大，最后导致零件断裂。所以从提高零件抵抗疲劳破坏的角度考虑，最终工序应选择能在加工表面产生残余压应力的加工方法。

如果零件发生的是滑动磨损(做相对运动的零件发生滑动磨损的机理是机械作用与物理化学作用的综合结果)，当零件表面所受到的压应力超过材料的极限强度时，零件表面发生磨损，因此最终工序的选择应该是使零件表面产生残余拉应力，有利于提高零件的抗滑动磨损。

如果零件发生的是滚动磨损，而引起滚动磨损的最大因素是距表层一定深度的拉应力，因此从提高零件抗滚动磨损的角度考虑，最终工序应选择使工件距表层一定深度产生残余压应力。

总体来说，凡能减小塑性变形和降低切削力或磨削温度的因素都可使零件表层残余应力减小。零件主要工作表面的最终加工工序的选择至关重要。各种加工方法表层的残余应力情况见表 5-7。

表 5-7　各种加工方法表层的残余应力

加工方法	残余应力情况	残余应力值 σ/MPa	残余应力层深度 h/mm
车削	一般情况下，表面受拉，里层受压；$v_c > 500$ m/min 时，表面受压，里层受拉	200～800，刀具磨损后可达 1000	一般情况下，h 为 0.05～0.10；用大负前角($\gamma_o = -30°$)车刀，v_c 很大时，h 可达 0.65
磨削	一般情况下，表面受压，里层受拉	200～1000	0.05～0.30
铣削	同车削	600～1500	—
碳钢淬硬	表面受压，里层受拉	400～750	—
钢珠滚压钢件	表面受压，里层受拉	700～800	—
喷丸强化钢件	表面受压，里层受拉	1000～1200	—
渗碳淬火	表面受压，里层受拉	1000～1100	—
镀铬	表面受拉，里层受压	400	—
镀铜	表面受拉，里层受压	200	—

2) 表面强化工艺

表面强化工艺是指通过冷压加工方法使表层金属发生冷态塑性变形，以减小表面粗糙度值，提高表面硬度，并在表层产生残余压应力的表面强化工艺。

通过前面的试验与分析可知，零件表面的物理性能对零件的使用性能及寿命有很大影响，尤其残余应力，通过表面强化工艺，可使零件表面产生残余压应力，同时可以提高硬度，降低表面粗糙度，方法简单，成本低，应用十分广泛。

(1) 喷丸。喷丸是指利用大量高速运动的球丸向被加工工件表面喷射，使工件表面产生冷作硬化和残余压应力，同时降低零件表面粗糙度，以显著提高零件的抗疲劳强度和使用寿命。喷丸所用的设备一般为空气压缩喷丸装置或者机械离心喷丸装置。球丸一般为钢球，直径为 0.2 mm～4 mm，对于尺寸小的或者表面粗糙度值要求小的用直径小的球丸，对于铝质等强度低的工件用铝球或者玻璃球。喷丸强化工艺适合形状复杂的不方便采取其他强化工艺的零件，比如弹簧、齿轮、连杆等，应用十分广泛，可以明显提高零件的抗疲劳强度和使用寿命。

(2) 滚压。将用工具钢制成的钢滚轮或钢珠在零件表面上进行滚压、碾光，使表面层材料产生塑性流动，修正工件表面的微观几何形状(见图 5-63)，可以减小表面粗糙度值，并使表面产生冷硬层和残余压应力(见图 5-64)，从而提高零件的承载能力和抗疲劳强度，这种方法称为滚压。

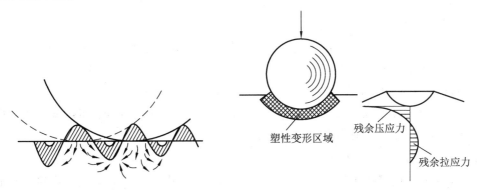

图 5-63　滚压原理　　　　　　　　图 5-64　滚压的应力分布

滚压加工可减小表面粗糙度，可提高表面硬度 10%～40%，可提高表面金属的抗疲劳强度 30%～50%。该方法使用简单，一般就在普通车床上装上滚压工具即可进行加工，应用十分广泛。

5.5　机械加工过程中的振动

机械加工工艺系统在加工过程中经常发生振动。机械振动是一种十分有害的现象，如果加工过程中产生了振动，刀具与工件间的位移会使被加工工件表面产生波纹，对零件的加工质量和使用性能都有很大影响。振动使工艺系统承受动态交变载荷的作用，使刀具易于磨损，有时甚至发生崩刃等破损问题，特别是将影响硬质合金、陶瓷、金刚石和立方氮化硼等韧性差的刀具的使用寿命；振动使机床连接部位的连接特性受到破坏，发生松动，严重时甚至使切削加工无法继续进行；振动过程产生的噪声造成环境污染，危害操作者的身心健康。为了减小振动，有时不得不降低切削用量，致使工艺系统的工作性能得不到充分发挥，限制生产效率的提高。由此可见，机械加工中的振动对于加工质量和生产效率都有很大影响。

5.5.1　机械加工振动的分类

机械加工中的振动按其产生机理的不同主要分为三类：自由振动、强迫振动和自激振动。

(1) 自由振动。工艺系统受到初始干扰力的作用，破坏了原有的平衡状态，仅依靠系统的弹性恢复力维持的振动，称为自由振动。自由振动的特点是振动频率为系统的固有频率，由于系统阻尼的存在，振动将逐渐衰减，对加工过程影响不大。比如加工过程中刀具遇到硬质点等缺陷引起的振动就属于自由振动。

(2) 强迫振动。工艺系统在外界周期性干扰力作用下引起并维持的振动，称为强迫振动。由于有外界周期性干扰力能量的补充，所以强迫振动不会因系统的阻尼存在而停止。强迫振动的特点是系统的频率等于外界干扰力的频率或者是其整数倍。

(3) 自激振动。自激振动是由系统自身产生的交变力激发并维持的一种周期性振动。

5.5.2　机械加工过程中的强迫振动

1. 强迫振动产生的原因

强迫振动是由外界周期性的干扰力作用引起的，而干扰力既可以是外界的也可以是内部的。引起强迫振动的原因有以下几种。

1) 系统外部周期性干扰力

机床周围有其他机床、设备等，通过地基传入系统，引起工艺系统的振动。这种形式的振动可以通过地基加隔振装置来减弱或者消除。

2) 系统内部周期性干扰力

(1) 机床高速旋转零件的质量不平衡。如电机、联轴器、带轮、砂轮、齿轮及被加工工件的质量偏心，使加工过程产生强迫振动。

(2) 往复运动机构的惯性力。作往复运动的机构，在换向时会产生周期性的惯性力，是这类机床产生强迫振动的主要振源。

(3) 切削过程的周期性冲击。有些加工方法，如铣削、拉削、滚齿等，切入、切出工件时会造成冲击，加工不连续表面也会由于周期性的冲击造成强迫振动。

(4) 传动机构缺陷及安装缺陷。齿轮啮合时的冲击、皮带厚度不均、液压系统的油压脉动等都会引起强迫振动。

2. 强迫振动的振动方程及特性

一般的机械加工工艺系统，其结构都是一些具有分布质量、分布弹性和阻尼的振动系统，严格来说，这些振动系统具有多个自由度。这里所说的自由度，是指用以确定振动系统在任意瞬时位置的独立坐标数。要精确地描述和求解多自由度的振动系统是十分困难的，因此通常将它们简化。由于单自由度系统是最简单的振动系统，且是多自由度系统的基本单元，因此由单自由度振动系统引出的许多概念和分析方法也适用于多自由度系统。这里只讨论单自由度系统的振动。

图 5-65(a) 为车削加工示意图。在加工过程中，车刀受周期性干扰力的作用而产生振动，可以简化为单自由度系统。车刀及刀架简化质量为 m，系统的刚度为 k，阻尼为 c，作用在

车刀系统的交变力假设为周期性的简谐激振力 $F_p = F\sin\omega t$，系统的动力学模型为图 5-65(b)，受力图为图 5-65(c)。

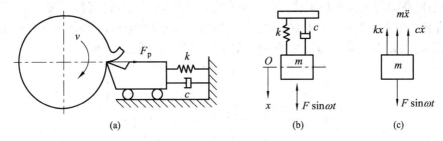

(a)　　　　　　　　(b)　　　　　　　(c)

图 5-65　车削加工示意图与动力学模型

根据系统的受力图 5-65(c)，系统的动力学方程为

$$m\ddot{x} + c\dot{x} + kx = F\sin\omega t \tag{5-72}$$

式(5-72)为二阶常系数线性非齐次微分方程，根据微分方程求解方法，该方程的解由齐次方程的通解和非齐次方程的特解构成，即为

$$x = A_1 e^{-\alpha t}\sin(\sqrt{\omega_0^2 - \alpha^2}\,t + \varphi_1) + A_2\sin(\omega t - \varphi) \tag{5-73}$$

式中：α——衰减系数，$\alpha = \dfrac{c}{2m}$；

　　　ω_0——系统固有频率，$\omega_0 = \sqrt{\dfrac{k}{m}}$；

　　A_1、A_2——由初始条件决定的振幅。

式(5-73)第一项为振动方程的通解，由于阻尼的存在，振幅呈指数衰减，一定时间后振幅衰减为零，其振动位移曲线如图 5-66(a)所示；第二项为振动方程的特解，是振动不衰减的强迫振动，振动位移曲线如图 5-66(b)所示；两种振动的叠加为图 5-66(c)所示的位移曲线。经过一段时间后，振动进入稳态过程，进入稳态后振动方程的解为

$$x = A\sin(\omega t - \varphi) \tag{5-74}$$

式中：A——强迫振动的振幅，$A = \dfrac{F}{k\sqrt{(1-\lambda^2)^2 + (2\zeta\lambda)^2}}$；

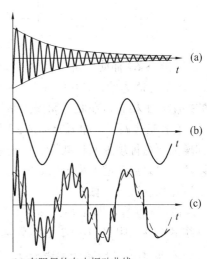

(a) 有阻尼的自由振动曲线；
(b) 强迫振动曲线；
(c) 有阻尼的自由振动与强迫振动的合成

图 5-66　强迫振动位移曲线

　　　φ——相位角，$\varphi = \arctan\dfrac{2\zeta\lambda}{1 - \lambda^2 k}$；

　　　λ——频率比，$\lambda = \dfrac{\omega}{\omega_0}$；

　　　ζ——阻尼比，$\zeta = \dfrac{c}{2\sqrt{km}}$。

由振动方程及位移曲线可知，强迫振动的特征为：

(1) 强迫振动不会因为阻尼的存在而衰减，它与周期性的激振力有关。

(2) 强迫振动频率与激振力频率相同或是其整数倍，与系统的固有频率无关。

(3) 强迫振动的幅值既与干扰力的幅值有关，又与系统的动态特性有关。

以频率比 λ 为横坐标，以振幅放大因子 $\beta(\beta = A/A_0)$ 为纵坐标，其中 $A_0 = F/k$ 为系统静位移；以阻尼比 ζ 为变量，做出系统的幅频特性曲线，如图 5-67 所示。

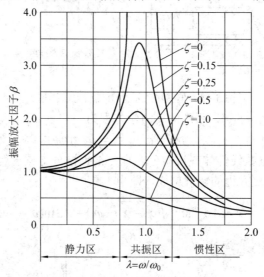

图 5-67　强迫振动幅频特性曲线

从图 5-67 曲线中可以得出以下结论：

(1) 在静力区，即 $0 \leqslant \lambda \leqslant 0.7$ 区域内，强迫振动的振幅与激振力作为静载荷加在系统上的振幅几乎相同，在此区间提高系统的刚度就可以减少振动。

(2) 在共振区，即 $0.7 \leqslant \lambda \leqslant 1.3$ 区域内，尤其在 $\lambda \approx 1$ 时，系统的 $\omega \approx \omega_0$，系统振幅急剧增大，这种现象叫作共振。应把系统固有频率的 20%～30% 范围内的区域都作为禁区，以免发生共振。增大系统的静刚度、增加阻尼、改变系统固有频率或改变激振力频率都可以避免系统发生共振。

(3) 惯性区，即 $\lambda \geqslant 1.3$ 区域，强迫振动系统振幅迅速减小，甚至振动消失，振幅小于系统静位移，阻尼的影响大大减小。此时增加系统的质量可以提高系统的抗振性。

3. 强迫振动振源的查找方法

如果已经确认工艺系统发生了强迫振动，就要设法找到振源，以便减少或消除强迫振动对加工过程的影响。

由强迫振动的特征可知，强迫振动的频率总是与干扰力的频率相等或是它的整数倍，可以根据强迫振动的这个规律去查找强迫振动的振源，方法如下：

(1) 现场拾振。用仪器现场测量机床的振动信号进行频谱分析，确定强迫振动的频率成分。

(2) 机外信号测试。在机床完全停止状态下，对周围环境中的振动信号进行测试，将测试所得信号频率与现场加工的振动频率进行对比，判断强迫振动是否与机外振动有关。

(3) 机内信号测试。机床做空载试验，测试振动信号，进行频谱分析，与现场加工的频率成分进行对比，判断强迫振动是否为机内振源所致。

5.5.3　机械加工过程中的自激振动

切削加工时，在没有周期性外力作用下，刀具与工件之间也可能会产生强烈的振动，并在被加工工件的表面留下有规律的振纹。这种由振动系统本身产生的交变力激发和维持的振动称为自激振动。自激振动由于振动频率比较高，所以又叫颤振。

1. 自激振动产生的原因及特征

对于一个有阻尼作用的实际加工系统而言，任何运动都存在力的相互作用，任何运动都要消耗一定的能量。自激振动既然没有周期性外界干扰力作用，那么激发自激振动的交变力就是由切削过程产生的，比如在实际的加工过程中，由于工件材料硬度不均、背吃刀量厚度的变化等偶然的外界干扰，会产生变化的切削力，作用在机床加工系统上就会使系统产生振动。而切削过程同时又受到机床系统振动的影响，机床系统的振动一旦停止，交变切削力也就随之消失。如果切削过程平稳，即使机床加工系统存在产生自激振动的条件，因切削过程没有交变切削力，自激振动也不会产生。

自激振动与强迫振动相比，虽然都是稳定的等幅振动，但维持自激振动的不是外加激振力，而是由系统自身引起的交变力。系统若停止运动，交变力也随之消失，自激振动也就停止了。

维持自激振动的能量来自机床电动机，电动机除了供给切削加工所需的能量外，还通过切削过程把能量传输给振动系统，使机床系统产生振动。机械加工系统是一个由振动系统及切削过程调节系统组成的闭环系统，如图 5-68 所示。

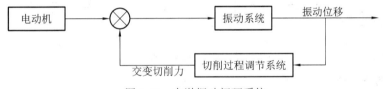

图 5-68　自激振动闭环系统

自激振动幅值的大小，取决于每一振动周期中振动系统所获得的能量与所消耗能量的多少。由图 5-69 可知，在一个振动周期内，除去阻尼消耗的能量外，若振动系统获得的能量 $E+$ 等于振动系统消耗的能量 $E-$，则自激振动是以 QB 为振幅的稳定等幅振动；如果某一振动周期从电动机获得的能量 $E+$ 大于振动所消耗的能量 $E-$，则振幅将不断增大到一个新的平衡点；如果振动周期从电动机获得的能量 $E+$ 小于振动所消耗的能量 $E-$，振幅会不断减小，到另一个新的平衡点。

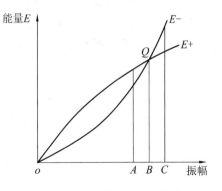

图 5-69　振动系统的能量关系

2. 自激振动的机理

根据自激振动的概念、产生的原因及特征，对于自激振动产生的机理，国内外学者做了大量的研究，比较公认的有再生自激振动原理、振型耦合原理、负摩擦激振原理和切削力滞后原理，其中再生自激振动原理和振型耦合原理得到了比较广泛的认可。

1) 再生自激振动原理

切削过程中，工件回转一周进入下一次切削时，刀具必然与已经加工过的表面接触，也就是说会发生切削重叠，如果上次加工表面有波纹，那么下一次加工时刀具总是完全地或部分地在带有波纹的表面上进行切削。假定切削过程在某一时刻受到瞬时的偶然性扰动(见图 5-70(a))，则刀具和工件会发生相对振动，并在加工表面留下振纹，如图 5-70(b)所示。当工件回转一周后，刀具再次切削残留振纹的表面时，切削厚度将发生变化，如图 5-70(c)所示，由于切削厚度的变化，从而引起切削力周期性变化。

如果动态变化的切削力在一定条件下是促进和维持振动的根源，这种切削力和振纹相互作用引起的自激振动将进一步发展为颤振，这种由于切削厚度变化引起的自激振动，称为再生自激振动，如图 5-70(d)所示。

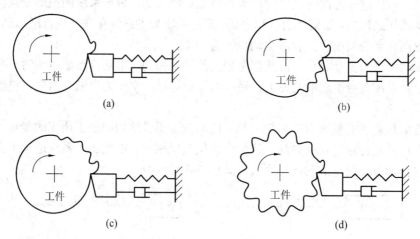

图 5-70　再生自激振动原理

2) 振型耦合原理

再生自激振动原理很好地解释了具有重叠性质的切削加工中，由于切屑厚度的变化引起切削力周期性变化，从而引起工艺系统的自激振动。但是在加工矩形螺纹的丝杠时(见图 5-71)，切削过程未发生重叠，但在背吃刀量达到一定值时，也会发生自激振动，这就需要用振型耦合原理来解释多自由度系统的自激振动问题。

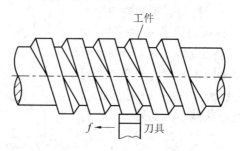

图 5-71　纵向车削加工矩形螺纹

实际的机械加工系统是由不同刚度和阻尼组成的多自由度系统。振型耦合原理认为，各个自由度上的振动是相互影响、相互耦合的,满足一定条件就会产生自激振动,这种自激振动称为振型耦合自激振动。为了讨论问题方便,我们以简化的两自由度系统为例。假设工件为刚体,刀架在偶然扰动下产生振动,则刀架将沿 x_1 和 x_2 两个方向作不同振幅和相位的耦合振动,由于两个方向的刚度不可能相同,因此刀尖的振动轨迹是一个椭圆形的封闭曲线,如图 5-72 所示。

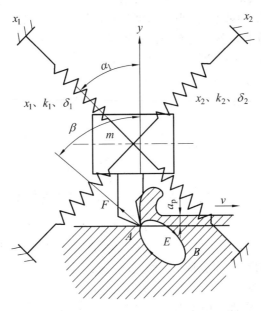

图 5-72 两自由度系统振型耦合自激振动模型

当刀尖相对于工件沿 $\overset{\frown}{AB}$ 方向运动时,切削力方向与运动方向相反,振动系统对外界做功,振动系统切入运动时消耗能量;当刀尖相对于工件沿 $\overset{\frown}{BA}$ 方向运动时,切削力方向与运动方向相同,外界对振动系统做功,振动系统切出运动时吸收能量;由于切出运动切屑厚度大于切入厚度,这样振动系统每振动一个周期都将有一部分能量输入,满足产生振动的条件,系统将有持续的振动产生。

振型耦合自激振动是由多自由度机床切削系统中各主振模态间的耦合效应引发的。在多自由度机床切削系统中进行切削,只要满足每振动一个周期都有能量输入,就有振型耦合自激振动产生。

5.5.4 机械加工中振动的主要控制措施

1. 消除或减弱产生强迫振动的条件

消除或减弱产生强迫振动的条件有以下途径:

(1) 减少或消除机内外振源。在深入分析工艺系统振动的影响因素的基础上,寻找有针对性的解决办法。如提高回转零件尤其高速回转零件的动平衡;减少传动件的缺陷;使机床动力源与机床分离;减少往复运动机构的质量和速度等。

(2) 避免共振发生。进行旋转机构转速选择时,使可能引起强迫振动的频率远离机床的固有频率,避免共振发生。

(3) 隔振。当引起振动的振源无法消除时，可以采取隔离措施，通过安装隔振装置或者材料(如橡皮、金属弹簧、空气弹簧、泡沫、乳胶、软木、矿渣棉、木屑等)，使机床与振源隔离开，且具有一定的吸振特性。

2. 消除或减弱产生自激振动的条件

消除或减弱产生自激振动的条件有以下途径：

(1) 合理选择刀具几何参数，减小切削重叠及切削力。再生自激振动是由于重叠切削造成的，减少切削重叠现象，就不会有自激振动发生。对重叠影响最大的是主偏角 κ_r 和前角 γ_o，增大主偏角可降低重叠，减小切削力，减小振幅(见图 5-73)；增大前角也可使切削力减小，振幅减小，可使振动减弱。

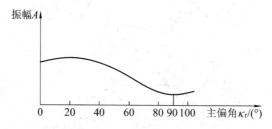

图 5-73　主偏角对振幅的影响

(2) 合理选择切削用量，减小振幅。采取低速和高速切削都会使振幅减小，选用较大的进给量和较小的背吃刀量有利于减小切削刚度，减小切削力，从而减小振幅。

(3) 增加切削阻尼。减小刀具后角，这样就增加了刀具后刀面与已加工表面的摩擦阻尼，有利于提高加工的稳定性；但不能使刀具后角过小，以免引起摩擦型自激振动，一般取 2°～3°；还可以在刀具的后刀面磨出具有负后角的消振棱，如图 5-74 所示。

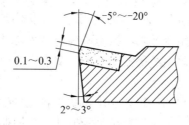

图 5-74　车刀消振棱

3. 改善工艺系统的稳定性

改善工艺系统的稳定性有以下途径：

(1) 提高工艺系统刚度。提高工艺系统薄弱环节的刚度，或使薄弱环节对零件加工精度的影响为误差非敏感方向，对支承轴承预加载荷，对刚度差的采取辅助支承等措施，都可以有效提高工艺系统的稳定性。

(2) 增大工艺系统的阻尼。工艺系统的阻尼分为零部件材料的内阻尼、结合面的摩擦阻尼及其他附加阻尼。可以通过选用内阻尼大的材料制造零部件。铸铁的内阻尼比钢材大，因此机床床身、立柱等选用铸铁可提供抗振性；还可以把高阻尼材料附加到零件上，如图 5-75 所示；在机床的固定结合面，选择适当的加工方法、表面粗糙度等级等来增加摩擦阻尼。

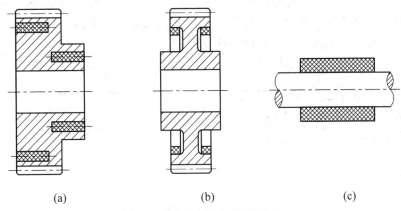

(a)　　　　　　　　　　(b)　　　　　　　　　(c)

图 5-75　零件上增加高阻尼材料

4．采取各种减振、消振装置

如果不能从根本上消除产生切削振动的根源，可以采用减振、消振装置来减振、消振。常用的减振器有以下三种类型：

(1) 动力式减振器。利用振动可以抵消的原理，在原系统的基础上附加一个质量振动系统，使之与原系统产生的激振力相抵消。如图 5-76 所示为镗杆的振动减振器。

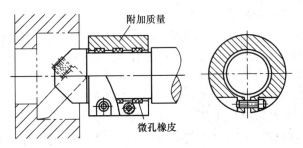

图 5-76　镗杆的振动减振器

(2) 摩擦式减振器。利用摩擦阻尼来消散振动能量。如图 5-77 所示为通过固体摩擦阻尼进行减振。

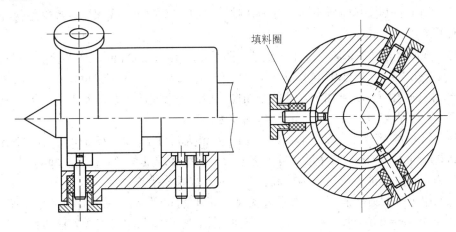

图 5-77　摩擦式减振器

(3) 冲击式减振器。利用两物体相互碰撞要损失动能的原理，在振动体上装一个自由运动体(冲击块(见图 5-78(a))、冲击球(见图 5-78(b)))，系统振动时，自由运动体反复地冲击振动体，消耗振动体的能量，达到减振的目的。

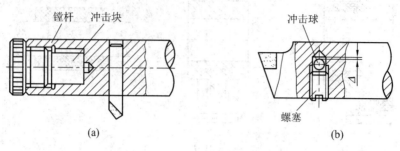

图 5-78　冲击式减振镗杆及镗刀

思考与练习题

5-1　什么是加工精度和加工误差？两者的含义有何异同？加工精度都包括哪些方面？

5-2　获得零件尺寸精度、形状精度和位置精度的方法有哪些？

5-3　影响加工精度的因素有哪些？

5-4　什么是原理误差？原理误差对加工精度有何影响？

5-5　什么是主轴回转精度？其对加工精度有哪些影响？

5-6　什么是误差敏感方向？

5-7　什么是机床的几何精度？其对加工精度有何影响？

5-8　什么是工艺系统刚度？工艺系统承受哪些外力？

5-9　何谓误差复映规律？有何工艺措施可减小误差复映规律对加工精度的影响？

5-10　提高工艺系统刚度的措施有哪些？

5-11　工艺系统受哪些热源的作用？这些热源对加工精度有何影响？采取何种措施可减小它们的影响？

5-12　加工误差按其性质不同可分为几种？它们各有何特点或规律？各采用何种方法分析与计算？

5-13　在两台相同的车床上加工一批轴，图纸要求 $\phi 11 \pm 0.02$ mm，加工后直径尺寸呈正态分布，其中第一台 $\bar{x}_1 = 11.05$ mm，$\sigma_1 = 0.004$ mm；第二台 $\bar{x}_2 = 11.015$ mm，$\sigma_2 = 0.0025$ mm。试在同一图中画出两台机床加工尺寸的分布图，指出哪台机床的加工精度高；每台机床废品率为多少，能否修复；并分析各自产生的原因。

5-14　现场测量一批小轴直径(1000 件)，其最大尺寸 $D_{\max} = 25.030$ mm，最小尺寸 $D_{\min} = 25.000$ mm，若整批零件尺寸呈正态分布，图纸要求其外径 $\phi 25^{+0.025}_{-0.005}$ mm。求：该批零件废品为多少件？能否修复？为提高合格率应采取哪些措施？

5-15　加工一批圆柱销，图纸要求外径尺寸 $\phi 20^{\ 0}_{-0.08}$ mm，加工后零件尺寸呈正态分布，$\bar{x} = 19.98$ mm，$\sigma = 0.01$ mm。画出尺寸分布曲线图，不合格品率是多少？能否修复？为提高合格品率应采取哪些措施？计算工序能力系数并判断工序能力为几级。

5-16　在无心磨床上磨削一批销轴，图纸要求直径尺寸为 $\phi 20_{-0.1}^{\ 0}$ mm，测量得知其直径呈正态分布，尺寸均值 $\bar{x} = 19.92$ mm，$\sigma = 0.015$ mm。绘出零件直径尺寸分布曲线图，计算该批零件的废品率及性质。

5-17　机械零件的表面质量包括哪些内容？它们对零件使用性能有什么影响？

5-18　影响表面粗糙度的因素有哪些？如何减小加工表面粗糙度？

5-19　什么是冷作硬化现象？产生冷作硬化的主要原因是什么？

5-20　何谓表面残余应力？它对零件使用性能有何影响？

5-21　什么是磨削烧伤？如何控制？

5-22　机械加工中的振动有哪几类？对机械加工有何影响？

5-23　什么是强迫振动？有何特点？如何消除和控制机械加工中的强迫振动？

5-24　什么是自激振动？解释再生型自激振动和耦合型自激振动的激振机理。

参 考 文 献

[1]　王先逵. 机械制造工艺学[M]. 4 版. 北京：机械工业出版社，2019.

[2]　郑修本. 机械制造工艺学[M]. 3 版. 北京：机械工业出版社，2020.

[3]　于俊一，邹青. 机械制造技术基础[M]. 2 版. 北京：机械工业出版社，2010.

[4]　卢秉恒. 机械制造技术基础[M]. 4 版. 北京：机械工业出版社，2019.

[5]　黄健求. 机械制造技术基础[M]. 北京：机械工业出版社，2006.

[6]　熊良山，严晓光，张福润. 机械制造技术基础[M]. 3 版. 武汉：华中科技大学出版社，2016.

[7]　李伟，谭豫之. 机械制造工程学[M]. 北京：机械工业出版社，2009.

[8]　范孝良，尹明富，郭兰申. 机械制造技术基础[M]. 北京：电子工业出版社，2008.

第6章　机械制造技术的新发展

近年来，随着机械制造工艺理论、制造技术和制造模式的迅速发展，机械加工精度和表面质量要求越来越高，从而催生了许多制造工艺的新领域和新方法，包括工艺理论、加工方法、制造模式、制造技术和系统等几个方面。

6.1　精密加工与超精密加工技术

6.1.1　精密加工与超精密加工的概念

零件的制造精度是个相对概念。由于生产技术的不断发展，从一般加工到精密加工，再到超精密加工，划分的界限随着技术进步而逐渐向前推移。目前精密加工是指加工精度为 $0.1\ \mu m \sim 1\ \mu m$、表面粗糙度 Ra 值为 $0.01\ \mu m \sim 0.1\ \mu m$ 的加工技术；超精密加工是指加工精度高于 $0.1\ \mu m$、表面粗糙度 Ra 值小于 $0.025\ \mu m$ 的加工技术。但这个精度界限会随着加工技术的进步而不断提高，今天的精密加工可能就是明天的一般加工。精密加工与超精密加工所要解决的问题，一是加工精度，包括零件的尺寸、形状、位置精度及表面粗糙度；二是加工效率，有些精密加工与超精密加工方法可以取得较好的加工精度，却难以取得较高的加工效率。

6.1.2　精密加工与超精密加工的特点

1. 进化加工机理

一般加工时，机床的精度总是高于被加工零件的精度，这一规律称为蜕化加工原则。对于精密加工与超精密加工来说，用高于零件加工精度要求的机床来加工零件常常是不现实的。此时，只能利用低于工件精度的设备、工具，通过特殊的工艺方法和工艺装备，加工出精度高于机床精度的工件。这种方法称为直接式进化加工，通常适用于单件、小批量生产。与之相对应的是间接式进化加工，借助于直接式进化加工机理，先生产出第二代高精度机床，再以此机床加工更高精度的工件，这种方法适用于批量生产。

2. 微量切削机理

一种加工方法所能达到的加工精度，取决于这种加工方法的最小极限背吃刀量。超精密加工必须具有切除 $0.1\ \mu m$ 以下的微量材料的能力，即最小极限背吃刀量要小于 $0.1\ \mu m$。

而纳米加工的最小极限背吃刀量要小于 1 nm，其背吃刀量小于晶粒大小，切削在晶粒内进行，要克服分子与原子之间的结合力，才能形成超微量切屑。故目前已有的一些微量切削机理模型是建立在分子动力学基础上的。

3. 综合制造工艺

在精密加工和超精密加工中，要达到加工要求，必须综合考虑加工方法、加工设备与工具、测试手段、工作环境等多种因素，具有较大的难度。

4. 高度自动化、智能化

在精密加工和超精密加工中，广泛采用计算机控制、智能控制、自适应控制、在线检测和误差补偿等技术，以保证加工精度。

5. 严格的加工环境

加工环境的极微小变化都可能影响加工精度。超精密加工必须在超稳定的加工环境下进行，超稳定的加工环境条件主要指恒温、防振、超净和恒湿四个方面。

6.1.3　精密加工和超精密加工的主要方法

根据加工方法的机理和特点，精密加工和超精密加工的方法可分为刀具切削加工、磨料磨削加工、特种加工和复合加工等，应用最多的是超精密切削加工和超精密磨削加工。

1. 超精密切削加工

超精密切削加工主要是指用金刚石刀具进行超精密切削，适用于铜、铝等非铁金属及其合金以及光学玻璃、大理石和碳纤维等非金属材料。当切削钢铁等含碳的金属材料时，由于亲和作用，刀具会产生扩散磨损，从而影响加工质量。

1) 超精密切削对刀具的要求

为实现超精密切削，刀具应满足以下要求：

(1) 极高的硬度、耐用度和弹性模量，以保证刀具有很长的寿命。

(2) 切削刃能磨得极其锋锐，刃口半径极小，能实现超薄厚度的切削。

(3) 切削刃无缺陷，避免切削时刃形复映在加工表面而不能得到超光滑的镜面。

(4) 刀具与工件材料的抗黏结性能好、化学亲和性小、摩擦系数低，能得到极好的加工表面完整性。

2) 超精密切削刀具的材料

超精密切削加工最常用的刀具材料是天然或人造单晶金刚石。天然单晶金刚石有很多优点，如硬度极高，耐磨和强度高，导热性能好，与有色金属材料的化学亲和性小，抗黏结性好，摩擦系数低，能磨出极锋锐的刃口，刃口半径可以刃磨到纳米级的水平，能实现超薄厚度切削，刀刃无缺陷，能得到超光滑的镜面等。用天然单晶金刚石刀具切削铜、铝等有色金属材料，能得到尺寸精度为 0.1 μm 数量级和表面粗糙度值为 0.01 μm 数量级的超高精度表面。虽然单晶金刚石的价格昂贵，但当前仍被公认为是最理想的、不能被替代的超精密切削刀具材料。大颗粒人造单晶金刚石现在已能工业生产，并已用于超精密切削，但它的缺点是价格极为昂贵。

　　3) 超精密切削加工的影响因素

　　为了发挥金刚石刀具的切削性能和保证工件的加工质量，金刚石刀具的刃磨是关键，包括刃磨方法、晶体定向和刀具几何参数的控制等。同时，机床、工件材料及环境对超精密加工也有一定影响。

　　(1) 金刚石刀具刃磨。金刚石是目前发现最硬的材料，它的精密刃磨比较困难。目前主要采用研磨机来刃磨金刚石刀具。单晶金刚石具有各向异性，其不同方向的性能相差很大。一颗单晶金刚石毛坯要制成精密金刚石刀具，首先要经过精确的晶体定向，以确定所制成刀具的前、后刀面的空间位置。常用的金刚石晶体定向方法主要有人工目测定向、X 射线晶体定向和激光定向等。

　　(2) 精密切削机床的精度、刚度、稳定性、抗振性和数字化、智能化控制功能，影响超精密加工的质量。精密切削机床的关键部件是主轴系统、导轨及微量进给驱动装置。机床上应设有性能良好的温控系统。

　　(3) 被加工材料的均匀性好，微观缺陷少，则利于保证精密加工的质量。

　　(4) 工作环境要求恒温、恒湿、净化和抗振。

2. 超精密磨削加工

　　对于铜、铝及其合金等较软的金属，用金刚石刀具进行超精密切削效果很好，而对于黑色金属、硬脆材料等，精密、超精密磨削是当前最主要的精密加工手段。磨削加工有砂轮磨削、砂带磨削及研磨、珩磨、抛光等方法，这里仅介绍超精密砂轮磨削加工。

　　超精密磨削加工是指加工精度达到或高于 $0.1\ \mu m$，表面粗糙度 Ra 值小于 $0.025\ \mu m$ 的一种亚微米级加工方法，并正在向纳米级发展。超精密磨削的关键在于砂轮的选择、砂轮的修整、磨削用量和高精度磨削机床的选择。

　　1) 超精密磨削砂轮

　　在超精密磨削加工中，所使用的砂轮材料多为金刚石或立方氮化硼(CBN)磨料。因磨料硬度极高，这些砂轮一般称为超硬磨料砂轮。金刚石砂轮具有较强的磨削能力和较高的磨削效率，在磨削硬质合金、非金属硬脆材料、有色金属及其合金等方面有较大的优势。由于金刚石易与铁族元素产生化学反应和亲和作用，故对于硬而韧、高温硬度高、热导率低的钢铁材料，用立方氮化硼砂轮磨削较好。立方氮化硼比金刚石有更好的热稳定性和较强的化学惰性，其热稳定性可达 $1250℃\sim1350℃$，而金刚石磨料只有 $700℃\sim800℃$。

　　用金刚石砂轮磨削石材、玻璃、陶瓷等脆硬材料时，宜选择金属结合剂，其锋利性和寿命都好；若磨削硬质合金和陶瓷等难磨材料时，则宜选用树脂结合剂，它具有较好的自锐性。立方氮化硼砂轮一般采用树脂结合剂或陶瓷结合剂。

　　2) 超精密磨削砂轮的修整

　　无论是金刚石砂轮还是立方氮化硼超硬磨料砂轮，都比较坚硬，很难用其他磨料来修整砂轮形成新的切削刃。超硬磨料砂轮一般是通过去除磨粒间结合剂的方法使磨粒突出结合剂一定高度，形成新的磨粒。

超硬磨料砂轮的修整过程，一般分为整形和修锐两个阶段。整形是使砂轮达到一定几何形状的要求；修锐是去除磨粒间的结合剂，使磨粒突出结合剂一定高度，形成足够的切削刃和容屑空间。普通砂轮的修整是整形和修锐合二为一进行的，而超硬磨料砂轮由于磨料很硬，修整困难，故分为整形和修锐两步进行。修整的机理是除去金刚石颗粒之间的结合剂，使金刚石颗粒露出来，而不是把金刚石颗粒修锐生成切削刃。

超硬磨料砂轮的修整方法很多，因结合剂材料的不同而不同。目前，主要有以下几种方法：

(1) 车削法。车削法是用单点聚晶金刚石笔、修整片等车削金刚石砂轮，以达到修整的目的。车削法的修整精度和效率都比较高，但修整后的砂轮表面平滑，切削能力低，同时修整成本也高。

(2) 磨削法。磨削法是用普通磨料砂轮或砂块与超硬磨料砂轮进行对磨修整。普通砂轮磨料如碳化硅、刚玉等磨粒破碎，对超硬磨料砂轮的结合剂起到切削作用，失去结合剂作用的超硬磨粒就会脱落，从而达到修整的目的。磨削法修整砂轮的效率和质量都较好，是目前较常用的方法之一，但对普通砂轮消耗较大。

(3) 喷射法。喷射法主要用于砂轮修锐，是将碳化硅、刚玉等磨粒从高速喷嘴中喷射到转动的砂轮表面，以去除部分结合剂，致使超硬磨粒裸露出来。

(4) 电解在线修锐法(Electrolytic In-process Dressing，ELID)。ELID 是应用电解加工原理，在砂轮进行磨削加工的同时，完成工作砂轮的修锐过程。如图 6-1 所示，工作砂轮是以铁纤维为结合剂的金刚石砂轮，电源正极经电刷接超硬磨料砂轮，电源负极接石墨电极，在砂轮与石墨电极之间通以电解液，通过电解腐蚀作用去除超硬磨料砂轮表面的金属结合剂，从而达到修锐的效果。

(5) 电火花修整法。该方法是采用电火花放电原理进行超硬磨料砂轮的修整，适用于各种金属结合剂砂轮，若在结合剂中加入石墨粉，也可用于树脂、陶瓷结合剂砂轮的修整。修整时可采用电火花线切割方式，也可采用电火花成型方式，若配置数控系统，还可进行成型修整。这种方法既可整形，又可修锐，效率较高，其质量与磨削法相当。如图 6-2 所示为电火花修整法原理图。

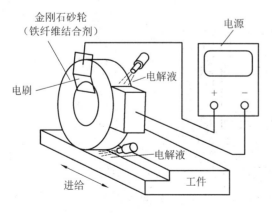

图 6-1　ELID 砂轮修整原理图

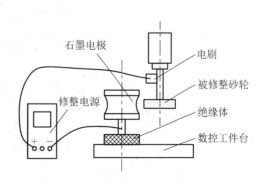

图 6-2　电火花修整法原理图

3) 磨削速度及磨削液

磨削速度对工件表面粗糙度和砂轮使用寿命影响很大。一般金刚石砂轮的磨削速度为 (12～30) m/s；若速度太高，可使工件表面粗糙度降低，但同时磨削温度上升，导致砂轮磨损加大，使用寿命降低；若速度过低，由于单颗磨粒的磨削厚度加大，造成工件表面粗糙度加大，也易造成金刚石砂轮磨损加剧。

立方氮化硼磨料的热稳定性好，因此可以承受较高的速度，立方氮化硼砂轮的磨削速度比金刚石高很多，一般为(80～100) m/s。

超硬磨料砂轮磨削时，是否使用磨削液对砂轮的寿命影响很大。例如，树脂结合剂超硬磨料砂轮，湿磨比干磨可提高砂轮 40%左右的寿命。磨削液具有润滑、冷却、清洗、防锈、提高切削性等功能。

磨削液分为油性液和水溶性液两大类。磨削液的使用应视具体情况合理选择。金刚石砂轮磨削硬质合金时，普遍采用煤油，而不宜采用乳化液；树脂结合剂砂轮不宜使用苏打水；立方氮化硼砂轮磨削时宜采用油性液，一般不用水溶性液，因为在高温状态下，立方氮化硼砂轮与水发生水解作用，会加剧砂轮磨损。

4) 超精密磨削机床

超精密加工机床是实现超精密加工的首要基础条件。随着加工精度要求的提高和超精密加工技术的发展，超精密加工机床也得到迅速发展。超精密加工机床具有高精度、高刚度、高加工稳定性和高度自动化的要求。超精密加工机床的精度主要取决于机床的主轴部件、床身、导轨以及微量进给机构等关键部件。

(1) 精密主轴部件。

精密主轴部件是超精密加工机床的圆度基准，也是保证机床加工精度的核心。主轴要求达到极高的回转精度，其取决于所使用的精密轴承。

液体静压轴承的回转精度很高(<0.1 μm)，且刚度和阻尼大，因此转动平稳、无振动。如图 6-3 所示为典型的液体静压轴承主轴结构原理图。液体静压轴承的缺点是油有温升，影响主轴精度，也会由于油中混入空气，造成主轴刚度波动。液体静压轴承一般用于大型超精密加工机床。

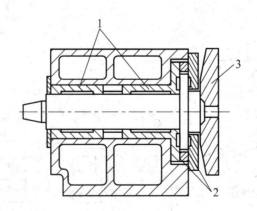

1—径向液压轴承；2—止推液压轴承；3—真空吸盘

图 6-3　液体静压轴承主轴结构原理图

空气静压轴承的工作原理与液体静压轴承类似。空气静压轴承具有很高的回转精度，工作平稳，在高速转动时温升极小；它的刚度较低，承载能力不高，但由于超精密切削时切削力很小，故在超精密加工机床中广泛应用。如图 6-4 所示为双半球空气静压轴承主轴结构原理图。

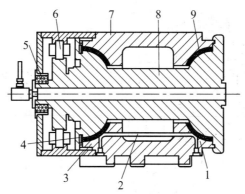

1—前轴承；2—供气孔；3—后轴承；4—定位环；5—旋转变压器；
6—无刷电动机；7—外壳；8—轴；9—多孔石墨

图 6-4　双半球空气静压轴承主轴结构原理图

(2) 超精密机床的床身与导轨。

超精密机床的床身具有抗振能力强、热膨胀系数低、尺寸稳定性好的要求。人造花岗岩材料是由花岗岩碎粒与树脂黏结而成，常用于制造超精密机床的床身。它具有抗振能力强、热膨胀系数低、硬度高、耐磨且不生锈的特点，能够强化床身的抗振、衰减能力。

超精密加工机床的导轨部件要求具有极高的直线运动精度，不能有爬行，导轨耦合面不能有磨损。液体静压导轨、气浮导轨和空气静压导轨均具有运动平稳、无爬行、摩擦系数接近于零的特点，因此，在超精密加工机床中广泛应用。

(3) 微量进给机构。

在超精密加工中，刀具的超微量进给是由精确、稳定、可靠的微量进给机构来实现的。微量进给机构应具有如下性能：

① 微量进给机构与粗进给机构分开，以提高微量进给的精度和稳定性；

② 运动副必须是低摩擦且高稳定性，以保证进给速度均匀、进给平稳、无爬行现象，从而使进给机构达到很高的重复定位精度；

③ 机构内部各连接处必须可靠接触，接触间隙极小，接触刚度极高；

④ 刀具夹持必须具有很高的刚度，以保证刀具进给的可靠性；

⑤ 在要求快速微量位移(如用于误差补偿)时，微量进给机构应具有很好的动态特性，即极高的频率响应特性；

⑥ 工艺性好，容易制造。

微量进给机构有机械式、液压传动式、弹性变形式、热变形式、液膜变形式、磁致伸缩式、压电陶瓷等多种形式。目前在超精密加工机床上应用较为成熟的是压电陶瓷微量进给机构。

如图 6-5 所示为一种压电陶瓷微量进给机构。压电陶瓷 3 在预压应力状态下与弹性载体刀夹 1 和后垫块 4 黏结安装，在电压作用下陶瓷伸长，实现刀夹微量进给运动。该装置最大位移为 15 μm～16 μm，分辨率为 0.01 μm，静刚度 60 N/μm。这种微量进给机构能够实现高刚度无间隙极精细位移，具有很高的响应频率。

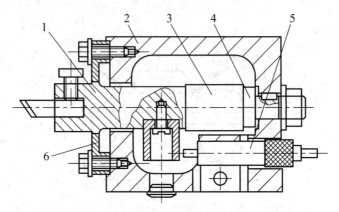

1—弹性载体刀夹；2—机座；3—压电陶瓷；4—后垫块；5—电感测头；6—弹性支承

图 6-5　压电陶瓷微量进给机构

6.2　高速加工技术

6.2.1　高速加工技术的概念

高速切削加工的概念来自德国的 Carl.Salomon 博士。他在 1924～1931 年间，通过大量的铣削实验发现，切削温度会随着切削速度的不断提高而升高，但当切削温度达到一个峰值后，却随着切削速度的提高而下降，该峰值时的切削速度称为临界切削速度。如图 6-6 所示为 Salomon 的切削速度与切削温度的关系曲线。在曲线中，以某切削温度为界限，将切削区划分为三个区域。

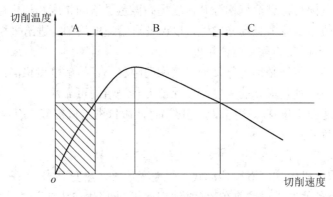

图 6-6　切削速度与温度关系曲线

图 6-6 中，A 区为常规速度切削区，也就是在此区域内，可以按照各种切削速度进行切削加工；B 区为切削禁区，在此区域内，切削温度很高，不适宜切削；C 区为高速和超

高速区，在此区域内，随着切削速度的提高，切削温度下降。

不同的材料，其高速切削的速度区域是不相同的。如图 6-7 所示为常见材料的高速切削速度区域，白色区域为高速和超高速区的过渡区，黑色区域为超高速切削区。

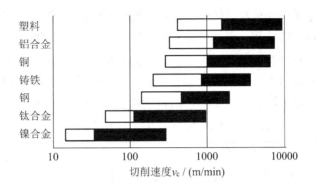

图 6-7　不同材料的高速切削区域

超高速加工是高速加工的进一步发展，其切削速度更高。目前高速加工和超高速加工之间没有明确的界限，只是一个相对的概念。

6.2.2　高速加工技术的特点

与常规切削速度加工相比较，高速加工的切削速度几乎高出一个数量级，其切削机理也有所改变，主要有以下特点：

(1) 高速加工单位时间内材料切除率高，切削加工时间减少，提高了加工效率，降低了加工成本。

(2) 高速加工随着切削速度的提高，切削力减小，切削温度降低，从而有利于减小工件的受力变形、受热变形及内应力，提高加工精度和表面质量。可用于加工刚性较差的零件和薄壁零件。

(3) 高速加工随着切削速度的提高，切削力减小，减少了切削过程中的激振源。同时由于切削速度很高，切削振动频率可远离机床的固有频率，因此产生切削振动的可能性大大降低，有利于提高零件表面质量。

(4) 由于高速切削时，切削力减小和切削热减少，可用来加工难加工材料和淬硬材料，如淬硬钢等，扩大了切削加工范畴。

(5) 高速切削时，可以不加冷却润滑液，进行干式切削，减少环境污染。

(6) 高速切削加工的条件要求比较严格，需要有高质量的高速加工设备和工艺装备。设备要有安全防护装置，以保证人身安全和设备的运行安全。

6.2.3　高速加工的关键技术

高速加工和超高速加工技术涉及的技术领域很多，包括高速切削机理、高速主轴系统、高速进给系统、高速加工刀具系统及机床控制系统等。

1. 高速主轴系统

电主轴是高速加工机床的主要部件，是电机与主轴相结合的新技术。电机的转子即为主轴的旋转部分，理论上可将电主轴看作一台高速电机。电主轴的关键技术是高速旋转下的动平衡，要求转速高、功率大，变速范围大，速度变换迅速可靠，回转精度高，刚性好、抗振性好、耐磨耐热、低温升。电主轴是一套组件，它包括电主轴、高频变速装置、油雾润滑器、冷却装置、脉冲发生器及换刀装置等，是机电一体化的高科技产品。

电主轴是影响机床加工精度的主要部件，其机械结构并不复杂，如图 6-8 所示。但电主轴零件的加工精度要求极高，关键零件的材质和热处理要求严格，装配和校验时要在恒温、洁净的环境中进行，以保证适应机床高速加工性能要求。

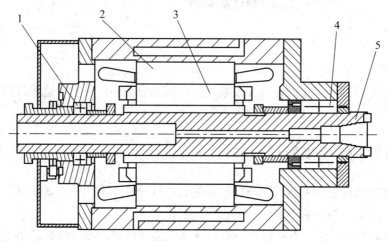

1—后轴承；2—定子；3—转子；4—前轴承；5—主轴

图 6-8　立式加工中心电主轴组件

2. 高速进给机构

数控机床的进给控制系统应对进给运动的位置和速度两方面做出精确定位和灵敏的动态响应。高速加工机床不仅有高速主轴功能，还应有高速进给功能。一般滚珠丝杠系统由伺服电机、传动齿轮、滚珠丝杠螺母副、支架元件组成，传动链长，滚珠丝杠又是一种细而长的非刚性传动元件，当要求高进给速度时，由于传动惯量大、扭矩刚度低、传动间隙误差大、摩擦磨损严重、弹性变形等缺陷，不能满足高速加工的高速度、高加速度、高精度、高可靠性性能。目前，一般滚珠丝杠的最大速度为 $(20\sim30)$ m/min，加速度为 0.1 g $\sim$ 0.3 g，远远不能满足高速加工的要求。

目前普遍采用的高速加工进给机构是大导程滚珠丝杠或直线电机。直线电机是适应高速加工进给驱动性能的新技术。直线电机可直接驱动工作台，无中间机械传动元件，无旋转运动，不受离心力作用，容易实现高速直线运动，目前最高进给速度可达 $(80\sim120)$m/min。直线电机可实现灵敏的加减速，其加速度可达 2 g $\sim$ 10 g。另外直线电机无旋转运动，采用闭环控制，以光栅尺作为位置测量元件，直接对工作台的位移量进行反馈，反馈速度快，位置测量精确，因而定位精度高，可达到 0.01 μm $\sim$ 0.1 μm。直线电机的种类主要有直线直流电机、交流永磁(同步)直线电机、交流感应(异步)直线电机。

3. 高速加工机床本体

高速加工机床因具有高切削速度、高进给速度，因此在加工时需要频繁加减速。频繁快速的加减速产生的惯性冲击力会导致机床本体变形，这就要求机床本体具有超高刚性、良好的抗振性、高精度保持性。高速运转给机床带来的高温升会影响加工精度，所以机床设计时还要考虑热变形因素。

高速切削机床床身采用聚合物混凝土等高阻尼特性材料，减少热变形及提高抗振性；有些高速机床通过传感器控制使主轴油温与机床床身的温度保持一致，以减少热变形对加工精度的影响；在高速切削时，机床安全性方面也要多加考虑，其观察窗一般用防弹玻璃做成，采用主动在线监控系统对刀具和主轴的运转状况进行在线识别与控制，以确保人身与设备的安全。

6.3　增材制造技术

6.3.1　增材制造技术概述

增材制造(Additive Manufacturing，AM)，又称为 3D 打印，是融合了计算机辅助技术、材料加工与成型技术，以数字模型为基础，通过软件与数控系统将专用的金属材料、非金属材料以及医用生物材料，按照挤压、烧结、熔融、光固化、喷射等方式逐层堆积，制造出实体物品的制造技术。与传统的去除原材料、组装的加工模式不同，增材制造是一种通过"自下而上"的材料累积的制造方法，这使得过去受到传统制造方式制约，无法实现的结构复杂零件的制造变成了可能。

近二十年来，增材制造技术得到了迅速的发展，快速原型制造技术(Rapid Prototyping Manufacturing，RPM)、3D 打印技术(3D Printing)等制造工艺都是从不同侧面体现了增材制造的技术特点。

增材制造技术是基于离散—堆积原理，由零件的三维数据驱动直接制造零件的科学技术。基于不同的分类原理，增材制造技术有快速原型、快速成形、快速制造、3D 打印等多种技术方法，其内涵也在不断扩展和深化。

增材制造是一种直接从三维 CAD 数字化模型制造出产品实体的技术，减少或省略了毛坯准备、零件加工和装配等中间工序。无需昂贵的刀具、夹具和模具等辅助工具，利用三维设计数据在一台设备上可快速而精确地制造出任意复杂形状的零件，解决了许多传统制造工艺难以实现的复杂结构零件的成型问题，大大减少了加工工序，缩短了加工周期。

6.3.2　增材制造技术的工艺流程

1. 建立三维实体模型

设计人员可以应用各种三维 CAD 系统，包括 MDT、SolidWorks、UG、Pro/E、Ideas

等，将设计对象构建为三维实体数据模型，或通过三坐标测量仪、激光扫描仪、三维实体影像等手段对三维实体进行反求，获取实体的三维数据，以此建立实体的 CAD 模型。

2. 生成数据转换文件

将所建立的 CAD 三维实体数据模型转换为能够被增材制造系统所接受的数据格式文件，如 STL、IGES 等。由于 STL 文件易于进行分层切片处理，目前几乎所有增材制造系统均采用 STL 三角化格式文件。

3. 分层切片

分层切片处理是将 CAD 三维实体模型沿给定的方向切成一个个二维薄片层，薄片厚度可根据增材制造系统的制造精度在 0.01 mm～0.5 mm 之间选取；薄片厚度越小，精度越高。分层切片过程也是增材制造由三维实体向二维薄片的离散化过程。

4. 逐层堆积成型

增材制造系统根据切片的轮廓和厚度要求，用粉材、丝材、片材等完成每一切片成形，通过一片片堆积，最终完成三维实体的成型制造。

5. 成型实体的后处理

实体成型后，需去除一些不必要的支撑结构或粉末材料，根据要求尚需进行固化、修补、打磨、表面强化以及涂覆等后处理工序。

6.3.3　增材制造的关键技术

1. 材料单元的控制技术

材料单元的控制技术即如何控制材料单元在堆积过程中的物理与化学变化。如金属成型中，激光熔化的微小熔池的尺寸和外界环境的控制，直接影响制造精度和性能。

2. 设备的再涂层技术

增材制造的自动化涂层是材料累积的必要工序，再涂层的工艺方法直接决定了零件累加方向的精度和质量。分层厚度向 0.01 mm 及以下方向发展，控制更小的层厚及其稳定性是提高制件精度和降低表面粗糙度的关键。

3. 高效率的制造技术

增材制造在向大尺寸构件制造技术方向发展，例如金属激光直接制造飞机上的钛合金框晖结构件，长度达 6 米，制造时间过长，如何实现多激光束同步制造，提高制造效率，保证同步增材组织之间的一致性和制造结合区域的质量是增材制造技术发展的重点。

6.3.4　增材制造的主要工艺方法

自 20 世纪 80 年代由美国 3D Systems 公司发明第一台商用光固化增材制造成型机以来，出现了二十多种增材制造工艺方法。例如，早期用于快速原型制造的成熟工艺有光敏液相固化法、叠层实体制造法、选区激光烧结法、熔丝沉积成型法等。近年来，增材制造又出现了不少面向金属零件直接成型的工艺方法以及三维打印工艺方法。

1. 光敏液相固化法(Stereo-Lithography Apparatus，SLA)

光敏液相固化成型技术是基于液态光敏树脂的光聚合原理。这种液态材料在一定波长和强度的紫外光(如 $\lambda=325$ nm)的照射下能迅速发生光聚合反应，分子量急剧增大，材料也就从液态转变成固态。液槽中盛满液态光固化树脂，激光束在偏转镜作用下在液态树脂表面扫描，光点照射到的地方液体就会固化。

成型开始时，工作平台在液面下一个确定的深度，聚焦后的光斑在液面上按计算机的指令逐点扫描固化。当一层扫描完成后，未被照射的地方仍是液态树脂。然后升降台带动平台下降一层高度，刮板在已成型的层面上又涂满一层树脂并刮平，然后再进行下一层的扫描，新固化的一层牢固地黏在前一层上，如此重复直到整个零件制造完毕，得到一个三维实体模型。SLA 工作原理如图 6-9 所示。

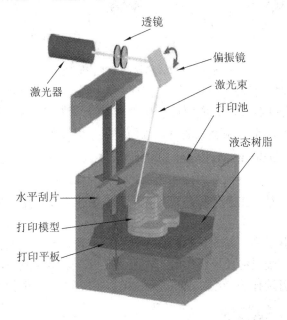

图 6-9　SLA 增材制造工作原理

SLA 是最早出现的一种增材制造工艺。其特点是成型精度好，材料利用率高，可达 ± 0.1 mm 的制造精度，适合制造形状复杂、特别精细的树脂零件。不足之处是材料昂贵，制造过程中需要设计支撑，加工环境有气味等。

2. 叠层实体制造法(Laminated Object Manufacturing，LOM)

LOM 工艺采用薄片材料，如纸、塑料薄膜等。片材表面事先涂覆上一层热熔胶，加工时，热压辊热压片材，使之与下面已成型的工件黏接；用 CO_2 激光器在刚黏接的新层上切割出零件截面轮廓和工件外框，并在截面轮廓与外框之间多余的区域内切割出上下对齐的网格；激光切割完成后，工作台带动已成型的工件下降，与带状片材(料带)分离；供料机构转动收料轴和供料轴，带动料带移动，使新层移到加工区域；工作台上升到加工平面；热压辊热压，工件的层数增加一层，高度增加一个料厚；再在新层上切割截面轮廓。如此反复直至零件的所有截面黏接、切割完，得到分层制造的实体零件。LOM 工作原理如图 6-10 所示。

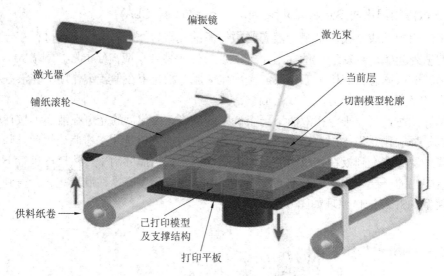

图 6-10　LOM 增材制造工作原理

　　LOM 工艺具有成型速度快、成型材料便宜、无相变、无热应力、形状和尺寸精度稳定的特点。然而，由于 LOM 法有成型后废料剥离费时、取材范围较窄、模型的强度低、容易吸潮发生变形及层厚不可调整等缺点，因而发展空间受限。

3. 选区激光烧结法(Selective Laser Sintering，SLS)

　　SLS 法是采用激光有选择地分层烧结固体粉末，并使烧结成型的固化层，层层叠加生成所需形状的零件。其整个工艺过程包括 CAD 模型的建立及数据处理、铺粉、烧结以及后处理等。

　　选区激光烧结工艺是利用粉末状材料，主要有塑料粉、蜡粉、金属粉、表面附有黏结剂的覆膜陶瓷粉、覆膜金属粉及覆膜砂等，在激光照射下烧结的原理，在计算机控制下按照界面轮廓信息进行有选择的烧结，层层堆积成型。SLS 工作原理如图 6-11 所示。

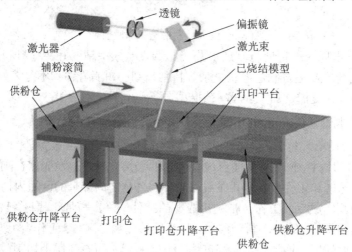

图 6-11　SLS 增材制造工作原理

　　SLS 技术使用的是粉状材料，从理论上讲，任何可熔的粉末都可以用作制造模型，而且制造出的模型可以用作真实的原型元件。

　　SLS 工艺特点是成型材料广泛，理论上只要将材料制成粉末即可成型，价格低廉。此外，SLS 不需要支撑材料，由粉床充当自然支撑，材料利用率高，未烧结的粉末可以重复利用；对制件形状几乎没有要求，可成型悬臂、内空等其他工艺难以成型的结构；制件具有较好的力学性能；成品可直接用作功能测试或小批量使用；可实现设计制造一体化，配套软件可自动将 CAD 数据转化为分层 STL 数据，生成数控代码，驱动成型机完成材料的逐层加工和堆积。SLS 工艺需要激光器，设备成本较高；制件的内部疏松多孔，机械性能较差；不能制造尺寸很大的制件；后序处理工作量较大。

4. 熔丝沉积成型法(Fused Deposition Modeling，FDM)

　　熔丝沉积又叫熔融沉积，它是将丝状的热熔性材料加热熔化，通过带有一个微细喷嘴的喷头挤喷出来。喷头可沿着 x 轴方向移动，而工作台则沿 y 轴方向移动。如果热熔性材料的温度始终稍高于固化温度，而成型部分的温度稍低于固化温度，就能保证热熔性材料挤喷出喷嘴后，随即与前一层面熔结在一起。一个层面沉积完成后，工作台按预定的增量下降一个层的厚度，再继续熔喷沉积，直至完成整个实体造型。FDM 工作原理如图 6-12 所示。

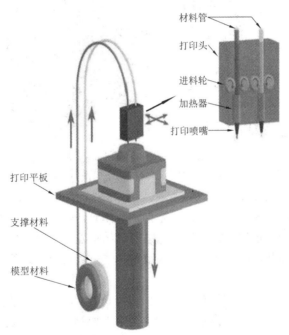

图 6-12　FDM 增材制造工作原理

　　FDM 工艺无需激光系统，系统构造原理和操作简单，维护成本低，系统运行安全；可以使用无毒的原材料，设备系统可在办公环境中安装使用；用蜡成型的零件原型，可直接用于失蜡铸造；可以成型任意复杂程度的零件；原材料在成型过程中不变形；原材料利用率高，且材料寿命长；支撑去除简单，无需化学清洗，分离容易。缺点是成型件的表面有较明显的条纹；沿成型轴垂直方向的强度比较弱；需要设计与制作支撑结构；需要对整个截面进行扫描涂覆，成型时间较长；原材料价格昂贵。

5. 三维打印法(Three-dimensional Printing，3DP)

三维打印技术的工作原理类似于喷墨打印机，其核心部分为打印系统，是由若干细小喷嘴组成。不过 3DP 喷嘴喷出的不是墨水，而是黏结剂、液态光敏树脂、熔融塑料等。

3DP 工艺与 SLS 工艺类似，采用粉末材料成型，如陶瓷粉末、金属粉末。所不同的是材料粉末不是通过烧结连接起来的，而是通过喷头用黏接剂(如硅胶)将零件的截面"印刷"在材料粉末上面。3DP 工作原理如图 6-13 所示。用黏接剂黏接的零件强度较低，还需后处理。

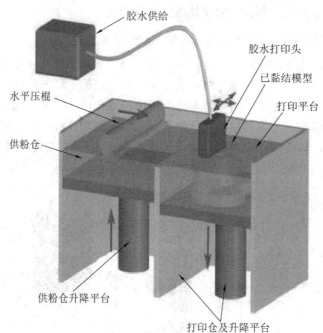

图 6-13　3D 打印增材制造工作原理

具体的 3DP 工艺流程为：上一层黏结完毕后，成型缸(打印仓)下降一个距离，供粉缸上升一个高度，推出若干粉末，并被铺粉辊推到成型缸，铺平并被压实。喷头在计算机控制下，按照下一截面的成形数据，有选择地喷射黏结剂建造层面。铺粉辊铺粉时多余的粉末被集粉装置收集。如此周而复始地送粉、铺粉和喷射黏结剂，最终完成一个三维粉体的黏结。

三维打印工艺无需激光器，具有体积小、结构紧凑、成型速度快的优点，成型材料价格低，适合做桌面型的快速成型设备。在黏结剂中添加颜料，可以制作彩色原型，这是该工艺最具竞争力的特点之一。成型过程不需要支撑，多余粉末的去除比较方便，特别适合于做内腔复杂的原型。但是，3DP 成型的零件大多需要进行后处理，零件强度较低，只能做概念型模型，而不能做功能性试验。

6. 金属零件直接成型工艺方法

上述的增材制造方法多为非金属材料的制件，能够直接制造金属零件的增材制造技术有基于同轴送粉的激光近净成型制造(Laser Engineering Net Shaping，LENS)、基于粉末床的选择性激光熔化(Selective Laser Melting，SLM)以及电子束熔化技术(ElectronBeam

Melting，EBM)等。

(1) LENS 不同于 SLS 工艺，不是采用铺粉烧结，而是采用与激光束同轴的喷粉送料方法，将金属粉末送入激光束产生的熔池中熔化，通过数控工作台的移动逐点逐线地进行激光熔覆，以获得一个熔覆截面层，通过逐层熔覆，最终得到一个三维的金属零件(如图6-14 所示)。这种在惰性气体保护下，通过激光束熔化喷嘴输送的金属液流，逐层熔覆堆积得到的金属制件，其组织致密，具有明显的快速熔凝特征，力学性能很高，达到其至超过锻件性能。目前，LENS 工艺已制造出铝合金、钛合金、钨合金等半精化的毛坯。不足之处是该工艺难以成型复杂和精细结构，粉末材料利用率偏低，主要用于毛坯成型。

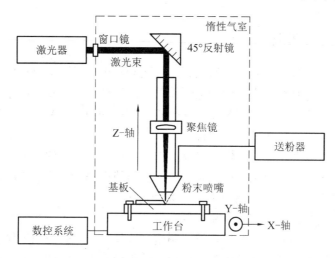

图 6-14　LENS 增材制造工作原理

(2) SLM 技术。SLM 工艺是利用高能激光束熔化预先铺设在粉床上的薄层粉末，逐层熔化堆积成型(如图6-15 所示)。该工艺过程与 SLS 类似，不同点是前者金属粉末在成型过程中发生完全冶金熔化，而后者仅为烧结并非完全熔化。为了保证金属粉末材料的快速熔化，SLM 采用较高功率密度的激光器，光斑聚焦到几十到几百微米。成型的金属零件接近全致密，强度达到锻件水平。与 LENS 技术相比，SLM 成型精度较高，适合制造尺寸较小、结构形状复杂的零件。但该工艺成型效率较低，可重复性及可靠性有待进一步优化。

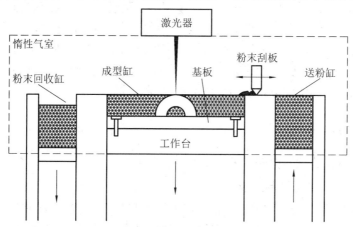

图 6-15　SLM 增材制造工作原理

(3) EBM 技术与 SLM 工艺成型原理基本相似，主要差别在于热源不同，前者为电子束，后者为激光束。EBM 技术的成型室必须为高真空，才能保证设备正常工作，这将使 EBM 系统复杂度增大。由于 EBM 是以电子束为热源，金属材料对其几乎没有反射，能量吸收率大幅提高。在真空环境下，熔化后材料的润湿性大大增强，增加了熔池之间、层与层之间的冶金结合强度。但是，EBM 存在需要预热问题，影响成型效率。

6.4　虚拟制造技术

6.4.1　虚拟制造技术概述

虚拟制造是相对于零件的实际制造而言，是在计算机、网络系统和相关软件系统中进行的制造，处理的对象是有关产品和制造系统的信息和数据，处理结果是全数字化产品，是现实产品的数字化模型，即虚拟产品。这个虚拟产品是现实产品在虚拟环境下的映射，具备现实产品所必须具有的所有特征和性能。

虚拟制造可以定义为：在计算机网络及虚拟现实环境中完成的，利用制造系统各层次及不同侧面的数学模型，对包括设计、制造、管理和销售等各个环节的产品全生命周期的各种技术方案和技术策略进行评估和优化的综合过程。

实际制造系统是物质流、信息流在控制系统的协调和作用下，在各个阶段进行相应的决策，实现从投入到产出的有效转换。虚拟制造系统是在分布式协同工作等多学科技术支持的虚拟环境下的现实制造系统的映射。虚拟制造系统是在虚拟制造技术的指导下，在计算机网络和虚拟现实环境中建立起来的，具有集成、开放、分布、并行、人机等特点，能够从产品生产全过程来分析和解决制造系统各个环节的技术问题。

虚拟制造技术是一门以计算机仿真技术、制造系统与加工过程建模理论、VR 技术、分布式计算理论、产品数据管理技术等理论为理论基础，研究如何在计算机网络环境及虚拟现实环境下，利用制造系统各层级及各环节的数字模型，完成制造系统整个过程的计算与仿真的技术。

虚拟制造技术以模型为核心，包括产品模型、过程模型、活动模型和资源模型。产品模型即为零件的几何信息在计算机上的表达；过程模型是指设计过程，包括零件的工艺规划模型，零件的加工制造过程模型，产品的装配模型，机器的性能分析模型等；活动模型是对企业的生产组织和经营活动建立的模型；资源模型是对企业人力、物力所建立的模型。上述模型的集成，可实现人与虚拟制造环境的交互。

6.4.2　虚拟制造技术的分类

虚拟制造技术按功能的不同，可划分为以下三类。

1. 以设计为中心的虚拟制造技术

在产品的虚拟设计阶段，强调以统一的制造信息模型为基础，面向产品原理、结构和性能的设计、分析、模拟和测评，将制造信息加入到产品设计与工艺设计的过程中，进行产品的结构性能、运动学、动力学、热力学等方面的分析,用计算机进行数字化制造、仿真多种制造方案,检测其可制造性、可装配性,预测产品性能和成本。目的是通过虚拟制造技术来优化产品设计、工艺过程,及时发现和识别与设计有关的潜在问题并进优劣判定。

虚拟设计阶段主要技术包括产品特征造型、面向数学的模型设计以及加工过程仿真技术。应用于产品造型设计、热力学分析、运动学分析、动力学分析和加工过程仿真等方面。

2. 以生产为中心的虚拟制造技术

在不同企业资源的约束条件下,对企业的生产过程进行仿真,对不同的加工过程及其组合进行优化,即为以生产为中心的虚拟制造技术。这种仿真可以对产品的可生产性进行分析与评价,对制造资源和环境进行优化组合,可以方便快捷地评价多种生产计划,检验新工艺流程的可行性、生产效率、资源的需求情况,通过提供精确的生产成本信息对生产计划与调度进行合理决策。

虚拟生产阶段主要包括虚拟现实技术和嵌入式仿真技术,应用于工厂或产品生产的布局及生产计划的编制。

3. 以控制为中心的虚拟制造技术

将仿真技术引入到控制模型,提供模拟实际生产过程的虚拟环境,使企业在考虑车间控制行为的基础上,对制造过程进行优化控制,即为以控制为中心的虚拟制造技术。其目的是对实际生产过程优化、评估或改进产品设计与车间生产活动,从而优化制造过程,改进制造系统。

虚拟控制阶段主要技术涉及基于仿真的离散制造实时动态调度和基于仿真的连续制造的最优控制。

6.4.3　虚拟制造的关键技术

虚拟制造作为一种制造策略为制造业的发展指明了方向。它可以全面改进企业的组织管理工作,提高企业的市场竞争力。实施虚拟制造可以打破传统的地域、时域的限制,通过 Internet 实现资源共享,变分散为集中,实现异地设计、异地制造,从而使产品开发能快速、优质、低耗地响应市场变化。通过分析设计的可制造性,利用有效的工具和加工方法来支持生产,可以大大提高产品的质量和稳定性。企业不再需要投入大量的设备和仪器,避免了不必要的设备闲置,可充分利用其他企业的先进设备和仪器进行生产,能很好地解决一些中小企业资金短缺的难题。

虚拟制造技术涉及面很广,如环境构成技术、过程特征抽取、元模型、集成基础结构的体系结构、制造特征数据集成、决策支持工具、接口技术、虚拟现实技术以及建模与仿真技术等。其中后三项是虚拟制造的核心技术。

1. 建模技术

虚拟制造系统(Virtual Manufacturing System,VMS)是现实制造系统(Real Manufacturing System,RMS)在虚拟环境下的映射,是 RMS 模型化、形式化和计算机化的抽象描述。VMS 的建模包括生产模型建模、产品模型建模和工艺模型建模。

(1) 生产模型。生产模型可分为静态描述和动态描述两类。静态描述是指系统生产能力和生产特性的描述；动态描述是指在已知系统状态和需求特性的基础上预测产品生产的全过程。

(2) 产品模型。产品模型是在制造过程中，各类实体对象模型的集合。产品模型描述的信息有产品结构明细表、产品形状特征等静态信息。而对于虚拟制造系统来说，要使产品实施过程中的全部活动集成，就必须具有完备的产品模型，所以虚拟制造下的产品模型不再是单一的静态特征模型，而是能通过映射、抽象等方法提取产品实施中各项活动所需的模型。

(3) 工艺模型。工艺模型将工艺参数与影响制造性能的产品设计属性联系起来，以反应生产模型与产品模型之间的交互作用。工艺模型必须具备计算机仿真、制造数据表、制造规划、统计模型及物理和数学模型的功能。

2. 仿真技术

仿真就是应用计算机对复杂的现实系统经过抽象和简化形成系统模型，然后在分析的基础上运行此模型，从而得到系统一系列的统计性能。由于仿真是以系统模型为对象的研究方法，不会干扰实际生产系统。利用计算机的快速运算能力，仿真可以用很短的时间模拟实际生产中需要很长时间的生产周期，因而可以缩短决策时间，避免资金、人力和时间的浪费，并可重复仿真，优化实施方案。

仿真的基本步骤为：① 研究系统；② 收集数据，建立系统模型；③ 确定仿真算法，建立仿真模型，运行仿真模型；④ 输出结果并分析。

产品制造过程仿真可归纳为制造系统仿真和加工过程仿真。虚拟制造系统中的产品开发涉及产品建模仿真、设计过程规划仿真、设计思维过程和设计交互行为仿真等，可对设计结果进行评价，实现设计过程早期反馈，减少或避免产品设计错误。加工过程仿真包括切削过程仿真、装配过程仿真、检验过程仿真等。

3. 虚拟现实技术

利用虚拟现实技术可在计算机上生成可交互的三维环境(称为虚拟环境)。虚拟现实系统包括操作者、机器和人机接口三个基本要素，可以对真实世界进行动态模拟，通过用户的交互输入，及时修改虚拟环境，使人产生身临其境的沉浸感觉。

6.4.4　虚拟制造技术的特征

1. 功能一致性

虚拟制造系统与相应的现实制造系统在功能上是一致的，它能忠实地反映制造过程本身的动态特性。

2. 结构相似性

虚拟制造系统与相应的现实制造系统在结构上是相似的，拥有现实系统所有的组成部分。

3. 组织的灵活性

虚拟制造系统是面向未来、面向市场、面向用户需求的制造系统，因此其组织与实现应具有非常高的灵活性。

4. 集成化

虚拟制造系统涉及的技术与工具很多，应综合运用系统工程、知识工程、并行工程、人机工程等多学科先进技术，实现信息集成、智能集成、串并行工作机制集成和人机集成等多种形式的集成。

6.5　智能制造技术

6.5.1　智能制造技术概述

随着消费需求的变化、全球市场竞争和社会可持续发展的需求，制造环境发生了根本性的转变。制造系统的追求目标从 20 世纪 60 年代的大规模生产、70 年代的低成本制造、80 年代的注重产品质量、90 年代的市场响应速度、21 世纪的知识和服务，发展到如今的智能制造。

信息技术、网络技术、管理技术和其他相关技术的发展有力地推动了制造系统目标的实现，生产过程从手工化、机械化、刚性化逐步过渡到柔性化、集成化、智能化。

目前，全球制造业孕育着制造技术体系、制造模式、产业形态和价值链的巨大变革，云计算、大数据、物联网、移动互联网等新一代信息技术的发展，开启了全新的智慧时代。机器人、数字化制造、3D 打印等技术的重大突破正在重构制造业技术体系。云制造、网络众包、异地协同设计、大规模个性化定制、精准供应链、电子商务等网络协同制造模式正在重塑产业价值链体系。随着制造业飞速发展，机械产品的市场竞争也越来越激烈，从而给制造企业提出了越来越高的要求。

信息技术、新能源、新材料、生物技术等重要领域和前沿方向的革命性突破和交叉融合，正在引发新一轮产业变革。新一轮工业革命的核心是以机器人、3D 打印机和新材料等为代表的智能制造业。

智能制造(Intelligent Manufacturing，IM)一般指综合集成信息技术、先进制造技术和智能自动化技术，在制造企业的各个环节(如经营决策、采购、产品设计、生产计划、制造、装配、质量保证、市场销售和售后服务等)融合应用，实现企业研发、制造、服务、管理全过程的精确感知、自动控制、自主分析和综合决策。智能制造是一种具有高度感知化、物联化和智能化特征的新型制造模式。

智能制造是以新一代信息技术为基础，配合新能源、新材料、新工艺，贯穿设计、生产、管理、服务等制造活动的各个环节，具有信息深度自感知、智慧优化自决策、精准控制自执行等功能的先进制造过程、制造系统与制造模式的总称。

智能制造由智能制造技术和智能制造系统组成。智能制造技术是将专家系统(Expert System，ES)、模糊逻辑(Fuzzy Logic，FL)、神经网络(Neural Network，NN)和遗传算法(Genetic Algorithm，GA)等人工智能思维决策方法应用在制造中，进行分析、推理、判断、构思、运算和决策等智能活动，解决多种复杂的决策问题，提高制造系统的实用性和水平。智能制造系统由智能机器和人类专家组成。通过人与智能机器的结合，扩大、延伸和部分地取代人类专家在制造过程中的脑力劳动，能够在实践中不断地充实知识库，具有自学习能力。

智能制造技术是制造技术与数字技术、智能技术及新一代信息技术的融合，是面向产品全生命周期的具有信息感知、优化决策、执行控制功能的制造系统，旨在高效、优质、柔性、清洁、安全、敏捷地制造产品和服务用户。

6.5.2　智能制造的特点

1. 生产设备网络化，实现车间物联网

物联网通过各种信息传感设备，实时采集任何需要监控、连接、互动的物体或过程等各种需要的信息，目的是实现物与物、物与人、所有的物品与网络的连接，方便识别、管理和控制。

2. 生产数据可视化，利用大数据分析进行生产决策

生产现场每隔几秒钟就进行一次数据采集，利用这些数据可以实现很多方面的分析，包括设备的运行情况，如主轴转速、主轴负载、设备故障、零件的合格率等，利用这些数据，就能分析整个生产流程，了解每个环节的运行情况。一旦某个环节偏离了标准工艺，就会产生报警信号，能够快速地发现问题，进而能快速地解决问题。

利用大数据，还可以对产品的生产过程建立虚拟模型，仿真并优化生产流程。当所有的数据和流程都能在系统中重建时，这时数据的透明将有助于制造过程的改进。

3. 生产现场无人化，真正做到无人工厂

工业机器人、机器手臂等智能设备的广泛应用，使工厂的无人化制造成为可能。智能加工中心、三坐标测量机、柔性制造单元、智能机器人等进行自动化生产调度，工件、物料、刀具进行自动化装卸调度，可以达到无人值守的全自动化生产模式，系统管理软件可以远程查看生产状态。生产中一旦遇到问题，就能即刻解决，并立即恢复生产，整个生产过程无需人工参与，真正实现无人智能生产。

4. 生产过程透明化，智能工厂的神经系统

在离散型的制造行业中，企业发展智能制造的核心目的是拓展产品的价值空间，侧重从单台设备的自动化和产品智能化入手，实现生产效率、产品效能的提升和实际价值的增长。因此智能工厂建设的模式为推进生产设备的智能化，通过引进各种智能设备，建立基于制造执行系统的智能制造单元，提高精准制造、敏捷制造、透明制造的能力。

5. 生产文档无纸化，实现高效、绿色制造

构建绿色制造体系，建设绿色工厂，实现生产洁净化、废物资源化、能源低碳化，是智能制造的战略之一。实现无纸化管理，工作人员在生产现场即可快速查询、浏览、下载所需的生产信息，生产过程的数据资料及时进行保存，降低了纸质文档人工传递所造成的文件丢失或泄密风险，进一步提高生产效率。

6.5.3　智能制造的关键技术

智能制造是利用云计算、物联网、移动互联、大数据、自动化、智能化等技术手段，

实现工业产品研发设计、生产制造过程与机械装备、经营管理、决策和服务等全流程、全生命周期的网络化、智能化、绿色化，通过各种工业资源与信息资源的整合和优化利用，实现信息流、资金流、物料流、业务工作流的高度集成与融合的现代工业体系。

1. 先进制造工艺及装备

智能制造的关键技术之一就是以先进制造工艺技术及装备为基础，包括高效精密加工技术、增材制造技术。

(1) 以 3D 打印为主要代表的增材制造技术，大大缩短了生产准备周期，加速制造过程，能够制造出传统加工方法难以加工，甚至无法加工的结构，准确地制造出复杂零件，零件越复杂，其优势越明显，如图 6-16 所示为 3D 打印的火箭喷射器。有关先进制造工艺及增材制造技术上节已经做了较为详细的介绍。

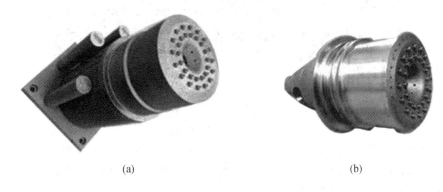

(a)　　　　　　　　　　　　　　　(b)

图 6-16　3D 打印火箭喷射器

(2) 智能机器人技术是综合了计算机、控制论、机构学、传感技术、人工智能及仿生学等多学科而形成的高新技术，集精密化、柔性化、智能化等先进制造技术为一体，是工业自动化装备的最高体现。智能机器人具备感知、识别、判断及规划功能，利用多种类型智能传感器融合技术，涉及神经网络、知识工程、模糊理论等信息检测与控制的最新研究理论与技术。如图 6-17 所示为智能机器人的协同工作。

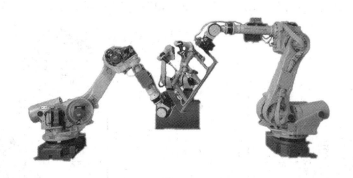

图 6-17　智能机器人协同工作

智能制造对智能机器人的要求很高，要求能够在动态多变的复杂环境中，完成复杂的任务，要求其具备自学习能力，通过学习不断提高其智能水平。

(3) 智能机床是能够对制造过程做出决策的装备(见图 6-18)。通过机床控制系统中的各类传感器实时监测制造的整个过程，在知识库和专家系统的支持下，进行分析和决策，控制和调节生产过程中出现的各种偏差。数控系统具有辅助编程、通信、人机对话、模拟刀具运行等功能。智能机床是制造系统的终端，与信息物理系统联网，对机床运行过程中出现的故障能够进行远程诊断，为生产提供最优化的方案，并能实时地计算出刀具、主轴、轴承和导轨等主要部件的寿命。

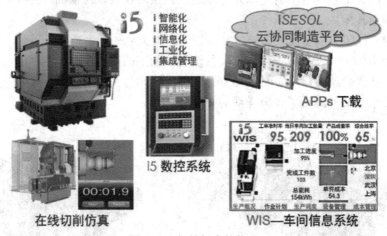

图 6-18　智能机床的构成

(4) 先进制造方法与系统。这些方法与系统包括并行工程、协同设计、云制造、可持续制造、敏捷制造、虚拟制造、计算机集成制造、产品全生命周期管理(PLM)、制造执行系统(MES)、企业资源规划(ERP)等。

2. 现代信息技术

现代信息技术是制造业创新的重要原动力，通过信息获取、处理、传输、融合等各方面的先进技术手段，为人、机、物的互联互通提供基础。

(1) 射频识别(Radio Frequency Identification，RFID)技术又称为无线射频识别，是一种无线通信技术，可以通过无线电信号识别特定目标并读写相关数据，无须识别系统与特定目标之间进行机械或光学接触。RFID 工作原理如图 6-19 所示。

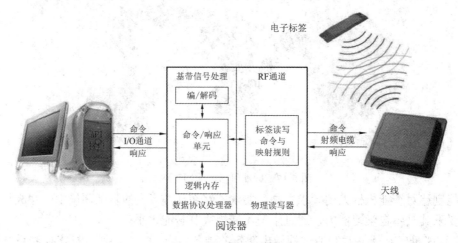

图 6-19　RFID 工作原理

常用的无线射频有低频、高频和超高频三种。RFID 读写器分为移动式和固定式两种。射频识别通过将小型的无线设备贴在物件表面，并采用 RFID 阅读器进行自动远距离读取，提供一种精确、自动、快速记录和收集目标信息的工具，在产品生产的供应链管理、制造、资产管理、安全监控等方面有广泛应用，能够减少企业库存，提高生产效率和产品质量，从而大大提高企业竞争力。

(2) 工业互联网、工业物联网与信息物理融合技术。工业互联网、工业物联网是互联网、物联网在工业中的应用，是实现智能生产制造的基础，在智能工业生产制造体系中，把人、设备、生产线、工厂车间、供应商、客户紧密地连接在一起。设备和设备的互联成为生产线；单机智能设备相互连接成为智能生产线；智能车间、智能工厂、供应链等有关工矿企业、客户互联形成产业链网络。

基于设备与人互联的信息物理系统(CPS)也是工业互联网、物联网的核心，其目标是使物理系统具有计算、通信、精确控制、远程合作和自治等能力，通过互联网组成各种相应自治控制系统和信息服务系统，完成现实社会与虚拟空间的有机协调。与互联网、物联网相比，CPS 更强调循环反馈，要求系统能够在感知物理世界之后通过通信与计算再对物理世界起到反馈控制的作用。在这样的系统中，就能算出一个工件需要哪些服务。通过数字化逐步升级现有生产设施，生产系统就可以实现全新的体系结构。这能极大地提升人员效率、工业效益，创造更多价值，为用户提供更好的服务。

(3) 工业云、云制造、云计算、大数据。工业云是智能工业的基础设施，通过云计算技术为工业企业提供服务，是工业企业的社会资源实现共享的一种信息化创新模式。工业云平台如图 6-20 所示。云计算是通过网络将巨大的数据计算处理程序分解成无数个小程序，然后通过多部服务器组成的系统进行处理和分析这些小程序，得到结果并返回给用户。云计算将互联网上的应用服务，以及在数据中心提供这些服务的软硬件设施进行统一的管理和协同合作。云计算将 IT 相关的能力以服务的方式提供给用户，允许用户在不了解提供服务技术、没有相关知识以及设备操作能力的情况下，通过 Internet 获取需要的服务。云计算具有高可靠性、高扩展性、高可用性、支持虚拟技术、廉价以及服务多样性的特点。

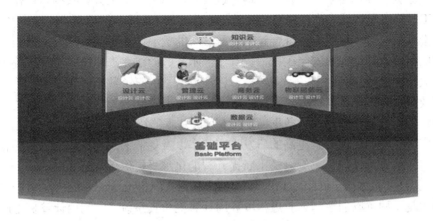

图 6-20　工业云平台

云制造是一种利用网络和云制造服务平台，如图 6-21 所示，按用户需求组织网上制造资源(制造云)，为用户提供各类按需制造服务的一种网络化制造新模式。云制造技术将现有网络化制造和服务技术同云计算、云安全、高性能计算、物联网等技术融合，实现各类制造资源(制造硬件、计算系统、软件、模型、数据、知识等)统一、集中的智能化管理和经营，为制造业全生命周期过程提供可随时获取的、按需使用的、安全可靠的、优质廉价的各类制造活动服务。它是一种面向服务、高效、低耗和基于知识的网络化智能制造新模式。目前在航天、汽车、模具行业已有成功的试点和示范应用，并开始推广。

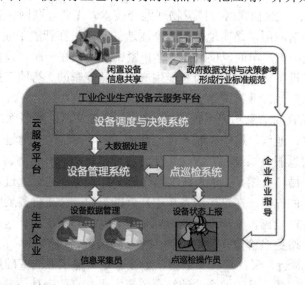

图 6-21　云制造服务平台

大数据(Big Data)一般指体量和数据类别特别大的数据集，并且无法用传统数据库工具对其内容进行抓取、管理和处理。工业大数据是智能制造的关键技术，主要作用是打通物理世界和信息世界的壁垒，推动生产型制造向服务型制造转型。

制造企业在实际生产过程中，总是努力降低生产过程的消耗，同时努力提高制造业环保水平，保证安全生产。生产的过程实质上也是不断自我调整、自我更新的过程，同时还是实现全面服务个性化需求的过程。在这个过程中，会实时产生大量数据。依托大数据系统，采集工厂现有设计、工艺、制造、管理、监测、物流等环节的信息，实现生产的快速、高效及精准分析决策。这些数据综合起来，能够帮助发现问题，查找原因，预测类似问题重复发生的概率，帮助完成安全生产，提升服务水平，改进生产水平，提高产品附加值。

工业大数据包括产品数据、运营数据、管理数据、供应链数据、研发数据等企业内部数据，以及国内外市场数据、客户数据、政策法律数据等企业外部数据。信息化、网络化带来了海量的结构化与非结构化数据，数据本身最基本的特征是及时性、准确性、完整性，大数据的实时采集和处理带来更高的研发生产效率以及更低的运营成本。这为更精准、更高效、更科学地进行管理、决策以及不断提升智能化水平提供了保证。

(4) 虚拟现实技术(Virtual Reality，VR)和增强现实(Augmented Reality，AR)技术。虚拟现实技术是一种可以创建和体验虚拟世界的计算机仿真系统，它利用计算机生成一种模拟环境，是一种多源信息融合、交互式的三维动态视景和实体行为的系统仿真，能够使用户沉浸到该环境中。

虚拟现实是一种高度现实化的虚幻。它综合运用计算机图形学、图像处理与模式识别、计算机视觉、计算机网络/通信技术、语音处理与音响技术、心理／生理学、感知／认知科学、多传感器技术、人工智能技术以及高度并行的实时计算等多种技术，营造出一个虚拟环境(Virtual Environment)，通过实时的、立体的三维图形显示、声音模拟以及自然的人机交互界面来仿真现实世界中早已发生、正在发生或尚未发生的事件，使用户产生身临其境的真实感觉。这些技术统称为虚拟现实技术。虚拟现实技术在智能制造中的直接应用就是虚拟制造技术。本章已有介绍，这里不再赘述。

增强现实技术(Augmented Reality，AR)，它是一种将真实环境信息和虚拟环境信息高度集成的新技术，是把原本在现实世界的一定时间空间范围内很难体验到的实体信息(视觉、声音、味道、触觉等信息)通过计算机等科学技术，模拟仿真后再叠加，将虚拟的信息应用到真实世界，被人类感官所感知，从而达到超越现实的感官体验。真实的环境和虚拟的物体实时叠加到同一画面或空间同时存在。增强现实技术不但展示了真实世界的信息，而且将虚拟的信息同时显示出来，两种信息相互补充、叠加。增强现实技术包含了多媒体、三维建模、实时视频显示及控制、多传感器融合、实时跟踪及注册、场景融合等新技术与新手段。

3. 人工智能技术

人工智能(Artificial Intelligence，AI)是研究用于模拟、延伸和扩展人的智能的理论、方法、技术及应用系统的一门技术，目标是让机器像人一样思考和学习，从而理解世界。

专家系统是当前主要的人工智能技术。它由知识库、推理机、数据库、知识获取机构和人机接口等组成，如图 6-22 所示。知识库将本领域专家的知识经整理分解为事实与规则并加以存储；推理机根据知识进行推理和做出决策；数据库存放已知事实和由推理得到的事实；知识获取机构采集领域专家的知识；人机接口是与用户进行联系的窗口。专家系统将采集到的本领域专家的知识，分解为事实与规则，存储于知识库中，通过推理做出决策。要使得到的决策与专家所做的相同，不仅要有正确的推理机，而且要有足够的专家知识。

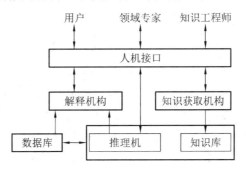

图 6-22　专家系统组成图

4. 制造过程的智能监测、诊断与控制技术

为确保制造系统可靠高效地运行，必须利用监测系统对其运行过程进行实时监测，以及时发现运行中的故障，并对故障进行诊断和控制。

1) 智能监测技术

智能制造与传感器紧密相关。各种各样的传感器在企业里用得很多，有嵌入式、绝对坐标式、相对坐标式、固定式和移动式。传感器用得越多，人们可以掌握的信息越多，这些传感器是支持人们获得信息的重要手段。传感器很小,可以灵活配置,改变起来也非常方便。传感器属于基础零部件的一部分,它是工业的基石、性能的关键和发展的瓶颈。传感器的智能化、无线化、微型化和集成化是未来智能制造技术发展的关键技术之一。

　　传感器位于被测对象之中,在测试设备的前端位置,是构成监测系统的主要窗口,为系统提供进行处理和决策控制所必需的原始信息。对于一个以计算机为核心的监测系统来说,计算机如人的"大脑",而传感器则像人的"五官"。闭环控制系统传感器位置如图 6-23 所示。

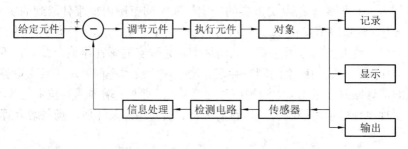

图 6-23　闭环控制系统的结构

　　传感器用来直接测量物理量,把被测物理量转换成便于在通道间传输或处理的电信号。具体来说,传感器应具有三方面的能力:一是要能感知被测量;二是转换,仅把被测量转换为电气参数,而同时存在的其他物理量的变化不受影响或影响极小,即只转换被测参数;三是要能形成便于通道接收和传输的电信号。因而一个完整的传感器,应由敏感元件、转换元件和检测电路三部分构成。对于有源传感器,还需加上电源。传感器的组成如图 6-24 所示。

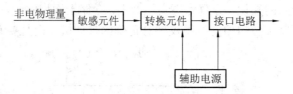

图 6-24　传感器的组成

　　智能传感器(Intelligent Sensor)是具有信息处理功能的传感器。智能传感器带有微处理器,具有信号采集、处理和交换信息的能力,是传感器与微处理器的集成化。如智能机器人的感觉系统就是由多个传感器集合而成。与一般传感器相比,智能传感器集感知、信息处理和通信于一体,能提供数字量方式的信息,具有自诊断、自校准和自补偿等功能。

　　2) 智能诊断技术

　　智能诊断是指应用现代测试分析手段和智能诊断理论方法,对运行中的设备所出现故障的机理、原因、部位和故障程度进行识别和诊断,并根据诊断结论,进一步确定设备的维护方案或预防措施。

　　智能诊断主要是针对设备故障的诊断,其研究的直接目的是提高诊断的精度和速度,降低误报率和漏报率,确定故障发生的准确时间和部位,并估计出故障的大小和趋势。智能诊断的实施过程为状态检测、信息采集、信息处理、故障识别与分析、故障诊断决策或预测等。

智能故障诊断(Intelligent Fault Diagnosis，IFD)是以人类思维的信息加工和认识过程为研究基础，通过有效地获取、传递、处理、共享诊断信息，以智能化的诊断推理和灵活的诊断策略对监控对象的运行状态及故障做出正确的判断与决策。

智能诊断系统的结构主要由六个功能模块组成，如图 6-25 所示。知识库和数据库模块的功能是对诊断所必需的知识和数据进行建立、增加、删除、修改、检查等操作；故障检测与诊断模块是诊断系统的核心，负责运用诊断信息和相关知识完成诊断任务；知识获取模块通过主动和交互等方式获取有价值的诊断信息；故障容错控制的任务是向控制执行器提供故障产生的原因、部位、类型、程度及其发展并做出判断。最后通过人机接口模块(输入、输出)完成整个系统的控制与协调。

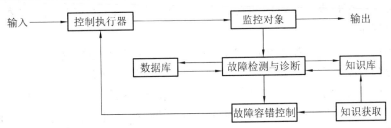

图 6-25　智能诊断系统的结构

目前，故障诊断方法一般可以分成三大类：基于解析模型的故障诊断方法、基于信号处理的故障诊断方法以及基于知识的故障诊断方法。

3) 智能控制技术

智能控制(Intelligent Controls，IC)是在无人干预的情况下，能自主地驱动智能机器实现控制目标的自动控制技术。

控制理论发展至今已有 100 多年的历史，经历了“经典控制理论”和“现代控制理论”的发展阶段，现已进入“大系统理论”和“智能控制理论”阶段。智能控制理论的研究和应用是现代控制理论在深度和广度上的拓展。近年来，信息技术和计算技术的快速发展及其他相关学科的发展和相互渗透，推动了控制科学与工程研究的不断深入，控制系统向智能控制系统的发展已成为一种趋势。

智能控制是多学科交叉，它的发展得益于人工智能、认知科学、模糊集理论和生物控制论等许多学科的发展，同时也促进了相关学科的发展。智能控制也是发展较快的新兴学科，尽管其理论体系还远没有经典控制理论那样成熟和完善，甚至智能控制还没有统一的定义，但智能控制理论和应用研究所取得的成果显示出其旺盛的生命力，受到相关研究人员和工程技术人员的关注。随着科学技术的发展，智能控制的应用领域将不断拓展，理论和技术也必将得到发展和完善。

随着人工智能和计算机技术的发展，已经有可能把自动控制和人工智能以及系统科学中一些有关学科的分支(如系统工程、运筹学、信息论)结合起来，建立一种适用于复杂系统的控制理论和技术。智能控制正是在这种条件下产生的，它是自动控制技术的最新发展阶段，也是用计算机模拟人类智能进行控制的研究领域。

智能控制是以控制理论、计算机科学、人工智能、运筹学等学科为基础，扩展了相关的理论和技术，其中应用较多的有模糊逻辑、神经网络、专家系统、遗传算法等理论和自适应控制、自组织控制、自学习控制等技术。

(1) 专家系统。专家控制是将专家系统的理论和技术与控制理论和方法有机地结合起来，在未知环境下模仿专家的智能，实现对系统的有效控制。专家控制系统存在的最大障碍是专家经验知识的获取问题、动态知识的获取问题以及专家控制系统的稳定性分析。

(2) 模糊逻辑。模糊逻辑用模糊语言描述系统，既可以描述应用系统的定量模型也可以描述其定性模型。模糊逻辑可适用于任意复杂的对象控制。在实际应用中模糊逻辑实现简单控制比较容易，简单控制是指单输入单输出系统(SISO)或多输入单输出系统(MISO)的控制；但随着输入输出变量的增加，模糊逻辑的推理将变得非常复杂。

(3) 遗传算法。遗传算法作为一种非确定的拟自然随机优化工具，具有并行计算、快速寻找全局最优解等特点，它可以和其他技术混合使用，用于智能控制的参数、结构或环境的最优控制理论。

(4) 神经网络。神经网络是由大量的神经元按一定的拓扑结构链接组成的具有自适应学习功能的计算模型。它能表示出丰富的特性：并行计算、分布存储、可变结构、高度容错、非线性运算、自我组织、学习或自学习等。它在智能控制的参数、结构或环境的自适应、自组织、自学习等控制方面具有独特的能力。神经网络可以和模糊逻辑一样适用于任意复杂对象的控制，但它与模糊逻辑不同的是擅长单输入多输出系统和多输入多输出系统的多变量控制。在模糊逻辑表示的 SISO 系统和 MISO 系统中，其模糊推理、解模糊过程以及学习控制等功能常用神经网络来实现。模糊逻辑和神经网络作为智能控制的主要技术已被广泛应用，两者既有相同性又有不同性，其相同性为两者都可作为万能逼近器解决非线性问题，而且都可以应用到控制器设计中；不同的是模糊逻辑可以利用语言信息描述系统，而神经网络则不行；模糊逻辑应用到控制器设计中，其参数定义有明确的物理意义。

智能控制系统是指具备一定智能行为的系统。其典型的系统结构由执行器、传感器、感知信息处理、规划和控制、认知、通信接口六部分组成。智能控制系统的结构图如图 6-26 所示。

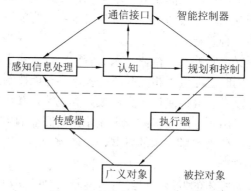

图 6-26 智能控制系统的结构

5. 智能制造的信息安全技术

信息安全是指信息网络的硬件、软件及其系统中的数据受到保护，不因偶然的或者恶意的原因而遭到破坏、更改、泄露，系统连续可靠正常地运行，信息服务不中断。

　　信息安全本身包括的范围很大，其中包括如何防范商业企业机密泄露、不良信息的浏览、个人信息的泄露等。从广义来说，凡是涉及到网络上信息的保密性、完整性、可用性、真实性和可控性的相关技术和理论都是信息安全的研究领域。

　　智能制造的本质是工业信息化、网络化，信息安全是保障。在智能制造背景下，世界变成了一个巨大的物联网，形成了全覆盖的云环境，因此，智能制造的推进与实施将出现区别于已有互联网商业模式所呈现的信息安全威胁，这就需要对其进行信息安全保护。针对网络安全生产系统，可采用 IT 保障技术和相关的安全措施，如设置防火墙、预防被入侵、扫描病毒仪、控制访问、设立黑白名单、加密信息等。

　　工厂信息安全是将信息安全理念应用于工业领域，实现对工厂及产品使用维护环节所涵盖的系统及终端进行安全防护。所涉及的终端设备及系统包括工业以太网、数据采集与监视控制系统(SCADA)、分布式控制系统(DCS)、过程控制系统(PCS)、可编程序控制器(PLC)、远程监控系统等网络设备及工业控制系统。应确保工业以太网及工业系统不被未经授权的用户访问、使用、泄露、中断、修改和破坏，为企业正常生产和产品正常使用提供信息服务。

思考与练习题

6-1　简述精密加工与超精密加工的概念及特点。

6-2　简述高速加工技术的概念及关键技术。

6-3　简述增材制造技术的概念及关键技术。

6-4　简述增材制造的几种主要工艺方法。

6-5　简述虚拟制造的概念及关键技术。

6-6　什么是智能制造？有何特点？其关键技术有哪些？

参 考 文 献

[1]　王先逵. 机械制造工艺学[M]. 4 版. 北京：机械工业出版社，2019.

[2]　郑修本. 机械制造工艺学[M]. 3 版. 北京：机械工业出版社，2020.

[3]　于俊一，邹青. 机械制造技术基础[M]. 2 版. 北京：机械工业出版社，2010.

[4]　王隆太. 先进制造技术[M]. 2 版. 北京：机械工业出版社，2015.

[5]　谭建荣，刘振宇. 智能制造关键技术与企业应用[M]. 北京：机械工业出版社，2017.

[6]　葛英飞. 智能制造技术基础[M]. 北京：机械工业出版社，2019.

[7]　王芳，赵中宁. 智能制造基础与应用[M]. 北京：机械工业出版社，2018.

[8]　邓朝晖，万林林，邓辉，等. 智能制造技术基础[M]. 武汉：华中科技大学出版社，2017.